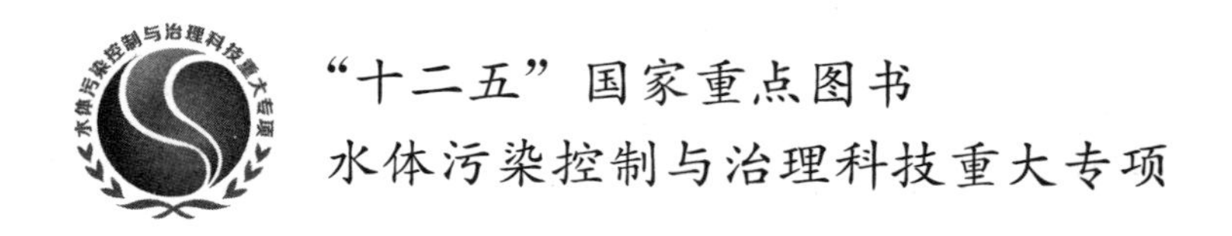

饮用水水质监测与预警技术

邵益生　宋兰合　等著

中国建筑工业出版社

图书在版编目(CIP)数据

饮用水水质监测与预警技术/邵益生，宋兰合等著. —北京：中国建筑工业出版社，2018.7
“十二五”国家重点图书
水体污染控制与治理科技重大专项
ISBN 978-7-112-22328-2

Ⅰ. ①饮…　Ⅱ. ①邵…　②宋…　Ⅲ. ①饮用水-水质监测-研究　Ⅳ. ①TU991.21

中国版本图书馆 CIP 数据核字（2018）第 123660 号

本书为国家水体污染控制与治理科技重大专项饮用水主题的研究成果之一，主要依托“十一五”期间完成的“饮用水水质监测预警及应急技术研究与示范”项目。研究成果进一步发展了饮用水水质检测、监测技术，完善了相应的技术标准和规范，形成了“从源头到龙头”的饮用水水质监测数据网络化采集、水质安全评价预警及可视化系统建设的技术方案，建立了城市供水水质督察技术体系，促进了饮用水水质检测关键设备材料的国产化，集成建设并示范应用了国家、省、市三级城市供水水质监测预警系统技术平台。

本书可用作从事给水工程、环境工程、水质检测等专业的研究人员、高等院校师生和企业技术人员、管理部门人员等辅助教材和参考书。

责任编辑：俞辉群　石枫华
责任校对：李美娜

“十二五”国家重点图书
水体污染控制与治理科技重大专项
饮用水水质监测与预警技术
邵益生　宋兰合　等著
*
中国建筑工业出版社出版、发行（北京海淀三里河路 9 号）
各地新华书店、建筑书店经销
北京红光制版公司制版
北京中科印刷有限公司印刷
*
开本：787×1092 毫米　1/16　印张：23¼　字数：531 千字
2018 年 12 月第一版　2018 年 12 月第一次印刷
定价：**86.00** 元
ISBN 978-7-112-22328-2
(32190)

本书编写组

主　　　　编： 邵益生　宋兰合

撰 写 人 员： 邵益生　宋兰合　何　琴　边　际　郝　力　张宏建
李　琳　周长青　贾瑞宝　孙韶华　桂　萍　李宗来
顾薇娜　王明泉　牛　晗　耿艳妍　张光新　侯迪波
冀海峰　杨　江　王宝良　黄平捷　周红亮　杨祥龙
李　聪　程伟平　黄　健　张忠贵　扈　震　梁　涛
吴学峰　周维芳　马中雨　王　宛　何雅娟　董剑锋
赵　鹏　卢燕青

本书执笔主编： 邵益生　宋兰合

本书责任审核： 杨　敏

前　言

根据《国家中长期科学和技术发展规划纲要（2006—2020年）》设立的国家水体污染控制与治理科技重大专项（简称水专项），包括湖泊、河流、城市、饮用水、监控预警和经济政策6个主题，旨在构建我国水污染治理技术体系、水环境管理技术体系和饮用水安全保障技术体系，重点突破工业污染源控制与治理、农业面源污染控制与治理、城市污水处理与资源化、水体水质净化与生态修复、饮用水安全保障、水环境监控预警与管理等关键技术和共性技术，开展典型流域和重点地区的综合示范研究。

饮用水主题针对我国饮用水源普遍遭受污染、供水系统存在安全隐患和技术支撑能力不足等薄弱环节，坚持问题导向、目标导向与科技创新相结合，以实施国家新的《生活饮用水卫生标准》GB 5749—2006为目标，以支撑《全国城市饮用水安全保障规划（2006—2020）》相关规划实施为重点，开展饮用水安全保障的共性技术、适用技术、集成技术研究与示范，旨在构建"从源头到龙头"全过程的饮用水安全保障技术体系，包括从水源地、净水厂、管网到水龙头"多级屏障"工程技术体系和从中央到地方"多级协同"监管技术体系，为保障城市供水安全提供系统、全面可持续的技术支持。

"十一五"期间，在工程技术方面，以长江下游、黄河下游、珠江下游三大重点地区，以及若干典型城市为示范区，重点突破受污染水源的生态修复与水质改善、原水生物预处理、溴酸盐控制、臭味识别与控制、地下水除砷、大型水厂膜应用、紫外组合消毒、管网"黄水"控制等关键技术，构建了具有区域特色的饮用水安全保障集成技术体系；在监管技术方面，针对我国饮用水安全管理中存在的水质风险问题不明确、水质标准不协调、水源保护不规范、技术规范不健全、相关政策不配套、预警及应急反应能力弱等问题，系统开展了饮用水风险评估、水质监测、安全预警和应急技术研究，构建国家、省、市供水水质监测、预警、应急和管理体系。

作为饮用水安全保障监管技术体系构建的重要任务之一，"饮用水水质监测预警及应急技术研究与示范"项目共部署了8个课题，本书是对其中水质监测关键技术及标准化研究与示范、三级水质监控网络构建关键技术研究与示范、水质信息管理系统及可视化平台关键技术研发与示范、水质安全评价及预警关键技术研发与应用示范、城市饮用水水质督察技术体系构建与应用示范、水质监测材料设备研发与产业化等6个课题科技成果的总结、凝练和集成，反映了"十一五"期间饮用水水质监测预警技术的最新进展和发展趋势，并提供了"城市供水水质监测预警系统技术平台"示范应用案例。

本书编写工作得到了住房和城乡建设部水专项管理办公室、水专项总体专家组和饮用水主题专家组的大力支持，还得到了参与相关课题研究、示范应用单位及其相关人员的密切配合，在此一并表示衷心感谢。

全书由邵益生负责组织撰写、定稿和审阅，各章节主要撰写人员为：第1章，邵益生、宋兰合；第2～4章，何琴、桂萍、李宗来、顾薇娜、贾瑞宝、孙韶华、邵益生、宋兰合；第5章，边际、牛晗、耿艳妍、邵益生、宋兰合；第6章，张光新、侯迪波、李琳、冀海峰、杨江、王宝良、黄平捷、周红亮、杨祥龙、李聪、程伟平、邵益生、宋兰合；第7章，黄健、张忠贵、扈震、邵益生、宋兰合；第8章，邵益生、李琳、宋兰合、吴学峰、顾薇娜、周维芳、马中雨、梁涛；第9章，周长青、王宛、何雅娟、董剑锋、赵鹏、卢燕青、邵益生、宋兰合；第10章，宋兰合、邵益生。

限于学识水平和实践经验，书中不足之处在所难免，敬请广大读者批评指正。

邵益生

2016年6月于北京

目　录

第1章　绪　　论

世界卫生组织制定的《饮用水水质准则》指出，安全的饮用水是一切日常生活所必需，与饮用水污染相关的疾病已成为公众健康的主要威胁，提高饮用水的质量对公众健康有着重大的意义。

为保障饮用水安全，我国依托水质标准的法律法规框架，逐步建立和完善饮用水安全监管体系，但较发达国家一直存在一定差距。1985年我国开始实施第一部国家标准《生活饮用水卫生标准》（GB 5749—85），但随着工业化和城镇化加速，水源水质下降，突发污染频发的现象日益严重，我国饮用水安全工程技术和监管保障能力薄弱的短板凸显。

2007年10月，经国务院同意，国家发展改革委、建设部、水利部、环保部、卫生部联合印发了《全国城市饮用水安全保障规划（2006—2020年）》，其中明确部署了建设供水水质监控网络及预警系统、增强应对突发事故的应急供水能力等任务，特别是2012年7月1日起，我国全面实施新的《生活饮用水卫生标准》（GB 5749—2006）（简称“新国标”），新国标对水质监测提出了更高的要求，提升饮用水安全监管科技支撑能力，并以之促进水源污染防治和发展饮用水安全工程技术的科技需求愈加迫切。

“十一五”期间，水体污染控制与治理科技重大专项（简称水专项）部署“饮用水水质监测预警及应急技术研究与示范”项目，通过8个课题的研究和示范，使饮用水水质监测预警技术实现了监测方法与水质标准配套、水质监测网络与预警系统平台化技术集成、水质督察技术体系构建、关键监测设备材料国产化等阶段性技术发展目标，在保障水质监测数据准确可靠、提高水质风险预警反应能力、建立水质风险控制机制和降低系统建设运行成本等方面，为供水水质监控网络及预警系统建设提供了关键技术支撑。

1.1　研究背景及技术需求

2006年12月，我国发布新的《生活饮用水卫生标准》（GB 5749—2006），水质指标由35项增至106项，大幅增加了有机物、消毒副产物等毒理性指标，并提高了浑浊度等水质指标的限值要求。

2007年10月，国家发展改革委、建设部、水利部、环保部、卫生部联合印发《全国城市饮用水安全保障规划（2006—2020年）》，提出了至2020年全面改善设市城市和县级城镇的饮用水安全状况的目标，并部署了健全国家城市供水水质监测网、建设供水水质监控网络及预警系统、增强应对突发事故的应急供水能力等项具体任务。

“十一五”启动的水专项“饮用水安全保障技术研究与示范主题”，以饮用水安全保障为目标部署了建立“两个体系”，即适合我国特点的饮用水安全保障工程技术体系和管理技术体系的总体任务。作为管理技术体系的重要支撑性组成部分，其中本项目的研究任务是初步构建国家、省、市（县）三级水质监测网络、信息管理平台、预警应急系统，为建立管理技术体系提供支撑。

我国在水质监测预警方面技术支撑十分薄弱，已成为饮用水安全的制约性技术瓶颈。主要表现在：

（1）水质监测技术落后。《生活饮用水标准检验方法》（GB/T 5750—2006），是支撑《生活饮用水卫生标准》（GB 5749—2006）实施的配套方法标准，但其中部分指标的检测方法存在滞后于检测技术的发展、方法不健全、方法落后和适用性较差等问题，难以有效支撑《生活饮用水卫生标准》（GB 5749—2006）的全面实施；水质在线监测仪应用迅速普及但缺乏相应的技术规范，监测数据的可靠性缺乏保障；针对频繁发生的突发性水源污染，缺乏快速检测与筛查的技术手段。

（2）“信息孤岛”现象突出。受传统管理方式影响和异构数据技术性制约，供水系统中的实验室检测数据、水质在线监测数据和其他水质监测数据难以整合，加上管理体制原因，部门间信息不通畅、供水信息碎片化也比较普遍，水质信息缺乏系统性采集管理。因此，亟须供水系统全流程水质信息网络化采集和网络化分级传输技术。

（3）信息管理方式落后。据粗略统计，在全国城市供水水质监测网43个国家站所在城市范围内，仅每年报送的水质信息量就多达约1350万条，加上其他相关供水信息，全国城镇的供水安全管理信息数量更加庞大，这些基础信息非常宝贵，是政府科学决策、行业技术发展和企业细化管理的重要依据。但是在数据传输方式上，大部分城市仍然采用人工填报、纸介质传送，数据处理工作量大，信息传递效率低，出错率高。而已建少数信息管理系统功能指向单一，缺乏对海量水质信息的综合管理和价值提取。因此，亟须建立标准统一、可扩展的信息管理数据库和可视化系统，支持数据共享、综合管理、价值提取和功能扩展。

（4）缺乏水质预警技术。我国水源突发性污染频发，但是缺乏预警关键技术和关键技术装备，没有形成可以感知事故发生的应用预警系统，难以对事故发生及时预警，只能在事故发生后被动应对。

（5）水质监管技术落后。2000年以来，我国针对城市供水水质督察开展了大量研究和试点工作，2005年建设部发布《关于加强城市供水水质督察工作的通知》使城市供水水质督察逐步走向制度化，但是在督察技术机构检测质量保障方面技术支持薄弱，缺乏水质安全规范化评价技术和水质督察监测技术。

（6）水质监测材料国产化技术落后。长期以来，城市供水水质监测材料国产化水平低，对国外产品依赖性强，但国外设备价格昂贵，服务不及时，运行成本较高，也因此严重阻碍了监测技术发展和监测能力建设。

针对上述问题，以支撑全面实施《生活饮用水卫生标准》（GB 5749—2006）为导向，结合《全国城市饮用水安全保障规划（2006—2020年）》任务要求，“十一五”期间围绕提升行业管理技术支撑能力的目标，饮用水水质监测预警能力建设的主要技术需求是：

（1）为实施《生活饮用水卫生标准》（GB 5749—2006），针对我国饮用水水质监测方法不健全问题，补充、改进和发展实验室检测行业标准，实现在线监测方法的规范化，突破应急监测关键技术并初步建立应急监测技术方法，建立相关的行业标准、技术规程和技术指南，形成“从水源到龙头”的供水系统全流程标准化监测方法体系。

（2）突破饮用水水质监测网络构建、水质安全评价预警、水质信息管理和可视化等关键技术，提出基于水质信息分布式、网络化、多信源的国家、省、市三级城市供水水质监测预警系统的集成和技术平台建设技术方案。

（3）针对我国城市供水行业引入市场机制和产权多元化发展趋势，为建立和完善各级政府对城市供水水质安全监管机制，建立适用于国家、省和城市的饮用水水质督察技术体系。

（4）针对我国饮用水水质监测需要大量外购检测材料及设备的现状，研发用于痕量有机污染物富集的固相萃取装置、组件和吸附剂，以及用于水质监测的标准物质、组合多参数在线监测仪器等，取得研制关键技术上的突破，为实现产业化奠定技术基础。

1.2 技术研究进展

“十一五”期间，项目围绕饮用水水质监测预警技术体系建设这一条主线，研发了6项关键技术、集成了3项重点集成技术、形成1套覆盖国家、省、市三级的城市供水水质监测预警系统技术平台，在关键技术突破、实现技术集成、展开应用示范、提升行业管理技术支撑能力方面，基本达到了“十一五”阶段目标。

1.2.1 关键技术

1. 水质监测关键技术及标准化

完成9种新的标准方法的开发、9种检测方法的优化和12种非标方法的标准化，形成涵盖62项水质指标的《城镇供水水质检验方法标准》，补充和完善了《生活饮用水标准检验方法》（GB/T 5750—2006），建立了覆盖《生活饮用水卫生标准》（GB 5749—2006）内全部106项水质指标，适合城镇供水行业特点的标准化检测方法。

突破了如何从源头到龙头构建在线监测系统与水质在线监测数据有效性判别等技术难题，形成《城镇供水水质在线监测技术规程》，对城镇供水行业广泛应用的pH、水温、DO、电导率、浑浊度、余氯、氨氮、UV、叶绿素 *a* 等9项指标，建立了设备性能参数、校验和运行维护的技术规范。

通过调研分析典型水源污染事故中典型污染物，针对微囊藻毒素-LR、2，4-滴、二硝基苯、阿特拉津、双酚A5种污染物开发了基于免疫荧光和酶联免疫（ELISA）原理的现场快速检测方法，基于行业调研及方法研究形成了《城镇供水应急监测方法指南》。

2. 三级水质监测网络构建技术

制定监测设施编码规则，研发异构数据交换技术，采用远程反控和单点多发技术，实现了水质实验室检测数据、在线监测数据和移动监测数据网络化采集，供水系统全流程水质监测信息的整合。

集成级联、分级授权和VPN组网等物联网技术，研发国家、省、市三级城市供水水质信息上报系统，为水质信息逐级上报和分级管理提供了技术支撑。

研发基于MD5算法的身份认证技术，采用RSA-1024位的数据加密技术和在线监测的AES数据加密技术，提高了网络传输中的数据安全性。

3. 水质信息管理系统及可视化技术

建立了大中小不同规模城市的水质信息管理系统及可视化平台的构建模式和可扩展的供水水质数据库，为平台逐步扩充业务功能、支持数据共享和进一步推广应用提出了技术经济可行的建设方案。

研发基于时空关系模型的水质数据存储技术，构建水质数据时空关系模型，表达水质数据自身的时空特性、实验室检测数据与在线监测数据之间的时空相关性，以数据分区索引检索策略实现了海量数据分区储存。

研发基于数据融合的辅助决策支持技术，实现了面向系统流程、时间序列和管理层级的水质数据的追踪分析、数据校核、信息检索、多维度统计展示，集成建设了国家、省、市三级水质信息管理系统及可视化平台。

4. 城市供水水质安全评价及预警技术

研发饮用水水质预警技术并进行系统集成，具备水质安全评价分析、渐变趋势预测、藻类暴发概率预测、出厂水及管网水水质预警分析、水质污染事故仿真模拟等功能。

利用水动力分析法、有限元法、组合系统法等，建立突发事态下目标污染物时变模型，集成“突发性水质污染事故模拟服务系统”，模拟计算不同水环境下污染物的输移和衰减规律。

研制基于发光细菌法（费希尔弧菌）的在线水质毒性监测技术与系统、在线免试剂水质检测系统、遥控式移动水质快速监测系统，毒谱范围涵盖上千种潜在的毒性物质。

5. 城市供水水质督察支撑技术

建立供水系统全流程关键控制点水质检测、供水设施和供水管理水质主要影响要素检查、水质督察定量化评价方法，形成《城市供水水质督察技术指南》。

开发督察现场车载GC-MS快速检测方法，解决了有关22种挥发性有机物检测样品保存时效短的技术问题。建立游离余氯、二氧化氯、总氯、臭氧、总大肠菌群、大肠埃氏菌、氨氮等7项现场检测水质指标的水质督察检测方法标准化流程，形成《城市供水水质督察现场快速检测技术规程》地方标准。

为保障水质督察检测数据的可靠性，建立城市供水水质监测机构质控考核规范化程序、由90个指标组成的考核指标体系和考核评价方法，形成《城市供水水质监测机构质控考核办法》。

6. 水质监测材料设备国产化技术

突破固相萃取吸附剂和固相萃取装置国产化技术，掌握了聚合物交联微球材料、聚合物包覆型硅胶材料、表面键合C18硅胶材料等3种固相萃取吸附剂材料研制技术、半自动固相萃取装置和全自动固相萃取装置研制技术。

突破饮用水水质检测标准物质制备技术，掌握了21种标准物质制备工艺，开发有机氯农药、挥发性卤代烃、酚系物和苯系物等4个系列、8种混合溶液、43个特性量的溶液标准物质。

突破部分水质监测设备制造技术，实现激光颗粒物计数仪、智能化多参数水质在线监测仪、免化学试剂在线水质检测系统等3大类共14种水质监测设备的国产化。

1.2.2 集成技术

1. 水质检测方法标准化及在线监测规范化集成技术

针对水质检测方法标准滞后于水质检测技术发展，饮用水标准中约50%的水质检测方法标准不适用、效率低、成本高等问题，开展饮用水检测方法标准化研究，形成《城市供水水质检验方法标准》，覆盖62项水质指标，结合现行国标，完善了《生活饮用水卫生标准》内106项水质指标的标准化检测方法。同时大幅度降低了贾第鞭毛虫和隐孢子虫等指标的检测成本（设备购置费降低了75%，检测材料成本降低了85%）。

针对供水企业水质在线监测缺乏规范化管理问题，以目前最常用的浑浊度、余氯、氨氮等9项指标为重点，建立了在线监测仪稳定性的评价方法，规范了设备安装、维护、校验和数据有效性判别的技术要求，形成《城市供水水质在线监测技术规程》，为水质在线监测数据的可靠性提供了技术保障。

2. 国家、省、市三级城市供水水质监测预警系统平台构建技术

针对饮用水水质数据“信息孤岛”现象普遍，缺乏水质预警技术等问题，开展国家、省、市三级城市供水水质监测预警系统平台构建技术研究，填补了国家、省、市三级城市供水水质监测预警系统平台构建的技术空白，解决了饮用水安全管理中异构数据信息不整合，异构系统信息难共享，缺乏海量数据价值提取手段，缺乏适用水质预警系统及信息传输安全等方面的技术难题。集成建设并示范应用了国家、省、市三级城市供水水质监测预警系统平台，实现了国家、省、市三级城市供水水质监测预警系统平台从无到有的跨越式发展。

3. 水质监测材料设备国产化技术

针对水质监测材料设备国产化技术严重落后问题，开展饮用水水质监测固相萃取吸附剂和固相萃取装置研发技术、饮用水水质检测标准物质制备技术、水质检测设备研发技术研究，获得19项技术专利，研制出3种固相萃取材料、21种水质监测标准物质、2种固相萃取装置、3大类（颗粒物计数仪、多参数智能化多参数水质在线监测仪、免化学试剂在线水质检测系统）共16种水质监测设备，并建设了4个产业化基地。其中颗粒物计数仪整机国产化率达90%以上，成本低于同类进口产品约40%。经鉴定，产品总体达到国际先进水平。2012年获科技部、环境保护部、商务部、国家质检总局4部委联合颁发的“国家重点新产品”证书。

1.2.3 技术平台

针对供水水质信息不通畅、不共享、不整合和缺乏水质预警技术等问题，项目以三级水质监测网络构建、水质信息管理系统及可视化、水质安全评价及预警等3项关键技术为核心，集成应急监测、应急净化等技术，以及水质监测网络、数据处理中心、专业技术队伍等平台实体和现代IT技术、物联网技术等应用技术，构建了国家、省、市三级“城市供水水质监测预警系统技术平台”。

1. 基本功能

(1) 供水系统全流程（从源头到龙头）、全方位（在线监测、实验室检测、移动检测）水质信息网络化采集与集成整合；

(2) 国家、省、市三级水质信息远程传输与分级管理，信息查询、统计分析、业务报表、专题分析、规划决策等业务支持；

(3) COD_{Mn}、氨氮、藻类、石油类、综合毒性、锰、氰化物、氯化物（咸潮）、余氯、浑浊度等十几项指标的预警报警；

(4) 应急案例、应急净化技术、应急监测方法、应急物资储备信息等应急处理支持信息。

从总体上，平台可以覆盖全国城镇，能够支撑从中央到地方各级政府的城镇供水水质安全日常监管和应急处理工作，并可为行业专项规划、行业技术发展等提供专题决策信息。

2. 技术装备

(1) 水质信息采集传输网络。平台依托水质实验室、水质在线监测仪、移动式水质监测设备、数字采集仪、网络数据处理装置系统、互联网、信息专线。

(2) 数据处理中心和可视化平台。依托示范应用平台，在建设部城市供水水质监测中心、山东省、济南市、东莞市分别示范建设了国家、省、市三级城市供水水质数据处理中心和可视化平台。

3. 应用软件

(1) 国家城市供水水质信息管理系统V2.0、城市供水水质数据上报系统V2.0、国家城市供水水质在线监测数据通信管理平台V1.0等信息采集与传输应用软件6项。

(2) 供水水质信息管理系统（城市级）V1.0、供水水质信息管理系统（省级）V1.0等信息管理应用软件2项。

(3) 藻类水华智能预警模型软件V1.0、渐变性水源水质预测系统V1.0、城市饮用水水质预警系统V1.0等预警应用软件17项。

(4) 在线综合毒性仪GR8800MC运动控制软件、在线综合毒性仪GR8800LC光子采集等水质检测设备智能化应用软件3项。

4. 技术专利

（1）一种浊水中“两虫”的富集纯化方法及其含量的测定方法、一种用于近红外光谱分析的快速样品前处理方法等水质检测方法技术专利2项。

（2）多层次网络化水源水质预警监控系统、以太网通信方法和设备、一种总线高速通信的方法及接口、采用秀丽线虫检测可溶性重金属持久性毒性的方法等水质预警及专用设备技术专利15项。

5. 标准规范

（1）《城镇供水水质检验方法标准》、《城镇供水水质在线监测技术规程》、《城市供水水质督察现场快速检测技术规程》有关供水水质监测的行业标准3部。

（2）《城镇供水管理信息系统 第1部分：基础信息分类与编码规则》、《城镇供水管理信息系统 第2部分：供水水质指标编码》有关城市供水水质信息化管理的行业技术标准4部。

6. 技术指南

《城市供水水质督察技术指南》、《城市供水水质监控网络构建和运维技术指南》、《城市饮用水水质安全评价技术指南》、《城市供水应急监测方法指南》、《城市供水特征污染物监测技术指南》有关水质监管、监测网络构建、水质预警、应急监测的技术指南5部。

7. 示范应用

（1）在建设部城市供水水质监测中心建成国家级城市供水水质监测预警系统技术平台，实现了对国家城市供水水质监测网国家站所在41个城市供水水质信息的远程上报和信息化管理，成为建设部实施全国城市供水水质督察、35个重点城市（直辖市、计划单列市、省会城市）的水质公报和相关水质管理工作的技术平台。

（2）在山东省及济南市、杭州市、东莞市示范应用省、市级城市供水水质监测预警系统技术平台，在支持地方供水水质安全管理和水质预警应急工作中发挥了重要作用。山东省将市级平台建设列为全省“城市供水水质提升三年计划”的建设内容和“十二五”期间“和谐城市”的考核指标。

（3）平台建设相关“三级水质监测网络构建技术”在江苏、河北两省推广应用，实现了全省城市供水企业实验室水质检测数据即时上报。

第2章　饮用水水质检验方法标准化

科学的检测方法是监测数据可靠性的重要保障，是水质监测预警系统正常发挥作用的基础。2006年12月，我国发布新的《生活饮用水卫生标准》（GB 5749—2006），水质指标由35项增至106项，增加了有机物、消毒副产物、毒理学和微生物指标等方面的指标。新国标的实施对检测方法提出了更高的要求，迫切需要开发和引入新的检测技术并实现标准化，并对目前使用的《生活饮用水标准检验方法》（GB/T 5750—2006）（以下简称配套标准方法）进行优化、完善，为饮用水水质达标提供技术支撑。

2008年国家水体污染控制与治理科技重大专项启动了"水质监测关键技术及标准化研究与示范"（2008ZX07420-001）课题，该课题以国标中106项指标为重点，针对配套标准方法实施过程中存在的问题，开展了水质检测方法的研究与开发工作，解决了配套标准方法与城镇供水行业检测设备不适配的技术难点，获取了具有可推广应用的研究成果，编制了《城镇供水水质标准检验方法》（以下简称"新行标"）。

2.1　城镇供水行业水质检验方法现状与需求

2.1.1　供水行业方法标准的发展现状

1985年，我国第一部饮用水国家标准《生活饮用水卫生标准》(GB 5749—85)正式实施，针对国标中包含的35项指标的检验方法标准——《生活饮用水标准检验法》(GB/T 5750—85)随之颁布。随着经济的不断发展和科学技术水平的提高，该两部标准已远远不能满足人们对饮用水安全的需要。1992年，建设部发布了《城市供水行业2000年技术进步发展规划》，提出了城市供水水质88项指标的限值要求，并于2001年组织制定了相应的检验方法标准——《城市供水水质检验方法标准》(CJ/T 141～150—2001)。该组标准包括了从CJ/T 141～CJ/T 150共10个标准、31项指标。2005年，建设部《城市供水水质标准》(CJ/T 206—2005)正式出台，水质指标从88项增至103项。

2006年，新国标《生活饮用水卫生标准》(GB 5749—2006)颁布，水质指标在建设部行标103项的基础上增至106项，并同步出台配套标准方法。从调研结果看，目前我国城市供水水质检测工作中实际执行的，除配套标准方法外，还有《城市供水水质检验方法标准》(CJ/T 141～150—2001)、美国《Standard Methods for the Examination of Water & Wastewater》(22th Edition，2012)和美国国家环保局(EPA)方法等。详见表2-1～表2-3。

饮用水无机物和感官性状指标国内外检验方法标准 **表 2-1**

水质指标	《生活饮用水标准检验方法》(GB/T 5750—2006)	国内其他标准	国外方法
色度	铂-钴标准比色法	GB/T 11903—1989 色度的测定	SM 2120B 目视比色法 SM 2120C 单波长光度法（试行） SM 2120D 多波长光度法 SM 2120E 三刺激分光光度法 SM 2120F ADMI 加权统筹分光光度法 EPA 110 分光光度法
浑浊度	散射法-福尔马肼标准目视比浊法 目视比浊法-福尔马肼标准	GB 13200—1991 浊度的测定	SM 2130 比浊测量法
臭和味	嗅气和尝味法	—	SM 2170 层次分析法 2150B 臭阈值法 2160B 味阈值法（FTT） 2160C 味等级评估法（FRA）
肉眼可见物	直接观察法	—	—
pH	玻璃电极法 标准缓冲溶液比色法	GB/T 6920—1986 玻璃电极法	SM 4500-H^+ 电极法
铬（六价）	二苯碳酰二肼分光光度法	GB/T 7467—1987 二苯碳酰二肼分光光度法 HJ 700—2014 电感耦合等离子体质谱法	SM 3500-Cr 比色法和离子色谱法 EPA 1636 离子色谱法测六价铬 EPA 218.4 螯合萃取和原子吸收 EPA 218.6 离子色谱法 EPA 6020A 电感耦合等离子体质谱法
砷	氢化物原子荧光法 二乙氨基二硫代甲酸银分光光度法 锌-硫酸系统新银盐分光光度法 砷斑法 电感耦合等离子体发射光谱法 电感耦合等离子体质谱法	GB 11900—1989 硼氢化钾-硝酸银分光光度法 GB/T 7485—1987 二乙基二硫代氨基甲酸银分光光度法 HJ 694—2014 原子荧光法 HJ 700—2014 电感耦合等离子体质谱法	SM 3500—As B 二乙氨基二硫代甲酸银分光光度法 EPA 6020A 电感耦合等离子体质谱法 SM 3114B 砷和硒的氢化物发生/原子吸收光谱法

续表

水质指标	《生活饮用水标准检验方法》(GB/T 5750—2006)	国内其他标准	国外方法
镉	无火焰原子吸收分光光度法 火焰原子吸收分光光度法 双硫腙分光光度法 催化示波极谱法 原子荧光法 电感耦合等离子体发射光谱法 电感耦合等离子体质谱法	GB/T 7475—1987 原子吸收分光光度法 GB/T 7471—1987 双硫腙分光光度法 HJ 700—2014 电感耦合等离子体质谱法	EPA 213.1 火焰原子吸收 EPA 213.2 石墨炉原子吸收 EPA 6020A 电感耦合等离子体质谱法
铅	无火焰原子吸收分光光度法 火焰原子吸收分光光度法 双硫腙分光光度法 催化示波极谱法 氢化物原子荧光法 电感耦合等离子体发射光谱法 电感耦合等离子体质谱法	GB/T 13896—1992 示波极谱法 GB/T 7475—1987 原子吸收分光光度法 GB/T 7470—1987 双硫腙分光光度法 HJ 700—201 电感耦合等离子体质谱法	EPA 239.1 火焰原子吸收 EPA 239.2 石墨炉原子吸收 SM 3500—Pb B 双硫腙分光光度法 EPA 6020A 电感耦合等离子体质谱法
汞	原子荧光法 冷原子吸收法 双硫腙分光光度法 电感耦合等离子体质谱法	HJ 597—2011 冷原子吸收分光光度法 GB/T 7469—1987 高锰酸钾-过硫酸钾消解法 双硫腙分光光度法 HJ 694—2014 原子荧光法	EPA 245.1 冷原子吸收 EPA 245.2 冷原子吸收（自动） EPA 245.7 冷蒸气原子荧光光谱法 EPA 6020A 电感耦合等离子体质谱法
硒	氢化物原子荧光法 二氨基萘荧光法 氢化原子吸收分光光度法 催化示波极谱法 二氨基联苯胺分光光度法 电感耦合等离子体发射光谱法 电感耦合等离子体质谱法	GB/T 15505—1995 石墨炉原子吸收分光光度法 GB/T 11902—1989 2，3-二氨基萘荧光法 HJ 694—2014 原子荧光法 HJ 700—2014 电感耦合等离子体质谱法	EPA 270.2 石墨炉原子吸收 SM 3114B 砷和硒的氢化物发生/原子吸收光谱法 EPA 6020A 电感耦合等离子体质谱法
铝	铬天青 S 分光光度法 水杨基荧光酮-氯代十六烷基吡啶分光光度法 无火焰原子吸收分光光度法 电感耦合等离子体发射光谱法 电感耦合等离子体质谱法	HJ 700—2014 电感耦合等离子体质谱法	EPA 202.1 火焰原子吸收 EPA 202.2 石墨炉原子吸收 SM 3500 铬天青 R 分光光度法 EPA 6020A 电感耦合等离子体质谱法

续表

水质指标	《生活饮用水标准检验方法》(GB/T 5750—2006)	国内其他标准	国外方法
铁	原子吸收分光光度法 二氮杂菲分光光度法 电感耦合等离子体发射光谱法 电感耦合等离子体质谱法	HJ/T 345—2007 邻菲啰啉分光光度法 GB/T 11911—1989 火焰原子吸收分光光度法 HJ 700—2014 电感耦合等离子体质谱法	EPA 236.1 火焰原子吸收 EPA 236.2 石墨炉原子吸收 EPA 6020A 电感耦合等离子体质谱法
锰	原子吸收分光光度法 过硫酸铵分光光度法 甲醛肟分光光度法 高碘酸银(Ⅲ)钾分光光度法 电感耦合等离子体发射光谱法 电感耦合等离子体质谱法	GB/T 11911—1989 火焰原子吸收分光光度法 GB/T 11906—1989 高碘酸钾分光光度法 HJ/T 344—2007 锰的测定甲醛肟分光光度法 HJ 700—2014 电感耦合等离子体质谱法	EPA 243.1 火焰原子吸收 EPA 243.2 石墨炉原子吸收 EPA 6020A 电感耦合等离子体质谱法 SM 3550-Mn B 分光光度法
铜	无火焰原子吸收分光光度法 火焰原子吸收分光光度法 二乙基二硫代氨基甲酸钠分光光度法 双乙醛草酰二腙分光光度法 电感耦合等离子体发射光谱法 电感耦合等离子体质谱法	HJ 486—2009 2,9-二甲基-1,10 菲萝啉分光光度法 HJ 485—2009 二乙基二硫代氨基甲酸钠分光光度法 GB/T 7475—1987 原子吸收分光光度法 HJ 700—2014 电感耦合等离子体质谱法	EPA 220.1 火焰原子吸收 EPA 220.2 石墨炉原子吸收法 EPA 6020A 电感耦合等离子体质谱法 SM 3500—Cu B 新亚铜试剂法 SM 3500—Cu C 菲啰啉分光光度法
锌	原子吸收分光光度法 锌试剂-环己酮分光光度法 双硫腙分光光度法 催化示波极谱法 电感耦合等离子体发射光谱法 电感耦合等离子体质谱法	GB/T 7472—1987 双硫腙分光光度法 GB/T 7475—1987 原子吸收分光光度法 HJ 700—2014 电感耦合等离子体质谱法	EPA 289.1 火焰原子吸收法 EPA 289.2 石墨炉原子吸收法 EPA 6020A 电感耦合等离子体质谱法 SM 3500-Zn B 锌试剂法 SM 3500-Zn E 分光光度法
锑	氢化物原子荧光法 氢化物原子吸收分光光度法 电感耦合等离子体发射光谱法 电感耦合等离子体质谱法	HJ 694—2014 原子荧光法 HJ 700—2014 电感耦合等离子体质谱法	EPA 204.1 火焰原子吸收法 EPA 204.2 石墨炉原子吸收法 EPA 6020A 电感耦合等离子体质谱法

续表

水质指标	《生活饮用水标准检验方法》（GB/T 5750—2006）	国内其他标准	国外方法
钡	无火焰原子吸收分光光度法 电感耦合等离子体发射光谱法 电感耦合等离子体质谱法	HJ 603—2011 火焰原子吸收分光光度法 HJ 602—2011 石墨炉原子吸收分光光度法 HJ 700—2014 电感耦合等离子体质谱法	EPA 208.1 火焰原子吸收法 EPA 208.2 石墨炉原子吸收法 EPA 6020A 电感耦合等离子体质谱法
铍	桑色素荧光分光光度法 铝试剂（金精三羧酸铵）分光光度法 无火焰原子吸收分光光度法 电感耦合等离子体发射光谱法 电感耦合等离子体质谱法	HJ/T 59—2000 石墨炉原子吸收分光光度法 HJ/T 58—2000 铬菁 R 分光光度法 HJ 700—2014 电感耦合等离子体质谱法	EPA 210.1 火焰原子吸收法 EPA 210.2 石墨炉原子吸收法 EPA 6020A 电感耦合等离子体质谱法
硼	甲亚胺-H 分光光度法 电感耦合等离子体发射光谱法 电感耦合等离子体质谱法	HJ/T 49—1999 姜黄素分光光度法 HJ 700—2014 电感耦合等离子体质谱法	EPA 212.3 分光光度法 SM 4500-B B 姜黄素分光光度法
钼	无火焰原子吸收分光光度法 电感耦合等离子体发射光谱法 电感耦合等离子体质谱法	HJ 700—2014 电感耦合等离子体质谱法	EPA 246.1 火焰原子吸收法 EPA 246.2 石墨炉原子吸收法
镍	无火焰原子吸收分光光度法 电感耦合等离子体发射光谱法 电感耦合等离子体质谱法	GB/T 11912—1989 火焰原子吸收分光光度法 GB/T 11910—1989 丁二酮肟分光光度法 HJ 700—2014 电感耦合等离子体质谱法	EPA 249.1 火焰原子吸收法 EPA 249.2 石墨炉原子吸收法 EPA 6020A 电感耦合等离子体质谱法 SM 3111、SM 3111C 原子吸收法 SM 3120、SM 3125 电感耦合等离子体法
银	无火焰原子吸收分光光度法 巯基棉富集-高碘酸钾分光光度法 电感耦合等离子体发射光谱法 电感耦合等离子体质谱法	HJ 490—2009 镉试剂 2B 分光光度法 HJ 489—2009 3，5-Br2-PADAP 分光光度法 GB/T 11907—1989 火焰原子吸收分光光度法 HJ 700—2014 电感耦合等离子体质谱法	EPA 272.1 火焰原子吸收法 EPA 272.2 石墨炉原子吸收法 EPA 6020A 电感耦合等离子体质谱法

续表

水质指标	《生活饮用水标准检验方法》（GB/T 5750—2006）	国内其他标准	国外方法
铊	无火焰原子吸收分光光度法 电感耦合等离子体发射光谱法 电感耦合等离子体质谱法	HJ 700—2014 电感耦合等离子体质谱法	EPA 279.1 火焰原子吸收法 EPA 279.2 石墨炉原子吸收法 EPA 6020A 电感耦合等离子体质谱法
钠	火焰原子吸收分光光度法 离子色谱法	GB/T 11904—1989 火焰原子吸收分光光度法 CJ/T 143—2001 离子色谱法 HJ 700—2014 电感耦合等离子体质谱法	EPA 273.1 火焰原子吸收法 SM 3500-Na B 火焰发射光度法 EPA 6020A 电感耦合等离子体质谱法
氯化物	硝酸银容量法 离子色谱法 硝酸汞容量法	HJ/T 343—2007 硝酸汞滴定法	EPA 325.1 氯化自动比色法 EPA 325.2 氯化自动比色法 EPA 325.3 氯化物滴定法 SM 4500-Cl^- B 硝酸银容量法 SM 4500-Cl^- C 硝酸汞容量法 SM 4500-Cl^- D 电位法 SM 4500-Cl^- E 自动铁氰化钾方法
氟化物	离子选择电极法 离子色谱法 氟试剂分光光度法 双波长系数倍率氟试剂分光光度法 锆盐茜素比色法	HJ 488—2009 氟试剂分光光度法 HJ 487—2009 茜素磺酸锆目视比色法 GB/T 7484—1987 离子选择电极法	EPA 340.1 比色法 EPA 340.2 离子选择电极法 EPA 340.3 比色法
硫酸盐	硫酸钡比浊法 离子色谱法 铬酸钡分光光度法（热法） 铬酸钡分光光度法（冷法） 硫酸钡烧灼称量法	GB/T 13196—1991 火焰原子吸收分光光度法	EPA 375.1、EPA 375.2 比色法 EPA 375.3 重量法 EPA 375.4 浊度法 SM 4500 SO_4^{2-} C 燃烧重量法 SM 4500 SO_4^{2-} C 干燥重量法

续表

水质指标	《生活饮用水标准检验方法》（GB/T 5750—2006）	国内其他标准	国 外 方 法
硝酸盐	麝香草酚分光光度法 紫外分光光度法 离子色谱法 镉柱还原法	HJ/T 346—2007 紫外分光光度法（试行） HJ/T 198—2005 气相分子吸收光谱法 GB/T 7480—1987 酚二磺酸分光光度法	EPA 352.1、EPA 353.1、EPA 353.2 比色法 EPA 353.3 镉还原比色法
溶解性总固体	称量法	—	SM 2540B 103-105℃（摄氏温度）干燥法 SM 2540C 180℃（摄氏温度）干燥法
总硬度	乙二胺四乙酸二钠滴定法	—	EPA 130.1 比色法 EPA 130.2 滴定法 SM 2340B EDTA 滴定法
耗氧（COD_{Mn}）	酸性高锰酸钾滴定法 碱性高锰酸钾滴定法	GB 11892—1989 高锰酸盐指数的测定	SM 4500-$KMnO_4$分光光度法
挥发酚类	4-氨基安替吡啉三氯甲烷萃取分光光度法 4-氨基安替吡啉直接分光光度法	HJ 503—2009 氨基安替吡啉直接分光光度法 HJ 502—2009 溴化滴定法 GB 8538—2008 流动注射在线蒸馏法 GB 8538—2008 4 AAP 萃取分光光度法	ISO 14402：2005 FIA 和 CFA（ISO） 4-AAP 直接光度法 4-AAP 萃取光度法
阴离子合成洗涤剂	亚甲蓝分光光度法 二氮杂菲萃取光度法	GB 8538—2008 亚甲蓝光度法 GB 8538—2008 二氮杂菲萃取光度法	—
硫化物	N，N-二乙基对苯二胺分光光度法 碘量法	《水和废水监测分析方法》（第四版），国家环保总局，2002： 对氨基二甲基苯胺光度法 碘量法 间接火焰原子吸收法 气相分子吸收光谱法	SM 4500-S^{2-} D 亚甲蓝法 SM 4500-S^{2-} F 碘量法 SM 4500-S^{2-} G 离子选择电极法 SM 4500-S^{2-} E 亚甲蓝自动分析法 SM 4500-S^{2-} F 碘量法

续表

水质指标	《生活饮用水标准检验方法》(GB/T 5750—2006)	国内其他标准	国外方法
氰化物	异烟酸-吡唑酮分光光度法 异烟酸-巴比妥酸分光光度法	GB 8538—2008 流动注射在线蒸馏法 GB 8538—2008 异烟酸-吡唑啉酮光度法 GB 8538—2008 异烟酸-巴比妥酸光度法 HJ 484—2009 容量法和分光光度法	ISO 14403：2002 CFA 和 FIA 法 EPA 335 分光光度法 SM 4500-CN 蒸馏法滴定法比色法蒸馏滴定法及离子选择电极法
氨氮	纳氏试剂分光光度法 酚盐分光光度法 水杨酸盐分光光度法	HJ 536—2009 水杨酸盐分光光度法 HJ 537—2009 蒸馏-中和滴定法 HJ 535—2009 纳氏试剂分光光度法	ISO 11732：2005 CFA 和 FIA 法 SM 4500-NH_3 滴定法选择电极法添加选择电极法自动酚盐法 FIA 法
溴酸盐	离子色谱法-氢氧根系统淋洗液 离子色谱法-碳酸盐系统淋洗液	—	EPA 557 离子色谱串联质谱 EPA 302 二维离子色谱电导抑制检测器 EPA 321.8 ICP-MS 或 IC-MS
亚氯酸盐	碘量法离子色谱法	—	EPA 327 分光光度法
氯酸盐	碘量法离子色谱法	—	—
游离氯	N，N-二乙基对苯二胺(DPD)分光光度法 3，3′，5，5′-四甲基联苯胺比色法	HJ 586—2010 N，N-二乙基对苯二胺（DPD）分光光度法	EPA 330 滴定法 EPA 334 在线法 SM 4500 碘量法 DPD 法电位滴定法
氯胺（总氯）	N，N-二乙基对苯二胺(DPD)分光光度法	—	—
臭氧	碘量法靛蓝分光光度法 靛蓝现场测定法	—	HACH 8311 碘量法 SM 4500-O_3 B 碘量法
二氧化氯	N，N-二乙基对苯二胺硫酸亚铁铵滴定法 碘量法 甲酚红分光光度法 现场测定法	电解法（HJ/T 272—2006）	SM 4500-ClO_2点位滴定法 EPA 327 分光光度法

饮用水有机物指标国内外检验方法标准　　表 2-2

水质指标	《生活饮用水标准检验方法》(GB/T 5750—2006)	国内其他标准	国外方法
一氯二溴甲烷	填充柱气相色谱法	HJ 620—2011 顶空气相色谱法 HJ 639—2012 吹扫捕集/气相色谱-质谱法	EPA 502 、EPA 601：GC-ELCD EPA 624、EPA 524、EPA 1624：GC-MS EPA 8260B GC-MS EPA 8021 GC SM 6200 P&T/GC 或 GC-MS
二氯一溴甲烷	填充柱气相色谱法	HJ 620—2011 顶空气相色谱法 HJ 639—2012 吹扫捕集气相色谱-质谱法	—
1，2-二氯乙烷	顶空气相色谱法	HJ 620—2011 顶空气相色谱法 HJ 639—2012 吹扫捕集气相色谱-质谱法 HJ 686—2014 吹扫捕集 气相色谱法	—
二氯甲烷	填充柱气相色谱法(ECD)	HJ 620—2011 顶空气相色谱法 HJ 639—2012 吹扫捕集气相色谱-质谱法 HJ 686—2014 吹扫捕集 气相色谱法	—
1，1，1-三氯乙烷	气相色谱法	HJ 639—2012 吹扫捕集气相色谱-质谱法	—
三氯甲烷	填充柱气相色谱法	HJ 620—2011 顶空气相色谱法 HJ 639—2012 吹扫捕集气相色谱-质谱法 HJ 686—2014 吹扫捕集 气相色谱法	—
三溴甲烷	填充柱气相色谱法	HJ 620—2011 顶空气相色谱法 HJ 639—2012 吹扫捕集气相色谱-质谱法 HJ 686—2014 吹扫捕集 气相色谱法	—
四氯化碳	填充柱气相色谱法	HJ 620—2011 顶空气相色谱法 HJ 639—2012 吹扫捕集气相色谱-质谱法 HJ 686—2014 吹扫捕集 气相色谱法	—

续表

水质指标	《生活饮用水标准检验方法》（GB/T 5750—2006）	国内其他标准	国外方法
二氯乙酸	液液萃取衍生气相色谱法	HJ 758—2015 气相色谱法	EPA 552 GC/ECD EPA 557 IC-ESI-MS/MS
三氯乙酸	液液萃取衍生气相色谱法	HJ 758—2015 气相色谱法	—
三氯乙醛	气相色谱法	—	—
2，4，6-三氯酚	衍生化气相色谱法	CJ/T 146—2001 液相色谱法 HJ 744—2015 气相色谱-质谱法	EPA 1625、EPA 526、EPA 528-MSGC-MS EPA 604 GCECD/FID EPA 8041 GC SM 6410B GC-MS SM 6420、SM 6251 液液萃取/GC
五氯酚	气相色谱法	HJ 591—2010 气相色谱法 CJ/T 146—2001 液相色谱法 HJ 744—2015 气相色谱-质谱法	—
六氯苯	气相色谱法	HJ 621—2011 气相色谱法 HJ 699—2014 气相色谱-质谱法	EPA 1625、EPA 525、EPA 8270 GC-MS EPA 612、EPA 505、EPA 508、EPA 555、EPA 8081 GC/ECD SM 6410 GC-MS
七氯	液液萃取-气相色谱法	HJ 699—2014 气相色谱-质谱法	—
六六六	气相色谱法	HJ 699—2014 气相色谱-质谱法	EPA 608、EPA 508 GC/ELCD EPA 525、EPA 8270 GC-MS EPA 1699 HRGC/HRMS SM 6410 GC-MS SM 6630 GC
林丹	气相色谱法	HJ 699—2014 气相色谱-质谱法	—
滴滴涕	气相色谱法	HJ 699—2014 气相色谱-质谱法	—
马拉硫磷	气相色谱法	GB/T 23214—2008 液相色谱-串联质谱法	EPA 527、EPA 8270 GC-MS EPA 8141 GC-FPD/NPD EPA 1699 HRGC/HRMS
对硫磷	气相色谱法	CJ/T 144—2001 气相色谱法	—
甲基对硫磷	气相色谱法	CJ/T 144—2001 气相色谱法	—
乐果	气相色谱法	GB/T 23214—2008 液相色谱-串联质谱法 CJ/T 144—2001 气相色谱法	EPA 527、EPA 8270 GC-MS EPA 8141 GC-FPD/NPD

续表

水质指标	《生活饮用水标准检验方法》（GB/T 5750—2006）	国内其他标准	国外方法
灭草松	气相色谱法	—	EPA 555 HPLC/UV EPA 515、EPA 8151 GC/ECD
2，4～滴	气相色谱法	GB/T 23214—2008 液相色谱-串联质谱法	—
百菌清	气相色谱法	GB/T 23214—2008 液相色谱-串联质谱法 HJ 698—2014 气相色谱法	EPA 525 GC-MS EP A508 GC/ECD EPA 1699 HRGC/HRMS
呋喃丹	高压液相色谱法	GB/T 23214—2008 液相色谱-串联质谱法	EPA 531 HPLC-UV EPA 8270 GC-MS EPA 8321 HPLC-MS SM 6610 HPLC
毒死蜱	气相色谱法	GB/T 23214—2008 液相色谱-串联质谱法	EPA 527、EPA 525 GC-MS EPA 8141 GC-FPD/NPD EPA 1699 HRGC/HRMS
草甘膦	高压液相色谱法	—	EPA 547 HPLC
敌敌畏	气相色谱法	GB/T 23214—2008 液相色谱-串联质谱法 CJ/T 144—2001 气相色谱法	EPA 525、EPA 8270 GC-MS EPA 507 GC-NPD EPA 8141 GC-FPD/NPD
莠去津	高压液相色谱法	HJ 587—2010 高效液相色谱法 GB/T 23214—2008 液相色谱-串联质谱法	EPA 525 GC-MS EPA 507 GC-NPD EPA 527 SEP-GC-MS EPA 508、EPA 551 GC-ECD EPA 1699 HRGC/HRMS EPA 8141 GC-FPD/NPD
溴氰菊酯	高压液相色谱法	HJ 698—2014 气相色谱法	—
苯	溶剂萃取-气相色谱法 顶空-气相色谱法	HJ 639—2012 吹扫捕集 气相色谱-质谱法 HJ 686—2014 吹扫捕集 气相色谱法	EPA 602、EPA 502、EPA 8021 GC-PID EPA 524、EPA 624、EPA 1624、SM 6200、EPA 8260 GC-MS
甲苯	—	HJ 639—2012 吹扫捕集 气相色谱-质谱法 HJ 686—2014 吹扫捕集 气相色谱法	—

续表

水质指标	《生活饮用水标准检验方法》(GB/T 5750—2006)	国内其他标准	国外方法
乙苯	—	HJ 639—2012 吹扫捕集 气相色谱-质谱法 HJ 686—2014 吹扫捕集 气相色谱法	—
二甲苯	—	HJ 639—2012 吹扫捕集 气相色谱-质谱法 HJ 686—2014 吹扫捕集 气相色谱法	—
苯乙烯	溶剂萃取-气相色谱法 顶空-气相色谱法	HJ 639—2012 吹扫捕集 气相色谱-质谱法 HJ 686—2014 吹扫捕集 气相色谱法	EPA 502、EPA 8021 GC-PID/ELCD EPA 524、EPA 1625、EPA 6200、EPA 8260 GC-MS
氯苯	气相色谱法	HJ/T 74—2001 气相色谱法 HJ 621—2011 气相色谱法 HJ 639—2012 吹扫捕集气相色谱-质谱法	EPA 601、EPA 602、EPA 502、EPA 8021 GC-PID/ELCD EPA 524、EPA 624、EPA 1624、SM 6200、EPA 8260、EPA 8270 GC-MS
1，2-二氯苯	气相色谱法	HJ 621—2011 气相色谱法 HJ 639—2012 吹扫捕集 气相色谱-质谱法	—
1，4-二氯苯	气相色谱法	HJ 621—2011 气相色谱法 HJ 639—2012 吹扫捕集 气相色谱-质谱法	—
三氯苯	气相色谱法	HJ 621—2011 气相色谱法 HJ 639—2012 吹扫捕集 气相色谱-质谱法 HJ 699—2014 气相色谱-质谱法	—
1，1-二氯乙烯	吹脱捕集/气相色谱法	HJ 620—2011 顶空气相色谱法 HJ 639—2012 吹扫捕集 气相色谱-质谱法 HJ 686—2014 吹扫捕集 气相色谱法	EPA 601、EPA 602、EPA 502、EPA 8021 GC-PID/ELCD EPA 524、EPA 624、EPA 162、SM 6200、EPA 8260 GC-MS
1，2-二氯乙烯	吹脱捕集/气相色谱法	HJ 620—2011 顶空气相色谱法 HJ 639—2012 吹扫捕集 气相色谱-质谱法 HJ 686—2014 吹扫捕集 气相色谱法	—

续表

水质指标	《生活饮用水标准检验方法》(GB/T 5750—2006)	国内其他标准	国外方法
氯乙烯	气相色谱法	HJ 639—2012 吹扫捕集 气相色谱-质谱法	—
四氯乙烯	气相色谱法	HJ 620—2011 顶空气相色谱法 HJ 639—2012 吹扫捕集 气相色谱-质谱法 HJ 686—2014 吹扫捕集 气相色谱法	—
三氯乙烯	气相色谱法	HJ 620—2011 顶空气相色谱法 HJ 639—2012 吹扫捕集 气相色谱-质谱法 HJ 686—2014 吹扫捕集 气相色谱法	—
六氯丁二烯	气相色谱法	HJ 620—2011 顶空气相色谱法 HJ 639—2012 吹扫捕集 气相色谱-质谱法 HJ 686—2014 吹扫捕集 气相色谱法	EPA 524、EPA 1625、EPA 8270、SM 6410、SM 6200 GC-MS EPA 612 GC/ECD EPA 502、EPA 8021 GC/PID/ELCD
邻苯二甲酸二（2-乙基己基）酯	气相色谱法	—	EPA 525、EPA 1625、EPA 8270、SM 6410 GC-MS EPA 606 GC/ECD EPA 506 GC/PID/ELCD
微囊藻毒素-LR	高压液相色谱法	GB/T 20466—2006 高效液相色谱法和间接竞争酶联免疫吸附法	EPA 544 SPE-LC-MS/MS
环氧氯丙烷	气相色谱法	HJ 639—2012 吹扫捕集 气相色谱-质谱法 HJ 686—2014 吹扫捕集 气相色谱法	EPA 8021 GC-PID/ELCD EPA 8260 GC-MS
丙烯酰胺	气相色谱法	HJ 697—2014 气相色谱法	EPA 8316 HPLC EPA 8032 GC
苯并（a）芘	高压气相色谱法	HJ 478—2009 液液萃取和固相萃取高效液相色谱法 CJ/T 147—2001 液相色谱法 GB/T 26411—2010 气相色谱-质谱法	EPA 1625、EPA 525、SM 6410、EPA 8270 GC-MS EPA 8100 GC-FID EPA 550、SM 6440、EPA 8310 HPLC
甲醛	AHMT 分光光度法	HJ 601—2011 乙酰乙酮分光光度法	EPA556 GC/ECD

续表

水质指标	《生活饮用水标准检验方法》(GB/T 5750—2006)	国内其他标准	国外方法
2-甲基异莰醇	—	—	SM 6040D SPME/GC-MS 法 SM 6040B CLSA/GC-MS SM 6200B P&T/GC-MS 法
土臭素	—	—	

饮用水微生物指标国内外检验方法标准　　表 2-3

水质指标	《生活饮用水标准检验方法》(GB/T 5750—2006)	国内其他标准	国外方法
总大肠菌群	多管发酵法 滤膜法 酶底物法	HJ/T 347—2007 粪大肠菌群的测定 多管发酵法和滤膜法	SM 9221 多管发酵法 SM 9222 膜过滤法 SM 9223 酶底物法 EPA 1103.1 膜过滤培养法 EPA 1604 膜过滤法
耐热大肠菌群	多管发酵法 滤膜法	—	—
大肠埃希氏菌	多管发酵法 滤膜法	—	—
菌落总数	平皿计数法	—	—
贾第鞭毛虫	免疫磁分离荧光抗体法	—	EPA 1622 过滤-免疫磁分离-荧光抗体检测 EPA 1623 过滤-免疫磁分离-荧光抗体检测
隐孢子虫	免疫磁分离荧光抗体法	—	EPA 1622 过滤-免疫磁分离-荧光抗体检测 EPA 1623 过滤-免疫磁分离-荧光抗体检测

《生活饮用水卫生标准》(GB 5749—2006)中有 71 项非常规检验指标的检测可以采用较新的检测技术、仪器设备以及较高素质的检测人员的配备。通过对美国等发达国家饮用水水质检测方法的调研可以看出：当前国外已将越来越多依托于高灵敏度的大型分析仪器的监测技术用于水质分析，如等离子发射光谱-质谱法（ICP-MS）、气相色谱质谱法（GC-MS）、液相色谱质谱法（GC-MS）、离子色谱法（IC）以及流动分析等技术。

由于《生活饮用水标准检验方法》（GB/T 5750—2006）是在原卫生部出版的《生活

饮用水卫生规范》的基础上制定，制定时部分参考了当时先进国家的标准分析方法，同时兼顾了我国仪器设备状况，但针对城镇供水行业的仪器配置状况及科技的快速发展和设备制造技术的进步考虑不足，存在检测方法落后于监测技术，部分检测方法不完善，少数检测方法检出限高于水质标准限值等问题，对饮用水水质监测数据可靠性产生一定影响。如为了提高检测效率，充分利用大型水质检测仪器，城市供水行业实验室一般采用美国《水和废水标准检验方法》、美国国家环境保护局（EPA）及相关期刊发表的检测方法。但根据我国技术监督部门的有关规定，上述先进国家的方法一般不能作为标准方法直接使用，均“限特定委托方”检测；期刊、杂志发表的检测方法均视为“非标方法”。据了解，国家城市供水水质监测网 90%以上的监测站部分采用了“非标方法”或“限特定委托方”的方法。此外，由于一些国产化仪器的检测原理与国外设备不同，没有适用的国标方法，这些仪器没有标准方法，只能按照产品说明书使用，不能对外出具检测结果，影响了国产化检验设备的推广和使用。

2.1.2 筛选指标及标准化工作目标

基于对国家城市供水水质监测网 42 个国家站现有的仪器设备配置状况、检测能力（即承担的检测项目）等监测能力现状，以及目前完成检测项目所采用的各种检测方法开展的调查研究，在对国际标准化组织（ISO）以及美国、日本、欧盟等发达国家等饮用水水质检测所采用的标准检验方法进行调研的基础上，筛选出需要开展检验方法标准化的水质指标、拟采用的方法及标准化工作重点（表 2-4）。

针对筛选出的 80 项指标，结合我国城市供水行业水质监测技术的发展水平，积极采用国际标准和国外的先进标准，同时充分考虑与现行国标《生活饮用水标准检验方法》（GB/T 5750—2006）的衔接和互补，对国标方法进行了补充和完善。因我国不同地域经济发展水平、水质检测设备配置水平和供水水质状况的差异较大，项目在保留传统化学检测方法的基础上，充分依托气相色谱质谱仪（GC-MS）、液相色谱质谱仪（LC-MS）、离子色谱仪（IC）以及流动注射仪（FIA）等高灵敏度的大型分析仪器及相关技术，在以下 3 个方面实现了方法了改进，确保方法的适用性。

（1）改进国标方法。通过对臭和味、环氧氯丙烷、七氯、灭草松及微囊藻毒素等指标检测方法的改进，弥补了现行国标方法的缺陷，满足了城市供水行业对水质监测的要求。

（2）降低检测成本。通过改进检测方法和对国产化检测设备试剂的应用，大幅度降低了贾第鞭毛虫和隐孢子虫、臭氧、二氧化氯等指标的检测成本。本标准开发的膜浓缩-密度梯度分离法，与国标方法（滤囊免疫磁珠分离法）相比，设备投入降低了 75%，单样检测的材料成本降低了 85%。

（3）提高检测效率。通过高通量水质检测方法的开发，提高了致臭物质、挥发性有机物、农药、卤乙酸、氰化物、挥发酚、硫化物和阴离子合成洗涤剂等指标的检测效率，也相应降低了检测成本。本标准开发的针对敌敌畏、乐果、毒死蜱等 12 种农药的液相色谱-串联质谱法使检测时间从 20h 缩短到 15min；氰化物、挥发酚、硫化物和阴离子合成洗涤剂等指标的流动分析法，实现了手工检测的自动化，使单样的检测时间从 2h 缩短至 3min。

最终可使 106 项全分析的水质检测成本节约 20%，检测时间缩短约 30%，为《生活饮用水卫生标准》（GB 5749—2006）的全面实施提供了较好的检测技术支持。

水质检验方法标准化涉及指标及标准化重点　　**表 2-4**

类别	指标项目	方法名称	方法研究要点
非标方法标准化（12 种方法，29 项指标）	氰化物、挥发酚、硫化物、阴离子合成洗涤剂	流动注射分析法	实现了检测的自动化，提高了检测效率
		连续流动分析法	
	挥发性有机物	吹扫捕集/气相色谱-质谱法	非标方法标准化
	苯系物	吹扫捕集/气相色谱-质谱法	非标方法标准化
	土臭素、2-甲基异莰醇	顶空固相微萃取/气相色谱-质谱法	国内无标准，建立无溶剂萃取、定性准确的新方法
	臭和味	FPA 法	定性改为半定量分析
标准方法改进（9 种方法，15 项指标）	二氧化氯	DPD 现场比色法	国产试剂替代进口试剂
	苯系物	吹扫捕集/气相色谱法	扩展前处理方式
	氯苯类	吹扫捕集/气相色谱法	扩展前处理方式
		顶空/气相色谱法	扩展前处理方式
	环氧氯丙烷	液液萃取/气相色谱-质谱法	改进前处理方式，降低检测限达到国标要求
	灭草松	固相萃取/液相色谱法	改进前处理方式
	隐孢子虫、贾弟鞭毛虫	滤囊密度梯度免疫磁分离荧光抗体法	利用已有的设备，部分材料国产化，降低检测成本
	七氯	固相萃取/气相色谱-质谱法	改进前处理方式
	毒死蜱	固相萃取/气相色谱-质谱法	改进前处理方式
新的标准方法开发（9 种方法，18 项指标）	臭氧	KI-DPD 比色现场测定法	建立了针对国产设备的新方法
	卤乙酸	离子色谱法	简化预处理步骤，提高灵敏度
		液相色谱-串联质谱法	针对新仪器开发的方法，无前处理
	丙烯酰胺	液相色谱-串联质谱法	针对新仪器开发的方法，无前处理
	草甘膦	离子色谱法（氢氧根系统淋洗液）	提供了基于普遍配置的设备的检测方法，减少了特殊设备的投入
		离子色谱法（碳酸根系统淋洗液）	
	隐孢子虫、贾弟鞭毛虫	滤膜密度梯度分离免疫荧光抗体法	部分设备和材料国产化，极大降低设备投资和检测成本
	农药类	液相色谱-串联质谱法	针对新仪器开发的方法，无前处理，高通量多组分同时测定
	微囊藻毒素	液相色谱-串联质谱法	针对新仪器开发的方法，无前处理

2.1.3　标准方法的开发与验证要求

分别针对流动注射/连续流动法、离子色谱法、气相色谱法或气相色谱质谱法、液相色谱法或液相色谱-串联质谱法等不同方法，从样品采集与保存、样品前处理、检测条件的选择与优化、干扰和消除到样品检测开展试验，按照统一的数据处理与结果计算方法，对方法的标准曲线、检出限、最低检测质量浓度、精密度、准确度等进行评估。

为了保证检测方法的适用性，根据我国不同地区的水质特点，考虑到不同实验室设备配置水平的差异性，针对每种新方法，在全国范围内选择不少于 3 家实验室进行了方法验证。方法验证依据《环境监测分析方法标准制修订技术导则》（HJ 168—2010）实施，验证实验室对标准曲线、方法检出限和最低检测质量浓度、精密度、准确度和干扰实验等内容进行验证和评估，根据验证结果对方法再次进行优化。评估方法如下：

1. 方法检出限（Method Detection Limit，MDL）

方法检出限为某特定分析方法在给定的置信度内可从样品中检出待测物质的最小浓度。检出限受仪器的灵敏度和稳定性、全程序空白试验值及其波动性的影响。

本标准检出限参考美国 EPA 的规定和《环境监测分析方法标准制修订技术导则》（HJ 168—2010）确定。对方法检出限的描述为：能够被检出并在被分析物浓度大于零时能以 99%置信度报告的最低浓度。方法检出限的计算方法如下：

配制相当于检出限浓度 1～3 倍的标准溶液进行重复测量，见公式（2-1）进行计算。

$$MDL = SD \times t_{(n-1, 1-\alpha=0.99)} \tag{2-1}$$

式中　n——样品重复测量的次数；

SD——n 次测量的标准偏差；

t——自由度 $n-1$ 时的 t 分布值；

$1-\alpha$——置信水平。

若重复测定 7 次，置信水平为 99%，查 t 值则可简化为：

$$MDL = 3.14SD$$

依据《环境监测分析方法标准制修订技术导则》（HJ 168—2010）附录 A，对 MDL 计算值的合理性进行判断。

2. 最低检测质量浓度（Reliable Detection Level，RQL）

最低检测质量浓度又称为检测限或测量限。最低检测质量浓度指在限定误差能满足预定要求的前提下，用特定方法能够准确定量测定被测物质的最低浓度。

本标准中以 4MDL（检出限）为最低检测质量浓度（RQL），即 4 倍检出限浓度作为最低检测质量浓度。实验室在使用本方法标准时，应对被测物质最低检测质量浓度进行确认。

3. 校准曲线

校准曲线是描述待测物质浓度或量与相应测量仪器响应值或其他指示量之间的定量关系曲线。校准曲线包括工作曲线（绘制标准曲线的溶液需与样品分析步骤完全相同）和标准曲线（标液的分析步骤有所省略，如不经过前处理等）。

标准曲线即样品中被测组分能被检测出的最低量和在设计的范围内，测试结果与样品中被测组分浓度直接呈正比关系的程度。

工作曲线为方法的定量测定范围，定量测定范围指在限定误差能满足预定要求的前提下，特定方法的最低检测质量浓度至测定上限之间的浓度范围。

本次校准曲线做统一规定：在配制标准溶液系列时，已知浓度点（含空白浓度）不少于6个；无机指标的相关系数 $r \geqslant 0.999$，有机指标的相关系数 $r \geqslant 0.990$。

4. 准确度

准确度系指用该方法测定的结果与真实值或参考值接近的程度，可用已知浓度的标准物质进行分析测定，通过分析标准物质，由所得检测结果计算检测方法的准确度。

进行准确度测定时，向纯水、水源水、出厂水或管网水等不同类型的水样中，至少加入高、低2种不同的浓度，分别平行测定数次（本标准方法验证时统一规定平行测定7次），计算加标回收率，进行结果评价。当向实际水样中加标时，加标量为样品本底浓度的0.5～2倍，但加标后的总浓度应不超过方法的测定上限浓度值，并应注意加标物的形态应该和被测物的形态相同。如果实际水样未检出时，以高、低2个浓度的加标量所对应的2个浓度点（线性最高浓度的0.1倍、0.9倍），分别平行测定7次的结果进行评价。

5. 精密度

精密度系指在规定的测定条件下，同一个样品，经多次取样测定所得结果之间的接近程度。

进行精密度测定时，向纯水、水源水、出厂水或管网水等不同类型的水样中，至少加入高、低2种不同的浓度，分别平行测定数次（本标准方法验证时统一规定平行测定7次），计算相对标准偏差，进行结果评价。当向实际水样中加标时，加标量为样品本底浓度的0.5～2倍，但加标后的总浓度应不超过方法的测定上限浓度值，并应注意加标物的形态应该和被测物的形态相同。如果实际水样未检出时，以高、低2个浓度的加标量所对应的2个浓度点（线性最高浓度的0.1倍、0.9倍），分别平行测定7次的结果进行评价。

本标准精密度用相对标准偏差表示。根据方法验证结果，计算实验室内相对标准偏差和实验室间相对标准偏差，根据数理统计方法，判断其合理性。

2.2 现行国标方法的改进研究

2.2.1 研究概况

《生活饮用水标准检验方法》（GB/T 5750—2006）存在检测方法落后于监测技术、部分检测方法不完善、少数检测方法检出限高于水质标准限值等问题，对饮用水水质监测数据可靠性产生一定影响。项目通过对“两虫”、环氧氯丙烷、灭草松、七氯、毒死蜱等指标的检测方法的改进，弥补了现行国标方法的缺陷。见表2-5。

针对现行国标方法的改进研究要点　　**表 2-5**

水质指标	方法名称	方法研究要点	作用与意义
贾第鞭毛虫、隐孢子虫	滤膜浓缩-密度梯度分离荧光抗体法（滤囊浓缩一并开发，作为另一标准方法）	对现行国标方法进行优化，包括试剂配比、离心速度、染色膜的选择等，提出用甲醛-乙酸乙酯进行分离纯化，使用醋酸纤维素小膜过滤后可以立即染色的方法，并确定了高浊样品及藻类干扰的消除方法，回收率达到国标法的要求	用常规设备和材料替代了专用免疫磁珠和淘洗设备，使“两虫”设备投入降低了 75%，单样检测的材料成本降低了 85%
环氧氯丙烷	液液萃取/气相色谱-质谱法	改进前处理方法，对液液萃取条件、色谱柱及升温程序进行了优化，方法最低检测质量浓度为 0.4μg/L	解决了现行国标方法的检测限高于国标限值的问题
灭草松	固相萃取/液相色谱法	改进了前处理方法，对固相萃取材料、液相色谱流动相等条件进行了优化，方法最低检测质量浓度为 0.4μg/L	固相萃取替代液液萃取，液相色谱替代气相色谱，减少了溶剂消耗，检测结果更为可靠
毒死蜱	固相萃取/气相色谱-质谱法	改进了前处理方法，对固相萃取材料、液相色谱流动相等条件进行了优化。方法最低检测质量浓度为 1.0μg/L	固相萃取替代液液萃取，用质谱检测器替代火焰光度检测器，减少了溶剂消耗，检测结果更为可靠
七氯	固相萃取/气相色谱-质谱法	改进了前处理方法，对固相萃取材料、液相色谱流动相等条件进行了优化。方法最低检测质量浓度为 0.2μg/L	固相萃取替代液液萃取，用质谱检测器替代 ECD 检测器，减少了溶剂消耗，检测结果更为可靠
氯苯类（包括 1，2-二氯苯、1，4-二氯苯、1，2，3-三氯苯、1，2，4-三氯苯、1，3，5-三氯苯和六氯苯等 6 项）	顶空/气相色谱法	对顶空的平衡时间、平衡温度、载气压力、加盐种类、加盐量等进行优化，对色谱柱、升温程序等进行了研究。本方法的最低检测质量浓度：1，2-二氯苯，20μg/L；1，4-二氯苯，10μg/L；1，2，3-三氯苯，2.0μg/L；1，2，4-三氯苯，2.0μg/L；1，3，5-三氯苯，2.0μg/L；六氯苯，0.44μg/L	顶空替代液液萃取，毛细管状替代填充柱，提升自动化水平，具有检测效率高、检测限低，灵敏度高的优点

续表

水质指标	方法名称	方法研究要点	作用与意义
氯苯类（包括1，2-二氯苯、1，4-二氯苯、1，2，3-三氯苯、1，2，4-三氯苯和1，3，5-三氯苯等5项）	吹扫捕集/气相色谱法	对捕集管填充材料，吹扫时间，吹扫气体流速，解吸温度和时间，衬管的选择，升温程序等进行了优化研究。本方法的最低检测质量浓度为：1，2-二氯苯，29μg/L；1，4-二氯苯，14μg/L；1，2，3-三氯苯，2.0μg/L；1，2，4-三氯苯2.3μg/L；1，3，5-三氯苯2.7μg/L	吹扫捕集替代液液萃取，毛细管状替代填充柱，具有检测效率高、检测限低，灵敏度高的优点
苯系物（包括苯、甲苯、乙苯、二甲苯和苯乙烯等5项）	吹扫捕集/气相色谱-质谱法	对捕集管填充材料，吹扫时间，吹扫气体流速，解吸温度和时间，色谱柱的选择，升温程序和质谱参数等进行了优化研究。本方法的最低检测质量浓度为：苯，0.28μg/L；甲苯，0.60μg/L；乙苯，0.52μg/L；间二甲苯和对二甲苯，1.0μg/L；邻二甲苯，0.48μg/L；苯乙烯，0.48μg/L	吹扫捕集替代液液萃取，毛细管状替代填充柱，质谱检测器替代ECD和火焰光度检测器、具有检测限低，灵敏度高等优点
苯系物（包括苯、甲苯、乙苯、二甲苯和苯乙烯等5项）	吹扫捕集/气相色谱法	对捕集管填充材料，吹扫时间，吹扫气体流速，解吸温度和时间，升温程序等进行了优化研究。本方法的最低检测质量浓度为：苯，1.4μg/L；甲苯，1.4μg/L；乙苯，0.96μg/L；对二甲苯，1.4μg/L；间二甲苯，1.4μg/L；邻二甲苯，2.1μg/L；苯乙烯，0.96μg/L	吹扫捕集替代液液萃取，毛细管状替代填充柱，降低溶剂消耗，提升自动化水平，具有方法简便快速、检测限低，灵敏度高的优点

2.2.2 贾第鞭毛虫和隐孢子虫：滤膜浓缩-密度梯度分离荧光抗体法

检测成本是水质监管需要考虑的重要因素。目前国标指标中，隐孢子虫卵囊和贾第鞭毛虫是检测费用最高的指标。隐孢子虫是寄生于人和多种动物胃肠道的致病性原虫，贾第鞭毛虫也是一类寄生于人体和多种动物的一类寄生性原虫。水中隐孢子虫卵囊和贾第鞭毛虫孢囊的检测，GB/T 5750—2006实际采用的是EPA 1623方法，该方法主要包括水样浓缩、分离纯化、染色和计数这几个步骤。由于EPA 1623方法设备投资较高，且日常检测所用的滤囊/滤芯、免疫磁珠成本昂贵，单样品分析试剂耗材成本4000元人民币左右，此外，还需配备专用的淘洗设备大约40万元。针对EPA 1623方法设备投资和分析成本昂贵，国内多数水质检测部门无法推广应用等问题，本项目对浓缩和分离的方法进行改变，建立了膜浓缩/密度梯度分离免疫荧光法分析的饮用水中的“两虫”的标准检测方法。

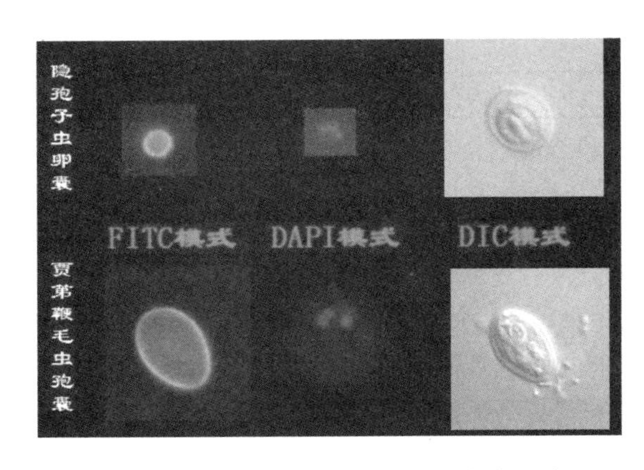

图 2-1　隐孢子虫和贾第鞭毛虫镜检图片

重点对镜检过程中“两虫”的特征进行了说明，减少了假阳性的发生，具有较好的回收率和重现性，有效提高了检测的准确度。遇到藻类干扰时，除了在 FITC、DAPI、DIC 模式下观察外，需要在 Texas Red 模式下观察，藻类在此模式由于叶绿素的存在内部下会有红色的荧光，而“两虫”没有此红色荧光，从而能辨别“两虫”、藻类、与“两虫”相似的其他生物（图 2-1）。

如图 2-2 所示，在 DIC 模式下，目标物的内部有很多核，却不是月牙形的子孢子，另外，DAPI 染色内部无明显的 1～4 个细胞核，而是整个细胞均呈现蓝色，可以确定该目标不是“两虫”。

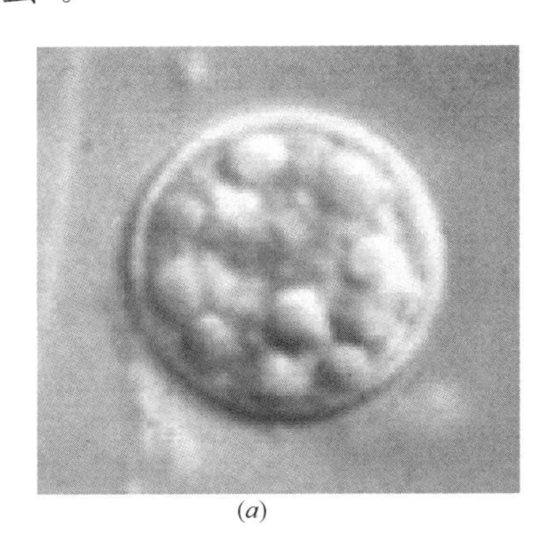

(*a*)

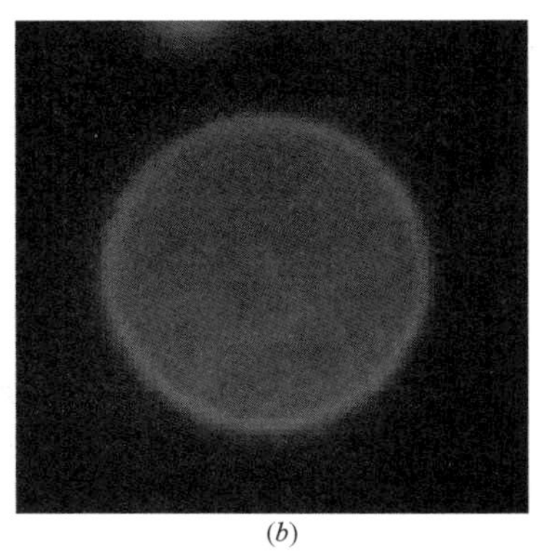

(*b*)

图 2-2　环孢子虫镜检图片

(*a*) DIC 模式；(*b*) DAPI 模式

图 2-3 是一组与隐孢子虫相似的藻类图片，可以看出在 DIC 和蓝光激发下与隐孢子虫的特征很相似，但是在绿光激发下可以看到有红色荧光，而“两虫”在绿光激发下内部无荧光，因此可将其排除。

图 2-3　水中藻类干扰镜检图片

图 2-4 是一组与贾第鞭毛虫相似的藻类图片，可以看出在 DIC 和蓝光激发下与隐孢子

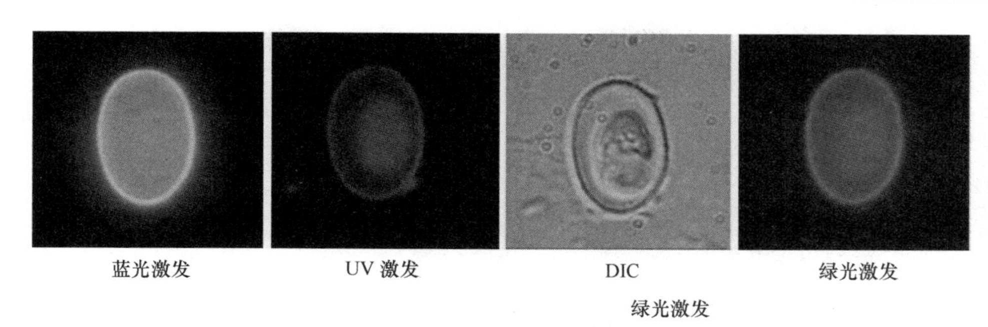

图 2-4 水中藻类干扰镜检图片

虫的特征很相似，但是在绿光激发下可以看到有红色荧光，而"两虫"在绿光激发下内部无荧光，因此可将其排除。

本方法针对不同水质，从方法应用范围、影响因素、质量控制等方面进行了进一步的优化，能够满足日常检测的需要，与现行国标方法相比，在回收率满足要求的前提下，大幅降低了检测成本。用滤膜替代一次性滤囊，用常用过滤器，离心机替代专用免疫磁珠和专用淘洗设备，使"两虫"设备投入降低了 75%，单样检测的材料成本降低了 85%。同时所需前处理设备简单，操作相对简便，利于推广应用于饮用水中"两虫"的日常检测。

此外，针对供水行业已经配备了滤囊和淘洗设备，也开发了滤囊浓缩/密度梯度分离荧光抗体法，一并列入标准方法中。该方法采用 Filta-Max Xpress 快速方法，对大体积量水样进行富集并快速洗脱，通过滤囊浓缩/密度梯度离心对贾第鞭毛虫孢囊和隐孢子虫卵囊进行分离纯化，再采用免疫荧光抗体染色法进行染色和镜检计数。

开发了基于新的设备和材料的新方法，对分离介质和染色滤膜进行了优选，研究了多种显微观察模式及干扰因素的消除方法，加标回收率控制达到 EPA 方法的要求。降低了检测成本，简化了检测步骤，减少干扰，缩短了检测时间。

2.2.3 环氧氯丙烷：液液萃取/气相色谱-质谱法

环氧氯丙烷主要用途是用于制环氧树脂，也是一种含氧的稳定剂和化学中间体，环氧基及苯氧基树脂合成的主要原料，用于制造甘油，熟化丙烯基橡胶，也可作为纤维素酯及醚的溶剂等。《生活饮用水卫生标准》(GB 5749—2006) 中的限值为 0.4μg/L，而《生活饮用水标准检验方法》(GB/T 5750—2006) 液液萃取-气相色谱法的最低检测质量浓度为 20μg/L，因此限值为检测定量限的 1/20，导致该限值无实际意义，检出即超标 20 倍。因此继续解决检测限的问题，确保标准可执行。

由于水样量较小，顶空、吹扫-捕集法以及固相微萃取法等均无法满足要求，因此还是选用液液萃取法进行样品前处理，样品量为 200mL，加入 10g 氯化钠，用 15mL 二氯甲烷萃取。气相由填充柱升级为毛细管柱，检测器由氢火焰离子化检测器升级为质谱。

用二氯甲烷萃取水样中环氧氯丙烷，萃取溶液经浓缩后，采用气相色谱质谱仪，通过选择离子监测模式对水样中的环氧氯丙烷进行定性分析和定量测定（图 2-5）。

气相色谱参考条件：固定相为 5%苯基甲基聚硅氧烷的色谱柱，HP-5ms（0.25mm×

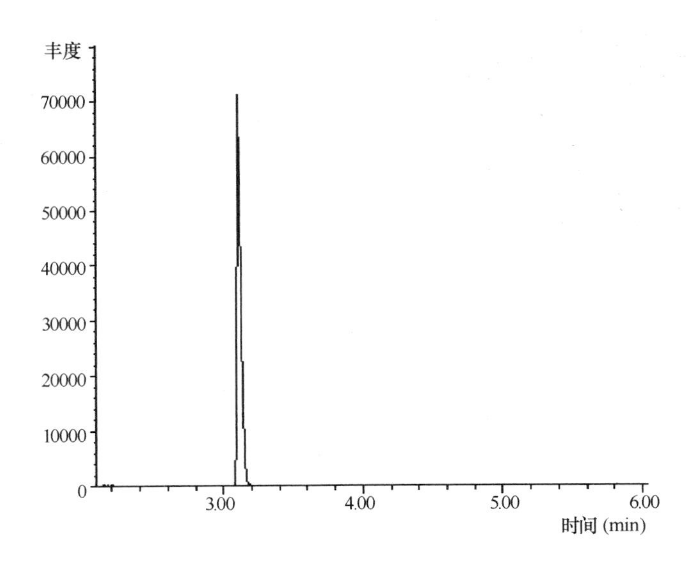

图 2-5　环氧氯丙烷标准色谱图

30m，0.25μm）或其他性能等效的色谱柱。进样口温度 250℃，载气流速 1mL/min，柱温恒温 40℃（保持 10min），直接进样（必要时可采用高压进样），进样量 1μL，分流比为 20∶1。

质谱参考条件：四极杆温度 150℃，离子源温度 230℃，传输线温度：280℃，扫描方式选择离子监测（SIM），定量离子为 57m/z，辅助定性离子为 62m/z 和 49m/z。

若取 200mL 水样测定，本方法的最低检测质量浓度为 0.4μg/L。与《生活饮用水卫生标准》（GB 5749—2006）标准限值一致。

2.2.4　灭草松：固相萃取/液相色谱法

灭草松是一种具选择性的触杀型苗后除草剂，用于杂草苗期茎叶处理。主要用于水稻、大豆、花生、小麦等作物，防除阔叶杂草和莎草科杂草。《生活饮用水卫生标准》（GB 5749—2006）规定的限值为 0.3mg/L。《生活饮用水标准检验方法》（GB/T 5750—2006）采用的是液液萃取-衍生化-气相色谱法检测，方法操作复杂，液液萃取和衍生化消耗有机溶剂较多，有必要简化操作，降低有机溶剂消耗，保护环境和检测人员健康。

本方法将水样中的灭草松用固相萃取柱吸附，甲醇洗脱，洗脱液经浓缩定容后，用具有紫外检测器的液相色谱仪进行测定。通过灭草松在液相色谱柱上的保留时间与响应值进行定性分析和定量分析（图 2-6）。

固相萃取柱推荐为：HLB（200mg，6mL），色谱柱为 C_{18} 柱（4.6mm×150mm，5μm）。

液相色谱参考条件：流动相为 65%体积乙腈（7.8.1.3.2）和 35%体积磷酸溶液（7.8.1.3.4）混合，进样量 10μL，柱温 35℃，紫外检测波长 213nm。洗脱条件为等度洗脱，流速 0.5mL/min。

若取水样 1000mL 浓缩至 1.0mL 测定，则本方法最低检测质量浓度为 0.4μg/L。

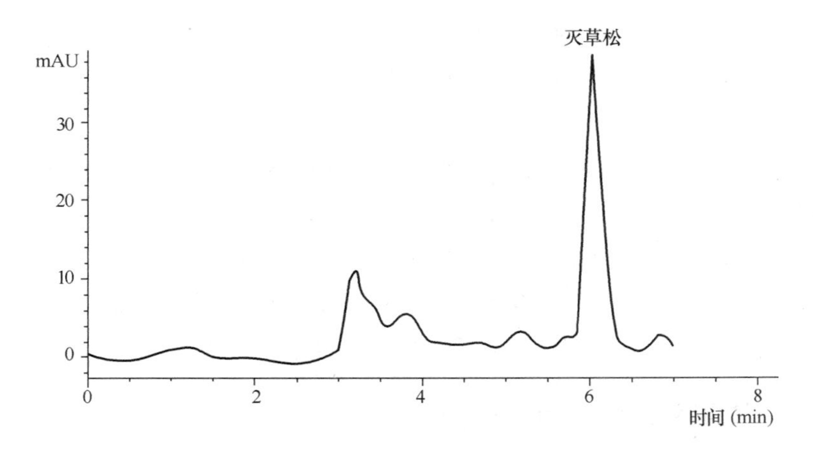

图 2-6　灭草松标准色谱图

本方法通过改进前处理方法和检测仪器，有机溶剂消耗量降低约 90%，检测时间缩短约 50%。

2.2.5　毒死蜱：固相萃取/气相色谱-质谱法

毒死蜱是我国广泛使用的杀虫剂，适用于水稻、小麦、棉花、果树、蔬菜、茶树上多种咀嚼式和刺吸式口器害虫的防治。《生活饮用水卫生标准》（GB 5749—2006）中限值为 0.03mg/L。《生活饮用水标准检验方法》（GB/T 5750—2006）采用的是液液萃取-气相色谱法检测，操作复杂，液液萃取消耗有机溶剂较多，难以自动化操作，有必要改进前处理方法，降低有机溶剂消耗，提高检测效率。

本方法将水样中的毒死蜱用 C_{18} 固相萃取柱吸附，使用二氯甲烷洗脱，洗脱液经浓缩至一定体积，采用气相色谱毛细柱分离，以质谱作为检测器，对水中的毒死蜱进行定性分析和定量测定（图 2-7）。

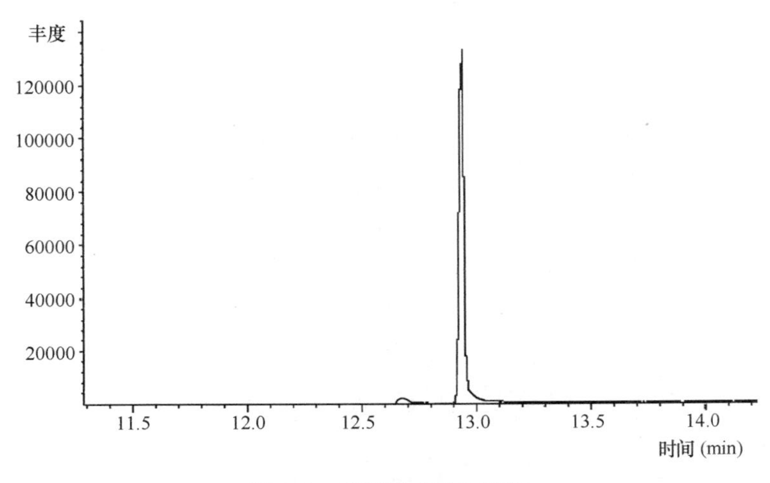

图 2-7　毒死蜱标准色谱图

气相色谱参考条件：进样口温度 300℃，载气流速 1mL/min，进样方式为分流进样，分流比为 20∶1，进样量 1μL。升温程序为初始温度 80℃，保持 2min，15℃/min 升温至 280℃，保持 2min。

质谱参考条件：四级杆温度 150℃，离子源（EI）温度为 230℃，传输线温度 280℃，扫描方式选择离子监测，特征离子（m/z）为 97、197、314。

若取水样 1000mL 浓缩至 1.0mL 测定，则本方法最低检测质量浓度为 1.0μg/L。

本方法通过改进前处理方法和检测仪器，降低了有机溶剂消耗量约 80%，单样品缩短了约 30%检测时间。可采用多样品并行固相萃取处理，大幅度提高检测效率。

2.2.6　七氯：固相萃取/气相色谱-质谱法

七氯是属于环二烯类杀虫剂。其化学结构稳定，不易分解和降解，会在环境里滞留较长时间，且有可能通过饮用水、牛奶和食物进入人体。《生活饮用水卫生标准》（GB 5749—2006）中限值为 0.4μg/L。《生活饮用水标准检验方法》（GB/T 5750—2006）采用的是液液萃取-气相色谱法检测，与毒死蜱类似，有必要降低有机溶剂消耗，提高检测效率。

本方法将水样中的七氯用 C_{18} 固相萃取柱吸附，用二氯甲烷洗脱，洗脱液经浓缩至一定体积，采用气相色谱毛细柱分离，以质谱作为检测器，对水中的七氯进行定性分析和定量测定（图 2-8）。

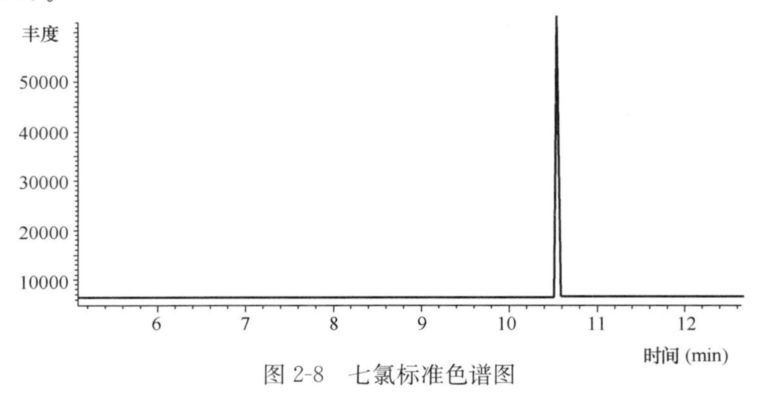

图 2-8　七氯标准色谱图

气相色谱参考条件：色谱柱为 HP-5ms（250μm × 30m，0.25μm），进样口温度 250℃，载气流速 1mL/min，进样方式为不分流进样，进样量 1μL。升温程序：初始温度 80℃，以 20℃/min 升温至 260℃。

质谱参考条件：四级杆温度 150℃，离子源温度 230℃，传输线温度 250℃，扫描方式选择离子监测（SIM），特征离子（m/z）为 100、272、274，溶剂延迟 5min。

若取水样 1000mL 浓缩至 1.0mL 测定，则本方法最低检测质量浓度为 0.2μg/L。

与毒死蜱一样，本方法大幅降低了有机溶剂消耗，并提高了检测效率。

2.2.7　氯苯类：顶空或吹扫捕集/气相色谱法

氯苯类是常用的溶剂、还原剂、氧化剂或中间体，其化学性质比较稳定，在《生活饮用水卫生标准》(GB 5749—2006)列入了氯苯、1，2-二氯苯、1，4-二氯苯、1，2，3-三氯苯、1，2，4-三氯苯、1，3，5-三氯苯和六氯苯等 7 项。目前《生活饮用水标准检验方法》(GB/T 5750—2006)采用液液萃取-气相色谱法检测，萃取剂为石油醚或二硫化碳，萃取所用有机溶剂用量大且操作繁琐，会对环境造成二次污染，并影响试验人员健康，填充柱分离效果也不如毛细柱。

顶空和吹扫捕集是常用的挥发性有机物的前处理方法，其不需要溶剂，可自动化运行。因此，对这 2 种方法都进行了标准化研究。

顶空/气相色谱法将被测水样置于密封的顶空瓶中，在一定温度下经一定时间的平衡，水中氯苯类化合物从液相逸出至气相，并在气液两相中达到平衡，此时氯苯类化合物在气相中的浓度与它在液相中的浓度成正比，通过对气相中氯苯类化合物浓度的测定，可计算出水样中氯苯类化合物的含量（图 2-9)。

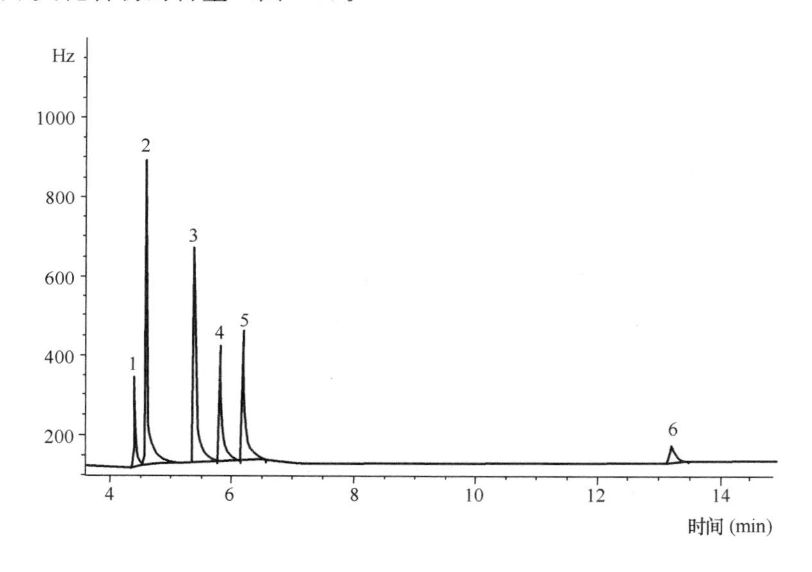

图 2-9 顶空气相色谱法 氯苯类标准色谱图

1—1，4-二氯苯；2—1，2-二氯苯；3—1，3，5-三氯苯；4—1，2，4-三氯苯；5—1，2，3-三氯苯；6—六氯苯

自动顶空进样器参考条件：进样量 1mL，平衡温度 80℃，平衡时间 40min。

顶空气相色谱分析条件：进样口温度 250℃，检测器温度 320℃，进样方式为分流（分流比为 1∶1)，载气流速 1mL/min。升温程序：初始温度 80℃，以 15℃/min 升温至 150℃，再以 5℃/min 升温至 200℃，保持 2min。

若取 10mL 水样测定，本方法的最低检测质量浓度：1，2-二氯苯 20μg/L，1，4-二氯苯 10μg/L，1，2，3-三氯苯 2.0μg/L，1，2，4-三氯苯 2.0μg/L，1，3，5-三氯苯 2.0μg/L，六氯苯 0.44μg/L。

吹扫捕集/气相色谱法将被测水样用注射器或自动进样设备注入吹扫捕集装置的吹脱管中，在室温下通以惰性气体（氮气或氦气)，把水样中氯苯类化合物捕集在装有适当吸附剂的捕集管内。吹扫程序完成后，捕集管被瞬间加热并以氮气或氦气反吹，将所吸附的组分解吸入气相色谱仪中，组分经程序升温色谱分离后，用电子捕获检测器进行检测（图 2-10）。

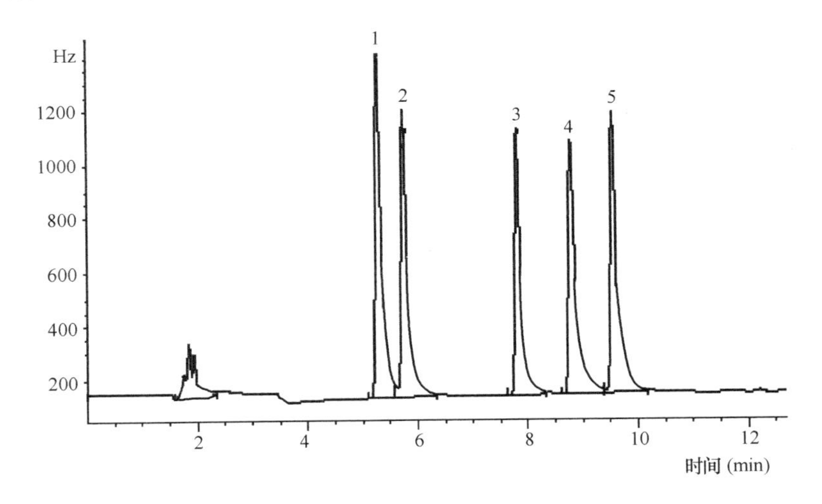

图 2-10　吹扫捕集-气相色谱法 氯苯类标准色谱图

1—1，4-二氯苯；2—1，2-二氯苯；3—1，3，5-三氯苯；4—1，2，4-三氯苯；5—1，2，3-三氯苯

吹扫捕集参考条件：吹扫温度为室温，吹扫时间 11min，解吸温度为 280℃，解吸时间 2min，烘烤温度 270℃，烘烤时间 2min，进样量 5mL。吹扫气体为氦气或氮气，纯度不小于 99.999%，流量 50mL/min。

吹扫捕集/气相色谱参考条件：进样口温度 250℃，检测器温度 320℃，进样方式为分流（分流比为 20∶1），载气流速 1mL/min。升温程序：初始温度 50℃，以 10℃/min 升温至 100℃，再以 40℃/min 升温至 220℃，保持 2min。

若取 5mL 水样测定，本方法的最低检测质量浓度为：1，2-二氯苯，29μg/L；1，4-二氯苯，14μg/L；1，2，3-三氯苯，2.0μg/L；1，2，4-三氯苯 2.3μg/L；1，3，5-三氯苯 2.7μg/L。

氯苯类方法的改进主要在于改进了前处理方法，前处理阶段不消耗溶剂，且可以自动化操作，大幅提高了效率，减少了溶剂消耗，有利于检测人员健康。

2.2.8　苯系物：吹扫捕集/气相色谱法、吹扫捕集/气相色谱-质谱法

苯系物是常用的有机溶剂和化工原料。《生活饮用水卫生标准》（GB 5749—2006）中包括苯、甲苯、乙苯、二甲苯、苯乙烯等多种苯系物。目前《生活饮用水标准检验方法》（GB/T 5750—2006）采用的是液液萃取或顶空-气相色谱法检测，萃取剂为二硫化碳，萃取所用有机溶剂用量大且操作繁琐，对环境会造成二次污染并影响试验人员的健康；虽然将顶空列入，但吹扫捕集配置更为广泛，其富集效率高于顶空。因此有必要扩充前处理方式，增加检测器选项，进行系统优化。

将被测水样注入吹扫捕集装置的吹脱管中，通入的氮气（或氦气）将水样中的苯系物吹脱出来，捕集在装有适当吸附剂的捕集管内。吹脱程序完成后，捕集管被瞬间加热并以

氮气（或氦气）反吹，将所吸附的苯系物解吸并吹入气相色谱仪（GC）中，苯系物经程序升温分离后，用氢火焰离子化检测器（FID）或质谱检测。通过与待测目标化合物色谱保留时间相比较进行定性分析，用外标法进行定量分析（图 2-11、图 2-12）。

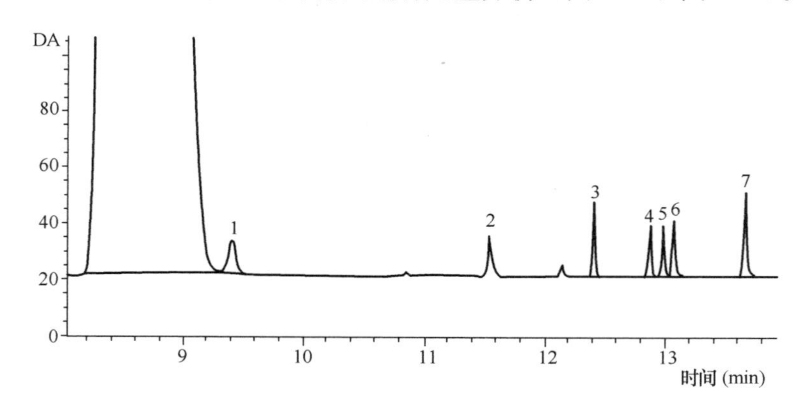

图 2-11 气相色谱法苯系物标准色谱图

1—苯；2—甲苯；3—乙苯；4—对二甲苯；5—间二甲苯；6—邻二甲苯；7—苯乙烯

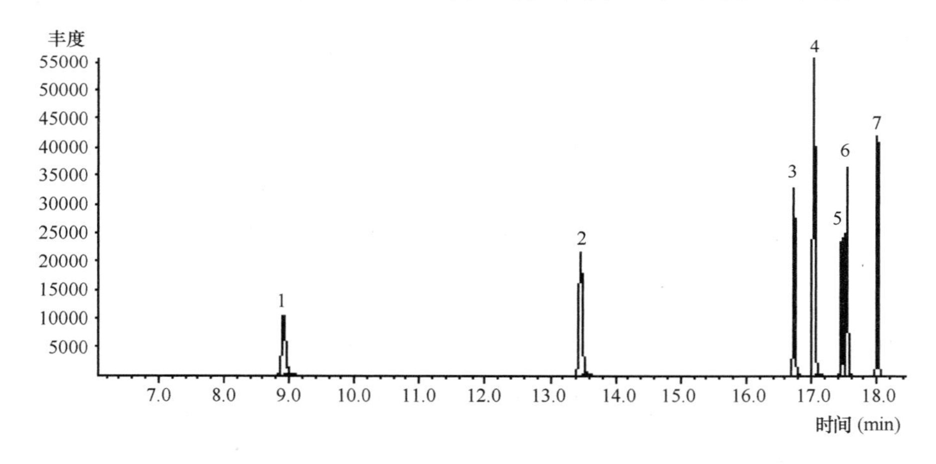

图 2-12 气相色谱-质谱法 苯系物标准色谱图

1—苯；2—甲苯；3—乙苯；4—间二甲苯和对二甲苯；5—苯乙烯；6—邻二甲苯；7—异丙苯

吹扫捕集装置及条件：配有 Tenax/SilicaGel/Charcoal 捕集管或其他等效捕集管，5mL 吹扫管，5mL 注射器，也可选用 25mL 吹扫系统。吹扫温度为室温，吹扫时间 9min，解吸温度 220℃，解吸时间 1min，烘烤温度 270℃，烘烤时间 2min，进样量 5mL。吹扫气体：氮气或氦气，纯度不小于 99.999%，流量为 30mL/min。色谱柱：DB-WAX（0.25mm×30m，0.25μm）或其他性能等效的色谱柱。

气相色谱条件：进样口温度 150℃，进样方式为分流，分流比为 10∶1，载气流速 1.0mL/min，氢火焰离子化检测器（FID）温度：250℃，氢气流速 35mL/min，空气流速 400mL/min，尾吹流速 25mL/min。升温程序：初始温度 40℃，保持 5min，5℃/min 升温至 90℃，20℃/min 升温至 170℃。离子源温度 230℃，传输线温度 235℃，四极杆温度 150℃，溶剂延迟时间 6min，扫描方式选择离子监测模式（SIM），扫描范围 45m/z～

350m/z。苯系物质谱的特征离子见表2-6。

苯系物质谱特征离子　　表2-6

化合物中文名	化合物英文名	定量离子 m/z	定性离子 m/z
苯	Benzene	78.1	—
甲苯	Toluene	91.1	92.1
乙苯	Ethyl-Benzene	91.1	106.1
邻二甲苯	o-Xylene	91.1	106.1
间二甲苯	m-Xylene	91.1	106.1
对二甲苯	p-Xylene	91.1	106.1
苯乙烯	Styrene	104	78

若取5mL水样测定，吹扫捕集/气相色谱法的最低检测质量浓度为：苯1.4μg/L，甲苯1.4μg/L，乙苯0.96μg/L，对二甲苯1.4μg/L，间二甲苯1.4μg/L，邻二甲苯2.1μg/L，苯乙烯0.96μg/L。

若取5mL水样测定，吹扫捕集/气相色谱-质谱法的最低检测质量浓度为：苯0.28μg/L，甲苯0.60μg/L，乙苯0.52μg/L，间二甲苯和对二甲苯1.0μg/L，邻二甲苯0.48μg/L，苯乙烯0.48μg/L。

苯系物方法的优化主要在于引入了配置更广，富集效率更高的前处理方法，采用质谱检测降低了检测限，提高了检测的整体技术水平。

2.3 国际先进标准的采标研究

2.3.1 研究概况

2016年之前，我国要求出具具有证明作用的检测数据必须采用国标、行标或地方标准，国外的标准方法不能作为标准方法直接使用。因此，一些国际先进方法标准需要进行本地化和标准化研究验证，转化为国内标准才能推广使用。但2016年新版《实验室资质认定评审准则》颁布，明确可以采用国际标准方法。本项目选择臭和味、氰化物、挥发酚、硫化物、阴离子洗涤剂、挥发性有机物等进行了国际标准化方法采标研究，通过方法的优化和大范围的验证，转化为行业标准方法（表2-7）。

国际先进标准的采标研究要点　　表2-7

水质指标	方法名称	方法研究要点	作用与意义
臭和味	嗅味层次分析法	基于人群对臭和味测试人员进行水中嗅味类别及强度鉴别训练后，可对水中臭和味进行定性分析及半定量测定。方法开发了适合中国人特点的标准培训程序，优化了结果质量控制程序，提高了检测结果可靠性	将传统的臭和味定性检测方法提升为半定量分析，开发了基于中国城镇供水特点的训练程序，对供水工艺更具有指导性

续表

水质指标	方法名称	方法研究要点	作用与意义
氰化物 挥发酚 硫化物 阴离子洗涤剂	流动注射分析法	结合我国城镇供水行业的水质特点，对样品的采集和保存、清洗时间、溶液条件、试剂用量、循环周期等进行了优化，对余氯等干扰因素及其消除方法行了研究，提高了检测结果的可靠性	实现了检测的自动化，大幅提高了检测效率，提升了检测结果的可靠性，节约了试剂和水样的用量
	连续流动分析法		
挥发性有机物（包括氯乙烯、1，1-二氯乙烯、二氯甲烷、顺式-1，2-二氯乙烯、反式-1，2-二氯乙烯、三氯甲烷、1，2-二氯乙烷、1，1，1-三氯乙烷、四氯化碳、三氯乙烯、四氯乙烯、一溴二氯甲烷、二溴一氯甲烷、1，1，2-三氯乙烷、氯苯、三溴甲烷、1，2-二氯苯、1，4-二氯苯、1，2，3-三氯苯、1，2，4-三氯苯、1，3，5-三氯苯和六氯丁二烯等22项指标）	吹扫捕集/气相色谱-质谱法	对吹扫捕集管填充材料和色谱柱进行了优选，优化了吹扫时间、吹扫气体流速、解吸温度和时间、升温程序、质谱参数等条件，22种挥发性有机物的最低检测质量浓度为0.28～0.88μg/L	直接将EPA的方法进行优化和标准化，可实现22种挥发性有机物同时检测，大幅提升了检测效率和检测质量
土臭素、2-甲基异莰醇	顶空固相微萃取/气相色谱-质谱法	建立了无需前处理、内标法定量的新方法，对固相微萃取条件、气相色谱程序升温程序、质谱参数和干扰因素消除方法进行了研究，提高了检测质量	可直接进水样，具有检测限低，灵敏度高的特点，可满足国内对土臭素、2-甲基异莰醇臭味事件的检测需要

2.3.2 臭和味：嗅觉层次分析法

饮用水中的臭和味是消费者评价饮用水质量的最直观判断参数，近年来饮用水中的臭和味问题在我国已引起了广泛的关注。《生活饮用水卫生标准》（GB 5749—2006）明确规定生活饮用水中不得有异臭、异味。我国有关臭和味检测标准方法中，对水中的臭和味仅能作定性的描述，误差大、可靠性差。国际上许多发达国家的水厂在饮用水的臭和味评价中，已较多采用嗅味感官分析方法对臭和味进行感官判断。本项目参考美国供水行业广泛采用的《水和废水标准检验方法》中SM2170嗅觉层次分析法（FPA），形成了适用于我国的嗅觉层次分析法（FPA）的综合评价方法。

嗅觉层次分析法是用于评价水中臭和味特征的感官分析方法。选定3～5名分析人员组成嗅觉评价小组，分析人员按照方法培训文件定期进行培训。通过方法培训，使得分析人员熟悉水中常见的异臭类型及不同浓度范围内的异臭强度特征。进行分析时，水样加热到一定温度使臭味溢出，分析人员闻其臭气。各分析人员先单独评价测试水样的异臭类型和异臭强度等级，再共同讨论确定水样的异臭类型，其中异臭强度等级取平均值。

FPA 测试人员需要先通过嗅觉测试簿辨识测试，嗅觉测试簿一组共有四小本，每一本均包含 10 种气味，测试员以无香味铅笔刮取气味片，再以鼻子闻测后，选择适当的选项。用无嗅铅笔将闻测答案记录在 UPSIT 嗅觉测试簿答题卡上。一般说来，正确率高于 80%的人比较适宜作为 FPA 测试人员。

随后要进行不同水样辨识训练、嗅味阈值测试、标准溶液练习、嗅味强度训练等，让测试人员掌握味道的通用描述、强度级别的记忆、混合嗅味的辨识等（表 2-8、表 2-9）。

异臭强度等级表　　表 2-8

异臭强度等级	异臭强度描述	说明
0	无	无任何异臭
2	微弱	一般饮用者甚难察觉，但嗅觉敏感者可以察觉
4	弱	一般饮用者刚能察觉，易分辨出不同的异臭种类
6	中等强度	已能明显察觉异臭
8	较强	有较强的，闻测时有刺激性感觉
10	强	有很显著的异臭，长时间闻测难以忍受
12	很强	有强烈的恶臭或异味，强度让人无法忍受

测试员对不同标准样品的气味描述　　表 2-9

编号	样品名称	气味描述	文献气味描述
1	庚醛（Heptanal）	核桃味、油哈味	腐败的胡桃油
2	蘑菇醇（1-octen-3-ol）	草味、蘑菇味、木头味	草味、蘑菇味
3	反，顺-2，6-壬二烯（trans，2-cis，6-nonadienal）	黄瓜味	黄瓜味
4	紫罗酮（Beta-ionone）	青草味、莴苣味、辣椒味	木头味、香草味
5	苯甲醛（Benzaldehyde）	杏仁、塑料溶剂味	杏仁味
6	三氯茴香醚（2，3，6-Trichloroanisole）	皮革味、溶剂味、木头味	皮革味
7	己醛（Hexanal）	青草味	莴苣味
8	2-甲基异莰醇（2-Methylisoborneol）	霉味、土霉味	霉味
9	二甲基三硫醚（Dimethy trisulfide）	腥臭味、鱼腥味	腥臭味、腐败味
10	土臭素（Geosmin）	土霉味（淡）	土味
11	次氯酸钠（NaClO）	氯味、漂白水味	氯味

对 FPA 方法来说，相应物质的浓度与其对应强度等级符合 Weber-Fechner 关系。选择次氯酸钠和 2-甲基异莰醇，配制相应浓度的水样，让测试员进行盲样闻测，分别记下相应的臭味强度，最后经讨论取得共识的平均强度值。前后进行 3 次测试，每次至少间隔半天，相应测试结果如图 2-13 所示。

可以看出，氯味强度 S_{NaOCl}与 NaOCl 浓度对数值 lgC、土霉味强度 S_{MIB}与 2-甲基异莰醇

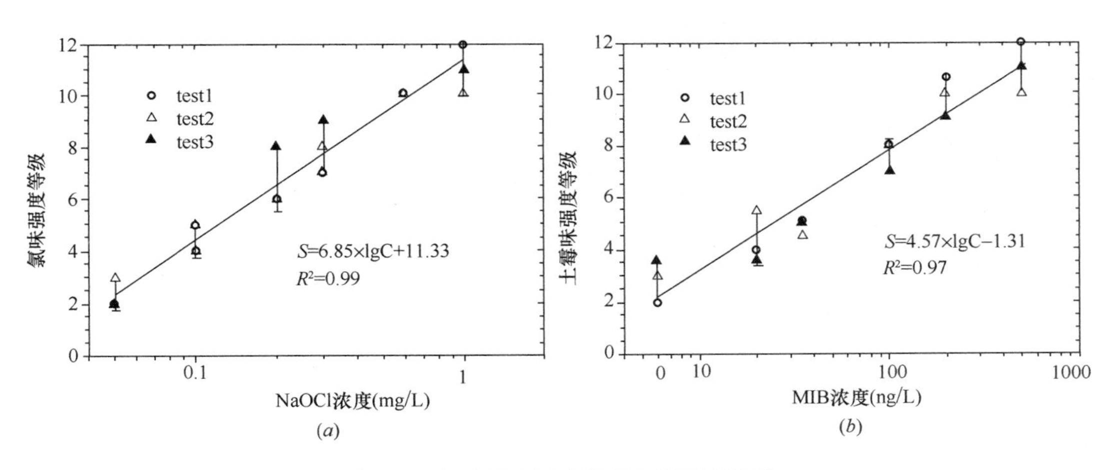

图 2-13 氯味及土霉味强度与其浓度关系

浓度对数值 lg$C$ 均呈良好的线性关系，各得一回归公式 $S_{MIB}=4.57\times \lg C$-1.31 和 $S_{NaOCl}=6.85\times \lg C+11.33$，与 Weber-Fechner 公式相符合。在此浓度范围内，在不同时间内的测试，其结果具有较好的重现性，且回归系数在 0.90 以上，FPA 强度单位偏差在 2 以下。

选择 4 名经过训练的测试员，以轻强度等级（FPA4）和中等强度等级（FPA8），以土霉味的 2-甲基异莰醇及黄瓜味的黄瓜醛为参考致臭物质，配制相对应的浓度，对其 FPA 的评价结果进行判断，结果见表 2-10～表 2-12。

2-甲基异莰醇的 FPA 方法评价结果 **表 2-10**

成　　员	评价结果（记录臭和味种类及强度）	
	2-甲基异莰醇（20ng/L）	2-甲基异莰醇（100ng/L）
成员 1	土霉味 4	土霉味 6
成员 2	土霉味 6	土霉味 8
成员 3	土霉味 4	土霉味 8
成员 4	土霉味 8	土霉味 8
平均值	土霉味 5.5	土霉味 7.5
相对标准偏差（%）	34.8	13.3

黄瓜醛 FPA 方法评价结果 **表 2-11**

成　　员	评价结果（记录臭和味种类及强度）	
	黄瓜醛（100ng/L）	黄瓜醛（400ng/L）
成员 1	黄瓜味 4	黄瓜味 8
成员 2	青草味 6	黄瓜味 6
成员 3	黄瓜味 4	黄瓜味 8
成员 4	黄瓜味 4	黄瓜味 6
小组讨论后结果	黄瓜味 4.5	黄瓜味 7
相对标准偏差（%）	22.2	16.5

2-甲基异莰醇及黄瓜醛混合后的FPA方法评价结果 **表2-12**

成员	评价结果（记录异臭种类及强度）	
	2-甲基异莰醇(40ng/L)，黄瓜醛(100ng/L)	2-甲基异莰醇(100ng/L)，黄瓜醛(400ng/L)
成员1	黄瓜味4；土霉味2	黄瓜味8；土霉味6
成员2	黄瓜味6；土霉味4	黄瓜味8；土霉味4
成员3	黄瓜味6；土霉味2	黄瓜味6；土霉味6
成员4	黄瓜味4；土霉味4	黄瓜味8；土霉味6
小组讨论后结果	黄瓜味5；土霉味3	黄瓜味7.5；土霉味5.5
相对标准偏差（%）	黄瓜味23.1%；土霉味38.5%	黄瓜味13.3%；土霉味18.2%

从评价结果来看，2种物质具有较好的重现性，且讨论后的平均强度值与配制浓度值相比误差均不超过2个强度单位，RSD在40%以下，具有应用可行性。2种物质混合后，测试员可区分出两种臭味，但由于相互之间的增强/减弱效应，评价结果与单标条件下有一定差别，但误差仍在相应范围内。表明该方法具有较好的重现性。

FPA方法与国标方法的结果评价具有相关性，本法中异臭强度等级（FPA）与《生活饮用水标准检验方法 感官性状和物理指标》（GB/T 5750.4—2006）中3.1的臭强度等级对应关系，如表2-13。

异臭强度等级对照 **表2-13**

异臭强度描述	说明	异臭强度等级	
		GB/T 5750.4—2006中的3.1	本方法
无	无任何臭味	0	0
微弱	一般饮用者甚难察觉，但臭味敏感者可以发觉	1	1<FPA≤3
弱	一般饮用者刚能察觉	2	3<FPA≤5
明显	已能明显察觉	3	5<FPA≤7
强	已有很显著的臭味	4	7<FPA≤10
很强	有强烈的恶臭或异臭	5	10<FPA≤12

该方法具有标准的培训程序，通过定期对嗅味测试人员进行培训后，即能对水中臭和味类别及强度进行较精确的描述，可达到定性及半定量的程度，且具有较好的重现性，有利于实际分析中的应用和质量保证，极大提高水质分析过程中嗅味评价的可靠性。目前在全国经过FPA方法培训的人员超过千人，促进了供水行业提升嗅味分析水平和解决臭和味问题的能力。

根据方法验证过程中各实验室针对当地水源及自来水的FPA方法评价结果来看，氯味对其他异味有明显的掩盖作用，可通过脱氯处理后进行实际的进一步评价。就FPA强度来说，对单一化合物各验证单位所得结果基本在理论计算的强度范围内（上下2个FPA强度单位），而2种化合物混合后，由于2种化合物相互间的遮蔽或增强作用，与单一测定的强度有差别（见表2-14）。

FPA 方法纯水加标实验评价结果 **表 2-14**

化合物	2-甲基异莰醇		黄瓜醛		混合加标
加标浓度	20ng/L	100ng/L	50ng/L	1000ng/L	2-甲基异莰醇（60ng/L）；黄瓜醛（200ng/L）
监测站 1	土霉味 3.5	土霉味 7.5	黄瓜味 3	黄瓜味 11.5	土霉味 3.5；黄瓜味 5.5
监测站 2	土味 2.8	土味 6.2	黄瓜味 3	黄瓜味 8.8	土味，药味 5.5；黄瓜味 5.7
监测站 3	土味 3	土味 7	黄瓜味 2	黄瓜味 11.2	土味 6；黄瓜味 6
监测站 4	霉味 2.5	霉味 6.5	黄瓜味 2	黄瓜味 10.5	霉味 7.0；黄瓜味 4.0
监测站 5	土霉味 1.7	土霉味 4.5	黄瓜味 2.3	黄瓜味 7.7	土霉味 2.4；黄瓜味 3.7
监测站 6	土霉味 3.2	土霉味 7.8	黄瓜味 2.0	黄瓜味 9.5	土霉味 5.2；黄瓜味 4.4
监测站 7	土味 3.5	土味 7.5	黄瓜味 2.5	黄瓜味 9.5	土味 2；黄瓜味 6
监测站 8	土霉味 5.3(40ng/)	土霉味 8(200ng/L)	—	—	土霉味 3；黄瓜味 5

总体来看，闻测人员应按照程序定期培训，然后才能给出较精确的结果。闻测时，组成至少 4 人的测试小组，评价所得结果应是多人综合讨论后的平均结果，同时对经常出现异味的描述应保持一致。通过加标实验，可针对性的对闻测小组的 FPA 方法评价可靠性进行判断。实际操作中，由于 2 种物质混合加标的相互干扰，可采用一种物质在纯水条件下的单一加标进行判断，包括异臭特征和异臭强度。

2.3.3 氰化物、挥发酚、硫化物、阴离子洗涤剂：流动分析法

分光光度法是水质常规理化指标如氨氮、硫化物、挥发酚、阴离子洗涤剂、氰化物等普遍采用的方法，但因主要依靠人工操作，且显色反应，萃取蒸馏前处理等需要一定的时间，从而制约了分析工作效率，在检测样品超过 20 个时，低效率问题更加明显。流动分析法（包括连续流动法和流动注射法）是将分光光度分析法，包括部分前处理都采用自动化，原理与手工分析方法一致，具有精度高，效率高，减少试剂消耗等特征。为推动其作为标准方法使用，国际标准化组织 ISO 也颁布了一系列流动分析方法。

本项目采用连续流动法和流动注射法（根据设备选用），对样品的采集和保存、余氯的影响、清洗时间、溶液浓度、pH、试剂的用量、循环周期、干扰因素及其消除方法，以及仪器操作细节等进行了研究。项目选择氰化物、挥发酚、阴离子合成洗涤剂、硫化物，通过大量验证实现了检测自动化和标准化，将单样品的检测周期从几个小时缩短到几分钟，并能连续自动工作，每天可完成 150 个样品的测试，大幅提高了分析的效率，同时，消除了人为因素带来的误差，提升了检测结果的可靠性，并节约了试剂和水样用量。方法的最低检测质量浓度见表 2-15。

流动分析法的最低检测质量浓度（单位：μg/L） **表 2-15**

指标	氰化物	挥发酚	阴离子合成洗涤剂	硫化物
连续流动法	2.0	2.0	50	4.0
流动注射法	2.0	1.0	50	6.0

2.3.4 22种VOC：吹扫捕集/气相色谱-质谱法

挥发性有机化合物（volatile organic compounds，简称VOC），其定义有好几种。例如：美国ASTM D3960—98将VOC定义为任何能参加大气光化学反应的有机化合物；美国联邦环保署（EPA）则定义其为除CO、CO_2、H_2CO_3、金属碳化物、金属碳酸盐和碳酸铵外，任何参与大气光化学反应的碳化合物；世界卫生组织（WHO）1989年定义了总挥发性有机化合物（TVOC），将其概括为熔点低于室温而沸点在50～260℃之间的挥发性有机化合物的总称。

VOC广泛存在于空气、水、土壤以及其他介质中，其主要成分为脂肪烃、芳香烃、卤代烃、醛类和酮类等化合物。VOC存在于众多的产品（如燃料、溶剂、油漆、粘合剂、除臭剂、冷冻剂等）中，也来源于不完全燃烧，特别是用氯消毒的饮用水中普遍存在卤仿类（THMs）。VOC在生产、销售、储存、处理和使用等过程中易释放到环境中，从而水环境中常能检出此类化合物。VOC具有迁移性、持久性和毒性，通过呼吸道、消化道和皮肤进入人体而产生危害，对人体具有致畸、致突变和致癌等作用。

现行标准方法中，VOC的测定多为气相色谱法，甚至是较为落后的填充柱气相色谱法。美国环境保护署（EPA）于1992年发布了毛细管气相色谱质谱联用法测定水中挥发性有机物方法，其后又做了改进，增加了可检测的物质列表、样品保存、吹扫捕集操作参数、仪器操作参数、质量控制的要求等内容。因此，吹扫捕集/气相色谱质谱联用法检测水中挥发性有机物在美国已经是一种相当成熟和普及的方法。本项目在EPA方法的基础上，对吹扫-捕集参数，色谱和质谱参数都作了适当的优化和验证，形成了适合我国水质特征的针对22种VOC检测的标准方法。相对气相色谱法，单次检测能检测更多的污染物，部分污染物的检测限也得到了提升，对VOC的检测效率得到较大的提升。依照本项目形成的标准方法，若取5mL水样测定，本方法的最低检测质量浓度为0.28～0.88μg/L（表2-16）。22种VOC总离子流色谱图见图2-14。

22种VOC参考保留时间、定量离子及最低检测质量浓度（单位：μg/L）　　**表2-16**

序号	中文名	英文名	CAS号	保留时间（min）	定量离子（m/z）	最低检测质量浓度（μg/L）
1	氯乙烯	Chloroethene	75-01-4	1.23	62	0.68
2	1，1-二氯乙烯	1，1-Dichloroethene	75-35-4	2.01	96	0.80
3	二氯甲烷	Dichloromethane	75-09-2	2.11	84	0.48
4	反式-1，2-二氯乙烯	trans-1，2-Dichloroethene	156-60-5	2.57	96	0.48
5	顺式-1，2-二氯乙烯	cis-1，2-Dichloroethene	156-59-2	3.30	96	0.40
6	三氯甲烷	Chloroform	67-66-3	3.50	83	0.36
7	1，2-二氯乙烷	1，2-Dichloroethane	107-06-2	4.15	62	0.40
8	1，1，1-三氯乙烷	1，1，1-Trichloroethane	71-55-6	4.23	97	0.44
9	四氯化碳	Carbon tetrachloride	56-23-5	4.60	117	0.88

续表

序号	中文名	英文名	CAS 号	保留时间 (min)	定量离子 (m/z)	最低检测质量浓度 (μg/L)
10	三氯乙烯	Trichloroethylene	79-01-6	5.40	132	0.60
11	一溴二氯甲烷	Bromodichloromethane	75-27-4	5.45	83	0.36
12	1，1，2-三氯乙烷	1，1，2-Trichloroethane	79-00-5	6.92	83	0.44
13	二溴一氯甲烷	Dibromochloromethane	124-48-1	7.47	129	0.28
14	四氯乙烯	Tetrachloroethylene	127-18-4	8.00	166	0.72
15	氯苯	Chlorobenzene	108-90-7	8.84	112	0.48
16	三溴甲烷	Bromoform	75-25-2	9.37	173	0.44
17	1，4-二氯苯	1，4-Dichlorobenzene	106-46-7	11.24	146	0.36
18	1，2-二氯苯	1，2-Dichlorobenzene	95-50-1	11.49	146	0.40
19	1，3，5-三氯苯	1，3，5-Trichlorobenzene	108-70-3	12.39	180	0.72
20	1，2，4-三氯苯	1，2，4-Trichlorobenzene	120-82-1	12.728	180	0.68
21	六氯丁二烯	Hexachlorobutadiene	87-68-3	12.94	225	0.44
22	1，2，3-三氯苯	1，2，3-Trichlorobenzene	87-61-6	13.00	180	0.72

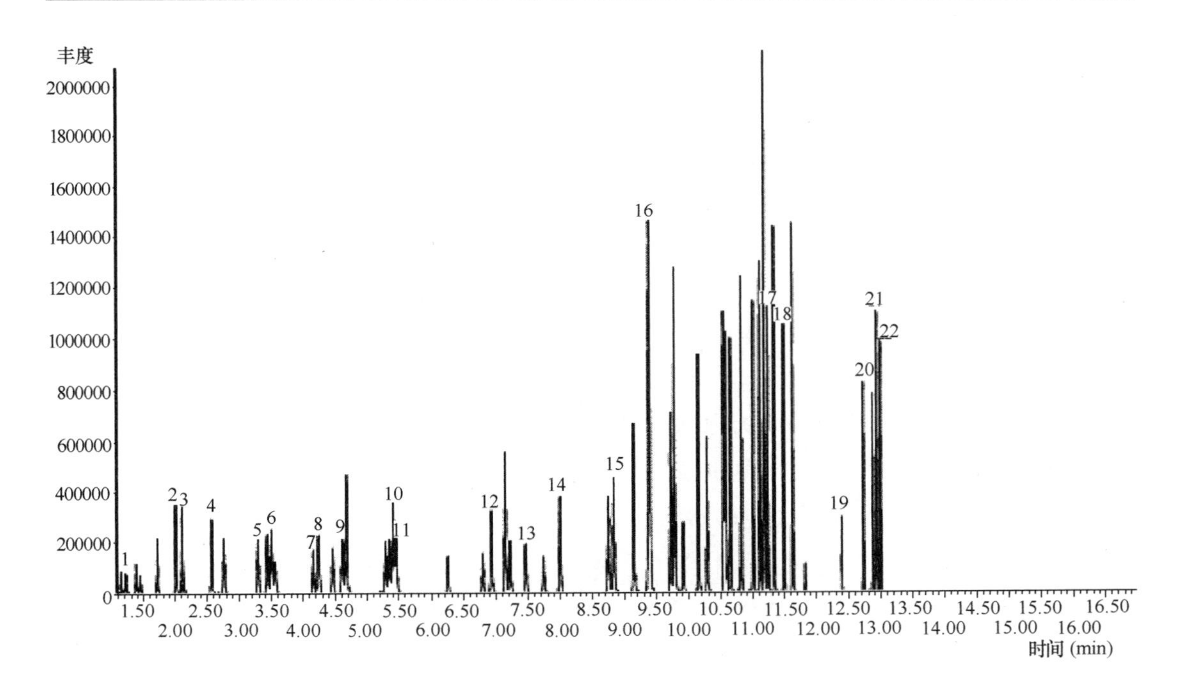

图 2-14 22 种 VOC 总离子流色谱图

2.3.5 土臭素和 2-甲基异莰醇顶空固相微萃取/气相色谱-质谱法

当前，饮用水的臭和味成为普遍存在和广泛关注的问题。水中嗅味物质大多为挥发性半挥发性的有机物，其嗅阈浓度很低，甚至有的化合物浓度低至毫克/升、微克/升、纳克

/升级仍能造成严重的臭和味问题。土霉味是淡水水体中比较广泛存在的一种异味，其中2-甲基异莰醇（2-Methylisoborneol，MIB）和土臭素（geosmin，反-1，10-二甲基-反-9-萘烷醇）是两种最为常见的嗅味物质，在我国许多地区都被检出，部分地区还出现了这 2 种物质导致的嗅味事件，如 2008 年秦皇岛洋河水库因螺旋鱼腥藻产生的土臭素导致严重的嗅味问题。2-甲基异莰醇和土臭素通常是放线菌及蓝藻的次生代谢产物，其嗅阈值分别是 5～10ng/L，1～10ng/L。

《生活饮用水卫生标准》(GB 5749—2006）在附录 A 中增加了 2-甲基异莰醇和土臭素的限值（均为 10ng/L）作为评价参考，但《生活饮用水标准检验方法》（GB/T 5750—2006）没有对应的检测方法。

美国饮用水中针对 MIB 和 geosmin 的分析方法主要包括 3 种，分别为 SM 6040B 的闭路气提分析气相色谱-质谱法，SM 6200B 吹扫捕集/气相色谱-质谱法以及 SM 6040D 的固相微萃取/气相色谱-质谱法，其中前面 2 种方法在 20 世纪 80～90 年代的分析中得到广泛的应用，随后伴随前处理技术的发展，固相微萃取得到了广泛的应用，其中顶空固相微萃取由于不需要溶剂、选择性高、抗干扰能力强，目前已成为相应嗅味物质分析的主要方法。

将被测水样置于密闭的顶空瓶中，在 65℃条件下经一定时间平衡，水样中的 2-甲基异莰醇和土臭素逸至上部空间，在气液两相中达到动态平衡。用固相微萃取法对气相中的 2-甲基异莰醇和土臭素进行萃取，在气相色谱仪中分离，再以质谱检测器进行定量测定。

若取 25mL 水样，采用手动固相微萃取装置对水样进行富集测定，则本方法的最低检测质量浓度：2-甲基异莰醇为 5.1ng/L，土臭素 3.7ng/L。若取 10mL 水样，采用自动固相微萃取装置对水样进行富集测定，则本方法的最低检测质量浓度：2-甲基异莰醇为 6.8ng/L，土臭素 4.8ng/L。

固相微萃取头纤维涂层材质为 DVB/Carboxen/PDMS 或 PDMS/DVB。萃取温度为 65℃，萃取时间为 40min，解析温度为 240℃，解析时间为 5min。萃取时加盐搅拌。以 2-异丁基-3-甲氧基吡嗪（IBMP）为内标，气相色谱-质谱法检测。

气相色谱参考条件：进样口温度 240℃，进样方式采用不分流进样，载气为氦气，载气流速 1.5mL/min。升温程序：初始温度 40℃，保持 5min，再以 8℃/min 升温至 240℃，保持 5min。

质谱参考条件：离子源（EI）温度为 230℃，四级杆温度 150℃，传输线温度 280℃；扫描方式选择离子监测（SIM），扫描范围 45amu～450amu，扫描时间 0.7s。2-甲基异莰醇的特征离子（m/z）为 95、107、108，定量离子（m/z）为 95。土臭素的特征离子（m/z）为 112、111、125，定量离子（m/z）为 112。2-异丁基-3-甲氧基吡嗪的特征离子（m/z）为 124、94、151，定量离子（m/z）为 124。

嗅味物质色谱图见图 2-15。

该方法检测土臭素和 2-甲基异莰醇，可直接用水样上机检测，减少了样品在前处理过程中的损失和人为因素造成的偏差，检出限低、操作简单、准确度高、精密度好。

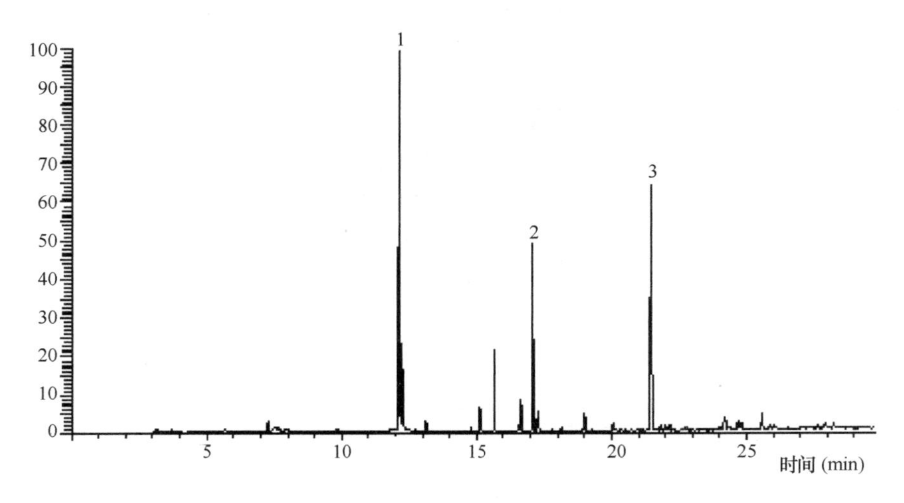

图 2-15 嗅味物质标准色谱图

1—2-异丁基-3-甲氧基吡嗪（IBMP）；2—2-甲基异莰醇（2-MIB）；3—土臭素（Geosmin）

2.4 新方法的开发研究

2.4.1 研究概况

色谱-质谱联用系统是检测行业广泛采用的高效率的微量和痕量有机物检测方法。《生活饮用水标准检验方法》（GB/T 5750—2006）将挥发性和半挥发性有机物的美国 EPA 的检测方法作为资料附录列入，液相色谱一质谱技术没有列入。到项目开始的 2009 年，在国家城市供水水质监测网的国家站中，气相色谱一质谱已经普及，液相色谱一串联质谱也有 30%的单位配置了，并由于其对极性有机物的高效检测能力，大部分单位都将其列入了购置计划。

项目针对行业设备配置情况及现实需求，充分利用色谱-质谱联用系统多指标同时分析的能力，开发了 12 种农药、9 种卤乙酸、微囊藻毒素和丙烯酰胺的液相色谱-串联质谱法，大幅提升了相关指标的检测效率。扩充了卤乙酸和草甘膦的离子色谱法，提高了检测效率。针对臭氧和二氧化氯，将国产设备和试剂使用标准化，引入了臭氧的替代标物，降低了检测成本。新方法开发研究要点，见表 2-17。

新方法开发研究要点　　　　表 2-17

水质指标	方法名称	方法研究要点	作用与意义
农药（包括乐果、呋喃丹、敌敌畏、莠去津、甲基对硫磷、马拉硫磷、对硫磷、灭草松、毒死蜱、2，4-滴、五氯酚、溴氰菊酯等 12 项）	液相色谱/串联质谱法	基于行业内配置要求较高的液相色谱-串联质谱仪开发了检测方法，对色谱柱、流动相类型及梯度、洗脱程序和质谱参数等条件进行优化，结合城镇供水水质特点研究了基质效应和消除方法	可直接进样，可一次性高通量检测国标中 21 种农药中的 12 种，大幅提高了样品的检测效率

续表

水质指标	方法名称	方法研究要点	作用与意义
卤乙酸（包括一氯乙酸、一溴乙酸、二氯乙酸、一氯一溴乙酸、二溴乙酸、三氯乙酸、一溴二氯乙酸、一氯二溴乙酸、三溴乙酸等 9 项）	液相色谱/串联质谱法	基于行业内配置要求较高的液相色谱-串联质谱仪开发了检测方法，对色谱柱、流动相类型及梯度、洗脱程序和质谱参数等条件进行优化，结合城镇供水水质特点研究了基质效应和消除方法	可直接进水样，不需要衍生化和富集等前处理，可同时进行 9 种含氯和含溴卤乙酸的检测，单样品检测时间缩短到 5min 内，大幅提高样品检测效率
二氯乙酸、三氯乙酸	离子色谱法	基于配置率最高的离子色谱仪，对离子色谱柱、保护柱、淋洗液梯度、洗脱程序和柱温条件等条件进行了优化，结合城镇供水水质特点研究了基质效应和消除方法	可直接进水样，不需要衍生化和富集等前处理，所使用的离子色谱仪行业配置率很高，可有效提升行业检测效率
草甘膦	离子色谱法（氢氧根和碳酸根系统淋洗液）	基于配置率最高的离子色谱仪，对离子色谱柱、保护柱、淋洗液梯度、洗脱程序和柱温条件等条件进行了优化，结合城镇供水水质特点研究了基质效应和消除方法	可直接进水样，不需要衍生化和富集等前处理，所使用的离子色谱仪行业配置率很高，可有效提升行业检测效率
丙烯酰胺	液相色谱/串联质谱法	基于行业内配置要求较高的液相色谱-串联质谱仪开发了检测方法，对色谱柱、流动相类型及梯度、洗脱程序和质谱参数等条件进行优化，结合城镇供水水质特点，开发了利用同位素内标法和固相萃取法降低基质效应的方法	可直接进水样，不需要衍生化和富集等前处理，方法灵敏度高，检测限低，大幅提高了检测效率和检测质量
微囊藻毒素	液相色谱/串联质谱法	基于行业内配置要求较高的液相色谱-串联质谱仪开发了检测方法，对色谱柱、流动相类型及梯度、洗脱程序和质谱参数等条件进行优化，开发了针对细胞内藻毒素的冻融和超声等前处理方法	胞外藻毒素测定可直接进水样，针对胞内藻毒素的前处理方法易于操作，具有检测限低，灵敏度高的特点，满足国内多发蓝藻水华事件的检测需求
臭氧	KI-DPD 现场比色测定法	开发了基于国产设备和试剂的新方法，方法最低检测质量浓度达到 0.01mg/L；开发了利用碘酸钾标准溶液替代标准物质的标准曲线制作方法	显著降低了检测成本，解决了臭氧不稳定易分解不能制备标准溶液的问题

续表

水质指标	方法名称	方法研究要点	作用与意义
二氧化氯	DPD现场比色测定法	对国产试剂进行了比选，对干扰因素及其消除方法进行了研究，方法最低检测质量浓度达0.02mg/L	国产试剂替代进口试剂，降低检测成本，且检测过程快速简便、准确可靠

2.4.2 12种农药：液相色谱-串联质谱法

农药包括杀虫剂、杀菌剂、除草剂、植物生产调节剂等类型，我国目前常用的农药有效成分有500余种，主要包括有机磷、有机氯、菊酯等十几个大类，年使用量超过100万吨。农药在农田果园等场所使用后，相当一部分农药有效成分通过农业退水、地表径流、土壤渗流等方式进入水体，威胁供水安全。且由于昆虫、微生物、杂草等能对农药产生抗药性，新的农药不断被合成、使用，对饮用水安全带来新的威胁。《生活饮用水卫生标准》（GB 5749—2006）规定了七氯、马拉硫磷、溴氰菊酯等21种农药的限值。对于饮用水中农药类物质的分析，《生活饮用水标准检验方法农药指标》（GB/T 5750.9—2006）所采用的方法主要是单一组分的气相色谱法或液相色谱法，多需要液液萃取进行富集，有些还需要净化柱去除杂质或者需要衍生化。方法操作复杂，有机溶剂消耗量大，灵敏度偏低，不能很好地满足现行国标检测的需要。目前我国的水质检测机构中，液相色谱-质谱联用仪日益普及，但检测标准中相应方法很少，限制了液相色谱-质谱联用仪的应用。

本方法筛选了国标内的12种农药，原国标中开发共7种方法，新开发的液相色谱-串联质谱检测法，可以直接进样，检测限低于国标限值0.1倍。串联质谱采用两对离子对进行定量和定性，抗干扰能力和灵敏度都很好。

液相色谱参考条件：C_{18}柱或氟苯基柱（2.1mm×100mm，1.7μm），流动相A为甲醇，流动相B为0.1%甲酸（或乙酸）溶液，流速0.4mL/min，柱温30℃，进样量10μL或20μL。流动相参考梯度洗脱程序见表2-18。

流动相参考梯度洗脱程序 **表2-18**

时间（min）	初始	3.5	3.6	4	5
流动相A：流动相B（V：V）	50：50	90：10	100：0	50：50	50：50

质谱参考条件：毛细管电压3.5 kV，源温度120℃，脱溶剂气温度350℃，脱溶剂气流量800 L/h，碰撞室压力0.3～0.35Pa。12种农药的最低检测质量浓度为：乐果0.29μg/L，呋喃丹0.27μg/L，敌敌畏0.16μg/L，莠去津0.13μg/L，甲基对硫磷1.6μg/L，马拉硫磷0.39μg/L，对硫磷0.73μg/L，灭草松0.57μg/L，毒死蜱0.16μg/L，2，4-滴1.1μg/L，五氯酚0.79μg/L，溴氰菊酯2.1μg/L。采用超高效液相色谱-串联质谱分

析，样品量只需要几毫升，单样品检测时间只需要 5min，与 GB/T 5750—2006 方法相比，样品量和时间节约了几十倍至上百倍。12 种农药的多反应检测条件、混标 MRM 色谱图，分别见表 2-19、图 2-16。

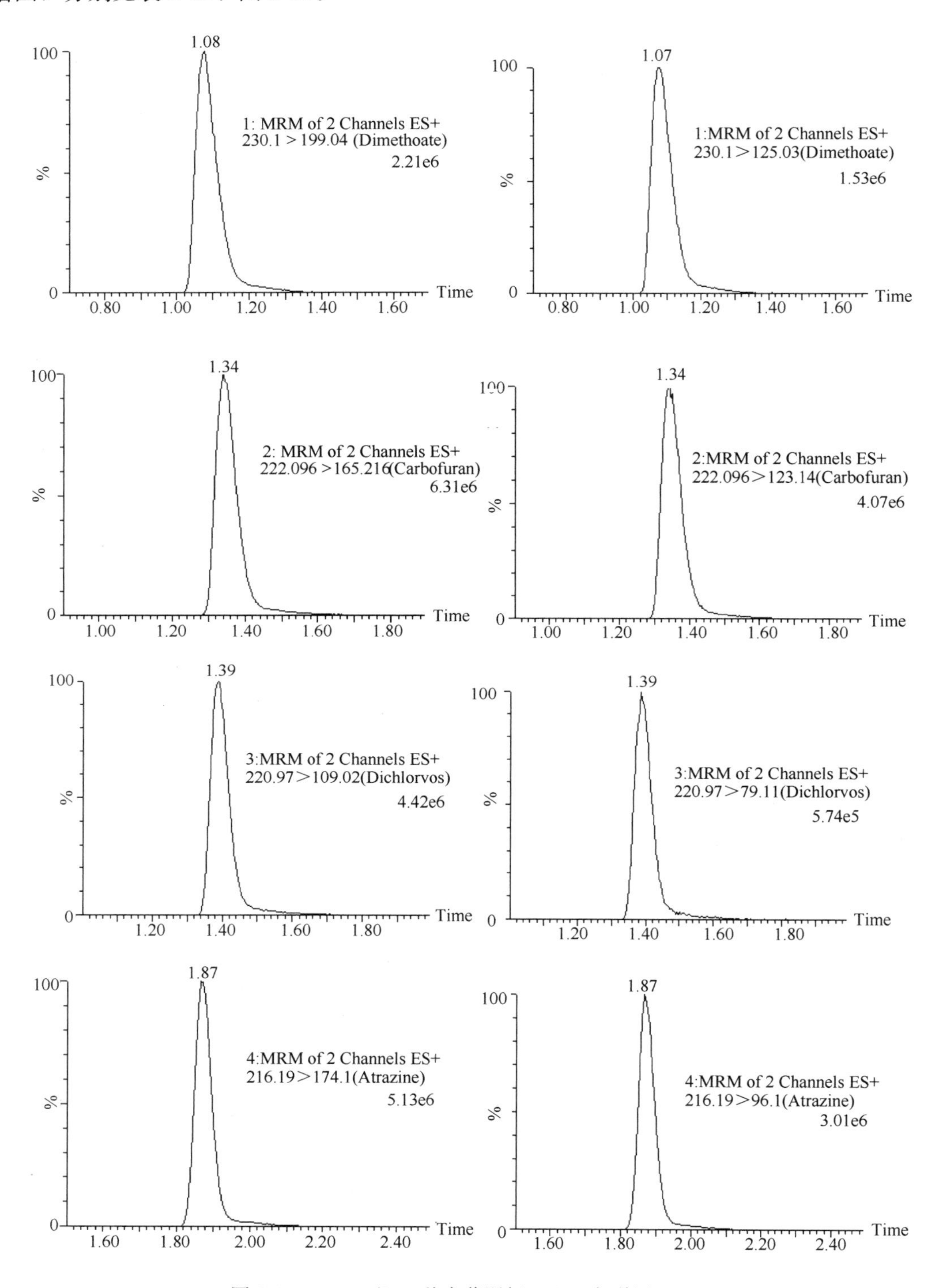

图 2-16　100μg/L12 种农药混标 MRM 色谱图（一）

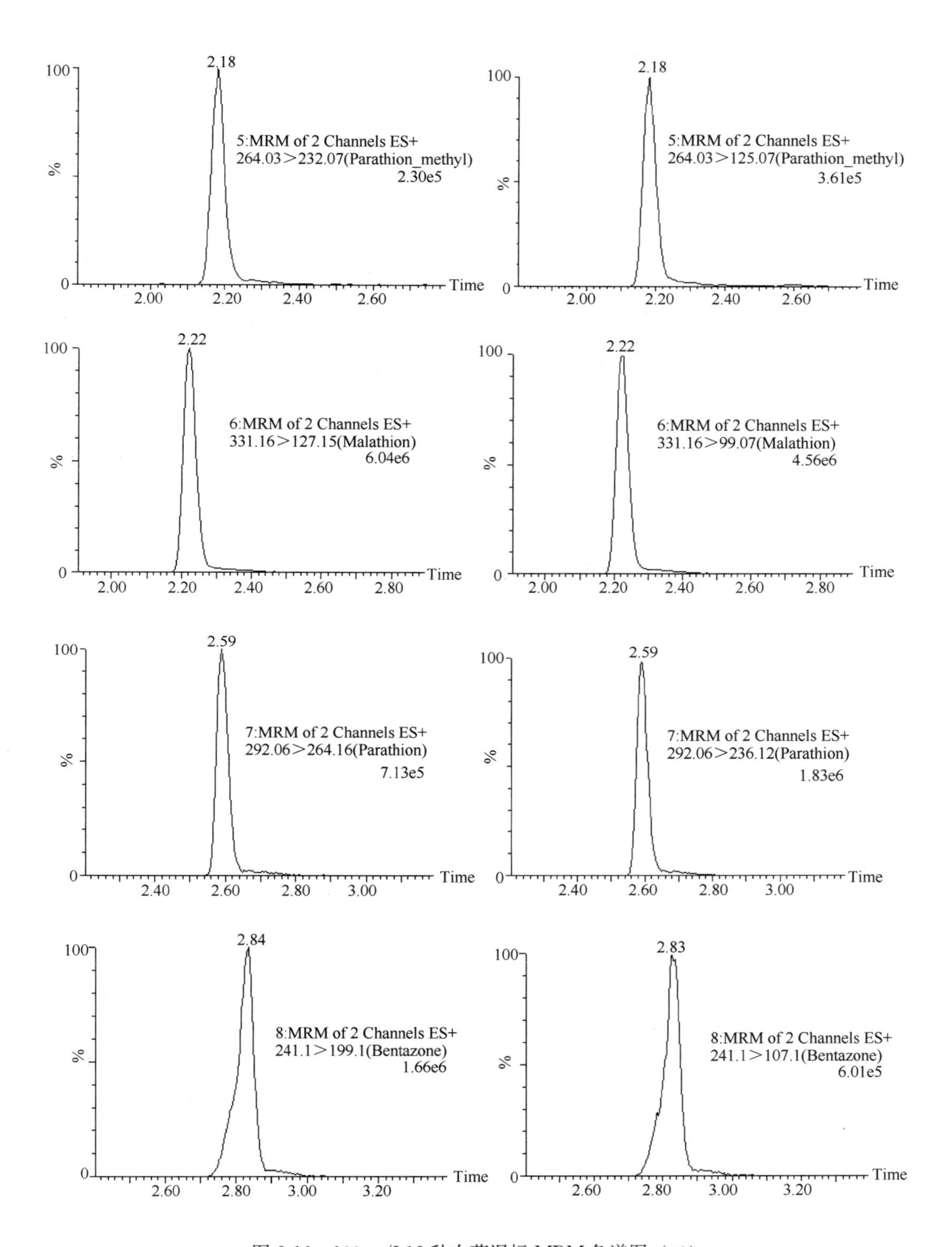

图 2-16　100μg/L12 种农药混标 MRM 色谱图（二）

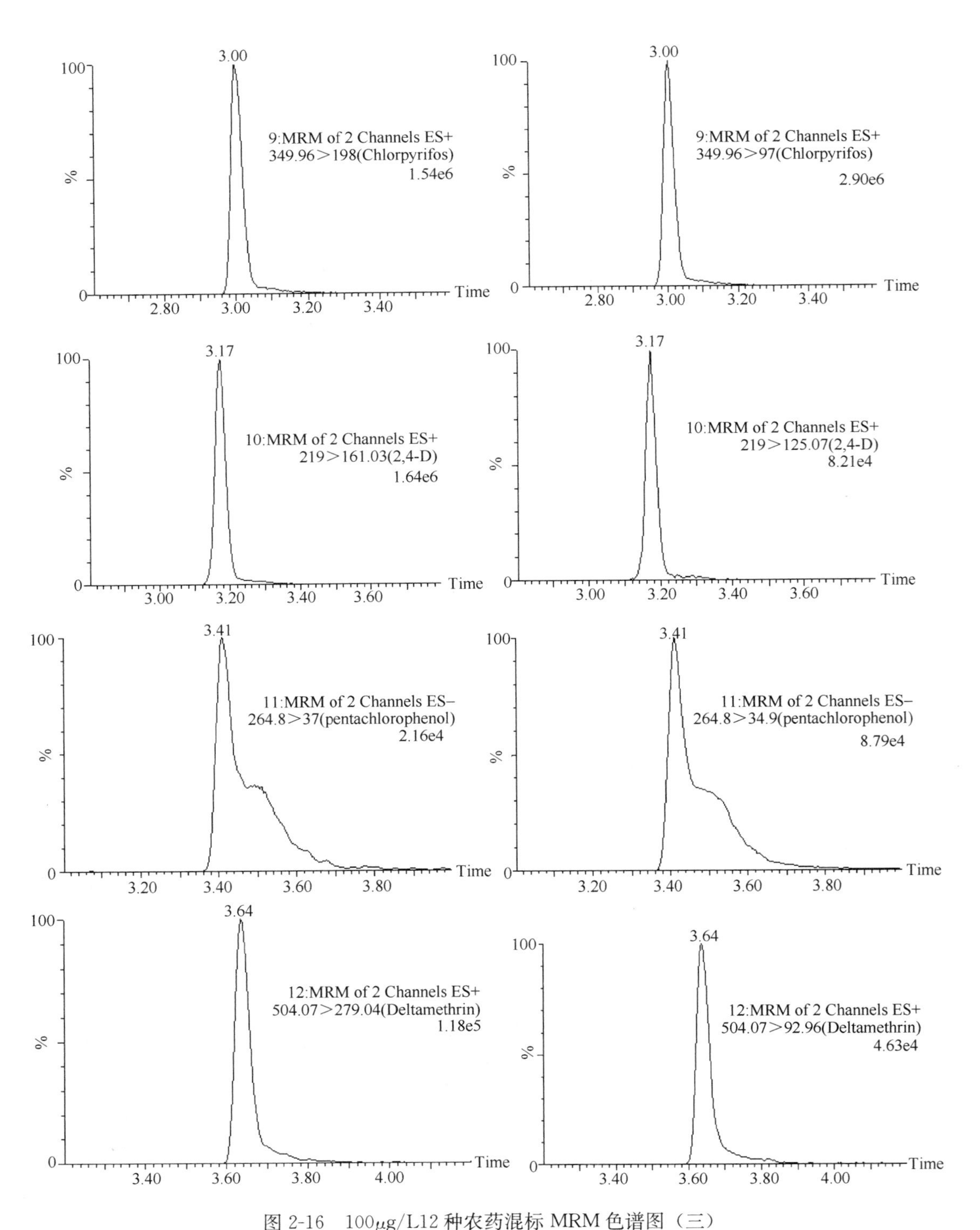

图 2-16 100μg/L12 种农药混标 MRM 色谱图（三）

1—乐果；2—呋喃丹；3—敌敌畏；4—莠去津；5—甲基对硫磷；6—马拉硫磷；7—对硫磷；8—灭草松；9—毒死蜱；10—2，4-滴；11—五氯酚；12—溴氰菊酯

12 种农药的多反应监测条件 **表 2-19**

序号	农药名称	CAS	ESI	母离子 (m/z)	锥孔电压 (V)	子离子 (m/z)	碰撞能 (eV)
1	乐果	60-51-5	+	230.1	22	125.0	20
					22	199.0 *	10
2	呋喃丹	1563-66-2	+	222.1	30	123.1	24
					30	165.2 *	14
3	敌敌畏	62-73-7	+	221.0	38	79.1	26
					38	109.0 *	18
4	莠去津	1912-24-9	+	216.2	40	96.1	24
					41	174.1 *	20
5	甲基对硫磷	298-00-0	+	264.0	38	125.1 *	18
					38	232.1	14
6	马拉硫磷	121-75-5	+	331.2	24	99.1	26
					24	127.2 *	12
7	对硫磷	56-38-2	+	292.1	30	236.1 *	14
					30	264.2	12
8	灭草松	25057-89-0	+	241.1	21	107.1	26
					21	199.1 *	12
9	毒死蜱	2921-88-2	+	345.0	28	97.0 *	30
					28	198.0	18
10	2，4-滴	94-75-7	—	219.0	24	125.1	22
					24	161.0 *	16
11	五氯酚	87-86-5	—	264.8	50	34.9 *	22
					50	37.0	30
12	溴氰菊酯	52918-63-5	+	504.1	34	93.0	50
					34	279.0 *	12

注：标记 * 的为定量离子

2.4.3 9 种卤乙酸检验方法研究

卤乙酸为饮用水监测中被广泛关注的消毒副产物。《生活饮用水卫生标准》（GB 5749—2006）中二氯乙酸和三氯乙酸的限值分别为 50μg/L 和 100μg/L，WHO 第四版《饮用水水质准则》（Guidelines for drinking-water quality）中一氯乙酸、二氯乙酸和三氯乙酸的推荐限值分别为 20μg/L、50μg/L、200μg/L，美国 EPA 则规定一氯乙酸、二氯乙酸、三氯乙酸、一溴乙酸、二溴乙酸的总和不超过 60μg/L。

在液相色谱串联质谱技术广泛应用之前，卤乙酸的检测方法分为三类：(1) 衍生、气相色谱或气相色谱质谱法，如 EPA 552.1 及 552.2、《生活饮用水标准检验方法消毒副产物指标》(GB/T 5750.10—2006)。该方法需要进行衍生化，操作复杂，耗时长。(2) 离子色谱法。不需要前处理，但容易被氯离子，硫酸根离子等干扰。(3) 毛细管电泳法。需要添加表面活性剂，由于仪器普及率低，所以不宜推广。

若进样量为10μL时，9种卤乙酸的最低检测质量浓度分别为：一氯乙酸2.2μg/L，一溴乙酸1.9μg/L，二氯乙酸1.0μg/L，一氯一溴乙酸1.4μg/L，二溴乙酸0.56μg/L，三氯乙酸4.4μg/L，一溴二氯乙酸19μg/L，一氯二溴乙酸19μg/L，三溴乙酸8.8μg/L。

液相色谱参考条件：色谱柱采用氟苯基柱(2.1mm×100mm，1.7μm)，流动相A为乙腈，流动相B为0.05%的乙酸溶液，流速0.4mL/min，柱温30℃。样品用抗坏血酸脱氯后，用乙酸调节pH到5.0后过滤进样，进样量10μL。若出现基质抑制影响，可采用同位素内标稀释法或样品加标校正曲线法进行定量分析，在标准系列溶液和样品中加入浓度为50.0μg/L的同位素内标使用溶液。卤乙酸的流动相参考梯度洗脱程序见表2-20。

卤乙酸的流动相参考梯度洗脱程序　　表2-20

时间(min)	初始	3.0	3.1	3.5	4.5
流动相A：流动B(V/V)	40：60	60：40	100：0	40：60	40：60

质谱参考条件：电离源采用电喷雾负离子模式，毛细管电压3.5kV，源温度120℃，脱溶剂气温度350℃，脱溶剂气流量800L/h，碰撞室压力0.3~0.35Pa。卤乙酸及其内标的多反应监测条件见表2-21。

卤乙酸及其内标的多反应监测条件　　表2-21

序号	卤乙酸名称	缩写	CAS号	母离子(m/z)	子离子(m/z)	锥孔电压(V)	碰撞能(eV)
1	一氯乙酸	MCAA	79-11-8	92.9	35.0	20	10
2	一溴乙酸	MBAA	79-08-3	136.9	78.9	20	11
3	二氯乙酸	DCAA	79-43-6	126.9	82.9	22	10
4	一氯一溴乙酸	BCAA	5589-96-8	172.9	128.9	20	9
5	二溴乙酸	DBAA	631-64-1	216.8	172.8	20	11
6	三氯乙酸	TCAA	76-03-9	160.8	116.8	15	7
7	一溴二氯乙酸	BDCAA	71133-14-7	206.8	162.8	18	8
8	一氯二溴乙酸	CDBAA	2578-95-5	250.8	206.8	20	7
9	三溴乙酸	TBAA	75-96-7	250.8	78.9	30	15
10	一氯乙酸-d_3	MCAA-d_3	1796-85-6	94.9	35.0	20	10
11	一溴乙酸-d_3	MBAA-d_3	14341-48-1	138.9	78.9	20	11

本项目开发的方法可直接进水样，水样量只需要几毫升，单样品分析时间4.5min，不需要衍生化和富集、简便快速、检测限低，灵敏度高。卤乙酸MRM色谱图见图2-17。

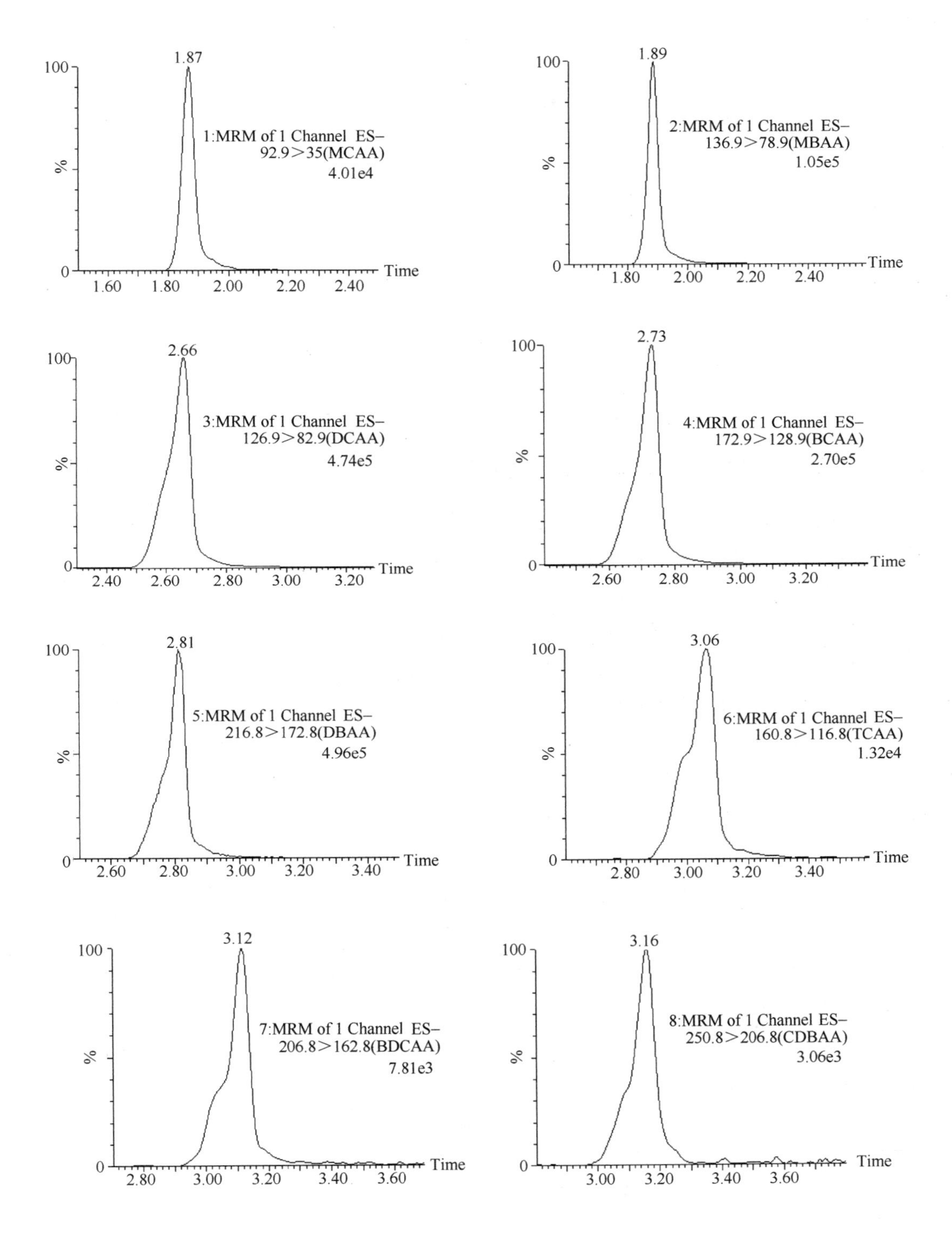

图 2-17 9 种卤乙酸的 MRM 色谱图（一）

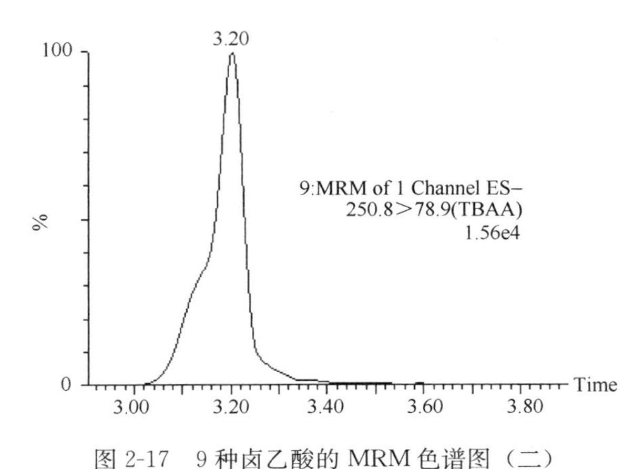

图 2-17　9 种卤乙酸的 MRM 色谱图（二）

1—氯乙酸；2—一溴乙酸；3—二氯乙酸；4—一氯一溴乙酸；5—二溴乙酸；6—三氯乙酸；7—一溴二氯乙酸；8—一氯二溴乙酸；9—三溴乙酸

2.4.4　二氯乙酸和三氯乙酸：离子色谱法

虽然卤乙酸用液相色谱-串联质谱方法分析高效快速，但设备价格偏贵，中小型检测机构还没有普遍配备。卤乙酸在水溶液中主要以离子形式存在，因此可以直接用离子色谱分析，据此开发了国标内 2 种卤乙酸的离子色谱法。

水样中待测卤乙酸阴离子随淋洗液进入离子交换分离柱系统（由保护柱和分离柱组成），由于分离柱对不同阴离子的亲和度存在差异，因而，在淋洗液的不断淋洗作用下，待测阴离子按照亲和度的差异顺序洗脱分离。抑制器系统中以氢离子选择性地将淋洗液中的阳离子交换除去，淋洗液则转变为弱电导度的水，大大降低了基线背景。已分离的阴离子与氢离子结合，转换成具高电导度的强酸，提高了待测阴离子的响应值，由电导检测器测量顺序流出的各组分电导率，以待测离子的相对保留时间定性分析，以其峰高或峰面积进行定量分析。

离子色谱仪：具有梯度泵和离子色谱工作站，配备电导检测器。

保护柱为 IonPac AG19（50mm×4mm）阴离子保护柱，分析柱为 IonPac AS19（250mm×4mm）阴离子分析柱，抑制器为 ASRS300（4mm）阴离子抑制器，前处理柱为 onguard Ba/Ag/H。

离子色谱参考条件：柱温 30 ℃，淋洗液流速 1.0mL/min，抑制电流 75 mA，进样体积 1.0mL。卤乙酸淋洗液梯度程序见表 2-22。

卤乙酸淋洗液梯度程序　　　　**表 2-22**

时间（min）	0	35	35.1	43	43.1	48
KOH（mmol/L）	8	8	50	50	8	8

进样量为 1.0mL 时，本方法的最低检测质量浓度为：二氯乙酸 0.92μg/L，三氯乙酸 1.7μg/L。与液质方法相比，仪器价格低，但单样品分析时间也相应增加了 8 倍。二氯乙酸、三氯乙酸与常见阴离子标准色谱图见图 2-18。

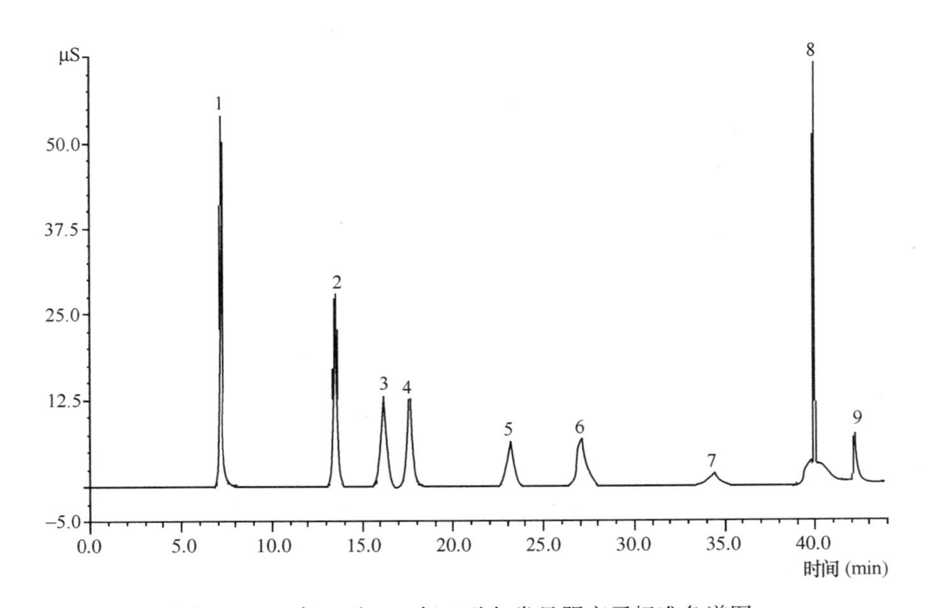

图 2-18 二氯乙酸、三氯乙酸与常见阴离子标准色谱图

1—氟离子（F^-）；2—氯离子（Cl^-）；3—二氯乙酸（DCAA）；4—亚硝酸根离子（NO_2^-）；5—溴离子（Br^-）；6—硝酸根离子（NO_3^-）；7—三氯乙酸（TCAA）；8—硫酸根离子（SO_4^{2-}）；9—磷酸根离子（PO_4^{3-}）

2.4.5 草甘膦：离子色谱法

草甘膦是目前使用最广的除草剂之一，是一种非选择性、无残留灭生性除草剂，对多年生根杂草非常有效，广泛用于橡胶、桑、茶、果园及甘蔗地。《生活饮用水卫生标准》（GB 5749—2006）中规定的限值为 0.7mg/L。草甘膦不溶于有机溶剂，溶于水，25℃时在水中的溶解度为 1.2%。目前国标方法采用柱后衍生-液相色谱法检测，操作过程复杂，需要配制一系列溶剂，且带荧光检测器和柱后衍生装置的液相色谱也比较昂贵。草甘膦含有极性很强的羧基和氨基，是一种极性较强的化合物，在水中是以阴离子形式存在，本项目开发了离子色谱法，包含了常用的氢氧根淋洗液系统和碳酸根系统淋洗液系统。

采用离子色谱法测定时，水样中的草甘膦和其他阴离子随氢氧化钾（或氢氧化钠，碳酸钠）淋洗液进入阴离子交换分离系统（由分离柱和保护柱组成），根据分离柱对各离子的亲和力不同进行分离，采用电导检测器进行检测，用硫酸溶液和纯水为再生液，由抑制器降低淋洗液电导背景，通过草甘膦的保留时间进行定性分析，以色谱峰面积或峰高进行定量测定。

离子色谱仪配备电导检测器。

1. 氢氧根系统淋洗液

阴离子分析柱采用 IonPac AS 19（4mm×250mm），阴离子保护柱采用 IonPac AG 19（4mm×50mm），阴离子抑制器采用 ASRS-300。氢氧化钾淋洗液发生器或性能等效的淋洗液发生装置。

离子色谱参考条件：等度淋洗；淋洗液流速 1.0mL/min，淋洗液浓度 30mmol/L，抑制器电流 75mA，进样体积 25μL。

进样量为 25μL 时，本方法最低检测质量浓度为 0.044mg/L。

采用氢氧根系统淋洗液，草甘膦标准色谱图见图 2-19。

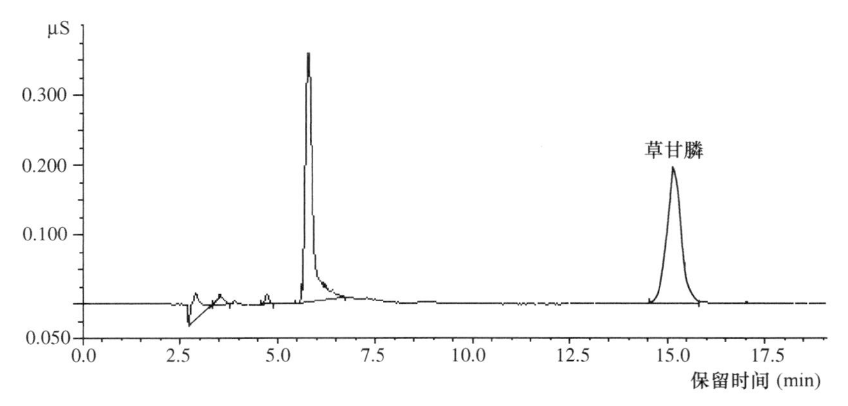

图 2-19　氢氧根系统淋洗液 草甘膦标准色谱图

2. 碳酸根系统淋洗液

阴离子分析柱采用 A Supp5-150（4mm×150mm），阴离子保护柱采用 4/5G 保护柱（4mm×50mm），抑制器采用 MSMⅡ化学抑制器＋MCS 二氧化碳抑制器。

离子色谱参考条件：等度淋洗，淋洗液流速 0.7mL/min，淋洗液 8.0mmol/L 的碳酸钠溶液，再生液 90mmol/L 的硫酸溶液，进样体积 20μL。

进样量 20μL 时，本方法最低检测质量浓度为 0.032mg/L。碳酸根系统淋洗液草甘膦标准色谱图见图 2-20。

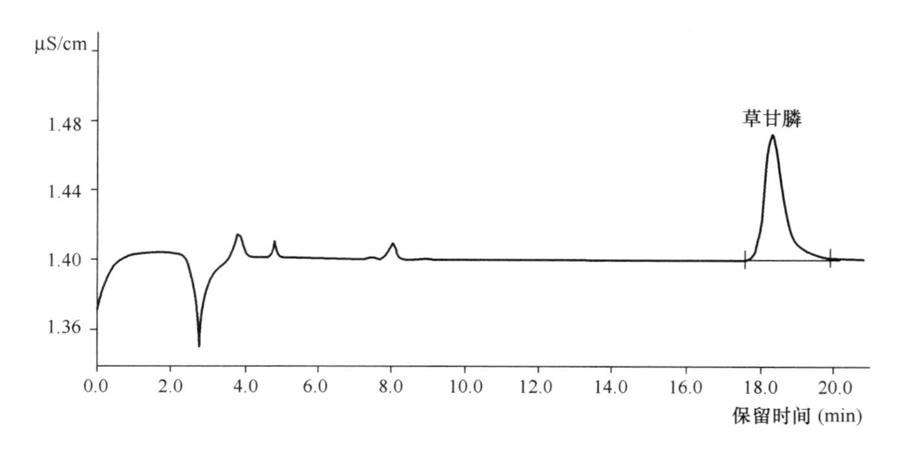

图 2-20　碳酸根系统淋洗液草甘膦标准色谱图

离子色谱法分析草甘膦，不需要昂贵的设备和一系列试剂，可节约仪器购置成本和试剂消耗成本。虽然单样分析时间比液相色谱法稍长，但不需要配制一系列溶液，因此多样品分析时，总耗时差不多。该方法有助于草甘膦检测向中小型检测机构普及。

2.4.6　丙烯酰胺：液相色谱-串联质谱法

饮用水中丙烯酰胺主要来自于助凝剂聚丙烯酰胺，《生活饮用水卫生标准》（GB

5749—2006）中限值为 0.5μg/L。目前国标采用的是气相色谱-电子捕获检测器法，该方法需要进行衍生化，操作复杂，耗时长，且选择性差，有可能出现假阳性。液相色谱-串联质谱法灵敏度高，选择性好。

水样中的丙烯酰胺，采用液相色谱-串联质谱法测定时，样品使用滤膜过滤后直接进样，或经固相萃取后进样，经液相色谱仪分离，进入串联质谱仪，采用多反应监测（MRM）模式，根据保留时间和特征离子峰进行定性分析，外标法或内标法定量分析。

液相色谱-串联质谱联用仪：配电喷雾离子源，色谱柱采用 ACQUITY HSS T3（2.1 mm×50 mm，1.8μm）。

液相色谱参考条件：流动相采用 A 甲酸溶液，B 甲醇（A＋B＝95＋5）。进样量 10μL，柱温 30℃，洗脱条件为等度洗脱，流速 0.25mL/min。

质谱参考条件：检测方式采用多反应离子监测（MRM），电离方式采用电喷雾正离子模式（ESI＋），毛细管电压 3.5kV，离子源温度 120℃，脱溶剂气温度 350℃，脱溶剂气流量 400L/h。多反应监测条件见表 2-23。

丙烯酰胺的多反应监测条件　　表 2-23

编号	物质	CAS 号	母离子（m/z）	子离子（m/z）	锥孔电压（V）	碰撞能量（eV）
1	丙烯酰胺	79-06-1	71.9	54.9	20	8
		79-06-1	71.9	43.9	20	8
2	丙烯酰胺-D_3	122775-19-3	74.9	57.9	20	8
3	丙烯酰胺-C_{13}	287399-24-0	72.9	55.9	20	8

丙烯酰胺的 MRM 色谱图见图 2-21。

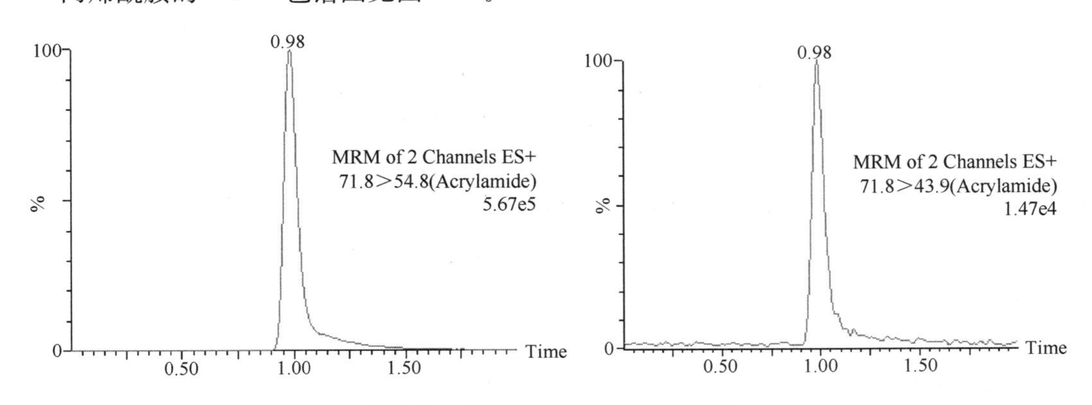

图 2-21　丙烯酰胺的 MRM 色谱图

若基质干扰严重，可选用同位素内标校正或采用固相萃取前处理，降低基质干扰。

固相萃取包括下列分析步骤：

（1）活化：依次用 10mL 甲醇和 10mL 纯水，对活性炭固相萃取柱进行活化。

（2）富集：取 10～200mL 水样，经玻璃纤维滤膜过滤，再以 5mL/min 的流速通过经活化的固相萃取柱，进行富集。富集完毕后用氮气吹干小柱。

（3）洗脱：用10mL甲醇分3次洗脱吸附于固相萃取柱上的待测组分，洗脱液合并至浓缩管中。

（4）浓缩：用氮气吹干洗脱液，用纯水定容至1.0mL，经PVDF材质针头式过滤器过滤，上机测定。

液相色谱串联质谱法节省了前处理步骤，且可直接进水样，不需要衍生化，方法简便快速，检测限低，灵敏度高，大大缩短了分析时间，提高了效率。同时，提出了校正和降低基质干扰的方法，具有很好的适用性。

2.4.7 微囊藻毒素：液相色谱-串联质谱法

微囊藻毒素是水华蓝藻，包括微囊藻、鱼腥藻等产生的生物毒素，具有致癌效应。《生活饮用水卫生标准》（GB 5749—2006）中将最毒的一种微囊藻毒素-LR列入，限值为1μg/L。目前国标方法采用固相萃取-液相色谱法或酶联免疫法检测。液相色谱法检测灵敏度低，需要大量的水样富集，细胞内藻毒素提前采用反复冻融法，前处理难度大，耗时长。酶联免疫法可靠性差，试剂成本较高。因此，有必要开发高灵敏度的高效检测方法。

采用液相色谱-串联质谱法测定水中微囊藻毒素时，样品经预处理后再采用滤膜过滤，经液相色谱仪分离，进入串联质谱仪，采用多反应监测（MRM）模式，根据保留时间和特征离子峰进行定性分析，外标法定量。若测饮用水，藻细胞含量很低，可直接测过滤后样品，若测藻细胞含量较高的水源水，则需要将膜截留的藻细胞内藻毒素提取一并检测。

对于细胞内藻毒素提取，提供了2种方法，根据实际情况采用。

1. 冻融法

包括下列分析步骤：

（1）取1～5L水样，用GF/C玻璃纤维滤膜过滤。

（2）用镊子小心将滤膜从过滤器中取出，对折放入50mL离心管中。

（3）将离心管于−80℃条件下冷冻120min，或−20℃条件下冷冻180min，取出后在40℃水浴中加热60min。重复上述操作，共冻融7次。

（4）将解冻后的滤膜取出，剪碎，将碎片重新放入离心管中。

（5）向上述离心管中加入80%甲醇溶液30mL，萃取、浸泡过夜。

（6）在10000g条件下离心10min，取一定体积的上清液，经PVDF针头式过滤器过滤，置于样品瓶中，上机测定。

2. 超声处理法

包括下列分析步骤：

（1）取1～5L水样，用GF/C玻璃纤维滤膜过滤。

（2）将滤膜置于玻璃瓶中，再加入80%甲醇溶液15mL。

（3）将玻璃瓶置于冰水浴中，用功率600 W的超声细胞破碎仪采用超声2s间歇1s的方式破碎藻细胞10～30min。超声后若液面降低则补加80%甲醇溶液至原体积。

（4）将上述溶液进行离心或经针头式PVDF过滤器过滤，当藻密度大导致溶液浑浊或颜色呈蓝绿色时，可加入硫酸钠进行盐析处理，再离心后取上清液置于样品瓶中，上机测定。

液相色谱-串联质谱联用仪采用配电喷雾离子源，色谱柱采用 ACQUITY UPLC BEH shield RP18（2.1mm×50 mm，1.7μm）。

液相色谱参考条件：流动相 A 为 0.1%甲酸溶液，B 为乙腈，柱温 30℃，流动相流速 0.30mL/min。洗脱条件为梯度洗脱。流动相梯度洗脱参考条件见表 2-24。

流动相梯度洗脱参考条件 **表 2-24**

时间（min）	初始	3.0	3.5	4.0
A∶B（*V*/*V*）	90∶10	0∶100	0∶100	90∶10

质谱参考条件：检测方式采用多反应离子监测（MRM），电离方式采用电喷雾正离子模式（ESI+），毛细管电压 2.5kV，离子源温度 120℃，脱溶剂气温度 350℃，脱溶剂气流量 400L/h。微囊藻毒素的多反应监测条件见表 2-25。

微囊藻毒素的多反应监测条件 **表 2-25**

被测组分	母离子（m/z）	定量子离子（m/z）	定性子离子（m/z）	锥孔电压（V）	定量子离子碰撞能（eV）	定性子离子碰撞能（eV）
微囊藻毒素-RR	520	135	103.2	45	35	60
微囊藻毒素-LR	995.9	135	86	88	70	80

微囊藻毒素的 MRM 色谱图见图 2-22。

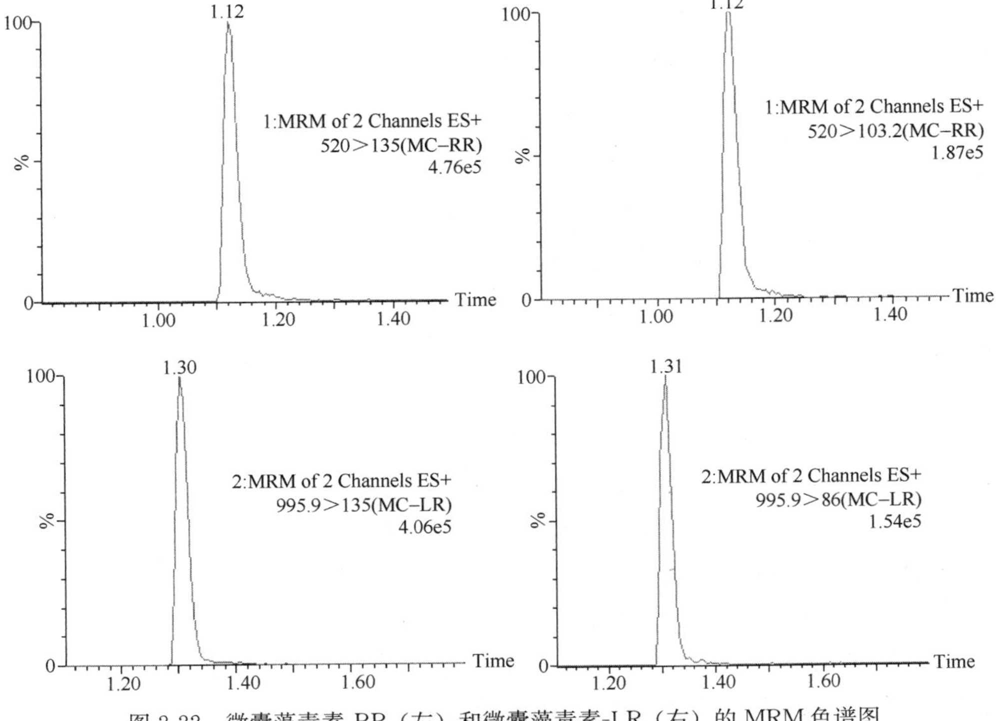

图 2-22 微囊藻毒素-RR（左）和微囊藻毒素-LR（右）的 MRM 色谱图
1—微囊藻毒素-RR；2—微囊藻毒素-LR。

该方法可直接进水样，不需要衍生化、简便快速、检测限低，灵敏度高，可用于饮用水中藻毒素的检测，为日常监测和饮用水藻毒素处理及健康风险评价提供基础。

2.4.8　臭氧和二氧化氯：DPD 现场比色测定法

臭氧是已知最强的氧化剂，其氧化能力强，杀菌效果显著，消毒效果受环境影响小，已经广泛应用于饮用水的深度处理中，但由于其不稳定，给监测带来较大困难。《生活饮用水卫生标准》（GB 5749—2006）将臭氧作为消毒剂指标列入，对出厂水的臭氧浓度限值及管网末梢余量进行了规定，分别为 0.30mg/L 和 0.02mg/L。国标方法采用碘量法、靛蓝分光光度法和靛蓝现场测定法。碘量法操作复杂，准确度较差，靛蓝分光光度法操作虽然相对简单，但需要分光光度计，不便于现场检测。臭氧分解速度较快，只能现场比色带回实验室检测，时效性差。靛蓝现场测定法克服了前 2 种方法的缺点，可在现场快速检测，但设备及试剂因需要进口而采购周期较长且检测费用较高。

为解决臭氧溶液稳定性差的问题，没有标准样品，不便于质量控制和仪器校准，项目采用碘酸钾作为臭氧替代标准溶液。碘量法测定臭氧化学反应方程式如下。

$$O_3+2H^++2I^-=O_2+I_2+H_2O$$

$$I_2+2S_2O_3^{2-}=2I^-+S_4O_6^{2-}$$

碘酸钾与碘离子的反应方程式如下：

$$IO_3^-+5I^-+6H^+=3I_2+3H_2O$$

由以上 3 个方程式可得出碘酸钾与臭氧的转换关系：

$$IO_3^-\sim 3I_2\sim 3O_3$$

据上式可将碘酸钾和臭氧进行浓度换算。

N，N-二乙基对苯二胺（DPD）为常用的氧化剂检测的试剂，氧化后呈现粉红色，可用分光光度法检测，该试剂及其检测设备已经国产化。项目对 DPD 法检测臭氧进行研究，发现标准曲线具有良好的相关性，相关系数 R 都大于 0.999，方法最低检测质量浓度为 0.01mg/L。通过一系列样品与碘量法和靛蓝法比对，无显著性差异，说明该方法可采用。

采用碘化钾-DPD 法检测水中臭氧，可选用国产设备和试剂，降低检测成本。使用碘酸钾标准溶液代替臭氧进行标准曲线的制作，解决了用臭氧溶液不稳定，不易制作标准曲线的问题。同时操作简便快捷、测量范围宽、灵敏度提高、结果准确，更适用于现场测量，弥补国标方法的缺陷，满足城市供水检测要求。

同样，二氧化氯也是常用的消毒剂，也可采用 DPD 法检测，目前国内供水行业多采用美国 HACH 公司的二氧化氯检测设备和试剂，通过与国产设备的比对，表明国产设备不仅满足检测要求，而且单样品检测成本可从 2 元左右下降到 0.2 元。

2.5 《城镇供水水质标准检验方法》技术要点

2.5.1 与相关标准的关系

《城镇供水水质标准检验方法》以《生活饮用水标准检验方法》（GB/T 5750—2006）的体系结构为基础，在原行标方法的基础上，结合应对新兴污染物检测及水质检测技术快速发展条件下标准及时更新的需求，按照水质指标的类别确定了标准文本的结构。其主要技术内容共有11章，分别为范围、规范性引用文件、术语与定义、总则，以及无机和感官性质指标、有机物指标、农药指标、致嗅物质指标、消毒剂和消毒副产物指标、微生物指标和综合指标等7大类水质指标的检测方法。其中，每个水质指标的检测方法的技术内容，依据《标准编写规则 第4部分 化学分析方法》（GB/T 20001.4—2001）确定，主要包括适用范围、原理、试剂和材料、仪器、样品、分析步骤、数据处理或结果计算、精密度和准确度、质量保证和控制等内容。

本标准在修订过程中，重视与国家相关标准的相协调，重点对《生活饮用水标准检验方法》（GB/T 5750—2006）进行补充和完善。在原行业标准的基础上，增加部分研究、开发的新的检测方法，删除原标准中与国标重复的检测方法，修订原标准中不完善的检测方法，从而替代《城市供水水质检验方法标准》（CJ/T 141～150—2001）。本标准共包含80项水质指标的41个水质检测方法，其中32个水质检测方法为新制定，9个方法为原行标方法的修订。本标准与现行国标方法GB 5750相比，新增加了32个检测方法的62个水质指标，其中属于《生活饮用水卫生标准》内106项指标的共52项、附录A中2项。本标准与现行国标GB 5750及原行标CJ/T 141～150相比，指标和方法数量的情况，见表2-26。修订后的《城镇供水水质标准检验方法》与原行业标准相比，主要技术变化如下：

（1）增加了臭和味、氰化物、硫化物、挥发酚、阴离子合成洗涤剂、氯乙烯、1，1，1-三氯乙烷、1，1，2-三氯乙烷、四氯化碳、1，2-二氯乙烷、1，1-二氯乙烯、1，2-二氯乙烯、三氯乙烯、四氯乙烯、六氯丁二烯、苯、甲苯、二甲苯、乙苯、苯乙烯、氯苯、1，2-二氯苯、1，4-二氯苯、三氯苯、六氯苯、环氧氯丙烷、丙烯酰胺、微囊藻毒素-LR、微囊藻毒素-RR、敌敌畏、乐果、对硫磷、甲基对硫磷、2，4-滴、五氯酚、七氯、毒死蜱、灭草松、草甘膦、莠去津、呋喃丹、溴氰菊酯、马拉硫磷、2-甲基异莰醇、土臭素、臭氧、二氧化氯、三氯甲烷、三溴甲烷、二氯一溴甲烷、一氯二溴甲烷、二氯甲烷、二氯乙酸、三氯乙酸、一氯乙酸、一溴乙酸、一氯一溴乙酸、二溴乙酸、二氯一溴乙酸、一氯二溴乙酸、三溴乙酸、贾第鞭毛虫、隐孢子虫等共62项指标，合计32个检验方法。

（2）删除了锑、钠、钙、镁4项无机类指标的3个检验方法。

（3）删除了1，1-二氯乙烯、1，1，1-三氯乙烷、1，1，2-三氯乙烷、三溴甲烷、1，1，2，2-四氯乙烷5项挥发性有机物的2个检验方法。

(4) 修订了二氧化硅、敌百虫、敌敌畏、乐果、对硫磷、甲基对硫磷、苯酚、4-硝基酚、3-甲基酚、2，4-二氯酚、2，4，6-三氯酚、五氯酚、萘（NPH）、荧蒽（FLU）、苯并（b）荧蒽（BbF）、苯并（k）荧蒽（BkF）、苯并（a）芘（BaP）、苯并（ghi）苝（BPer）、茚并［1，2，3-c，d］芘（IP）、粪性链球菌、亚硫酸盐还原厌氧菌（梭状芽孢杆菌）孢子和致突变物 22 项指标的 9 个检验方法。

《城镇供水水质标准检验方法》与国标 GB 5750、原行标比较 **表 2-26**

水质类别	原行标（CJ/T 141～150）		本标准				国标（GB 5750）	
	指标	方法	指标	方法			指标	方法
				新制定	修订	合计		
无机和感官性状指标	5	4	6	9	1	10	37	86
有机物指标	18	4	35	10	2	12	25	20
农药指标	5	1	15	6	1	7	17	13
致嗅物质指标	0	0	2	1	0	1	0	0
消毒剂与消毒副产物	0	0	17	4	0	4	19	21
微生物指标	2	4	4	2	4	6	6	10
放射性指标	0	0	0	0	0	0	2	2
综合指标	1	1	1	0	1	1	0	0
合计	31	14	80	32	9	41	106	152

2.5.2 应用验证情况

为了保证检测方法的适用性，《城镇供水水质标准检验方法》根据我国不同地区的水质特点，考虑到不同实验室设备配置水平的差异性，针对每种新方法，在全国范围内选择不少于 3 家实验室进行了方法验证。方法验证实施方案主要包括标准曲线、方法检出限和最低检测质量浓度、精密度、准确度和干扰实验等内容。

参加标准方法验证的单位包括中国城市规划设计研究院，国家城市供水水质监测网北京、上海、深圳、哈尔滨、济南、郑州、天津、广州、武汉、杭州、大连、石家庄、太原、无锡、合肥、福州、厦门、西安、珠海、佛山、滨海、青岛、乌鲁木齐、兰州、银川、长沙、南昌、株洲、昆明、重庆、成都和南京监测站等 33 个国家站，以及北京市疾病预防控制中心、广州市水质监测中心、广东省城市供水水质监测网顺德监测站、浙江省平湖市疾病预防控制中心共 37 家实验室，涉及全国 31 个城市的近 300 名检测人员，并已在国家城市供水水质监测网 20 余家实验室的评审中通过国家认监委的资质认定，成为有效方法。借助课题研究的平台，促进行业内各单位的相互学习和共同提高，通过广泛的交流，单位之间相互学习、提优补短。加快了先进的检测技术在行业中的应用，参与单位的业务能力和行业检测人员的整体素质得到明显提升。

2.5.3 技术创新点

通过新方法开发、原方法改进和国外方法的引进优化，从样品前处理、检测条件选择与优化、质量控制、干扰及消除等方面对检测方法进行研究，在全国31个城市37家实验室进行了方法的适用性验证，以使方法能够适用于不同地区、不同水质以及不同配置水平的设备使用。在此基础上，编制了《城镇供水水质标准检验方法》，实现了实验室检测关键技术的突破。

技术创新主要表现在以下几个方面：

（1）本项目将液相色谱-串联质谱分析技术、流动分析技术、无溶剂前处理等国际先进技术引入《城镇供水水质标准检验方法》中，大幅地提高了检测效率，降低了检测成本，且方法性能不低于国内外同类方法水平。

（2）研发了液相色谱-串联质谱法测定微囊藻毒素，直接进样，检出限为11ng/L，而美国环境保护局（EPA）2015年发布EPA544方法需浓缩500倍后检出限为4.3ng/L，本方法性能优于EPA方法。

（3）研发了液相色谱-串联质谱法测定农药，可完成12种农药的同时测定，将现行国标中需要7种方法至少20h完成的检测，缩短至6min，大大提高了检测效率。

（4）研发了流动分析法/连续流动法测定氰化物等4项指标，将现行国标中的手工法自动化，使单样的检测时间从2h缩短至3min，大大提高了检测效率。

（5）研发了滤膜富集-密度梯度分离荧光抗体法测定贾第鞭毛虫和隐孢子虫，与现行国标和美国EPA 1623法相比，用滤膜替代一次性滤囊，用通用的过滤器和离心机替代专用免疫磁珠和专用淘洗设备，使“两虫”设备投入降低了75%，单样检测的材料成本降低了85%，大幅度降低了检测成本。

（6）研发了顶空固相微萃取-气相色谱质谱法测定2-甲基异莰醇和土臭素等常见的嗅味物质，检出限分别为2.7ng/L和1.1ng/L，而美国SM 6040D方法检出限为5ng/L。

第3章 城镇供水水质在线监测规范化

利用实验室设备进行水质监测是监控净水工艺有效性的主要方法，其监测数据是饮用水水质监测预警系统的重要输入信息，在饮用水水质监测预警系统的信息使用中一般是将其作为大数据应用于水质动态和水质变化趋势分析，但其往往滞后于水质变化事件而难以起到预警作用。根据供水水源水质特点、风险污染源、净水工艺、管网状态、污染物在供水系统中的变化规律和历史数据分析，确定水源、出厂水和管网水水质特征污染物，并对其进行在线监测获取即时数据，是饮用水水质监测预警系统能够对水质变化事件及时作出反应的主要手段，能够为城镇供水应急提供响应时间，因此水质在线监测数据是否可靠直接决定了预警的及时性和准确性。但目前我国供水行业的水质在线监测缺乏监测数据质量保障技术措施，有关供水企业建设的水质监测预警系统误报、漏报现象时有发生。

项目通过大量的现场试验和实地应用验证，针对在线监测分析仪的重复性、量程漂移、零点漂移、实际水样比对误差等关键性能参数进行了研究评价，建立了适用于从源头到龙头的城市供水全流程水质在线监测的仪器校验方法和数据有效性判别方法，形成了《城镇供水水质在线监测技术标准》，涉及供水行业在线监测中应用最广泛的 pH、温度、DO、氨氮、浑浊度、电导率、余氯、UV、叶绿素 α 等 9 项水质指标，也为其他水质指标的在线监测数据质量控制提供了重要参考。

3.1 城镇供水行业在线监测现状与问题

早在 20 世纪 70 年代初期美国和日本等发达国家已经对河流、湖泊等地表水开展了自动在线监测，所采用的方法包括实时在线监测和间歇式在线监测 2 种，测定项目有水温、氧化还原电位、DO、浑浊度、电导率、氨氮、氟化物、氰化物等。随着地表水富营养化的日趋严重和执法的日趋严格以及总量控制制度的实施，在 20 世纪 70 年代末期又增加了化学需氧量（COD_{Cr}）、汞、TN 和 TP 等自动在线监测项目，通过远程传输系统把监测数据自动传至各级行政主管部门和执法部门。近年来，许多发达国家把供水厂取水口纳入自动在线监测的重点监测范围内。

在欧美、日本、澳大利亚等国均有一些专业厂商生产水质自动监测仪器，配置较普遍的监测指标包括水温、pH、DO、电导率、浑浊度、氧化还原电位、流速和水位、COD_{Cr}、COD_{Mn}、总有机碳、氨氮、总氮（TN）、总磷（TP）等。虽然配置不如前述指标普遍，但市场已有成熟产品的监测项目还有：氟化物、氯化物、硝酸盐、亚硝酸盐、氰化物、硫酸盐、磷酸盐、活性氯、TOD、BOD、UV、油类、酚、叶绿素及部分金属离子

（如六价铬、镉、铜、砷、汞、铅、锌、锑、铁等）。

近20年来，微电子技术、精密机械技术、薄膜技术、网络技术、纳米技术、激光技术和生物技术等高新技术得到了迅猛发展，使得在线监测技术领域发生了根本性的变革，新技术与机器设备的融合推进了水质在线监测仪的发展，并做到智能化的数据采集、分析和运算，水质监测完全实现了自动化。从国外环保监测的发展趋势和国际先进经验看，水质在线自动监测已经成为有关部门及时获得连续性的监测数据的有效手段。对城镇供水行业而言，其水质的特殊性及监测数据需要为水厂安全生产服务的目标，决定了其在线监测技术的应用存在3个方面的问题。

3.1.1 在线监测仪的发展滞后于行业需求

我国水质在线监测仪目前主要在环保、水利和供水等行业使用，不同行业由于水质在线监测的目的不同，在线监测指标有所差异。从总体上看，环保行业在线监测仪的普及程度高于其他行业。

环保行业的水质在线监测分为污染源监测和水环境质量监测2种类型。污染源监测是针对污水处理厂和工业企业排放的污水进行监测，是为了监督和实施法律法规规定的环境管理制度和政策措施；水环境质量监测是针对自然环境质量状况及其变化趋势进行监测的活动，目的是对河流、湖库、重大水利工程实时监视和及时预警，以解决跨界污染纠纷、污染事故预警、重点工程项目环境影响评估及保障公众用水安全。自1988年开始在天津设立了第一个水质连续自动监测系统，环保行业的水质自动监测站的建设有了较快的发展，到2011年已先后在七大水系的10个重点流域建成了42个地表水水质自动监测系统，黑龙江、广东、江苏和山东等省也相继建成了10个地表水水质自动监测系统。环保行业对国控重点污染源在线监测指标主要包括流量、COD_{Cr}、氨氮、pH等一般指标或企业特殊排放的特殊污染物指标，如重金属等。水环境质量监测的指标有常规5参数（包括温度、DO、pH、浑浊度、电导率）、COD_{Mn}、TOC和氨氮等，在湖泊水库常常会增加叶绿素、TP和TN等。

水利行业的水质在线监测一般依托水文站进行，主要目的是通过在线监测获取数据，为水资源管理与保护工作服务。传统水文站的监测指标以水位和流量为主，近年来，水文站逐渐开始配置水质在线监测仪，新增设的指标与环保行业接近，如常规5参数（包括温度、DO、pH、浑浊度、电导率）等。在湖泊、水库、河口、海湾等容易形成不同程度富营养化的缓流水体，有的水文站也增加了TP、TN、蓝绿藻、叶绿素等指标，在污染源较多的区域，有的水文站也增加了COD_{Cr}、TOC、氨氮、重金属等指标的监测，近海地区还会增加盐度、氯化物、石油类等指标。但总的来说，和环保行业相比，水利行业在线监测仪安装较少。

我国净水厂水质在线监测工作起步较晚，20世纪60年代为简单的水位自动控制，20世纪70年代开始设置流量和压力仪表及集中巡检装置。20世纪80年代以后随着国家工业水平的整体提高，水厂进入了大规模发展的年代，特别是随着外资的引入，大量国外先进的自动化控制技术与设备进入我国，我国水厂自动化生产水平快速提高，但仍主要集中在自动化控制仪表。

随着经济的快速发展和水污染的日益加剧，城镇供水行业对水质进行监控预警的必要性愈加凸显，在线监测仪的配置逐渐增加。通过对我国重点城市供水企业在线监测仪表的配置和供水行业对水质在线监测仪表的性能参数要求进行调研（图 3-1、图 3-2），可以看到城镇供水行业在重点城市已经具有较高的普及率，水质在线监测仪的配置已经覆盖从水源、水厂到管网的供水全流程，普及率比较高的在线监测设备为 pH、温度、DO、电导率、氨氮、UV、浑浊度、余氯和叶绿素 a 等分析仪，同时，还有部分地区安装了生物毒性仪、颗粒计数仪、藻类毒性仪、COD_{Mn}测定仪以及石油类测定仪等。

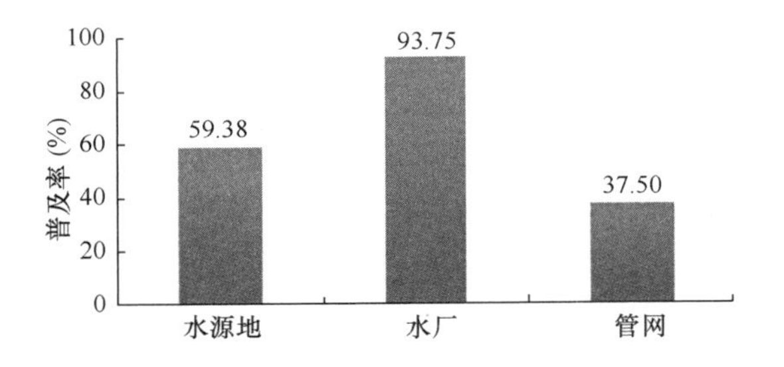

图 3-1　城镇供水全流程在线监测配置普及率

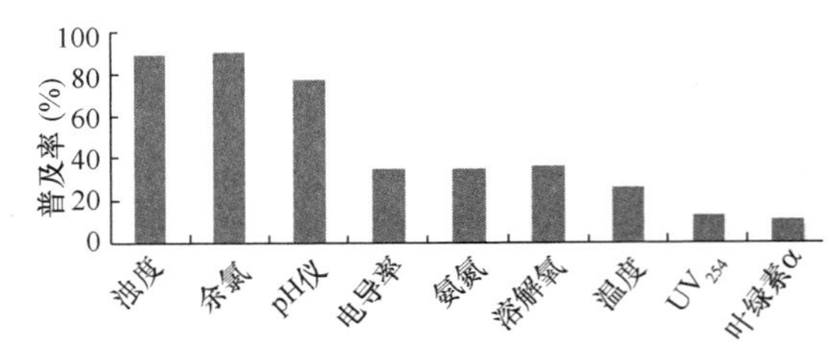

图 3-2　城镇供水在线监测设备分类普及率

无论从指标限值还是监测指标的系统性和复杂性来看，城镇供水水质监测具备显著的自身特点。供水水质监测与水环境监测相比，污染物更加微量，同时还需关注制水过程的控制指标，如浑浊度和余氯。虽然我国城镇供水行业水质在线监测已经从起步进入快速发展阶段，但对在线监测技术在城镇供水行业的水质监管中的应用还缺乏足够的研究，许多供水企业使用在线监测仪时多直接借鉴环保行业相关规范要求，但其与供水行业水质在线监测的要求存在一定的差距。

在调研中还发现，环保、水利及供水行业在线监测设备进口产品居多，国产极少，近八成单位 100%使用的进口设备，价格昂贵，且运维费用高。受技术所限，在线监测一般使用单一参数的水质监测仪，在实际应用中往往面临大量的集成工作，安装维护成为影响监测数据质量的重要因素。

3.1.2　在线监测仪的安装运行维护亟待规范

环保行业在多年的在线监测的实践中针对在线设备的安装、验收、性能参数技术要求、数据管理等方面制定了一系列行业规范，指标涉及 pH、电导率、浑浊度、DO、TN、TP、COD_{Mn}、TOC、六价铬、氨氮、UV 吸收等，对水质自动分析仪技术要求，水污染源在线监测系统安装、验收、运行与考核、数据有效性判别等内容进行了规范，针对全国的在线监测网络则编制了污染源数据传输、信息传输与交换、质量保证与质量控制等技术规范。

水利部门水质在线监测的目的是评价地表水、地下水的水质，为水资源管理与保护服务，与环保行业相比，水利行业在线监测仪安装较少，对在线监测指标没有明确规定，只要各级水利单位保证辖区内的水质达到标准规定的要求即可。由于在线监测仪购买和维护的费用昂贵，对管理人员要求高，各地一般自行决定设备的数量和类型而并未形成统一的规范。

城镇供水是从供水水源地、自来水厂、输配管网，直至用户水龙头的一个完整系统，每一个环节都环环相接，相互影响。对各个环节的水质参数进行监测，是提高工艺运行管理水平，应对突发污染事故，节能降耗，保障饮用水水质安全不可或缺的手段。供水管网作为给水系统的关键组成部分，规模庞大，影响因素复杂，随着供水管网信息化管理水平不断提高，供水管网水质在线监测的要求迅速提升。城镇供水水质的特殊性及系统的复杂性对在线监测仪的安装、运行和维护提出了更高的要求。

通过对我国重点城市供水企业在线监测仪表的安装运行维护的规范情况进行调研（图 3-3），可以看到行业内多数企业已经开始编制安装规程、验收规程、运行维护规程和校验规程四项规范，但大部分直接借鉴环保行业的相关标准与规范，其精度、检出限、监测周期都难以满足供水行业需要，而且缺少余氯仪和浑浊度仪的安装规程和验收规程。加上在线监测仪以国外产品为主，设备选型和运维服务很难及时跟进，城镇供水行业在线监测系统的安装运行和维护缺少系统和规范的管理。

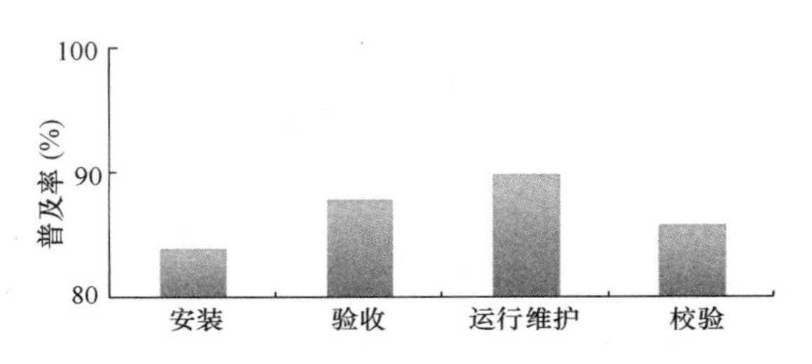

图 3-3　城镇供水在线监测设备相关规程普及率

3.1.3　在线监测数据有效性的判定缺乏技术规程

城市供水行业在线监测可以对水质进行自动、连续监测，数据远程自动传输，随时可以查询到所设站点的水质数据，这对于解决现行的水质监测周期长，劳动强度大，数据采集、传输速度慢等问题，具有深远的社会效益和经济效益。监测指标的选择一方面要能满足水质监测相关规范的要求，使其所选择的参数尽可能比较全面地反映水质特征，另一方面要通过对在线监测仪的长期运行的考察，保证测定结果的可靠性，我国在水质在线监测系统长期使用国外进口设备，设备使用的时间，经验和技术支持长期匮乏，数据记录没有实现规范化和标准化，在线监测数据质量难以持续稳定。

如何保证水质在线监测系统长期运行过程中数据的有效性，是水质在线监测共同面临的问题。城镇供水水质自动监测系统具有连续运转的特点，其采水和配水管路的清洗程度、仪器运行状况、试剂与标准溶液的稳定性及分析仪器的基线漂移等都是影响数据质量的重要因素，必须采取质量控制措施如定期校准、质控样校验、比对实验验证、试剂有效性检查及数据审核等方法，保证数据的有效性。随着在线监测数据的积累，如何识别异常数据，如何规范数据的传输，均成为制约城镇供水行业在线监测系统的推广和普及的重要因素。

3.1.4 在线监测布点及指标选取尚无统一要求

环保行业水质在线监测包括污染源监测和水环境质量监测2种类型。污染源在线监测仪一般安装在企业排污口，无论由政府部门主导，还是由企业自行安装运行，政府部门均承担监管的职责。环保部发布了国控重点污染源企业在线监测仪的安装规范，规定污染源监测指标包括流量、COD_{Cr}、氨氮、pH等一般指标或企业特殊排放的特殊污染物指标，如重金属等。水环境质量在线监测点布设在重要河流断面、支流入河（江）口、重要湖库湖体及出入湖河流，国界河流及出入境河流，重大水利工程等。水环境质量监测自动监测站分为国控点、省控点和市控点，监测站点的数量以及设备的类型根据实际水质的情况确定。按照相应的技术规范，在线监测频次一般为每2h或4h监测一次（即每天12个或6个监测数据），当水质状况明显变化或发生污染事故时，调整为连续监测。国控点在线监测指标包括常规5参数（包括温度、DO、pH、浑浊度、电导率）、COD_{Mn}、氨氮；在湖泊水库，增加TP和TN等。省控点在线监测指标由各省根据自身的实际情况、结合其污染防治目标自主选择，例如广东省的北江上游是湖南，而湖南矿比较多，则增加了重金属项目的监测。

水利行业的检测机构按照流域和省区2个体系进行划分，国家站负责监测各流域干流的水质情况，省区的水文站负责其管辖范围内的支流及中小河流。目前水利行业的在线监测已经覆盖了我国长江、黄河、珠江、太湖、淮河、海河、松辽七大流域，在线监测仪的安装和管理由地级市级单位直接负责，省级单位则负责在线监测系统的规划和监管，县级基层单位只负责维护并没有直接的管理权。水利行业的在线监测点主要布设在河流断面、饮用水源地、湖泊、水库、城市景观等处。水利部门对在线监测的指标及设置的位置没有明确规定，只要各级水利单位保证辖区内的水质达到标准规定的要求即可。

目前，针对城市供水水质在线监测的点位要求、监测指标设定尚无统一技术规范，各供水企业和管理部门均根据自身需求进行确定，因此难以保证点位和检测指标设置的科学性和规范性，从而对水质监控预警的准确性造成了影响。

3.2 城镇供水在线监测仪性能参数规范化研究

3.2.1 基本性能参数的确定

在线监测仪是用于水质监测的仪器仪表，其性能参数含义广泛。性能指标中一般规定了仪器的工作范围和工作条件，如测量对象、测量范围等、环境条件、样品条件、供电供气要求，仪表的防爆性能和防护等级等。这些性能指标必须满足《自动化仪表工程施工及质量验收规范》（GB 50093）等国家标准的要求，这些要求作为监测仪表的通用要求在厂家生产及产品质量控制过程中已经进行了充分的考虑。尽管如此，城镇供水水质特点及安装设置的条件，决定了城镇供水对在线监测仪有一些特殊要求。

本项目组织行业内在线监测仪的用户和仪器厂家对行业需求进行详细的调研，在仪器仪表通用要求的基础上，还需在检测报告、电源及通信协议等方面充分考虑我国国情，通过性能参数的规范，为国产和进口在线监测仪提供平等的机会和平台。

本项目基于相关调研和研究，确定了适合我国城镇供水行业的在线监测仪的通用性能要求，具体如下：

在性能方面，在线监测仪应提供国内计量器具证书或有资质机构的检测报告；工作电源应符合仪器设备正常使用要求；应支持模拟量或数字量输出，数据传输宜采用 ModBus 标准通信协议。

在基本构造方面，在线监测仪应结构合理，便于维护、检查作业；应具备稳压电源和备用电源；应具有防潮和防结露的结构，室内在线监测仪防护等级应达到 IP55，室外在线监测仪防护等级应达到 IP65，浸水部分防护等级应达到 IP68；应具有抗电磁干扰能力。

在基本功能方面，在线监测仪应具备中文操作界面，具备数据显示、存储和输出功能、零点和量程校正功能、时间设定、校对和参数显示功能、故障自诊断及报警功能、周期设定和启动等功能的反控功能、断电保护和来电自动恢复功能；在线监测系统应具备安全登录、权限管理及对用户修改设置和数据等操作的记录功能，以及数据采集、存储、处理和数据输出功能，其中数据处理功能应包括报表统计、图形曲线分析及向用户报警等功能。

在线监测仪的另一类性能指标则与仪器的分析信号，即仪器的响应值有关，主要包括量程、重复性、漂移、响应时间、平均无故障连续运行时间、测定下限和温度补偿精度，对应于实验室检测仪器的线性范围、重复性、稳定性、响应时间、检出限和灵敏度等。与实验室检测仪器不同，因在线监测设备一般是自动运行，这类指标一般作为仪器的出厂指标，虽然是选择在线监测设备的重要参数，但用户可优化的余地较小。

项目针对城镇供水行业配置最普遍的 pH、水温、DO、电导率、浑浊度、余氯、氨氮、UV、叶绿素 α 等 9 项指标，选择 3～5 家实验室对在线监测仪的重复性、漂移、准确度、响应时间等指标进行长期跟踪，在确认在线监测数据满足城镇供水行业水质监管需求的基础上，综合考虑行业水质特点、管理和使用需求以及现有主流在线仪表的技术水平，确定上述 9 项指标的在线监测仪的性能参数要求，并汇总于表 3-1。

供水行业在线监测仪表基本性能要求 **表 3-1**

指标	量程	重复性	漂移	响应时间	平均无故障连续运行时间	测定下限	温度补偿精度
水温	−5～60℃	±0.5℃	—	≤0.5min	≥720h	—	—
pH	—	±0.1	±0.1	≤0.5min	≥720h	—	±0.1
浑浊度	0～2 NTU	±3%	零点漂移±3% 量程漂移±5%	≤0.5min	≥720h	—	—

续表

指标		量程	重复性	漂移	响应时间	平均无故障连续运行时间	测定下限	温度补偿精度
电导率		0～5/50/500 mS/cm	±1%	零点漂移±3% 量程漂移±5%	≤0.5min	≥720h	—	±1%
DO		0～20mg/L	±1.5%	零点漂移±1.5% 量程漂移±1.5%	≤2min	≥720h	—	±0.3mg/L
余氯	比色法	0～ 5mg/L	±5%	零点漂移±2%	≤2.5min	≥720h	0.01mg/L	—
—	电极法	—	±3%	—	—	—	0.02mg/L	—
氨氮		0～2mg/L 0～20mg/L	±5%	零点漂移±5% 量程漂移±5%	≤5min	≥720h	0.05mg/L	—
UV		—	±2%	零点漂移±2% 量程漂移±2%	≤0.5min	≥720h	—	—
叶绿素 *a*		0～500μg/L	≤5%	零点漂移±0.1μg/L 量程漂移±10%	—	≥720h	—	—

3.2.2　供水行业要求的性能参数的确定

持续保证在线监测仪监测结果的准确性是在线监测仪规范化研究最重要的目标。项目选择的 9 项指标中，环保行业针对其中 pH、水温、DO、电导率、浑浊度、氨氮、UV 等 7 项指标已制定了相应的技术要求，但这些技术要求是针对环保行业的水质状况，而余氯和叶绿素 *a* 这 2 个指标的技术要求尚为空白。项目将实际水样比对试验作为城镇供水行业的关键指标，定期利用实验室检测仪器，采用国标方法对实际水样进行检测，之后将结果与在线监测仪的监测结果进行对比。项目选择不同地区，不同水厂，不同供水环节，对实际样品比对误差进行了长期跟踪。

以 pH 为例，实际水样比对误差的变化特点，如图 3-4、图 3-5 所示。

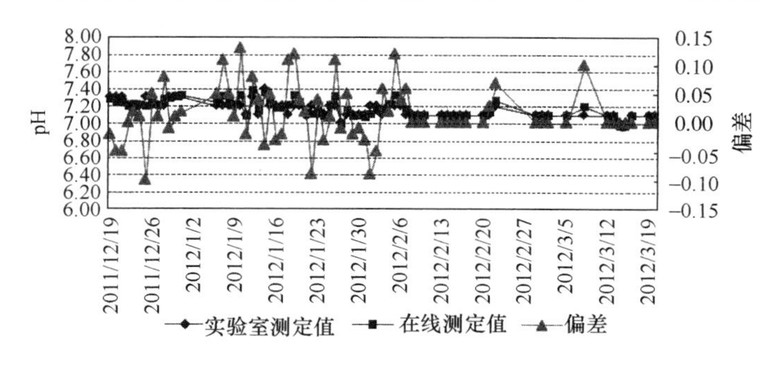

图 3-4　某水厂水源水 pH 实际水样比对误差

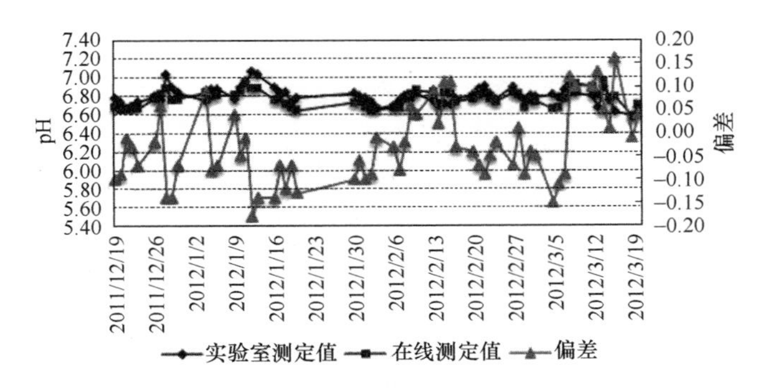

图 3-5　某水厂出厂水 pH 实际水样比对误差

可以看出，无论是水源水还是出厂水，其 pH 在线分析仪测定值与实验室方法测定值的比对误差呈现相似的规律，实际水样比对误差基本在±0.15 以内。项目选择了济南、重庆、西安和广州开展了该指标的实际水样比对误差的考察，其水源水和出厂水的比对误差的变化趋势及误差范围均表现出相近的趋势。

浑浊度的实际水样比对误差则的特点见图 3-6、图 3-7。出厂水的浑浊度的实际水样比对误差明显高于水源水，水源水的浑浊度一般在 10～40NTU 的范围内，实际水样比对误差在±10%之内，而出厂水的浑浊度基本在 0.2NTU 以下，实际水样比对误差最高达到 40%。

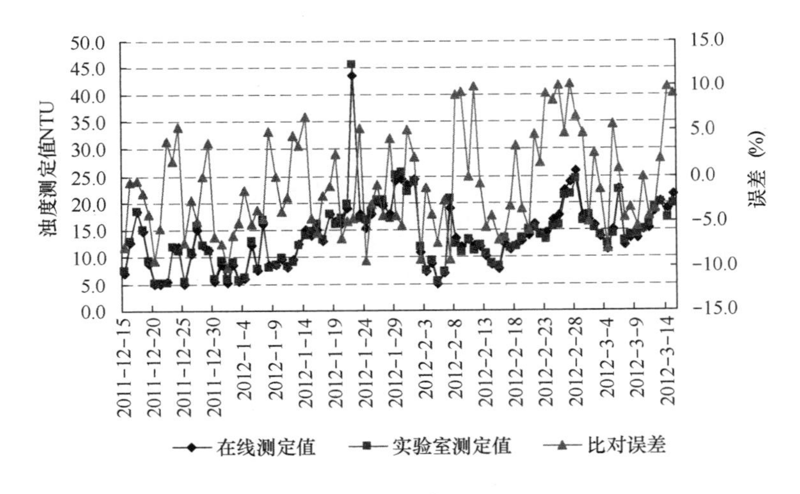

图 3-6　某水厂水源水浑浊度实际水样比对试验结果

余氯主要监测出水厂和管网水，以游离余氯为主的某水厂出厂水的实际水样比对误差的变化如图 3-8 所示，其在线监测值与实验室国标方法检测结果的相对误差通常小于 10%，部分数据相对误差小于 5%。

项目研究涉及的其余 6 项指标中，水温、电导率、DO 和 UV 表现出与 pH 相近的规律，而因其监测结果的数值不是直接表达污染物的浓度，实际水样比对误差均用绝对误差来表示。氨氮和叶绿素 a 表现出与余氯和浑浊度更相近的变化规律，浓度较高时用相对误

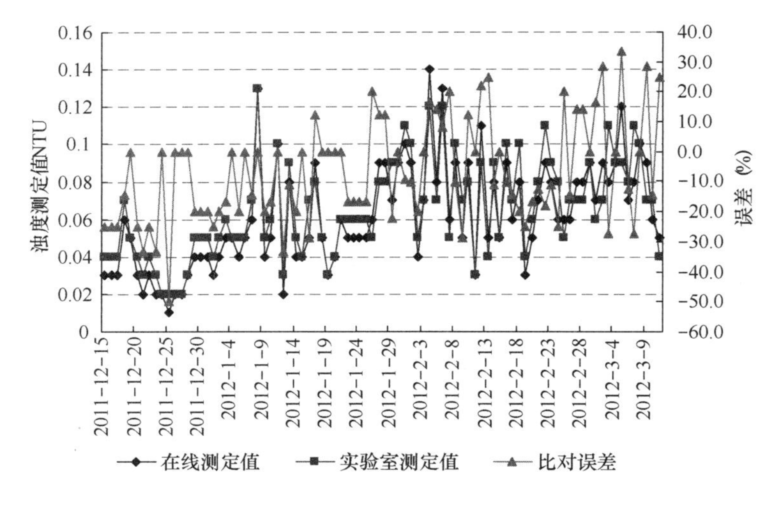

图 3-7　某水厂出厂水浑浊度实际水样比对试验结果

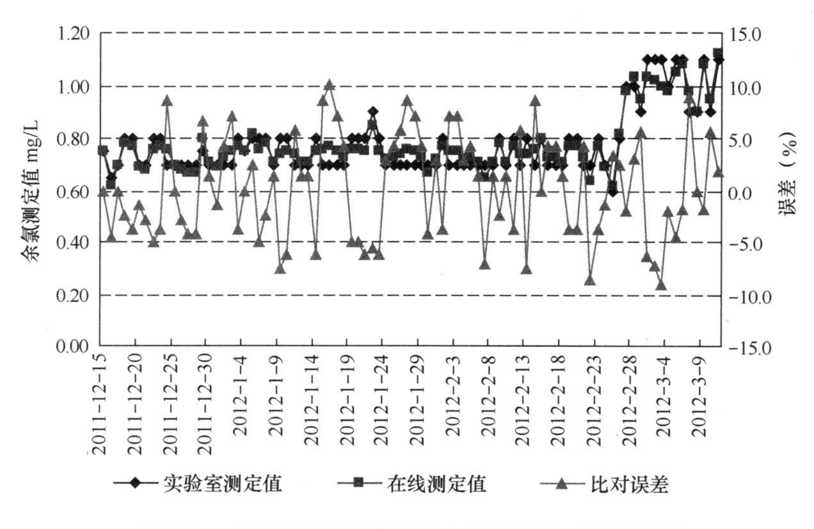

图 3-8　某水厂出厂水余氯的实际水样比对试验结果

差表示，当浓度较低时因相对误差无法准确反映在线监测的技术要求而改用绝对误差表示。为确定适合城镇供水行业在线分析仪实际水样比对试验测定误差的累积频率，按照此分类，将不同地点、不同水质条件及不同季节的在线监测数据全部汇总后进行统计，如图 3-9 所示，通过统计结果计算得到在线分析仪与标准方法比对试验误差累积频率为 95% 时，所对应的实际水样比对误差在城镇供水行业可以得到有效保证，因此也可作为行业在线监测仪表性能参数的验收依据。

根据比对试验误差统计分析结果、供水行业的监测需求以及现有主流仪器的性能，确定水温、pH、浑浊度、电导率、DO、余氯、氨氮、UV、叶绿素 a 在线分析仪的实际水样比对误差应满足表 3-2 的要求。

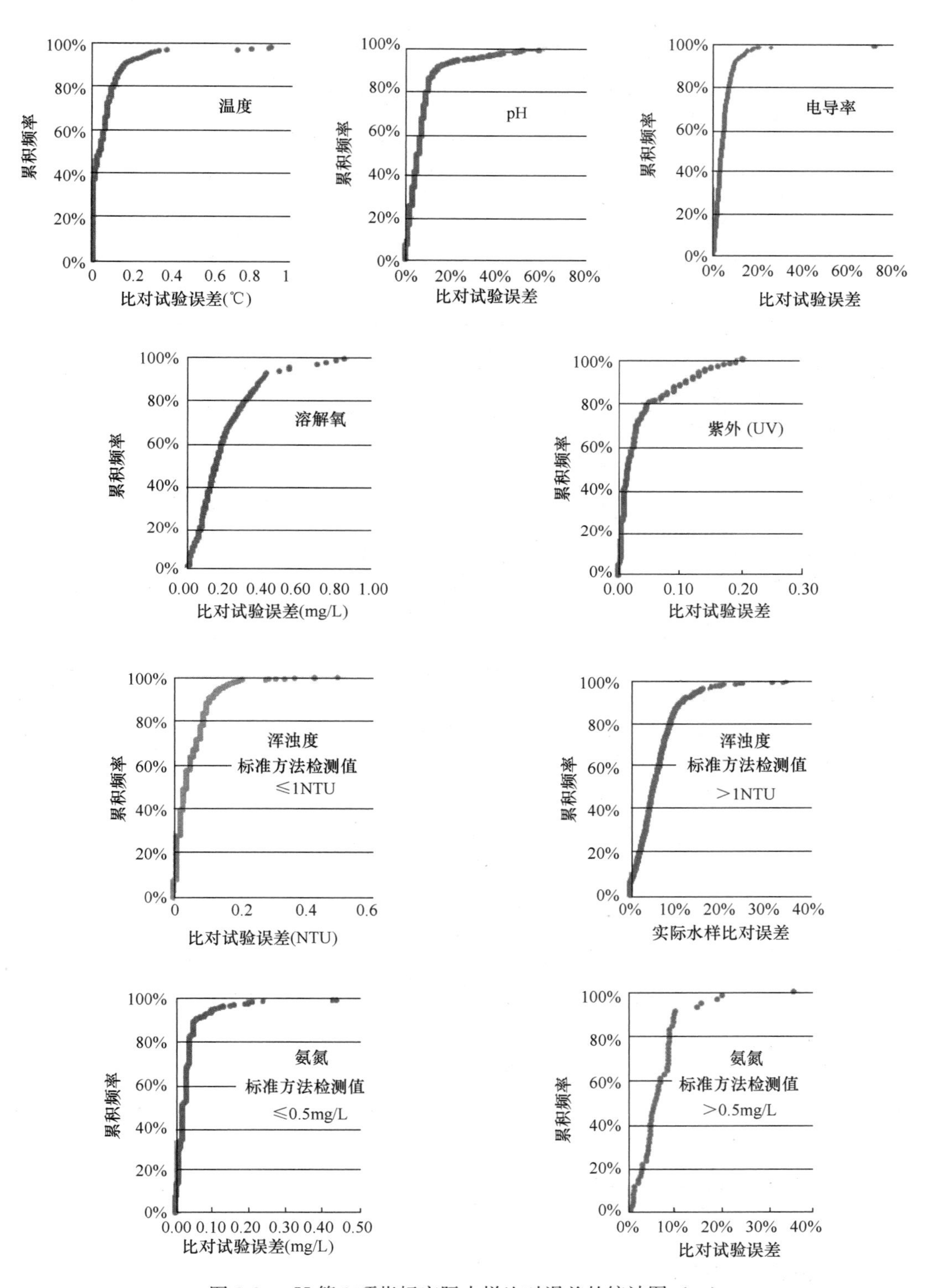

图 3-9　pH 等 9 项指标实际水样比对误差的统计图（一）

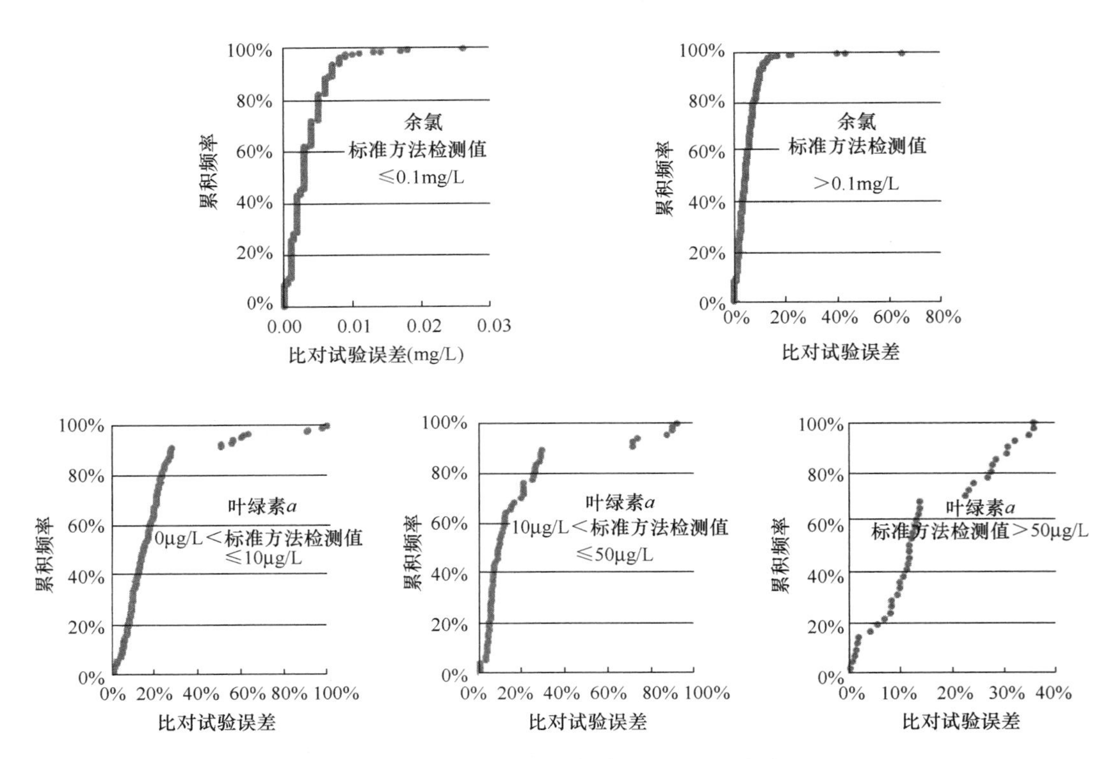

图 3-9　pH 等 9 项指标实际水样比对误差的统计图（二）

供水行业在线监测仪表比对试验误差要求　　表 3-2

指标	水样比对试验误差
水温	±0.1℃
pH	±0.1
浑浊度	±0.1NTU（标准样品配置值或标准方法检测值≤1NTU 时） <10%（标准样品配置值或标准方法检测值>1NTU 时）
电导率	±1%
DO	±0.3mg/L
余氯	±0.01mg/L（标准样品配置值或标准方法检测值≤0.1mg/L 时） <10%（标准样品配置值或标准方法检测值>0.1mg/L 时）
氨氮	±0.05mg/L（标准样品配置值或标准方法检测值≤0.5mg/L 时） <10%（标准样品配置值或标准方法检测值>0.5mg/L 时）
UV	±0.2
叶绿素 *a*	0μg/L<标准方法检测值≤10μg/L 时，不大于 40%； 10μg/L <标准方法检测值≤50μg/L 时，不大于 30%； 标准方法检测值>50 μg/L 时，不大于 20%

3.3　城镇供水在线监测仪安装运行维护的规范化

3.3.1　在线监测仪安装的规范化

水质在线监测仪需要在一定的环境条件下才可保证其测定的数据稳定可靠。一般来说水厂内的水质在线监测仪可对安装环境有足够的保证，对安装环境的要求主要针对水源水或管网水的室外的监测站点，安装环境除应符合现行国家标准《自动化仪表工程施工及质量验收规范》(GB 50093）的规定外，还需要考虑采水深度可调及避雷防护的要求。因监测点的安装环境复杂多变，采样装置是保证水质在线监测仪获取监测数据的前提。因安装环境不同，采样装置分为分流和原位 2 种形式。为持续获得准确的监测数据，采样管路、采样泵及采样口均有规范要求。

1. 分流监测采样装置

分流监测采样装置的设计与安装应符合下列规定：宜采用硬质管材，管路应短直，水样在管道滞留时间不宜大于 15min，并应具备防冻结、防冰凌措施；应设置管路固定装置；应设置反冲水入口、气吹入口和人工取样口，可自动清洗或手动清洗管路；采样泵应根据采样流量、取水系统的水力损失及水位差选择；在线监测仪取水头应根据取水口深度采集有代表性的原水，与水底宜保持足够距离防止泥沙影响；应安装防护过滤装置，并可根据需要利用消毒剂抑制微生物在管路中生长；出厂水及管网在线监测系统应设置排水装置、去气泡、稳压装置、恒流装置及逆止阀。

2. 原位监测采样装置

原位监测使用浮动平台时，其安装应符合下列规定：材料应符合野外工作要求，并应抗腐、防冻、抗氧化、抗紫外线；连接固定处应牢靠，设备安装及运行应安全可靠；应设置稳固可靠的沉锚设施，平台的高度应能随水位的变化在一定范围内可调；应具有稳定可靠的供电设施，并应具有限流限压保护、防反接保护、断电保护、负载短路保护和防雷保护等防护措施；应设置独立的电源及控制设备的密封舱；应设置防盗报警及定位设施；监测点四周应开阔无障碍物遮挡，浮标应设置警示设备及标志。

3.3.2 在线监测仪校验方法的规范化

在线监测仪通过对水质进行自动、连续监测，对提高工艺运行管理水平、应对突发污染事故和保障供水安全具有重大的意义，但城镇供水行业普遍存在在线监测仪随着运行时间的增加监测数据的准确性和稳定性下降的问题。在线监测仪同实验室检测设备一样，需要定期维护和校验，才能保证在线监测仪正常地发挥作用。

目前水温、pH、浑浊度、电导率、DO、余氯、氨氮在线监测仪应用相对较为成熟，可通过零点和量程校正、实际水样比对等已经相对成熟、用户普遍认可的方法进行校验（表 3-3）。

供水行业在线监测仪现有校验方法　　**表 3-3**

指标	现有校验方法
水温	利用实际水样与标准检测方法进行比对
pH	步骤 1：利用 pH 标准溶液进行两点校验 步骤 2：利用实际水样与标准检测方法进行比对

续表

指标	现有校验方法
浑浊度	步骤 1：零点和量程校正 步骤 2：利用实际水样与标准检测方法进行比对
电导率	步骤 1：零点和量程校正 步骤 2：利用实际水样与标准检测方法进行比对
DO	步骤 1：零点和量程校正 步骤 2：利用实际水样与标准检测方法进行比对
余氯	步骤 1：零点校正和量程校正（量程校正：利用一定余氯浓度实际水样与标准方法进行比对） 步骤 2：利用实际水样与标准检测方法进行比对
氨氮	步骤 1：零点校正和量程校正 步骤 2：利用实际水样与标准检测方法进行比对

此外，UV 和叶绿素 *a* 还没有成熟的校验方法，项目对此开展了研究。

1. UV 校验方法研究

UV 在线监测仪器通常在安装验收时已经进行了零点校准和线性化，经长期使用后，可以使用蒸馏水来进行零点检验。出现较大偏移的情况下，首先需要进行零点校准，在斜率允许使用单点校准进行更改之前，补偿零点偏移量。验证过程中，设定点的值在滤光片上有说明。液体标准必须使用实验室光度计进行测量，测量值根据传感器的光程进行转化。

最终确定校验方法如下：

零点校正液应使用重蒸馏水（于蒸馏水中加入少许高锰酸钾进行重蒸馏）或确认无紫外吸收的纯水，量程校正液应使用邻苯二甲酸氢钾溶液，配制方法应符合现行行业标准《紫外（UV）吸收水质自动在线监测仪技术要求》（HJ/T 191）的有关规定。

校验过程应分别进行零点校正和量程校正，进行零点校正时，将传感器置入零点校正液中，将指示值调整为零点；进行量程校正时，将传感器置入均匀的量程校正液中，将指示值调整为标准值；应交替进行以上两步操作，调节在线监测仪直至测定值与标准值之差在±1%以内。

2. 叶绿素 *a* 的校验方法研究

由于没有合适的叶绿素 *a* 标准样品，校正液利用小球藻进行配制，与实验室标准方法进行方法对比，相对误差在 7.7%～28.1%。在水源水叶绿素 *a* 在线监测仪与实验室标准方法比对试验研究过程中，选择南北方不同的水源，不同的仪器；参加试验的实验人员具有不同专业水平及熟练程度。受试在线监测仪能真实反应水源水叶绿素 *a* 的变化，浓度在 0.37～80.00μg/L 的范围波动，相对误差小于 73%的监测数据占累计频率的 95%。试验时间 1～4 个月，受试水体水质稳定，参试在线监测仪除一般清洗维护，均未进行校验。最终确定校验方法如下：

校验过程应分别进行零点校正和量程校正。零点校正液应采用纯水；量程校正液可采用一定浓度的罗丹明溶液或由实验室萃取分光光度法定值的小球藻储备液。进行零点校正时，将传感器置入零点校正液中，将指示值调整为零点；进行量程校正时，将传感器置入均匀的量程校正液中，将指示值调整为标准值。实验室比对方法应采用萃取分光光度法，并应符合第四版《水和废水监测分析方法》中叶绿素 *a* 测定方法的规定。

3.3.3 在线监测仪清洗与校验周期研究

在线监测仪的运行维护主要包括清洗和校验，确定适合的维护周期和维护内容非常关键。本项目通过长期运行，研究清洗、校验对设备状态的影响，以在线监测仪与实验室标准测定方法测定结果的相对误差来反应仪器设备的运行状态，以确定适合的维护周期和维护内容。

1. 清洗校验周期的确定

通过行业内对水温、pH、浑浊度、电导率、DO、余氯、氨氮在线监测仪运行维护情况的行业调查和长期的现场试验，确定了清洗及校验周期的建议值（表 3-4）：

供水行业在线监测仪表清洗及校验周期建议值 **表 3-4**

指标	清洗维护周期	校验周期
水温	小于每月 1 次	小于每 3 个月 1 次
pH	不小于每月 2 次	不小于每月 1 次
浑浊度	水厂内不小于每周 1 次，出厂水每 2 周不小于 1 次	不小于每月 1 次
电导率	不小于每月 1 次	每 2 个月不小于 1 次
DO	不小于每 2 周 1 次	不小于每 2 周 1 次
余氯	不小于每 2 周 1 次	不小于每个月 1 次
氨氮	不小于每 2 周 1 次	不小于每月 1 次
UV	不小于每月 1 次	不小于 3 个月 1 次
叶绿素 *a*	不小于每月 1 次	不小于 3 个月 1 次

2. 清洗校验周期的验证

为验证表 3-4 中调研确定的推荐值的合理性，对各类在线监测仪进行连续运行试验，并根据表 3-4 中调研确定的推荐值进行清洗维护和校验，部分实验结果如下：

按照月校验的方式进行运行（图 3-10），pH 在线监测仪的实际水样比对误差保持在

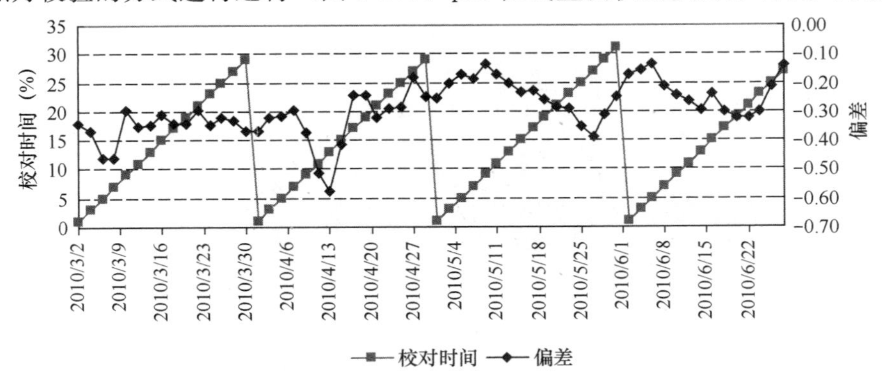

图 3-10 某水源水 pH 在线监测仪月校验条件下的实际水样比对误差

±0.40pH 之间，在即将达到维护期时，误差有所升高；月维护后，测定偏差明显减小。因此，维护周期的设定主要考虑 pH 测定偏差的要求，月维护条件下，pH 仪误差可控制在±0.40pH 以内。

为了研究清洗周期对 pH 在线仪表测定偏差的影响，在开展 pH 在线仪表月校验效果研究的基础上，利用上述设备开展了周清洗维护效果研究（图 3-11），试验共开展 9 周，总体上 pH 测定偏差为±0.5pH 以下。

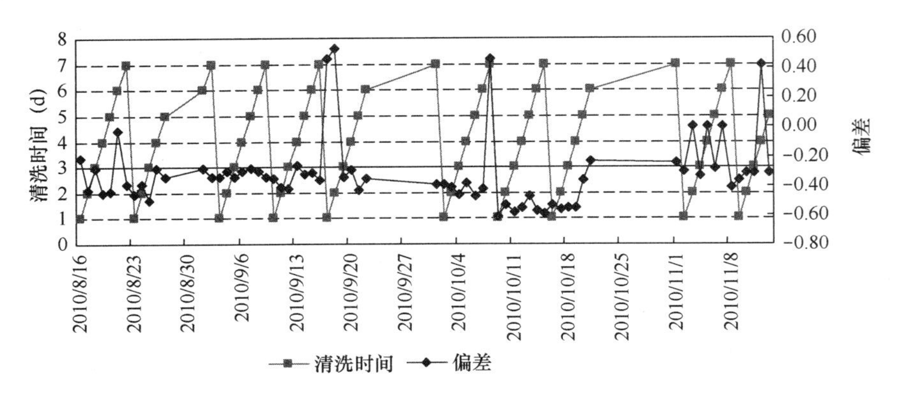

图 3-11　某水源水 pH 在线监测仪周清洗条件下的实际水样比对误差

从月校验和周清洗维护的效果看，校验的效果要好于清洗的效果，但是总体上周清洗和月校验的维护效果相差不大，测定误差保持在±0.5pH 以内，推荐维护周期为 1 个月。由于出厂水浑浊度保持在 1NTU 以下，与水源水检测结果相比受浑浊度影响较小，因此出厂水的在线分析相对误差相对较小。从实验结果来看，清洗维护 37d 后，在线分析仪比对误差保持在±0.10pH 以内，因此，月维护条件下，可使出厂水 pH 仪在线监测仪比对误差控制在±0.50pH。

运行维护及校验的周期对浑浊度的影响规律则不同。某水源水在线监测仪的试验结果表明（图 3-12），进行月校验期间，在线浑浊度度仪的比对测定误差保持在 5%～10%左右，改为半月校验后，比对误差小于 10%；继续缩小校验周期至周校验，浑浊度测定误差明显

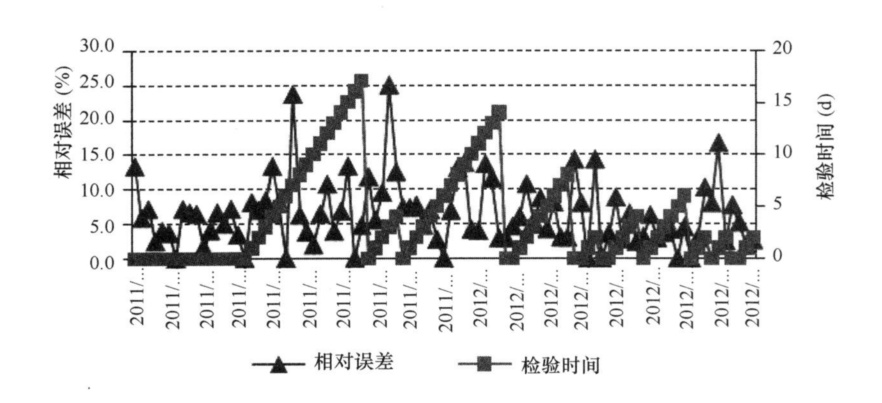

图 3-12　某水源水浑浊度在线监测仪不同校验周期的实际水样比对误差

减小，在5%以内。对某出厂水浑浊度的监测也可得出与上述类似的结论，在月校验后浑浊度测定误差小于10%。因此，可将定期校验时间设置为1个月，并根据实际情况进行调整。

从图3-13可以看出，采用2周的清洗周期相对误差可基本控制在20%以内，1周的清洗周期相对误差基本在15%以下，大部分在10%以下。因此，根据实际情况，可设定浑浊度的清洗周期为一周左右一次。

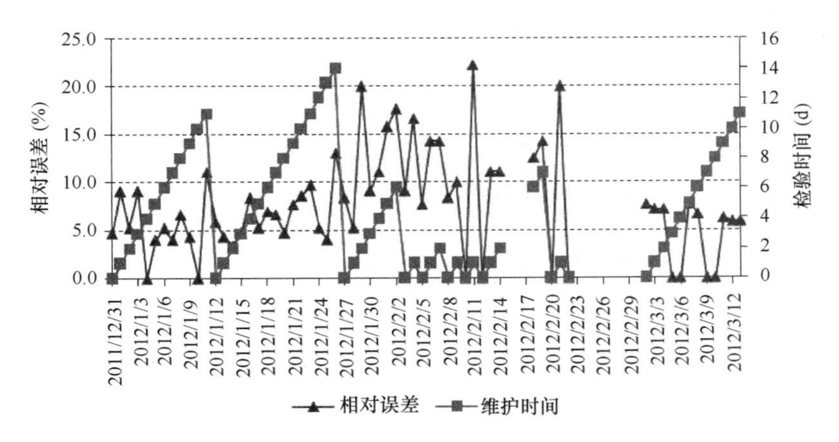

图3-13 浑浊度在线监测仪不同清洗周期下的实际水样比对误差

针对余氯在线监测仪开展运行维护试验研究，校验是重要的影响因素。以1个月为维护周期对余氯在线监测仪表进行维护可以满足误差小于±10%的要求。图3-14为某出厂余氯的实际水样比对误差的监测结果。进行月维护余氯在线监测仪基本可以控制比对误差在0～15%之间，接近维护时间时，余氯测定误差有所升高，在每次维护后误差都会减少到0～5%，因此，采用月维护对余氯进行监测是可以保证监测数据的准确性和稳定性的。

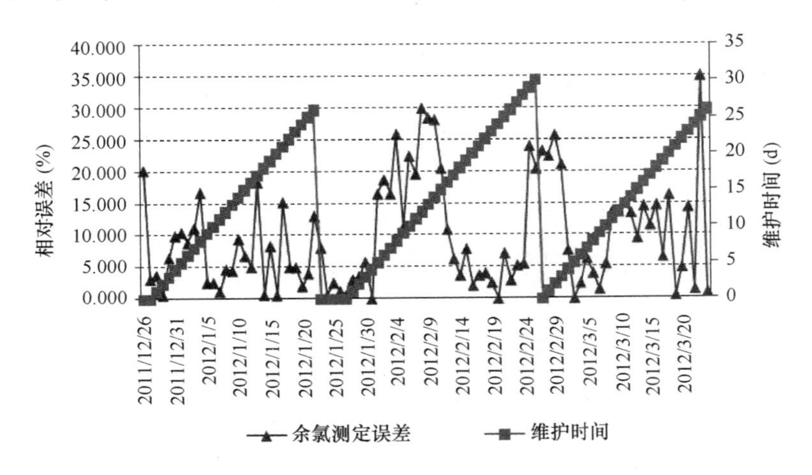

图3-14 余氯在线监测仪不同维护周期下的实际水样比对误差

电导率在线仪运行实验结果表明，实际水样比对误差一般控制在8%以下，每次清洗后3～4d内，相对误差均可在5%以下，然后误差有所上升，但均低于8%（见图3-15）。因此，建议电导率在线监测仪表进行周清洗维护，以保证相对误差控制到不大于10%。

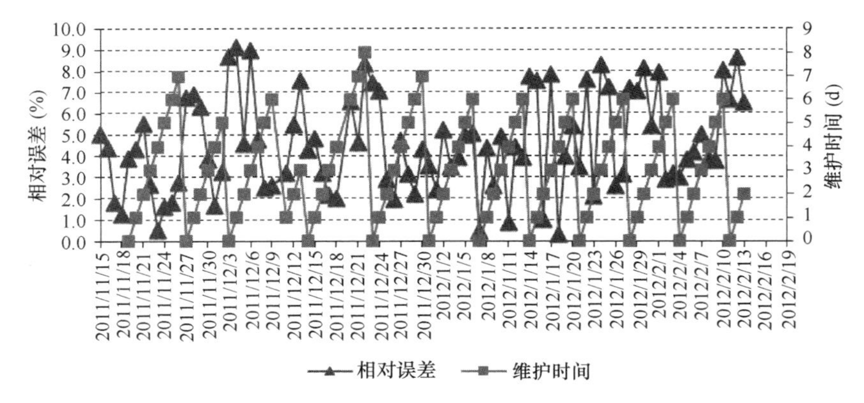

图 3-15　某水源水电导率在线监测仪不同维护周期下的实际水样比对误差

3.4　在线监测数据采集与管理的规范化

水质在线监测的数据采集系统应具有足够的数据存储容量，可检索、可扩展，数据接口宜采用 Web Services，同时应具有数据备份和加密等功能。系统可实现数据容量的不扩容，标准接口易于实现在线数据备份和加密等保护功能，主要是考虑防止人为修改原始数据。数据采集内容应包括采样时间、检测时间、检测结果等数据，可根据需要上传电源故障、校验、设备维护、仪器运行状态等数据。数据传输可采用有线或无线方式，宜采用专网传输。为防止数据泄露，在公网上传输时，应采取加密措施。

数据检查时应对在线监测数据进行有效性审核，并应满足如下要求：

（1）故障状态下，如各种原因导致的流量不足、数据传输问题等，取得的在线监测数据为无效数据。在线检测仪在校核和维护期间可能涉及仪器状态的调整，不能正确给出监测数据，此时监测的数据为无效数据，对此时的无效数据需进行记录以作为仪器检查和校准的依据予以保留。

（2）测量值短时间内急剧上升或下降，有可能是水体被污染，水质出现问题，也能是仪器出现故障，应通过水样比对或其他方式查明原因，以判断数据的有效性。

（3）在线监测数据长时间持续不变时，应通过现场检查、质控等手段进行校核。

（4）超出在线监测仪校准日期的数据应评估其数据有效性。

（5）当零点漂移或量程漂移超出规定范围时，应对从上次校验合格到本次校验不合格期间的监测数据进行确认，并应剔除无效数据。

3.5　城镇供水水质在线监测系统设计的规范化

3.5.1　水源在线监测系统设计

1. 在线监测指标的选择

河流型水源将 pH、浑浊度、水温、电导率等作为必检指标。同时，河流型饮用水水源易受到上游、面源污染以及底泥释放的影响，当水质超过Ⅱ类时，应增加氨氮、高锰酸盐指数（COD_{Mn}）、UV、DO或其他特征污染物的指示指标。

湖库型水源应将pH、浑浊度、DO、水温、电导率等作为必检指标。同时，湖库型饮用水水源普遍存在富营养化，容易受到上游补给水影响。其水体富营养化时应增加叶绿素 a 指标，水体易遭受污染时应增加氨氮、高锰酸盐指数（COD_{Mn}）、UV或其他特征污染物的指标。

地下水水源应将pH、浑浊度、电导率等作为必检指标。同时，地下水水源易受到各类污染物渗透、汛期以及地质条件的影响，易出现铁、锰、砷、氟化物、硝酸盐或其他指标超标的现象，故需加测以上指标。

沿海地区的地表水水源易受到咸潮影响，需要加测氯化物。

一些地区水源可能受到工业废水、矿山废水等的污染，为防止重金属指标在水源地中超标进而影响供水，应增加重金属指标。

供水规模大的水源地出现水质污染影响的范围也更大，规模大和污染风险比较高的水源地增加在线生物综合毒性指标，可以及时发现水质污染的突发变化，有利于进一步采取处置措施。

2. 在线监测点的设置

水源地通常开阔，在线监测点宜设置在不同位置反映水源整体水质特征。监测点的设置可适当上移，以满足预警时间的要求。此外，监测点设置的深度应与取水口的深度接近。

河流型水源地设置在线监测点时应充分考虑河流不同位置断面的情况，如河流流态有较大变化或潮汐河流等，应合理布置监测点。

湖库型水源地设置在线监测点时应考虑到不同的区域，如湖库中央、湖库周边等。

3. 在线监测频率的设定

地表饮用水水源有季节性变化，因此在线监测频率取决于水质变化的状况以及在线监测仪的检测周期。

如果水质变化明显（如河水的洪峰过程或各种藻类疯长时期），应增加检测频率，甚至按照在线监测仪的检测周期连续采样，以增加预警作用。

3.5.2 水厂在线监测系统设计

1. 在线监测指标的选择

原水应监测可能对后续水厂生产产生影响的指标。

水厂水质在线监测指标的选择应尽可能全面地反映本地水质特征，尤其是本地重点关注或反映主要净水工艺运行状态的敏感指标，应能够对可能的水质污染、工艺运行故障等导致的水质变化给出直接或非直接的警示信号。除应保障浑浊度、pH和消毒剂余量等基本指标外，可根据工艺和水质安全需求增加COD_{Mn}、UV和颗粒物计数等监测指标。以臭氧活性炭工艺为最后净化工序的，存在生物泄漏的风险，因此建议增加在线颗粒计数仪。

膜处理工艺出水浑浊度低，常规浑浊度仪无法很好地反映其运行状态，建议设置低量程浑浊度仪或颗粒计数仪。砂滤工艺是水厂去除颗粒物的关键工艺，可以对颗粒物数量进行监测。

出厂水水质在线监测指标应包括浑浊度、消毒剂余量及pH指标，根据需要可设置COD_{Mn}、UV及其他指标。

2. 在线监测点的设置

监测点的选择应覆盖进厂原水、主要净水工序出水和出厂水。进厂水在线监测仪器宜设在进厂水主管线上，出厂水在线监测仪器宜设在配水泵房主配水管上。

深度处理工艺的水厂应根据工艺需要加设监测点。

3. 在线监测频率的设定

水厂在线监测频率应满足水厂运行工艺调控的时间要求，浑浊度和消毒剂余量监测频率不宜小于12次/h，从而保证在线监测数据能实时、准确传到水厂管理者；保证及时核对、处理无效数据，及时进行净水工艺调控。

3.5.3 管网在线监测系统设计

1. 在线监测指标的选择

管网在线水质监测参数设置应反映关键性指标，目前国内管网在线安装水质仪表参数主要为浑浊度和消毒剂余量。参考美国、日本等发达国家，还可增加pH、电导率、水温、色度等参数。可根据当地水质情况与经济水平设置管网在线水质监测选择性指标。

2. 在线监测点的设置

管网在线监测点布局应有代表性、全面性；监测点数量应根据供水服务人口进行设置。50万人以下，在线监测点不应小于3个；50～100万人，在线监测点不应小于5个；100～500万人，不应小于20个；500万人以上，不应小于30个。

3. 在线监测频率的设定

管网在线水质参数主要为浑浊度、消毒剂余量，在正常运行下相对稳定，在考虑节约成本和能够全面反映管网水质状况情况下，监测频次一般每小时不宜小于4次，具体可结合地方实际。

3.6 《城镇供水水质在线监测技术标准》技术要点

3.6.1 主要技术内容

《城镇供水水质在线监测技术标准》包括总则、术语、基本规定、水质在线监测（水源、水厂、管网）、仪器与设备（技术要求、设计与安装、验收）、运行维护与管理（运行与维护、数据采集与管理、质量保证与控制）等六个部分，同时在附录内对城市供水中配置最为普遍的的水温、pH、溶解氧、浑浊度、电导率、余氯、氨氮、紫外（UV）、叶绿

素 a、耗氧量、颗粒物、发光细菌生物综合毒性和鱼类行为法生物综合毒性等 13 项在线监测仪的检测原理与性能要求、校验方法、运行维护提出了具体规范。

3.6.2 应用验证情况

本标准在重庆、广州、珠海、无锡、武汉、西安、北京、上海、深圳、济南等 10 个城市开展了实地应用验证。10 个以上重点城市的供水企业，参考本规程，对水质在线监测分析仪的运行、维护和安装进行了规范管理。

本标准对水质在线监测的系统设计、安装、运行维护及数据管理和质量控制规定了技术要求，可避免设备和技术选用不当，能够指导各地各供水企业建设技术成熟、经济合理的城市供水全流程水质在线监测系统。

3.6.3 创新点

通过对城镇供水全流程在线监测技术的规范化研究，实现了三项关键技术的突破：

（1）建立从水源、水厂到管网的全流程供水水质在线监测技术体系，弥补了现行水质在线监测技术要求的缺陷，满足了城市供水水质在线监测的特殊要求，从系统的角度规范化了供水水质在线监测系统的应用。

（2）形成供水水质在线监测仪表运行维护规范化操作流程，明确 pH、温度、溶解氧、氨氮、浑浊度、电导率、余氯、紫外（UV）、叶绿素 a 等 13 项水质指标在线监测仪表的性能要求、校验方法和运行维护等要求。

（3）实现供水水质在线监测仪表安装验收及数据管理的规范化，从技术上明确供水水质在线监测仪安装验收流程和数据采集标准，保障在线监测仪运行的可靠性以及数据采集的有效性。

《城镇供水水质在线监测技术规范》的制定，将填补我国供水行业在线监测方法的空白。

第4章 城镇供水水质应急监测技术

近年来，我国发生了多起直接影响居民供水安全的重大水污染事故，造成极大的社会反响。2005年11月，松花江发生重大水污染事故，严重影响松花江下游沿岸城市的供水安全，拥有360万人口的特大城市哈尔滨因江水污染停止供水4d，成为历史上最大的一次水源污染导致的城市供水危机。2007年5月，无锡市主要的供水水源地太湖出现大规模的“水华”现象，造成自来水出现严重的色度和臭味，居民的生活饮水和洗漱用水全部改用桶装水和瓶装水，当地政府启动应急预案，对城镇供水进行强化处理，近一周后供水才恢复正常。2009年2月，江苏盐城市区发生因化工厂违法排污导致的特大水污染事件，自来水中出现明显臭味，经检测为酚类化合物严重超标，当地企业采用活性炭吸附进行应急处理。污染事件导致盐城市近20万居民生活饮用水和部分企事业单位供水被迫中断3d，经济损失巨大，并在社会上造成恶劣影响。

可见，无论是自然生态系统自身的变化还是人类活动的影响，城镇供水系统是脆弱的，极易受到水污染事故的影响，这些突发事件影响城镇供水安全，如何及时应对和处置，对保障社会安定、和谐发展具有重要意义。

应急监测是应对突发性污染事故的第一步，是应对突发性污染事故的前提与基础。应急监测方法既需要在已知污染物的情况下，及时通过监测把握实际情况，也需要在污染物未知的情况下，迅速锁定事故原因，确定应对方案。

本章基于大量国内外案例的整理，分析了城镇供水行业应急监测的需求，针对水质污染事故发生频率较高的污染物的快速检测及筛查，介绍了微囊藻毒素-LR、2，4-D、硝基苯、双酚A、阿特拉津和苯并（*a*）芘等6种物质的酶联免疫及免疫荧光检测技术，提供了用于应急监测的准确、经济、简便的快速分析方法；本章介绍的“城镇供水特征污染物应急监测技术指南”，提供了对水质事故污染物快速筛查检测的程序指导和推荐方法。

4.1 城镇供水行业应急监测需求分析

4.1.1 城镇供水水质污染事故特征

所谓突发性城镇供水水质污染事故是指城镇水源或供水设施遭受生物、化学、毒剂、病毒、油污、放射性物质等污染。开展城镇供水水质污染事件调查通过对突发性污染事故的分类整理，分析污染物组成特征，为应急监测方法库的建立提供指导作用。

调查采用文献查阅，新闻检索和供水企业走访的方式，共收集了1950～2011年国内外城镇供水应急事故案例1000多个，案例包括了污染事故基本情况（发生时间、发生地点、发生流域、事故水源类型）、污染事故原因（事故类型、污染源、污染物类型）、污染事故影响（危害描述、影响范围、影响人口、影响时间）和污染事故响应情况（应急预案情况、响应机构、响应措施、应急处置、应急效果）等。

1000余例案例中，国内的案例有464例，案例按发生的时间统计如图4-1所示。案例件数从2000年开始明显增加，说明影响城镇供水的水质污染事故发生的频率确实在增加，同时也表明公众对水质污染事故的关注在提高。

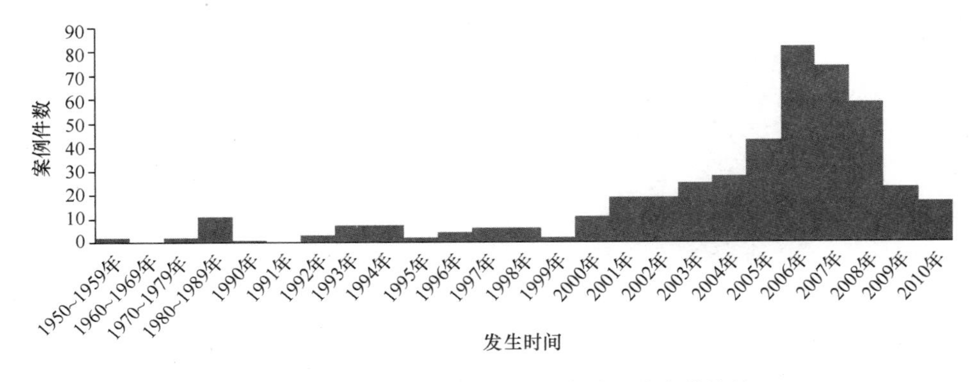

图4-1 1950～2010年城镇供水水质污染事故统计

从案例中城镇供水水质污染事故发生的区域分析（图4-2），长江流域发生的水质污染事故最多，黄河流域和珠江流域其次，长江流域的案例数超过珠江流域和黄河流域事故案例数的总和，这与近20年来长江中下游两岸的能源重化工业密集布局密切相关。松花江流域、淮河流域及桂江流域水质污染事故也比较多，也应当与当地的化工布局有关。

从国内城镇供水水质污染事故发生的环节及水源类型来看（图4-3），接近七成

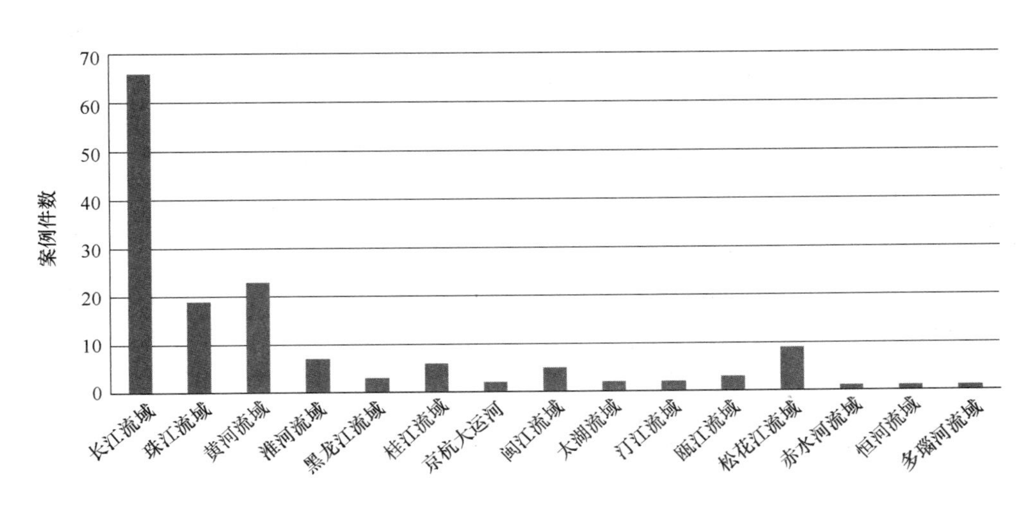

图4-2 城镇供水水质污染事故发生流域分布

(67%)的案例为水源污染，可见水源污染仍旧是影响供水水质安全的最主要的因素。在水源发生污染的案例报告中，仅13%是以地下水为水源，其余的87%是以地表水为水源，其中以湖泊为水源的案例较少，这与近年来湖泊水质下降，如滇池、巢湖均不再承担水源功能有关，而案例数量最多的是以河流为水源的城镇供水系统。城镇供水水质污染案例报告较多的还有管网环节出现的污染，近年来越来越多的城镇开始关注老旧管网带来的水质风险。另外，因为二次供水或综合管理不善，如清洗不当，停留时间过长，管网错接等问题所导致的水质污染也不容忽视。

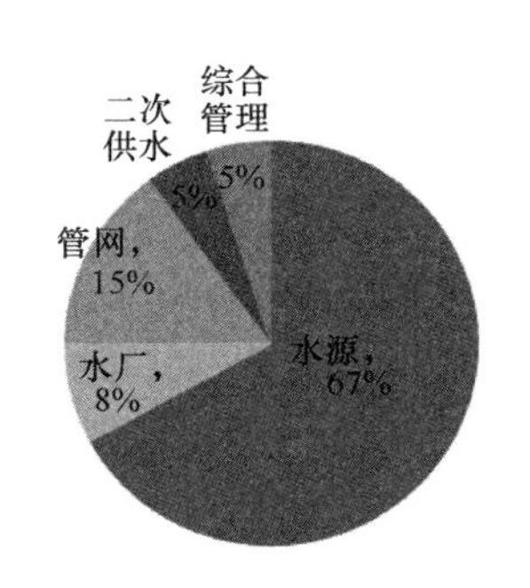

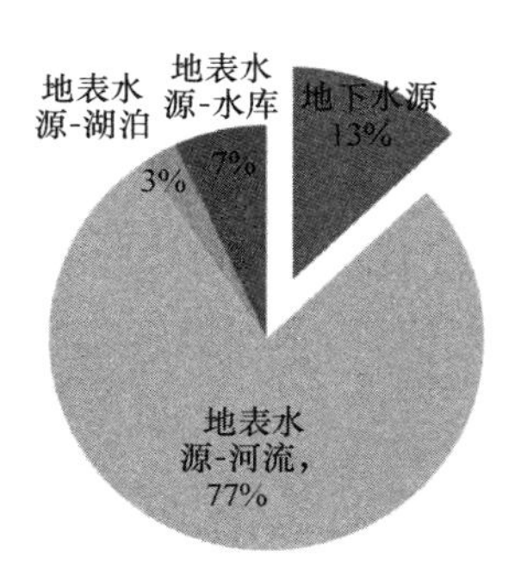

图4-3　城镇供水水质污染事故发生的环节及水源类型

项目同时收集了日本水道协会总结的日本城镇供水系统事故的案例，在116例案例中，以管网破损的案例占比最高，达到45%，而水源发生污染的案例占34.1%、净水设施发生的案例接近20%。这与日本水源保护较好有直接关系，而由于日本人口大部分集中在大都市，供水负荷较高，陈旧管网与新建管网并存，导致管网事故频繁发生。对照国内案例的情况，在北京、上海、广东、重庆等经济发达地区的案例中，也有较大的比例报告了管网破损、混接导致的水质安全事故，与日本的案例统计情况比较类似。

从城镇供水水质污染事故的特征来看，其发生、发展和危害均表现出明显的不确定性：

(1) 发生时间和地点的不确定性。引发突发性水污染事件的直接原因可能是企业违规或事故排污、管道破裂等，这些事件发生的时间和地点都具有不确定性。

(2) 水域流态的不确定性。水域可以分为河流、水库、湖泊、河口、海洋和地下水等类型，而水域的水流状态直接影响污染物的扩散方式和扩散速度。

(3) 污染源的不确定性。水质污染事件发生的形式具有不确定性，导致释放的污染物类型、数量、危害方式和环境影响具有的不确定性。

(4) 危害的不确定性。同等规模和程度的水质污染事件，造成的污染危害是千差万别的，如污染事件发生地点距离城市水源地很近，城市供水就会中断，其后果将是灾难性的。

(5) 流域性。水体被污染后呈条带状，线路长，危害容易被放大。一切与流域水体发生联系的环境因素都可能受到水体污染的影响，如河流两侧的植被、饮用河水的动物、从河流引水的工农业水用户等，流域内的地下水由于与地表水产生交换，也可能被污染。

4.1.2 城镇供水水质污染事故原因分析

我国城镇供水水质污染事故原因存在极大的不确定性，在案例统计中污染事故的原因也多种多样。项目对信息较完整的 464 个案例进行了分析，水质污染事故的原因分为 4 类（图 4-4），分别涉及城镇供水系统的管理、生态环境的破坏、设施故障和突发事故。

其中城镇供水系统的管理所导致的水质污染事故，主要是由于巡检不到位、物业管道不善、工程未实施合格验收等，部分事故涉及人为投毒或人为破坏。此类事故的案例约占总案例数的 13%。

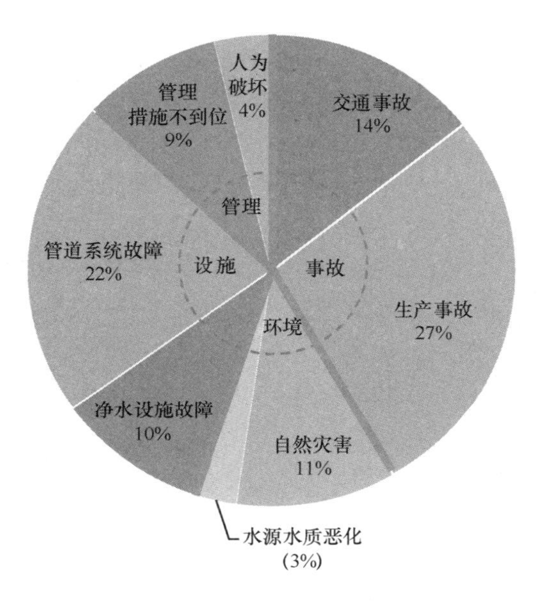

图 4-4 城镇供水水质污染事故原因分析

生态环境破坏所导致的水质污染事故，原因既有来自地震、泥石流、冰冻等自然灾害的影响，也有水源地生态遭到破坏，出现水华暴发、病原微生物异常增长、水葫芦泛滥等问题，从而导致水源水质恶化。此类事故的案例约占总案例数的 14%。

设施故障有的出现在水厂，如净水设施能力不足、设施破裂、堵塞或污染等，有的出现在管网，包括出现管网混接、管道破损、管道老化、管网压力异常导致回流等。这些问题均可能影响供水水质安全，此类事故的案例约占总案例数的 32%。

突发事故所导致的水质污染是占比最高的一类，此类突发事故的案例约占总案例数的 41%。突发事故分交通事故和生产事故两类。根据从案例提取的关键词统计分析，交通事故分为航运事故和道路事故，前者涉及翻船、沉没、爆炸、破损、装卸、船体渗漏等，道路事故则涉及翻车、撞车、设施破裂、装卸失误等。生产事故则是由于生产过程出现异常，如爆炸、爆裂等。

4.1.3 城镇供水水质污染事故特征污染物

对 464 个城镇供水水质污染事故案例中涉及的污染物进行分类，可分为 3 种类型：

（1）感官指标异常。一般是指供水水质出现色度、透明度、臭和味问题。

（2）化学污染。一般是指化学污染物排放到水中导致酸碱度发生改变、重金属浓度增加或有毒化合物（如农药等）被检出。根据污染物的不同又分为有机化学性污染和无机化学性污染。

（3）生物污染。一般是指病原微生物导致的污染，表现出直接或间接地传染各种

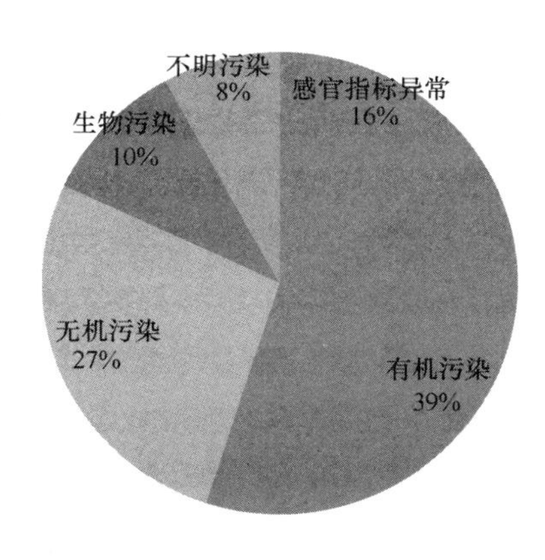

图 4-5　城镇供水污染事故污染物种类

疾病。

各种类型污染物在案例中出现的比例如图 4-5 所示。

城镇供水水质污染事故中污染物以化学污染占比最高，超过了 65%，其中有机污染 39%，无机污染 27%。有机污染物有农药类、石油类、表面活性剂，以及链烃、芳香族化合物、羰基化合物等工业原料，并以工业来源的污染物为主。无机污染物以氨氮、酸碱类、重金属及磷酸盐、硝态氮等为主，重金属、酸碱类与上游的采矿点密切相关，氨氮、硝态氮等则与农业面源有关。生物污染主要与藻类水华、两虫（贾第鞭毛虫和隐孢子虫）和细菌污染有关。藻类水华导致水厂进水中含有藻毒素，或藻类影响水厂正常运行及出厂水出现臭和味。导致水华的藻类较多，包括硅藻、丝状藻、蓝藻、绿藻、小环藻等。细菌类污染主要与生活污水及农业面源的污染有关，细菌种类也很多样，如痢疾菌、沙门氏菌、大肠杆菌、水栉霉等。

污染物类型逐年的变化显示（图 4-6），近年来，城镇供水水质污染事故中涉及的污染物类型越来越多样，来源越来越复杂，从最初单一污染为主，逐步发展为多种类型的复合污染，甚至有些污染之间表现出协同效应，不明污染物的发生概率也越来越高。

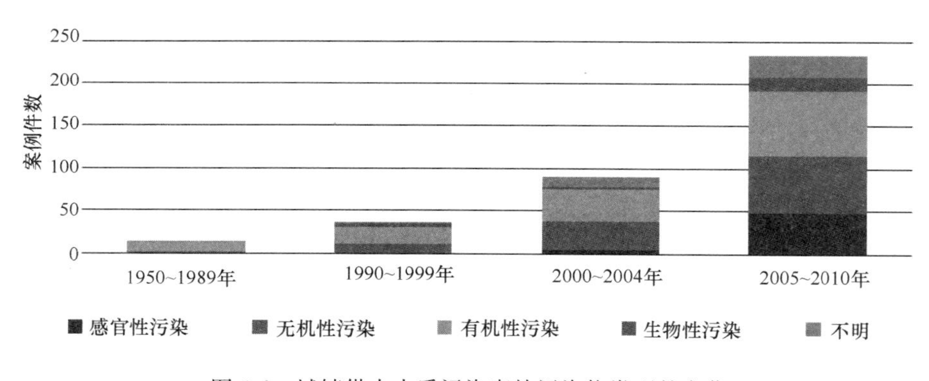

图 4-6　城镇供水水质污染事故污染物类型的变化

4.1.4　城镇供水水质污染事故应急处置

城镇供水水质污染事故发生后，在无法对水源进行更换的情况下，对水源污染物的应急处置及水厂采取应急处理工艺是保障水质安全的重要手段，当水源污染无法削减而水厂处理工艺无法应对水源污染时，则必须停水或更换水源。

2005 年广东省北江镉污染的应急处置，是通过在水源进行污染削减从而基本保证供水安全的范例。而 2007 年贵州黔南州都柳江砷污染的应急处置，则是通过改造水厂的处理工艺，保障出水达标的典型案例。

2005年12月22日，广东省韶关冶炼厂设备检修期间超标排放含镉废水，导致广东省北江韶关段出现重金属镉超标现象，根据监测结果预测，镉污染带峰值移至英德市南华水厂断面时，镉浓度最高值为0.042mg/L，污染带长约70km，根据北江水流速度为4.5km/d计算，污染带在水厂断面将持续6d时间，当时的情况判断，除调水冲污外无其他工程措施可用。

广东省政府立即启动白石窑削污降镉工程和南华水厂除镉应急工程。白石窑削污降镉工程将工程措施和流域联合调水等手段相结合，降低水体中的镉浓度，减少随水迁移的镉通量，将飞来峡水库出水时镉浓度降至约0.01mg/L。12月23日7：55至29日8时，降镉工程7d内在流量约200m^3/s的白石窑河流上共投放聚合硫酸铁剂约3000吨，再加上联合流域水利调度工程的实施，使镉浓度峰值削减27%，减少了水体中约800公斤的镉通量，极大地缓解了下游降镉压力。

在白石窑削污降镉工程29日停止投药后，白石窑水电站关闸蓄水，将部分污染带截在白石窑，待上游来水稀释。12月31日起，广东省三防总指挥部下发第10号调度令，调整各水库调水方式，使飞来峡等各梯级保持较高水位。飞来峡出水量一直维持在最低线的160m^3/s。与此同时，上游各大水库加大放水量，期间累计向受污染河道补充新鲜水量3.234亿m^3，有效地稀释了江水中的镉浓度。2016年1月7日8点，飞来峡出口断面前24h镉浓度均值为0.0092mg/L，1月21日8点的镉浓度均值进一步下降到0.0044mg/L，满足《生活饮用水卫生标准》(GB 5749—2006)的限值要求。

同时，在南华水厂内采用碱性化学沉淀应急除镉技术建设了应急除镉工程。2005年12月25日下午3点，在进水镉浓度为0.027mg/L情况下，经系统处理后出水镉浓度降至0.0022mg/L，满足饮用水卫生标准要求。2006年1月1日23点，经广东省卫生厅对管道出水36项指标检测合格后，停止供应饮用水达13日之久的南华水厂恢复正常供水。

南华水厂应急除镉工程的成功，不但使供水范围的居民未受停水困扰，而且对城市自来水厂在水源遭受镉污染的情况下保持正常供水提供了范例。

2007年12月，由于贵州省独山县一硫酸厂在生产过程中非法使用含砷量严重超标的高含砷硫铁矿，大量含砷废水流入都柳江上游河道，造成村民轻微中毒，沿河乡镇2万多人生活饮水困难。经环境监测部门和疾病控制中心检测，都柳江河水砷浓度大大超过饮用水标准要求。从12月25日起，采用都柳江水源的三都县县城水厂停止从都柳江取水，改用备用水源，供水量从4000m^3/d降至300 m^3/d。虽然黔南州和三都县采取了多项应急措施，包括从州里和邻近县调集消防水车从山区泉眼溪流每天取水数百吨送至水厂和居民区，但仍远远不能满足当地居民的基本生活需要。

2008年1月2日，经过3天多的紧张工作，在现场建立了“预氧化—铁盐混凝沉淀的应急除砷净水工艺”，先采用预氯化把水中可能存在的三价砷（亚砷酸）氧化成五价砷（砷酸氢根），再采用铁盐混凝剂混凝，用氢氧化铁絮体络合吸附砷酸根或是形成难溶的砷酸铁沉淀物，从而通过混凝沉淀过滤的净水过程进行除砷处理。经现场试验、设备改造、生产性运行调试和水质监测，应急除砷处理取得成功，出水水质达到《生活饮用水卫生标准》(GB 5749—2006) 的要求，三都县县城水厂从 1 月 6 日 15：00 恢复正常供水，在我国首次成功实施了水源突发砷污染条件下的应急供水工作。

2009 年 2 月江苏盐城自来水酚污染应急处理的案例，则是水源污染导致水厂关闭并启用应急水源的典型案例。2 月 20 日，该市市区饮用水源蟒蛇河上游的盐城市标新化工有限公司违法排污，将 30 吨高浓度含酚钾盐废水排入厂区外河沟，并通过打开的河沟闸门下泄到水源地新洋港河的上游蟒蛇河，盐城市区部分区域自来水出现了异味。盐城市政府很快启动紧急预案，先后对受到污染的城西、越城 2 个水厂实施紧急关闭，防止受污染水继续进入管网，同时排放已受污染的自来水，组织各有关部门采取紧急措施，启用通榆河水源，盐城全市供水主要由唯一没有受到污染的城东水厂供应，整个市区供水压力不足，高楼层住户用水受到影响。市经贸委则调集大批矿泉水供应市民基本饮用需求；环保部门调派 4 个工作组在沿河巡查；水利部门开闸放水、尽快排清污水。国家环保部应急办和华东督查中心专家提出方案：在下游投放活性炭，尽最大努力截留污染物。2 月 22 日上午 8 点，盐城市被污染的城西水厂的取水口水质已经检测达标，水厂开始进入试生产状态。到 23 日凌晨 3 点盐城市政府正式同意水厂供水。此次污染事件导致盐城市近 20 万居民生活饮用水和部分企事业单位供水被迫中断近 3d，经济损失巨大，并在社会上造成恶劣影响。

盐城水污染事件，反映出化工企业沿江布局对供水安全的威胁。水污染首先由异味发现，暴露出检测手段落后，无法及时发现水源污染，水厂反应必然会滞后。水厂必须同时对水源地水质和出厂水水质进行严格监测，才能避免受污染自来水流入管网的情况发生。

4.1.5　城镇供水水质污染事故影响范围

分析不同事故原因造成的事故级别，可以发现造成城市供水水质污染事件的主要污染源为污水（工业污水、生活污水）和交通源（见图 4-7）。

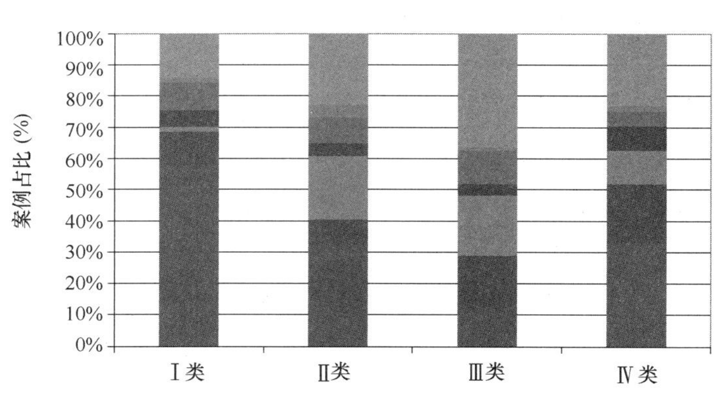

图 4-7　城镇供水水质污染事故的来源分析

城镇供水水质污染事故主要以影响城镇供水的程度划分其影响，并以影响范围作为关键的指标。本研究按照水质污染事故造成的影响分为4类：Ⅰ类为导致居民停水，影响范围5万人以上；Ⅱ类为导致居民停水但影响到的居民人数不到5万人；Ⅲ类为未造成停水，但供水水质出现异常，导致较大的社会影响；Ⅳ类为局部影响。在信息较完整的464个案例中，Ⅰ类占17%，Ⅱ类为24%，接近40%，说明水质污染事故对城镇供水的影响不容忽视。

4.1.6 城市供水水质应急监测需求及难点

城镇供水水源水质随季节、气候和环境而变化，为保障城镇供水的水质安全，供水企业需通过常年、每月或者是每日的监测，跟踪有规律可预测的水质变化，并通过水质管理进行应对。然而突发性水源污染事故所导致的水质变化，会超出这种日常管理的应对范围。《国家突发环境事件应急预案》中明确指出：突发环境事件应急监测，是在环境应急情况下，为发现、查明环境污染情况和污染范围而进行的环境监测，包括定点监测和动态监测，随时掌握并报告事态进展情况。城镇供水直接关系公众健康与社会安全，这对应急监测提出了更迫切的需求，主要有以下几个方面。

1. 制定城镇供水应急监测规范

我国现行监测规范都是针对水环境质量和饮用水安全的常规监测，目前尚没有统一的应急监测规范，应急监测时只能参照现有的监测规范，难以适应应急监测需要。为使城镇供水应急监测工作更加规范，更好地为应急决策提供支撑，应尽快出台符合国情的城镇供水突发事件应急监测规范，明确应急监测的工作程序、监测方法、质量保证及监测仪器的使用要求，使城镇供水应急监测工作有章可循、更具可操作性，确保监测数据的真实性、及时性和客观性，为应对突发性污染事件提供快速、高效的监测数据。

2. 编制城市供水应急监测预案

应急监测预案是应急监测系统的重要组成部分，针对各种不同突发情况制定有效的应急监测预案，“平时”指导应急监测人员的日常培训和演练，保证各种监测资源处于良好的备战状态，“战时”确保应急监测工作按计划有序进行，防止因行动组织不力或现场应急监测工作的不确定引起监测工作的延误而耽误救援工作。突发水环境污染事件，与该地区的产业类型、水源特征、地理环境和交通状况等密切相关。因此，应调查该地区水污染事件历史资料和产业类型等影响因素，分析城镇供水水源可能面临的突发污染事件（如以湖库为水源的，需要考虑藻类爆发的风险），在此基础上科学、合理编制应急监测预案，提高预案的针对性、有效性和可操作性。

3. 开发城镇供水应急监测技术

应急监测不同于常规监测，需要尽快提供监测结果，为应急处理提供决策依据。常规监测中的许多方法不能满足应急监测的时效性要求，如微生物、藻类等检测方法。如在对水中总大肠菌群的检测，即便是采用快速简便的国标检测方法（《生活饮用水国家卫生标准》（GB/T 5750.12—2006）中推荐的固定底物酶底物法），仍然需要24h才能检测出结果。因此，急需开发一些操作简单、耗时较短的快速检测方法。

4. 加强城镇供水应急监测设施建设

目前，城镇供水应急监测仪器设备远远不能满足实际工作需求，应急监测主要依赖“现场采样＋实验室检测”的方式，急需配置现场应急监测仪器，应急监测仪器应轻便、易于携带。采样与分析方法应保证随时随地监测要求，并具有试剂用量少、稳定性好、不需电源或可用电池供电等特点。另外，市场上快速监测仪器种类繁多、鱼龙混杂，需要对快速监测仪器强制检定。

5. 提高城镇供水应急监测人员能力

突发性环境污染事件一旦发生，就要求监测队伍对污染事件要有极强的快速反应能力，立刻赶到现场、快速检测判断。因此，要加强监测人员的应急培训，锻炼监测人员遇到突发事故时的快速准确检测能力，提高监测人员的快速反应能力。适时开展应急监测实战演练，熟悉应急监测方案、明晰应急监测程序、掌握应急监测内容，积累城镇供水突发事件应急监测经验，提高应急监测实战水平。

4.2　城镇供水水质应急监测指南研究

当发生突发性水质污染时，应急监测一般主要包含 3 个方面的主要工作，首先是对污染事故进行调查，收集必要的背景信息，制定采样方案，同时在现场开展快速检测，随后在实验室利用现有设备及方法对可能的污染物进行清单式排查。随着监测技术的不断发展，直接对水样进行未知污染物的筛查逐渐成为研究热点。

4.2.1　突发水污染事故的信息收集

饮用水源保护对城镇供水安全至关重要，各国法律一般对此都有专门的规定。美国国会 1986 年的《饮用水法》、英国 1974 年的《污染控制法》、我国的《中华人民共和国水污染防治法》和《中华人民共和国水法》均对饮用水源保护区作了规定，我国《中华人民共和国水法》及《饮用水源保护区污染防治管理规定》还对饮用水源保护区的水质标准、水质监测、禁止性措施等作了规定，并在《生活饮用水卫生标准》（GB 5749—2006）中对水源的水质指标、水质分级、标准限值、水质检验以及标准进行了规定。

为保障饮用水源的安全，各国也制定了相应的水质监测制度。如日本《水污染防治法》规定，负责管辖环境保护和河流的行政部门负有监测公用水域水质的义务，这些管辖部门须制定《公用水域水质测定计划》，其结果由都道府县的环境行政部门公布。水质检测计划一般是每月一次的水质调查，部分项目测定次数在每年 2～6 次；美国《联邦水污染控制法》对“检查、监测和进入现场”作了规定；加拿大《水法》（1990 年）规定环境部长应建立监测网并按规定监测水污染程度；我国《中华人民共和国水污染防治法》和《中华人民共和国水法》规定要对水域和水功能区的水质进行监测，要求水资源监测机构对水源监测结果向环保部门和供水行政主管部门报告，以保障用水安全。

但实际上水源地水质监测数据很难为供水企业直接使用，测定项目未必就是供水企业希望得到的水质信息，再加上测定地点不同、无法反映取水口附近的水质信息等。相关管理机构不可能对所有指标实施24h不间断连续监测或水源流域巡逻等，只能通过设置监测断面和监测点定期定时监测。为及时应对水污染事故，对事故信息收集与处理应当全方位，主要包括事故的发现与通报、污染信息收集，在现场进行的鉴定与筛查以及采样及样品运输也是信息收集的重要内容。

1. 事故的发现与通报

突发性污染事故的原因是多种多样的，如自然灾害、交通事故或人为原因（疏忽、失误、管理不当等）等。因部门监管职责不同，在现行的法律体系当中，环保部门不判定为水质污染的情况，对供水企业却可能认定为水源水质污染事故。例如，当某一物质的排放浓度低于排放标准，但净水工艺很难去除，从而可能导致出厂水水质超标时，此时的水质异常对供水安全而言也属于污染事故。

但城镇供水企业无法持续24h开展水源巡逻，一般采取在水源取水口和进厂口设置水质监测仪器的方式，对水质污染事故进行发现和通报，在原水设置监测水槽饲养鱼类等是检测不特定原因造成的水质异常的重要工具。可以说现阶段水质监测，还是供水企业发现和报告污染事故为主要手段。除此之外，也有采用监视器监控和人员巡视等措施。

由于在线监测技术的发展所限，监测机构很难从预设的监测点第一时间掌握希望获得的信息，事故的发现往往来自于用户的投诉、附近的居民的报告、事故的当事者或者与其职责相关的公安、消防、交通等部门。

2. 事故信息的收集与分析

污染相关信息的收集与分析，事实上在政府部门收到突发污染事件的通报时就已经开始了。除需掌握污染发生的时间、地点、原因等信息，事故前的监测结果也是信息收集的重要内容。在信息收集的过程中，要确认信息的可靠程度并安排专业人员赶赴现场进行调查。在信息收集的过程中，各参与部门之间快速有效的沟通合作显得尤为重要。

在进行污染相关信息收集的过程中，要注意造成污染的原因或相关线索，例如可通过对水体中鱼类的异常甚至死亡现象来判断可能是水体DO过低或是有毒物质影响鱼类行为。根据死鱼的种类、分布范围对比水体中其他生物的毒害表现，判断污染物质的种类、影响范围及严重程度。如果是化工原料造成的污染，赶到现场的调查人员可通过现场的气温、水体颜色和扩散状况、上下游状况等初步判断污染物的种类、事故规模和严重程度。在首次发现事故并通报的过程中，应及时补充河流的流量、流速、污染物来源和种类的信息。

信息收集活动要从接收到第一次通报开始持续进行到该水质污染事故结束为止。

3. 水质数据基准线评估

长期监测的背景数据为水质数据基线，是确定应急监测方法及数据分析的基础。水质数据基准线有2种，一是普通水质指标（如pH、电导率、余氯等）的数据基线，可通过与水质数据基准线的比较确定检测水体是否明显偏离正常状态。二是特定指标的长期监测结果，应急监测数据与该基线进行比较，是结果分析的重要参考。

水质指标基准线的建立有2种方式，一是利用趋势图法或统计分析法对常规监测历史数据进行分析，建立水质数据基准线。二是采用未受污染物影响的区域的监测结果作为水质数据基准线，未受污染的区域一般选择潜在污染区域的上游或下游或者与潜在污染区域未直接相接的区域。

一般来说，特定污染物指标的监测频率不足以建立基准线。在紧急状态下需对数据进行整理和分析。如果检测发现存在某种污染物，且没有现成的历史基准线数据，那么可以通过在未受此污染物影响的区域检测这种污染物进行对照的方式建立基准线。以确污染物是否确实存在。

4. 信息的整理及各部门和实验室的通报

事故发生后，需成立事故应急指挥部，以协调各部门机动发挥各部门的作用，同时，需对各个机构收集的事故信息的统一组织，使来自各部门的事故信息得以快速有效的传达。事故发生之前各部门均需确定应急状态下的联络体制，保证自身内部的信息传达平稳顺畅，例如在事故发生后，即使日常负责信息处理和传达的责任人不在，也要有相关人员临时负责信息的传达和通报。

在信息的搜集过程中，信息来源多且散乱，尤其是首次事故通报的信息很可能来源于非专业人士，因此对信息的统一整理和通报显得尤为重要。信息整理的主要内容包括：

（1）初期信息的分析整理；

（2）事故追加调查信息及各部门信息汇总；

（3）根据后续信息对污染物进行进一步的筛查；

（4）事故状况的判断。

实验室作为应急系统中的关键部门，将对污染事故的性质、严重程度等提供数据支持。水厂所属的实验室、环境监测站、政府部门的实验室、大学实验室等要在指挥部的统一管理下进行应急监测。实验室应该通过适当的渠道提交结果，并提供解释和分析。

4.2.2 现场鉴定与筛查

1. 现场测试的设备与方法

水质污染事故发生后，需尽快进入现场进行评估，并开展快速现场测试。现场测试首先需确认现场的安全性，以保证现场工作人员的安全，随后通过现场快速检测的结果为实验室后续分析提供依据，如有可能可初步对污染物进行鉴别。现场测试结果在用可靠方法进行验证分析之前，只能作为初步检测结果。例如，检测结果阴性，不一定得出水体中没有此项污染物的结论，也可能由于某个设备出现假阴性或者其灵敏性很低；同样，阳性结果也可能是因为干扰物存在或检测到了目标污染物之外的其他物质。因此，这些检测结果都必须通过后续实验室分析进行验证。

表4-1给出了现场快测涉及的检测设备的类别。本阶段使用的现场检测设备，必须进行校准、性能评估，并建立基准线。主要涉及安全性筛查的指标，包括余氯、pH、氰化

物和辐射量。

主要测试工具和扩展测试工具　　　　表 4-1

主要现场测试工具			
目标指标	用途	分析技术	评价
辐射量（α、β和γ）	现场安全筛查	G-M 探头	使用特殊探头可用于水体测试
氰化物	水体测试	比色或选择性离子电极	测 CN^-，不能检测化合态氰
pH/电导率	水体测试	选择性离子电极	不正常的值表示可能存在问题
余氯	水体测试	比色	根据残留值可判断是否存在问题
扩展现场测试工具			
目标指标	用途	方法	评价
挥发性有机物	安全筛查	嗅探器	检测空气中的物质
水质指标	水体测试	多种设备	通用指标使用的工具很多
农药	水体测试	免疫测定	便捷、快速
挥发性有机物和半挥发性有机物	水体测试	车载式 GC-MS	昂贵，但能检测许多物质
生物毒素	水体测试	免疫测定	便捷、快速
病原体	水体测试	免疫测定和 PCR	预浓缩可增加方法灵敏度
有毒物质	水体测试	对生物活性的抑制	需要建立标线

2. 现场测试质量保证

由于现场测试与采样工作的多样化，没有一个特定的质量保证方案能够应用于所有的样品采集过程，但可以参照以下通用质量保证原则：

（1）所有的数据都应该记录在现场数据表或现场日记上；

（2）除非工作计划有特定要求，所有的设备都应该按照设备商提供的说明进行操作。在开展检测工作之前应该对设备进行检查和校准，并记录相应结果；

（3）需要明确政府和供水企业制定的质量保证原则或计划。

4.2.3　样品的采集、运输和保存

1. 样品采集工具

在完成现场安全性筛查和快速现场测试之后，将采集样品用于后续试验分析。化学分析样品采集在干净的玻璃或塑料容器中。在场地特征调查工作的这个阶段，样品采集工作是解决采样点水质问题的防范措施。如果污染物被认为是“可信的”，样品将被送往实验室进行分析，否则，样品仅需保存至调查结束。

采集样品时需要针对这些已识别危害采取合适的预防措施。表 4-2 给出了采样工具箱应该包括的用品，还列举了各类污染物的保存剂与脱氯剂。各类污染物的采样容器类型及

采样体积参考表4-3。

应急水样采集工具设计 表4-2

指标分类	携带工具
通用	现场指南，样品标签、样品记录表格，监管表格，标记笔，采样设备，样品容器，带泡沫填充的可密闭塑料袋，烧杯，量筒，移液器，保温箱，冰袋，纸巾，蒸馏水，温度计，pH计，浑浊度仪，电导率仪，DO仪，余氯计、秒表，护目镜，一次性手套，一次性鞋套，实验服，干净的厚垃圾袋，抗菌湿巾，消毒液，急救箱，应急灯（夜晚），地图，GPS，照相机
金属	硝酸
汞	硝酸，重铬酸钾
挥发性有机物	抗坏血酸，盐酸
挥发酚与氰化物	氢氧化钠，亚砷酸钠，氰化物便携比色计一套
农药类	抗坏血酸
油类	盐酸
微生物	硫代硫酸钠，微生物过滤器具
藻类	甲醛
放射性物质	G-M探头
COD_{Mn}	浓硫酸

采样容器及体积 表4-3

指标分类	采样容器	采样体积
一般理化指标	聚乙烯	3～5L
金属	聚乙烯	0.5～1L
汞	聚乙烯	0.2L
挥发性有机物	玻璃瓶	0.2L
挥发酚与氰化物	玻璃瓶	0.5～1L
农药类	玻璃瓶	1L
油类	玻璃瓶	0.5L
微生物	灭菌玻璃瓶	0.5L
藻类	棕色灭菌玻璃瓶	0.5L
放射性物质	聚乙烯	3～5L
COD_{Mn}	玻璃瓶	0.2L

2. 样品采集程序

采样一般以事故发生地点及其附近为主，根据突发性环境污染事故污染物的大致扩散速度和事件发生的气象、水文条件以及地域特点来估算污染物扩散范围，并在此范围内布设相应数量的采样点；此外，在污染事故发生初期，对严重突发事故按照尽量多的原则进行检测，并根据污染物的扩散情况和检测结果的变化趋势进行适当的调整。如对江河的监测应在事故地点及其下游布点采样，同时要在事故发生地点的上游采对照样。对湖、水库的采样点布设以事故发生地点为中心，按水流方向在一定间隔的扇形或圆形范围内布点采样，同时采集对照品。

水质污染事故现场采样与一般的水样采集一样，需要事先根据场地特征制定调查计划，保证采集到有代表性的水样，加入相应的保存剂，同时需记录详细的样品采集信息。因水质污染事故的特殊性，样品的记录需要保证样品可监管，可追踪。必要时，采集复样、拍摄采样处照片。如果冲刷流出的水体可能会对接纳水体造成污染，应该将这些水体采集起来进行消毒处理。

如果样品需要送往实验室进行后续分析，那么应该尽快联系实验室以便于实验室做好接收准备；如果样品不需要做实验室后续分析，而是只需做保存处理，样品至少应该保存至威胁评估结束，再决定结束调查或继续分析，样品的保存时间由分析目标的稳定性而改变。污染事故的样品需要考虑充足的备用样品，以防运输至实验室的样品出现问题或者其他独立组织（如专业实验室或执法部门）需要对样品进行重新验证或分析。备用样品也一样要恰当地储存、进行防护处理和追踪，以保证样品的完整性。

对于自喷的泉水，可在涌口处直接采样。采集不自喷泉水时，将停滞在抽水管的水汲出，新水更替之后，再进行采样。从井水采集水样，必须在充分抽汲后进行，以保证水样能代表地下水源。采集自来水或抽水设备中的水样时，应先放水数分钟，使积留在水管中的杂质及陈旧水排出，然后再取样。样品采集时，挥发性有机物样品容器中不能留下顶空空气，对于有闭式顶盖的样品容器，采样人员在灌装时要确保灌满容器或不留下顶空空隙。

3. 采样的质量控制

可采集现场空白及运输空白样品实现采样的质量控制。现场空白是指在采样现场以纯水作样品，按照测定项目的采样方法和要求，与样品相同条件下装瓶、保存、运输、直至送交实验室分析。通过将现场空白与实验室内空白测定结果相对照，掌握采样过程中操作步骤和环境条件对样品质量影响的状况。现场空白所用的纯水要用洁净的专用容器，由采样人员带到采样现场，运输过程中注意防止玷污。运输空白是以纯水作样品，从实验室到采样现场又返回实验室。运输空白可用来测定样品运输、现场处理和贮存期间或由容器带来的可能玷污。每批样品至少有一个运输空白。

4. 样品的保存

水样采集后，应尽快送到实验室分析。样品久放，受下列因素影响，某些组分的浓度可能会发生变化：

（1）生物因素。微生物的代谢活动，如细菌、藻类和其他生物的作用可改变许多被测物的化学形态，它们可影响许多测定指标的浓度，主要反映在 pH、DO、BOD、二氧化碳、碱度、硬度、磷酸盐、硫酸盐、硝酸盐和某些有机化合物的浓度变化上。

(2) 化学因素。测定组分可能被氧化或还原，如六价铬在酸性条件下易被还原为三价铬，低价铁可氧化成高价铁。由于铁、锰等价态的改变，可导致某些沉淀与溶解、聚合物产生或解聚作用的发生。如多聚无机磷酸盐、聚硅酸等，所有这些，均能导致测定结果与水样实际情况不符。

(3) 物理因素。测定组分被吸附在容器壁上或悬浮颗粒物的表面上，如溶解的金属或胶状的金属，某些有机化合物以及某些易挥发组分的挥发损失。

水样的保存期限主要取决于待测物的浓度、化学组成和物理化学性质。水样保存没有通用的原则。常用保存方法参见表4-4。由于水样的组分、浓度和性质不同，同样的保存条件不能保证适用于所有类型的样品，在采样前应根据样品的性质、组成和环境条件来选择适宜的保存方法和保存剂。

水样的保存方法与保存时间 **表4-4**

指标分类	保存方法	保存时间
一般理化指标	冷藏	12h
金属	硝酸，pH≤2	14d
汞	硝酸（1+9，含重铬酸钾50g/L）至pH≤2	30d
挥发性有机物	用盐酸（1+10）调至pH≤2，加入抗坏血酸0.01～0.02除去残留余氯，冷藏避光保存	12h
挥发酚与氰化物	氢氧化钠（NaOH），pH≥12，如有余氯，加亚砷酸钠除去，冷藏避光保存	24h
农药类	加入抗坏血酸0.01～0.02g除去残留余氯，冷藏避光保存	24h
油类	加入盐酸至pH≤2	7d
微生物	每125mL水样加入0.1mg硫代硫酸钠除去残留余氯，冷藏避光保存	4h
藻类	用甲醛固定，冷藏避光保存	12h
放射性物质	—	5d
COD_{Mn}	每升水样加入0.8mL浓硫酸，冷藏	24h

5. 样品的运输

现场采集的样品进行妥善包装后需尽快运输到实验室，样品一般分为2种类型：环境样品和危险性样品。

环境样品是指从天然水体或处理后的水体等环境介质中采集的样品，这些介质中污染物的浓度水平一般不会对人体造成危害。所采集的绝大部分水样可以归为环境样品一类。

危险性样品通常由浓缩后的危险性物质组成，它们通常是从桶、罐、泻湖、窖池、垃圾堆、新的漏油或污染区中采集的。由于具有潜在的危险性或危害，这些危险性样品需要经过特殊的处理程序。当有害物质浓度未知时，环境样品和有害样品之间的界限会变得比较模糊。

样品应该归为环境样品还是有害样品，取决于样品采集地的分类结果（是否有害）。

按照危害类别，疑似水污染事故中的场地可以分为四类：低危险性场地、放射危险性场地、化学危险性场地和生物危险性场地。在大多数情况下，从低危险性场地采集的样品可能被视为环境样品。从放射危险性性、化学危险性或生物危险性场地采集的样品可能为潜在危害物质。

样品的包装和运输必须保护样品完整性，避免细菌生长或污染物降解；防止样品容器泄漏或破碎；遵守运输法规。样品的包装和运输必须满足管理部门的要求。采用何种监管样品包装和运输的规范或要求由样品中所包含物质的特性决定。

环境样品的运输与普通样品的运输要求类似，但对于高危险性样品，则从包装和预算书上均有特殊的要求。首先样品的保证需选取合适的包装，对放射危险性，其包装的类型取决于放射性核素种类和放射量，危险化学品的包装要特别注意防止受污染水体的泄漏或挥发。危险性物质的运输必须有适当的标签以及对危害的声明，同时在转交样品的监管工作过程中便于接收方采取预防措施。对于传染性生物制剂和已知含有或怀疑含有这种制剂的物品而言，必须使用三重包装，即主贮器、防水二次包装和耐用外包装。对于生物危险性物品，采样人员必须在外包装上标注“感染性物质”标签。这种包装必须满足严格的性能测试。

6. 样品安全管理

现场样品到达实验室后需要首先进行安全性检查，查看是否有明显的泄漏，密封包装胶带或封条的破损，包装的破损，集装箱运输的不寻常污染，异味等，同时对样品进行更进一步的检测以确定各种风险是否存在。

污染物处于溶解于水中的状态可以减少其风险，因此应该采取措施避免水样挥发和气化，降低吸入风险。对实验室中的有害水样进行稀释，有助于减少样品处理和化学污染物分析过程中的风险，应兼顾污染物对仪器响应的影响和分析结果的时间限制确定稀释的倍数。如果已经同时通过了现场识别过程中的安全性筛查和实验室的安全性筛查，那么再对样品进行稀释的必要性就不大了。

如果样品需要稀释，那么可以进行“对数稀释”。例如，首先进行 1∶1000 的稀释后进行分析，如果在这个稀释水平下没有检测到污染物，那么再尝试进行 1∶100 的稀释后分析，再然后进行 1∶10 的稀释，如果还是没有结果那么就直接对未稀释的样品进行分析。大多数的饮用水检测方法都是设计在 ppb（十亿分之一）的污染物浓度水平下进行的。然而来自于污染物风险事故现场的水样中，污染物浓度通常是 ppb 级的上百倍。因此实验室要实施适当的质量控制措施，尤其是稀释后的水样的纯度问题。此外，在实验室对样品进行稀释之前，要确认样品在运往实验室之前，没有在现场进行过稀释。

减少样品使用量和稀释类似，可以减少实验室人员对化学和生物污染物的暴露。有些分析技术只需要很小的样品量，例如只需直接注入几微升样品。微萃取操作中，可能只要 40mL 原溶液，而萃取剂的量可能达到 1L 或以上。确定分析方法之前需要充分考虑分析目标，再根据分析方法的检出限，确定需要的样品量。确定污染物的高浓度水平需要的样品量少于对低浓度水平的检测。

建议实验室将紧急水样视为有害物质来处理，应对负责处理和分析水样的工作人员开展相应的安全培训，并配备个人防护装备（PPE）。橡胶手套和全面罩是最理想的保护措施。

现场采样的相关信息对于人员的安全至关重要，实验室应充分了解样品的收集过程和现场调研程序，包括所有的现场安全筛查和现场快速测试结果，以确保不仅保证分析人员的安全，同时保证样品的完整性。实验室需从 3 个方面了解样品的采集过程，首先要询问现场采样人员是否严格遵守采样程序，完成现场识别过程中的各项测试。其次要建立检查样品采集过程和评估样品来源可靠性的机制。最后，实验室与现场采样人员的信息交流应由实验室主导。

为加强交流，现场识别和采样的工作人员应向实验室工作人员的代表提供尽可能详细的信息，包括待分析样品的采集过程，现场筛查结果，样品运输过程，以及最终的分析项目。实验室工作人员的代表应该随着样品一起回实验室，继续与实验室工作人员和现场工作人员保持交流。实验室工作人员最好可以随时与现场工作人员联系，这样实验室工作人员可以随时获得关于采样过程，现场环境条件，以及其他方面的详细信息。书面的现场识别报告都应该在样品交付或者分开传送的时候提交到实验室。直接的语言交流可以提高信息传递的质量和清晰程度。

4.2.4　化学污染物的应急监测方法选择

1. 化学污染物的分类及应急监测方法

当发生突发性水质污染事故时，实验室必须快速有效的对水质污染状况进行分析、监测，即污染物的扫描，也可能需要对未知污染物进行筛查，即污染物的筛查。

污染物的扫描是基于现有方法集成的快速定性定量方法，因应急监测的时限要求较高，污染物扫描应尽可能用有限的分析方法实现尽可能多的目标分析物的检测，这种思路又称为化学污染物扫描，对污染物进行分类是建立相应的方法的重要基础工作。表 4-5 为对污染物的类型进行分类的实例，该案例中充分利用了污染物的分类实现了监测方法的分类。

污染物的化学类型、分析方法分类　　表 4-5

污染物化学类型	分析目标物分组	污染物
无机污染物	无机阴离子	硫化物、氟化物、氰化物
	金属	铬、铜、铁、锰等
有机污染物	挥发性有机物	丙酮、丙烯腈、氯仿、甲基叔丁基醚、四氯乙烯、甲苯
	半挥发性	有机磷（如马拉硫磷，速灭磷，敌敌畏等）、氰草津、氯化杀虫剂、氯丹、五氯苯酚
	非挥发性	阴离子合成活性剂
	石油类	石油类
生物毒素	微囊藻毒素	微囊藻毒素-RR、微囊藻毒素-LR
放射性物质	放射性物质	铯-137、钴-60、锶-92

化学污染物扫描一般有 2 种方法，即“基础扫描”和“扩展扫描”。将 2 种方法结合到一起，可快速对标准内的污染物进行定性和定量，同时也能覆盖其他数百种潜在水体污染物。基础扫描一般选择可靠、可行的方法，仅仅依靠扩展扫描在确保结果的可靠性的前提下也可能实现化合物的快速扫描。现场特征会影响方法选择，例如在某些情况下只需要识别出污染物类型，但在另外一些情况下需要精确量化污染物的含量。人为污染事故导致的污染物浓度有时非常高（mg/L），如当大量污染物被倾入小的水体中，也可能会非常低（低至 μg/L），例如当瞬时的污染物进入饮用水配送管中。必须根据监测目标和现场状况选择不同的分析目标和分析方法。

2. 实验室分析前的污染物初步处理

无论使用何种筛选方法，现场的快速检测可能对事故中污染物的种类得到初步结论，但其可信度级别不够。在大多数情况下，即便试探性鉴定的可靠性极高，单纯依靠试探性鉴定也无法鉴定污染物为某种化学污染物，同时也必须对其他可能的化学污染物进行扫描。扫描步骤必须与验证性分析同时进行。一些污染物的验证性分析仅能通过专业实验室进行。流程参见图 4-8。

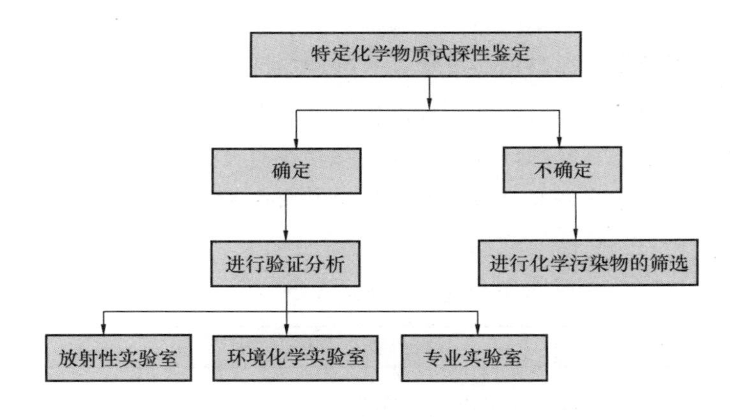

图 4-8 化学污染物样品的初步分析方法

假设污染物鉴定是基于现场特征报告中的可用信息做出的，能进行试探性鉴定的情形包括以下几种：事故中污染物的种类已确定；在现场安全扫描或快速现场测试中某种污染物的初步鉴定结果为阳性；现场的物理证据能反映是某种污染物；临床证据能鉴定是某种致病污染物。

然而，上述情形中的每一种在以试探性鉴定为目的时，其可信度级别不同，也可能会存在其他污染物。一般来说，试探性鉴定的方法侧重点是污染物的种类，而且这些信息是特定污染物验证性分析的基础。例如，用试剂盒进行试探性检测发现样品含有一类农药（如有机磷），依据此信息，分析人员可以集中在此类农药中某些农药上进行分析检测。

在大多数情况下，即便试探性鉴定的可靠性极高，单纯依靠试探性鉴定也无法鉴定污染物为某种化学污染物，同时也必须对其他可能的化学污染物进行筛查。鉴于试探性鉴定的可靠性，同时沿着两条途径展开更为理想：如果试探性鉴定的证据足够有力，而且不可能存在其他污染物，那么可以不执行筛查步骤，否则，筛查步骤必须与验证性分析同时进行，具体情形见后续分析。在其他极端情况下，例如在一个“证实”的事故发生后，污染物类型应该是已知的，在此情形下，分析的目的是为了检测污染区域的特征并以之支撑后续的整治和恢复阶段。

3. 现场鉴定后的验证性分析

在现场或实验室中必须验证鉴定结果和检测已鉴定污染物的浓度。在化学污染物已经执行试探性鉴定的情况下，应该进行验证性分析。

对于放射性物质来说，因为其分析方法是以全 α、全 β 或全 γ 辐射的形式进行扫描，此外，诸如锶-90 之类的放射性物质有自己独特的分析方法，所以放射性物质的验证性分析方法与大多数化学性污染物验证性分析方法差距较大。因此，放射性物质验证性分析可能涉及总辐射量确认与鉴定放射性核这 2 个步骤，采用的分析方法由分析目标决定，例如，饮用水中的放射性物质的特征可以由总 α 和总 β 辐射量确定。为了满足水体污染物紧急分析的需求，推荐使用级差的方法，首先在现场或实验室收到样品时筛查总辐射量，然后再鉴定放射性物质的类型，这样可以及时获知这些物质对公众健康造成的风险。

使用标准化方法时，许多实验室能够验证数量可观的化学污染物。标准化方法由公认的标准方法开发组织提供，而且这些方法还有准确验证某种污染物存在或测定其含量的严格步骤。紧急事故后分析水样时，使用标准监测方法即可。

实验室工作人员要非常熟悉标准化方法，并且具有充分的经验。多个组织出版了一系列的标准化方法这些方法已经经过各标准委员会的审查和挑选，研究人员可以选择合适的标准化方法（表 4-6）。

标准化方法来源　　　　**表 4-6**

名　　称	描　　述	出版方
生活饮用水标准检验方法	包含 106 项指标的检测方法，其中毒理指标中无机物有 21 项，有机物 53 项，感官性状和一般化学指标 20 项，微生物指标 6 项，饮用水消毒剂 2 项，放射性指标 2 项	卫生部
城镇供水水质检验方法标准	为建设部的行标，包含了 31 项检测指标	住房城乡建设部
环境保护部水环境标准	一个检测项目或几个检测项目一个标准，包含国标和行标，在中国环境标准网上即可查得	环境保护部
美国国家环境方法索引（NEMI）	包含从许多来源收集到的方法	USEPA 和 USGS
EPA 新开发方法	饮用水分析已颁布方法的最新版本，包括注释	USEPA 水务办公室 USEPA 研究与发展办公室（ORD）
EPASW-46 方法	主要用于固体废弃物，但使用合适的预处理技术后，许多可用于饮用水检测	USEPA 固体废弃物办公室
水和废水检测标准方法，第 22 版	覆盖水体分析物的多种检测方法	美国公共卫生协会和美国自来水工程协会
其他认可的方法研究组织	可以通过可类比的方法	AOAC、ASTM、ISO 等

如果关注的污染物没有可用的标准化处理方法，其验证性分析可以通过下述内容中讨论的设备来完成。在无标准化方法情况下，验证性分析的要求普遍没有得到很好的界定，而且保证科学数据满足法律认可的要求，会使得这种要求更加地复杂。为解决无标准化方法的问题，实验室可使用尚未广泛认可的探索性技术进行检测分析，那么必须执行恰当的分析步骤以保证数据能被认可。

4. 未知化学污染物的实验室筛查

实验室分析筛选与实验室安全筛选、现场安全筛选以及现场快速筛选不同且没有直接联系。简单地说，现场安全筛选与现场快速检测在现场特征勘察过程中就已经进行，早于任何实验室的分析工作。为了降低现场特征小组和与现场采集样品人的安全风险，在整个场地特征描绘过程中，筛选内容不仅仅局限于现场安全筛选和快速水体检测，因为这两项仅能检测到少数的污染物，还应该进行现场调查，这有助于现场毒性评估工作开展，并且要确保接收样品的实验室具有相应的样品分析能力和安全防护能力。例如，如果怀疑样品中含有病原体，这些样品不能送往缺乏对病原体的安全防护能力的环境化学实验室进行检测。

为了分析筛选水样中的未知物质，实验室可参照图 4-9 展示的完整流程进行，这种化学筛选包括 2 部分核心内容：①多种分析技术筛查可以覆盖大量分析物；②对试探性鉴定结果进行验证性分析。在第一个核心内容中，为大范围覆盖所关注的污染物，实验室使用的分析方法组合可以包括标准化方法和探索性技术。标准化方法见表 4-6 中列举的信息，探索性技术是指那些没有包含在水体分析标准化方法体系中，却具有对标准化方法涵盖范围以外化学物质检测能力的方法。在实验室检测过程中，这 2 种方法都要被执行。

由于标准化方法与探索性技术的差别，化学筛选可以分为 2 种类型。第一种是图 4-9 中所展示的基础筛查，这种筛选方法仅使用标准化方法，能覆盖绝大部分的目标污染物；第二种是扩展筛查，利用已有技术和探索性技术实现最大范围的方法学覆盖，能对所有优先化学污染物进行检测。此外，在执行扩展筛选过程中，实验室能够对成熟技术和探索性技术采用的设备进行评价，不过，探索性技术的评价结果不如成熟技术评价结果那样可靠。

图 4-9 的第二个核心内容是对结果进行验证性分析。为了保证结果的可靠性，基础筛选中采用的一些方法包含验证步骤，但是有些方法也没有验证步骤信息，就要对这部分方法的检测结果执行其他的验证性分析。对于探索性技术而言，其分析结果必须进行验证，除非设备应用方法包含合适的验证过程。使用扩展筛选中的技术或设备对分析物进行验证性分析时，特别是对标准方法没有覆盖的污染物，必须确保分析过程满足验证性分析的条件。例如，进行扩展筛选时，实验室对污染物的验证性分析使用了 2 种或多种分析技术，每一样技术的原理都是独立且不同的（例如 LC-UV 和 GC-MS），这种情况才能符合要求的。相反，如果分析技术的原理是一样的（例如，不同类型的免疫测定法），那么这种验证性分析结果是不可靠的，并应谨慎使用。

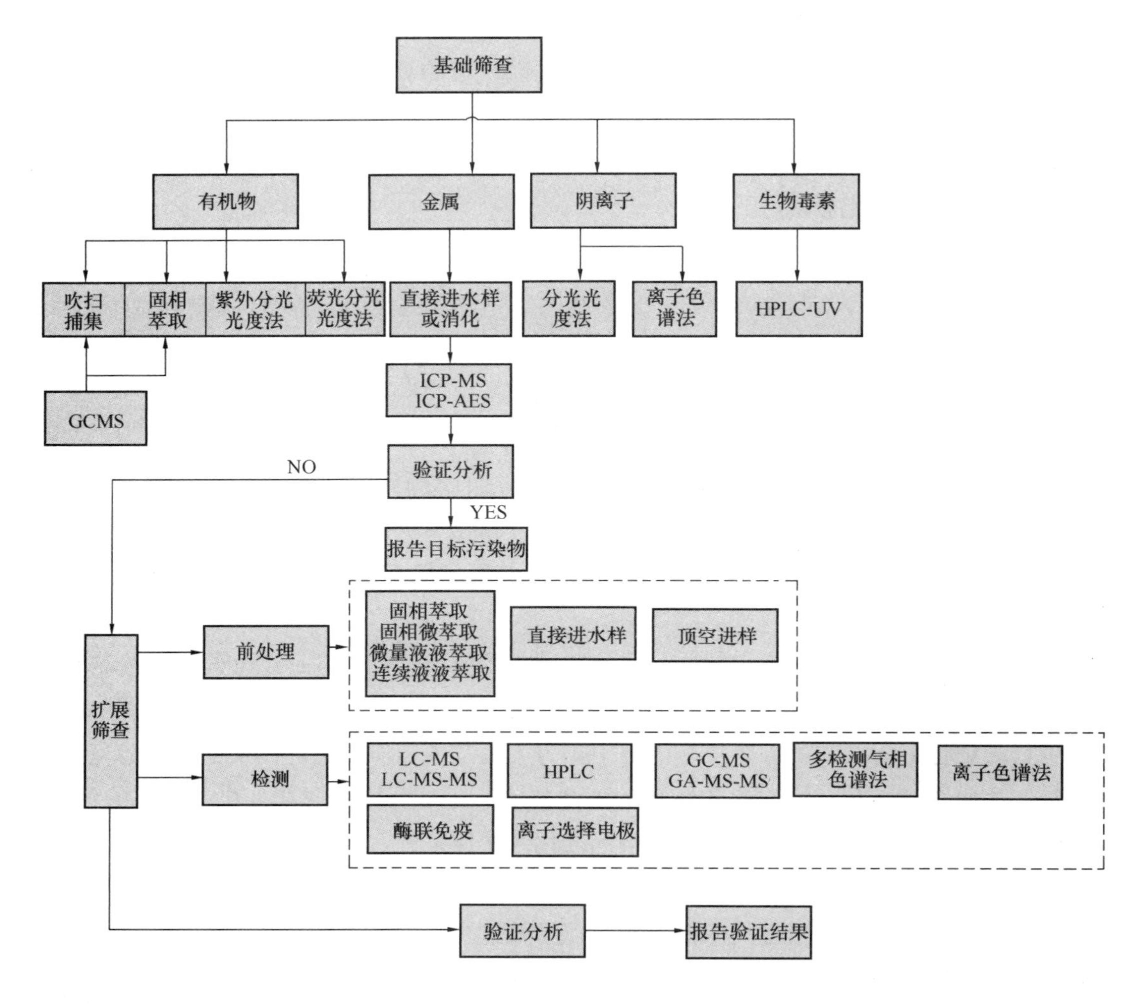

图 4-9　化学污染物的实验室筛查

4.2.5　基于标准化方法的化学污染物的基础筛查

基础筛查的目的，在于使用相对较少且明确界定的分析技术，以覆盖尽可能多的所关注化学污染物。此外，也能筛查出许多其他关注的低优先级污染物。为了保证结果的可靠性，在基础筛查中，仅使用标准化方法（表 4-7）。类似方法应在组分测定、检出限、质量保证、质量控制等信息方面相似。

如前所述，之所以推荐使用标准化方法，主要是因为许多实验室对部分或所有这些方法都很熟悉，而且许多实验室使用这些方法的资质已经获得认证，这些实验室有经验在分析过程中执行可接受范围的质量控制，这样可以增加结果的可靠性。

在非传统方法中，基础筛查一般可能作为样品更完整特征分析的基础，使用标准方法或类似方法的最大优势在于许多后续分析方法都是基于质谱或色谱的，不过其结果可能包含目标分析物和其他化合物在内，因此必须对结果进行仔细评估。如果方法覆盖范围之外的分析物被筛查出，这种鉴定结果只能认为是试探性的，还需要进行进一步的验证性分析，如果没有进行验证性分析，则需要对样品执行扩展筛查。

基础筛查中的信息也可以用于选择探索性技术，例如，如果生活饮用水标准检测方法第8章附录A分析中没有发现目标分析物或未知峰，那么检测的样品可能不是挥发性有机物，如果在GB/T 5750.8—2006附录B分析中没有出现峰，那么检测的样品可能是热不稳定的无机物。

基本化学筛查推荐使用的分析技术 **表4-7**

物质分类	分析技术	生活饮用水标准检测方法	分析物列表
无机阴离子	可见分光光度法、离子色谱法	GB/T 5750.5—2006 3.2，4.2，6.1	A
金属	ICP-AES、ICP-MS	GB/T 5750.6—2006 1.4，1.5	B
挥发性有机物	吹扫捕集-GCMS	GB/T 5750.8—2006 附录A	C
半挥发性有机物	固相萃取-GC-MS	GB/T 5750.8—2006 附录B	D
非挥发性有机物	可见分光光度法	GB/T 5750.4—2006 10.1	E
石油类	荧光分光光度法、紫外分光光度法	GB/T 5750.7—2006 3.2，3.4	F
微囊藻毒素	液相色谱法	GB/T 5750.8—2006 13.1	G
放射性物质	总α、总β	GB/T 5750.13—2006 1.1，2.1	H

分析物列表 **表4-8**

序号	分析物列表
A	硫酸盐、氯化物、氟化物、硝酸盐、氰化物、硫化物
B	银、铝、锑、砷、硼、钡、铍、钙、镉、钴、铬、铜、铁、钾、锂、镁、锰、钼、钠、镍、铅、锑、硒、硅、锶、锡、钍、铊、钛、铀、钒、锌、汞
C	丙酮、丙烯腈、3-氯-1-丙烯、苯、溴苯、一氯一溴甲烷、二氯一溴甲烷、三溴甲烷、一溴甲烷、2-丁酮、丁苯、仲丁苯、叔丁苯、二硫化碳、四氯化碳、氯乙腈、氯苯、氯丁烷、氯乙烷、三氯甲烷、氯甲烷、2-氯甲烷、4-氯甲烷、一氯二溴乙烷、1，2-二溴-3-氯丙烷、1，2-二溴乙烷、二溴甲烷、1，2-二氯苯、1，3-二氯苯、1，4-二氯苯、反-1，4-二氯-2-丁烯、二氟二氯甲烷、1，1-二氯乙烷、1，2-二氯乙烷、1，1-二氯乙烯、顺-1，2-二氯乙烯、反-1，2-二氯乙烯、1，2-二氯丙烷、1，3-二氯丙烷、2，2-二氯丙烷、1，1-二氯丙烯、1，1-二氯丙酮、顺-1，2-二氯丙烯、反-1，2-二氯丙烯、乙醚、乙苯、甲基丙烯酸乙酯、六氯丁二烯、六氯乙烷、2-己酮、异丙基苯、4-异丙基甲苯、甲基丙烯腈、丙烯酸甲酯、二氯甲烷、碘甲烷、甲基丙烯酸甲酯、4-甲基-2-戊酮、甲基特丁基醚、萘、一硝基苯、2-硝基丙烷、五氯乙烷、丙腈、正丙基苯、苯乙烯、1，1，1，2-四氯乙烷、1，1，2，2-四氯乙烷、四氯乙烯、四氢呋喃、甲苯、1，2，3-三氯苯、1，2，4-三氯苯、1，1，1-三氯乙烷、1，1，2-三氯乙烷、三氯乙烯、三氯氟甲烷、1，2，3-三氯丙烷、1，2，4-三甲苯、1，3，5-三甲苯、氯乙烯、邻二甲苯、间二甲苯、对二甲苯

续表

序号	分析物列表
D	苊、甲草胺、艾氏剂、莠灭净、蒽、莠去通、莠去津、苯并[a]蒽、苯并[b]荧蒽、苯并[k]荧蒽、苯并[a]芘、苯并[g，h，i]芘、除草定、丁草胺、丁草敌、邻苯二甲酸丁基苄基酯、萎锈灵、α-氯丹、γ-氯丹、反式九氯、氯苯甲醚、乙酯杀螨醇、氯苯胺灵、百菌清、毒死蜱、2-氯联苯、氰草津、环草敌、氯酞酸甲酯、4，4-滴滴滴、4，4-滴滴伊、4，4-滴滴涕、二嗪磷、二苯并[a，h]蒽、邻苯二甲酸二正丁酯、2，3-二氯联苯、敌敌畏、狄氏剂、邻苯二甲酸二乙酯、己二酸二（2-乙基己基）酯、邻苯二甲酸（2-乙基己基）酯、邻苯二甲酸二甲酯、2，4-二硝基甲苯、2，6-二硝基甲苯、双苯酰草胺、乙拌磷、乙拌磷亚砜、乙拌磷砜、硫丹Ⅰ、硫丹Ⅱ、硫丹硫酸酯、异狄氏剂、异狄氏剂醛、菌草敌、灭线磷、土菌灵、苯线磷、氯苯嘧啶醇、芴酮、氟苯酮、七氯、环氧七氯、2，2’，3，3’，4，4’，6-七氯联苯、2，2’，4，4’，5，6’-七氯联苯、α-六六六、β-六六六、δ-六六六、六氯带环戊二烯、环嗪酮、茚并[1，2，3-c，d]芘、异佛尔酮、γ-六六六、三磷代磷酸三丁酯、甲氧滴滴涕、甲基对氧磷、异丙甲草胺、嗪草酮、速灭磷、增效胺、禾草敌、敌草胺、氟草敏、2，2’，3，3’，4，5’，6，6’-八氯联苯、克草胺、2，2’，3’，4，6’-五氯联苯、五氯酚、菲、顺-氯菊酯、反-氯菊酯、扑灭通、扑草净、拿草特、毒草胺、扑灭津、芘、西玛津、西草净、杀敌畏、丁噻隆、特草定、特丁硫磷、特丁净、2，2’，4，4’-四氯联苯、毒杀芬、三唑酮、2，4，5-三氯联苯、三环唑、氟乐灵、灭草敌、多氯联苯-1016、多氯联苯-1221、多氯联苯-1232、多氯联苯-1242、多氯联苯-1248、多氯联苯-1254、多氯联苯-1260
E	阴离子合成洗涤剂
F	石油类
G	微囊藻毒素-RR、微囊藻毒素-LR
H	总α、总β

对于一个公共实验室来说，基础筛查的内容可能会由公众对区域存在的可能污染源的认知或实验室的检测能力决定。由于没有任何规范要求执行任何基础筛查，原则上，一个实验室可能选择不执行推荐的任何标准方法，这种情况下，公共安全规划需要高瞻远瞩，建立一套基于探索性技术的能检测关注化合物的扩展筛查系统。这些方法的检测范围覆盖了许多分析物（表4-8），从使用相应标准和相应检测方法结合的角度来说，这样处理有助于集中检测某些分析物。一些实验室可能希望将某些分析物加入到附录中，也许正在做相应的努力，为此，需要加入到附录中的分析物需要满足质量控制验收标准要求，而且这种验收结果也是实验室的资格认证的一部分，这样，这些实验室在附录中添加的分析物的分析方法才能与标准方法分析物一样准确可靠。

列举的分析方法能检测的污染物中很多可能不会在污染事故中出现（除了优先污染物），但是在筛查的时候把这些物质都考虑在内是值得的，因为谁也无法确定何种污染物会被使用于制造污染事故。

列举的标准化方法不包括一些需要引起注意的分析物，如生物毒素、化学战剂和药品等，这是因为这几类物质都不在饮用水规范监管范围内，所以缺乏开发这些分析物的检测方法的推动力。

下面的内容主要是对基础筛查中采用的分析方法进行简单讨论。因为其中许多方法通常都是生活饮用水标准检测方法，因此许多实验室应该对表中的这些方法十分熟悉。列举的信息都是一些较好的方法来源，但是也可以有另外一些方法来源。不过如果使用了这些方法进行检测，需要确认方法对关注分析物的检测能力，而且要遵循下述内容中关于方法内涵及意图的描述。

1. 阴离子

离子色谱法适用于可溶性的氟化物、氯化物、硝酸盐、硫酸盐。将水样经 0.2μm 滤膜过滤除去浑浊物质。水样中待测阴离子随碳酸盐-重碳酸盐淋洗液进入离子交换柱系统(由保护柱和分离柱组成)，根据分离柱对各阴离子的不同的亲和度进行分离，已分离的阴离子流经阳离子交换柱或抑制器系统转换成具高电导度的强酸，淋洗液则转变为弱电导的碳酸。由电导检测器测量各阴离子组分的电导率，以相对保留时间和峰高或面积定性和定量。不同浓度离子同时分析时的相互干扰，或存在其他组分干扰时可采取水样与浓缩，梯度淋洗或将流出液分部收集后再进样的方法消除干扰，但必须对所采取的方法的精密度及偏性进行确认。

GB/T 5750.5—2006 中 4.2 为异烟酸-巴比妥酸分光光度法，水样中的氰化物经蒸馏后被碱性溶液吸收，与氯胺 T 的活性氯作用生成氯化氰，再与异烟酸-巴比妥酸试剂反应生成紫蓝色化合物，于 600nm 波长比色定量。

GB/T 5750.5—2006 中 6.1 为 N，N-二乙基对苯二胺分光光度法，硫化物与 N、N-二乙基对苯二胺、氯化铁作用，生成稳定的蓝色，可比色定量。

2. 金属

电感耦合等离子体质谱法（ICP-MS）。GB/T 5750.6—2006 中 1.4 能够在一次对 31 种元素进行鉴定，并能提供定性的质谱鉴定信息，这种鉴定信息的检出限比其他大多数元素分析标准方法的检出限低。对于大多数处理后的饮用水样品来说，浑浊度一般都低于 0.3NTU，可以直接进行分析，但是当水样的浑浊度大于 1NTU 时，需要用硝酸和盐酸对样品进行消化处理。在此方法中，有关于用电感耦合等离子体质谱法（ICP-MS）对多种痕量金属元素进行测定的介绍。检测过程中，先通过气动雾化处理，将溶液中的样品物质导入射频等离子体，在射频等离子体里发生的能量传递过程会导致去溶剂化、雾化和电离化。使用真空接口从等离子体里导出待测离子，利用质谱仪测定离子的质荷比进行检测。在筛查或单一离子检测模块中都会使用质谱仪，二者之中，筛查模块的检测限更低，使用筛查模块能同时检测一些方法范围之外的分析物。详细信息见扩展筛查部分。

应该指出的是，GB/T 5750.6—2006 中 1.4 是为达标性检测设计的，如果在现场没有对样品进行酸化处理，应在酸化处理 16h 后再对样品进行检测分析。但是在污染事故响应工作中，这种长时间的等待是不实际的。如果在现场添加酸性物质，可能会释放诸如氰化氢之类的毒性气体，作为保障安全，只有在通过手持色度计或手持探头等仪器进行现场筛查排除了氰化物存在的可能性后，才能在现场进行酸化处理。采样前，应该在现场测试(包括氰化物)之后再采集样品。如果现场发现有氰化物，通过氰化物含量的级别可以评估威胁的可信度，并立即采取响应措施，在这过程中，需要更多的时间来进行仔细的分析，因此此方法出结果比较慢也不会构成不利影响。

由于 ICP-MS 对分析物的检测限和独特性，它被认为是痕量金属元素分析的最佳技术。不过，在考虑到更多的实验室希望拓展痕量金属元素的筛查能力，必须承认，电感耦合等离子体原子发射光谱法也是广泛使用的痕量金属元素测定方法。分析人员要对痕量金属元素测定技术的相对优势与弱点十分熟悉，特别是用来检测列表 B 中某些分析物时仪器的检出限和干扰物。

电感耦合等离子体发射光谱法（ICP-AES）。用于检测某些关注污染物时，电感耦合等离子体质谱法具有极佳的区分能力和检出限，是一种很好的痕量金属检测技术，但是一些实验室也在使用其他的痕量金属检测技术，这些其他技术可以当作扩展筛查的内容。在 GB/T 5750.6—2006 中，电感耦合等离子体发射光谱法能够一次对 27 种元素进行检测。ICP-AES 有时被称为 ICAP（电感耦合氩等离子）或 ICP-OES（发射光谱法），在这些方法中，仪器利用发射光谱法测量原子发射光谱线。检测前需要对水样做酸化处理，检测过程的第一步是使用雾化器处理样品，再将气溶胶流传输至等离子体炬中，然后用发射光谱法进行检测，基于仪器特征，检测要么发生在等离子体炬顶部（快速地）或旁边（轴线）。每种方向的检测方法都具有独特的性能特征，特别是在干扰物和检测限等方面，但是所有的这些特征都是由基质和仪器设计方法所决定的，同样地，检测速度也有仪器设计有关。例如，光学系统可以依次或者同时检测多个分析物，相对来说，同时检测用的时间要少些；与 ICP-MS 相似，ICP-AES 也可以用来对一些方法既定范围之外的分析物进行试探性检测。

3. 挥发性物质

一般利用吹扫捕集和 GC-MS 方法对挥发性有机物进行鉴定。首先，在水溶液中用惰性气体鼓泡，低水溶性的挥发性有机物就能从样品基质中萃取（吹脱）出来。然后，吹脱后的样品物质被捕集在装有合适吸附材料的采样管中，当吹脱过程完成后，加热吸附管，且用氦气进行反冲以脱附被捕获的样品物质，并将之导入与质谱相连的气相色谱毛细解析柱中。对解析柱进行程序升温处理，可减轻分析物分离的压力。最后，检测气相色谱柱洗脱出来的化合物的质谱范围以及停留时间，再将之与数据库中的参照质谱范围与标准停留时间比较，就可以确定其类型。分析物的参照质谱范围与参照停留时间是通过相同条件下校准后的标准方法测取的。仪器校准后方可使用。

4. 半挥发性物质

固相萃取可以将水体中的分析物提取至固相吸附材料上，在此过程中，当用 1L 水样流经装有化学键合的 C18 有机相（固相萃取，SPE）固相基质盘或基质盒时，分析物、内标物质以及替代物质被从水体中萃取出来。依次用 5mL 的二氯甲烷和 5mL 的乙酸乙酯对固相萃取盘或固相萃取盒进行洗提，有机化合物可以分离出来，分离之后通过氮吹一部分溶剂，可以对提取物进行浓缩。将浓缩后的样品注入一定量至气相色谱/质谱系统的毛细管柱中，可以对目标分析物进行分离、鉴定和定量分析。

将从气相色谱柱中洗提的化合物的质谱范围和停留时间与数据库中的参照质谱范围与停留时间进行比较，可以对化合物进行鉴定。分析物的参照质谱范围与参照停留时间是通过相同条件下校准后的标准方法测取的。

5. 非挥发性有机物

GB/T 5750.4—2006 中 10.1 为亚甲蓝分光光度法测阴离子合成洗涤剂。亚甲蓝染料在水溶液中与阴离子合成洗涤剂形成易被有机溶剂萃取的蓝色化合物。未反应的亚甲蓝仍留在水溶液中。根据有机相蓝色的强度，在 650nm 波长下测定阴离子合成洗涤剂的含量。

6. 石油类

GB/T 5750.7—2006 中 3.2 为紫外分光光度法。石油组成中所含的具有共轭体系的物质在紫外区有特征吸收。具有苯环的芳香烃化合物主要吸收波长位于 250～260nm；具有共轭双键的化合物主要吸收波长位于 215～230nm；一般原油的两个吸收峰位于 225nm 和 256nm；其他油品如燃料油润滑油的吸收峰与原油相近，部分油品仅一个吸收峰。经精炼的一些油品如汽油则无吸收。因此在测量中应注意选择合适的标准，原油和重质油可选 256nm；轻质油可选 225nm，有条件时可从污染的水体中萃取或从污染源中取得测定的标准物。

GB/T 5750.7—2006 中 3.4 为荧光分光光度法。水样中石油经石油醚或环己烷萃取，于选定的激发光照射下，测定发射荧光的强度定量。

7. 微囊藻毒素

在饮用水 106 项中，生物毒素中只有微囊藻毒素要求检查，因此只有微囊藻毒素的标准。GB/T 5750.8—2006 中 13.1 为高压液相色谱法。水样过滤后，滤液（水样）经反相硅胶柱富集萃取浓缩，藻细胞（膜样）经冻融萃取，反相硅胶柱富集萃取浓缩后，分别用高压液相色谱分析，流动相为乙腈、水、三氟乙酸（38：62：0.04）检测波长为 238nm。

8. 放射性物质

GB/T 5750.13—2006 中 1.1 为低本底总 α 检测法。将水样酸化，蒸发浓缩，转化为硫酸盐，于 350℃灼烧。残渣转移至样品盘中制成样品源，在低本底 α、β 测量系统的 α 道测量 α 计数。

对于生活饮用水中总 α 放射性体积活度的检测，有 3 种方法可供选择：

（1）用电镀源测定测量系统的仪器计数效率，再用实验测定有效厚度的厚样法；

（2）通过待测样品源与含有已知量标准物质的标准源在相同条件下制样测量的比较测量法；

（3）用已知质量活度的标准物质粉末制备成一系列不同质量厚度的标准源、测量给出标准源的计数效率与标准源质量厚度的关系，绘制 α 计数效率曲线的标准曲线法。检测单位根据自身条件，任选其一即可。

GB/T 5750.13—2006 中 2.1 为薄样法。将水样酸化，蒸发浓缩，转化为硫酸盐，蒸发至硫酸冒烟完毕，然后于 350℃灼烧。残渣转移到样品盘中制成样品源，在低本底 α、β 测量系统的 β 道作 β 计数测量。

用已知 β 质量活度的标准物质粉末，制备成一系列不同质量厚度的标准源，测量给出标准源的计数效率与质量厚度关系，绘制 β 计数效率曲线。由水残渣制成的样品源在相同几何条件下作相对测量，由样品源的质量厚度在计数效率曲先尚查出对应的计数效率值，计算水样的总 β 放射性体积活度。

4.2.6 利用确定技术或探索技术的污染物扩展筛查

扩展筛查的目的是为了捕获基础筛查中未被检出的化学污染物，扩展筛查还可以更加迅速地检测基础筛查已覆盖的物质，它能筛查出众多可能污染物，可以联合使用标准或非标准方法来实现扩展筛查（表 4-9）。注意：若使用标准方法，则不需要额外的确定分析，因为在正确使用该方法的情况下该方法能够保证自身的正确性。使用其他方法时，需要对分析结果的确定性作进一步讨论。

实际中，扩展筛查可以在基础筛查的基础上使用，因为基础筛查的结果可以作为“跳板”，为扩展筛查的技术选取提供引导。另外，某些实验室也可以选择只使用扩展筛查，这些扩展筛查技术包含一些潜在的敏感技术。在后一种情况中，初步结果可被谨慎地用于制定响应，但由于筛查技术并不一定正确或合理，必须对其进行确证性分析。

污染物扩展筛查　　**表 4-9**

污染物类型	扩展筛查技术
有机物	气相色谱（GC），气相色谱/质谱联用（GC-MS，GC-MS-MS），高效液相色谱（HPLC），液质联用（LC-MS，LC-MS-MS），免疫检测试剂盒*
无机物	原子吸收光谱（AA），电感耦合等离子体（ICP），电感耦合等离子体质谱（ICP-MS）
生物毒素	免疫检测试剂盒*，气相色谱/质谱连用（GC-MS，GC-MS-MS），高效液相色谱（HPLC），液质联用（LC-MS，LC-MS-MS）
放射性物质	手持设备*

* 注意：当这些技术用于扩展筛查时，它们仅适用于实验室应用而非现场。

基础筛查中所获得的结果可能会对扩展筛查中技术及方法的选择起到指导作用。比如，基础筛查中有很多方法是基于色谱和质谱仪的，所以这些数据不仅可以用于分析目标污染物的存在，也能用于分析其他化合物。另外，质谱或色谱保留时间也能为污染物性质提供一定线索（如：较早洗脱出的物质可能说明它沸点较低，非极性色谱柱的峰形较差可能说明存在某（极性）官能团）。

对多重基础筛查的综合观察可能是有用的。例如在方法 GB/T 5750.8—2006 附录 A 分析方法中没有发现目标分析物或未知峰，那么这个未知化合物很可能不是挥发性有机物；如果在方法 GB/T 5750.8—2006 附录 B 分析中没有峰出现，那么未知物可能本质上属于无机物或具有热不稳定性质。虽然对多重基础筛查的综合观察需要分析人员对可能污染物的性质有所认识，但它可以降低污染物的可能范围。熟练的分析人员可以观察到许多此类的性质。

1. 有机物的扩展筛查方法

通常需要对样品进行前处理以便于分析，样品前处理方法包括：

（1）直接进样

虽然这是一种潜在的强大分析技术，但气相色谱使用直接进样方法可能在色谱分离方面存在技术性困难，并可能会减少气相色谱柱及探测器的寿命。然而，一些气相色谱毛细管柱在设计时即考虑了能够用于直接进样操作，只要有适当的气相色谱并进行必要的维护操作。一些紧急事故中可能会出现高浓度污染物，这时使用直接进水样法并配合气相色谱/质谱联用（GC-MS）的库检索可能会起到一定作用，特别是当实验室不具备分析物的标准方法中所需仪器设备条件时可使用此方法对其进行初步快速筛查。除了一小部分物质外，都要对结果进行确认。另外，实验室应该谨慎做好以下计划：平时多优化相关实验条件以便应急状况能够应用此项技术；确定实验室的气相色谱（GC）柱型号；执行质量控制（QC）要求；事先为色谱柱和探测器做好不同物质适用的维护。

（2）微量液-液萃取（micro-LLE）

液-液微萃取使用小体积（2mL）溶剂从小体积水样（40mL）中萃取分析物。由于液-液微萃取操作简单并且不需要任何浓缩/溶剂交换操作，因而这种方法通常比典型的液-液萃取更快捷。如果分析物种类已知，那么对分析物进行定量分析时需要配置校准用标准样与其他必要的质量控制样品一起分析。如果分析物种类未知，则需要采取一定筛查技术。GC-MS通过质谱裂解库检索可以对分析物进行定性分析，在这之后即可立即进行萃取操作。对结果进行确定分析的步骤是必要的，同时，实验室在质量控制、色谱柱及探测器的额外养护需求方面也应做好细致计划。另外，在一些紧急事故中可能会出现剧毒或高浓度污染物，这时使用合适的溶剂如二氯甲烷（dichloromethane）对水样进行液-液微萃取可能会有较好的效果，特别是当实验室不具备分析物的标准方法中所需设备时可使用此方法对其进行初步快速筛查。微量液-液萃取的检出限可能不能满足较低浓度的检测要求。

（3）连续液-液萃取（Cont LLE）

这种技术应用于对不溶于水及微溶于水的有机物进行分离和浓缩操作。尽管对特定分析物的检出限各不相同，这种技术和下文介绍的固相萃取一样，都具有极佳的检出限。

（4）固相萃取（SPE）

固相萃取作为基础筛查分析的一种技术已经对其进行说明。与液-液微萃取一样，固相萃取会萃取出多种污染物，但固相萃取能够获得比液-液微萃取更高的浓缩系数，除了使用C18吸附剂，还有其他多种吸附剂供选择。这些吸附剂具有显著的性质差异，能萃取出与C18吸附剂不同的污染物。也可以使用不同的洗脱溶剂来改变实验参数。应注意避免固相萃取生成气溶胶，以保证安全。

（5）固相微萃取（SPME）

固相微萃取技术（SPME）是一种新型固相萃取技术。与固相萃取（SPE）一样，也要避免固相微萃取产生气溶胶。固相微萃取技术使用涂有吸附剂的纤维作萃取头，萃取头可以浸于水溶液中或置于试样的顶部空间，而后分析物将会被萃取头的涂层吸附。在这之后，即可依据各探测器（如气相色谱（GC）或高效液相色谱（HPLC））的不同技术要求将其引入检测系统检测。例如，将浸入试样后的SPME萃取头插入GC仪进样口，污染物将通过热脱附释放到柱子中。纤维头涂有不同的涂层的以便吸附不同性质——如挥发性或半挥发性的被分析物。因此，SPME可用于快速筛查。与另一种快速筛查技术——液-液微萃取一样，在一些极端条件如剧毒、高污染物浓度下，SPME的检出限可能不能满足要求。如果浓度过低，如测定瞬变污染物的终端产物时，使用 SPME 可能也检测不出来。

（6）顶空收集

将水样顶部空间的物质注射入气相色谱的方式。目前这种方式已有与气相色谱有接口的商用设备。

根据检测器的不同，主要的技术要点如下：

1）多检测器气相色谱

在分析未知物时，可使用多检测器气相色谱进行筛查，检测器的种类包括原子发射光谱、电子俘获、红外线、火焰电离、氮磷比、热导率检测器等，然后将所有检测器的数据进行比较。这些检测器可以在单个气相色谱中串联使用，也可以由多个气相色谱并联使用。并联使用时，由于采用了相对保留时间，峰之间存在相互关系，也就是说，所关心的物质的峰的保留时间均以基准时间表示。由于不同探测器对共有洗脱液的污染物质具有不同的响应，对多检测器气相色谱应谨慎使用，同时确证/补充分析步骤也是必要的。由于扩展筛查使用了非标准方法，所以利用标准法所规定的检测器之外的其他检测器也是可以的。

2）GC-MS

分析未知物质时若使用 GC-MS 分离和检测未知物，在全筛查模式（从 m/z 35 到各设备的筛查上限）下使用电子电离会有显著作用。对于与方法中所列分析物质保留时间不一致的峰，有必要进行检查。水样中可能会含有数以百计或数以千计的化合物，所以每个实验室都要设定一个检测阈值来检验不明峰。例如，实验起始阶段，实验室可能想要通过自动程序对＞10％（阈值上限）内标物的峰进行识别——这些自动程序可以通过许多仪器软件包获得。而后根据采样点的变化，水样正常的本底峰的数量和强度也变化，实验室可能需要降低（如调整到 1％）或升高（如调整到 20％）这个阈值。

通常，程序根据用户自定义的库（如 NIST，EPA，Wiley 等）进行质谱检索，并根据最佳质谱匹配结果报告化合物名称，将其作为化合物的初步鉴定结果，并给出估算浓度（取最优值，假定响应因子为 1.0）。以下是评价质谱的几条指导方针：

① 样本质谱中需出现参考质谱中的主要离子（数量超过最丰离子数量 10％的离子）。

② 主要离子的相对强度变动范围在＋/－20％以内。

③ 参考质谱中出现的基础质量离子也应该在样本质谱中出现。

④ 对于在样本质谱中出现但并不存在于参考质谱中的离子，要对其洗脱液或本底污染物进行检查。

对未知化合物的鉴定主要取决于库检索程序的效率。分析人员对于质谱和库匹配方面的经验是进行污染物初步鉴定的关键。电子碰撞电离质谱可能会因制造商、生产年份及质量分析器设计的不同而略有差异，分析员对特定仪器的细微差别的熟悉可以增强实验室对未知物进行鉴定的能力。另外，库检索工具本身也有多种选项，如拟合算法、阈值参数、结果约束条件等，各分析员可能会对其中某一种选项比较熟悉并据此来优化库识别能力。以上过程以库匹配为基础，只代表初步鉴定结果。为了提高鉴定结果的可信度，有条件的话可购买参考标准液来帮助确认初步鉴定的化合物。原始稀释标准品需要与样品用同样方法进行制备及分析。对比已知参考标准液与未知样品的保留时间及质谱数据，可以证实或否定初步鉴定结果。

3）高效液相色谱（HPLC）-紫外线（UV）检测仪

与多检测器气相色谱类似，带 UV 检测仪的 HPLC 能够用于判定不能由气相色谱分析程序分析的有机化合物（如非挥发性或热不稳定性化合物）的浓度是否超出了本底值。为了保证分析的准确性，需要使用校准和质量控制样品。使用 LC-MS 等方法进行确认是有必要的。由于 HPLC 对方法限制较多，实验室一般按现行的标准方法使用 HPLC 仪器。因此将一台 HPLC 仪器专门用于筛查是必要的，虽然这并不总是可行。

可以用它对一些特殊农药及其他化学物质进行分析。如果选定了目标物，HPLC 筛查程序会获得更好的效果。例如可以开发对水有影响的药类化合物的 HPLC 分析方法来扩充现有方法。这个方法可能涉及多种萃取技术（如液-液微萃取、固相萃取、固相微萃取等），并使用带 UV 检测仪的 HPLC 进行检测。提取液中的污染物可以被 HPLC 分离，并通过紫外线光电二极管阵列探测器（PDA）检测。PDA 记录的紫外光谱可用于定性分析，虽然有时并不准确。如果不能从紫外光谱中识别出峰，可以尝试在同样条件（例如色谱柱和溶剂洗脱程序）下使用 LC-MS。

4）高效液相色谱-质谱（LC-MS）

许多极性亲水性化合物不能轻易从水样中被萃取出来。另外，有一些大分子质量的污染物（如：生物毒素）或热不稳定化合物不能被 GC 分析出来，但可以被 LC-MS 分析。采用直接进样 HPLC 可以分析未经萃取或浓缩处理的样品。固相微萃取和固相萃取（及其他萃取方法）可用于能够被萃取的化合物。可以用此法来进行未知物的鉴定，但它并不像 GC-MS 一样有标准的（EPA，NIST，Wiley，et.）质谱库。分析员的解译有助于识别可能的化合物碎片和结构。有几种可行的电离技术，2 种比较流行的大气压电离（API）法分别是能够用于分析中性物质的大气压电离（APCI）和能够用于分析离子型物质的电喷雾电离（ESI）。

对定性分析来说，LC-MS 最适用于对化合物分子量进行估计，在特定情景下对未知物进行扩展筛查时，LC-MS 依然可以作为附加工具使用，并且可能会对某类农药的检测有所帮助。对于特定目标化合物的分析，有经验的分析员可以利用特定的水质矩阵建立农药和药物的分析方法，从而无需进行 HPLC 检测器及其衍生方案的联用。然而在分析不同来源的水样时，这种方法可能不如标准方法可信，另外，对 LC-MS 数据的误判或误用现象很可能会发生，因此为了保证分析结果的可信度及其合理解释性，附加的确证分析步骤是有必要的。

5）串联质谱法（MS-MS）

GC 和 HPLC 均可与串联质谱（MS-MS）联用。不同的串联质谱依据不同的原理得到相似的结果，但本质上可以认为是两台质谱仪由一个碰撞室相连。

第一台质谱仪分离已电离的分子，这些分子在碰撞室中被打碎分离，产生的碎片在第二台质谱仪中分离。这个过程产生了大量可用于鉴定原始分子的信息，但即使与电子碰撞电离一起使用，这种方法也不一定能够生成可供检索的库。和其他高级质谱技术一样，MS-MS 不像 MS 一样普及，并且它对技术要求很高。然而，在不久的将来它能产生其独有的有力的结果。

6）高分辨质谱（HR-MS）

与高分辨质谱联用的 GC 或 HPLC 能提供化合物的准确质量，这样就能计算分子和碎片离子的元素组成。这个信息对鉴定未知有机化合物十分有用，特别是在质谱库检索结果不确定或初步鉴定化合物的标准品不可得的情况下。细致的质量控制规程是必需的，尤其在分析未知化合物时，由于许多化合物都能产生具有相同分子质量的碎片，因而这个方法得出的结果并不总是确定的。由于它的高投资成本及使用的复杂性，HR-MS 还没有广泛应用。

7）免疫测定法

免疫分析（Immunoassay，IA）是基于抗原和抗体特征性反应的一种分析技术。其中应用最广的是以固相载体吸附抗原/抗体为基础的酶联免疫分析法（Enzyme Linked Immunosorbent Assay，ELISA），因其灵敏度高、特异性好、检测速度快、检测成本较低等优势已被广泛应用于生物、化学、医学、环境科学等学科的分析检测中。但是由于重复性较低、稳定性较差以及存在交叉反应等缺点大大限制了其在食品安全、环境污染检测、医疗样本分析等领域的应用，同时也阻碍了它作为许多物质检测的标准分析方法。近年来，随着免疫学基础理论和材料科学、仪器分析技术的不断进步，ELISA 分析技术较以前有了很大的发展。

酶联免疫吸附测定法（ELISA）具有特异性强、简单快速等优点，在环境污染物的快速筛查中显示了其独特的优势，受到广泛重视。并且，随着计算机技术和传感器技术的发展，运用免疫检测技术结合计算机和传感器技术，例如研究开发水中硝基苯的原位现场检测技术，能为实现水中硝基苯的现场快速监测提供了有效的技术手段。

2. 无机物的扩展筛查方法

与有机化学品的检测一样，在检测无机化学品时通常也有一些相似的准备步骤。这些步骤有很多种，随实验方法的不同而变化，前处理方法可以参考与之相关的标准方法。在样品制备之后，可以使用多种方法进行分析：

（1）电感耦合等离子体-原子发射光谱法（ICP-AES）或电感耦合等离子体-质谱法（ICP-MS）（半定量分析模式）

与多检测器 GC 和带 UV 检测器的 HPLC 类似，ICP-AES 和 ICP-MS 法也可以被扩展应用，提供丰富的筛查方法识别未知痕量金属。在半定量模式下，使用筛查模式运行 ICP-MS，可以得到 60 多种元素的半定量结果，包括主要原子阳离子、金属、半金属、稀土元素及特定放射性核素（铀和钍），但这些结果并不包含校准标准液中分析到的全部元素。如果某种元素可疑，则应使用标准液对其进行定量分析。一些 ICP-AES 设备可以提供很多元素的半定量结果，半定量的原始算法适用于一切自然生成的元素。对于缺省算法中未包含的元素，如人工合成的放射性同位素或长半衰期稳定裂变产物，特别是质量在210～238间的同位素，需要提供附加信息。在半定量模式下，自然生成的元素的浓度由通过各元素的仪器响应因子（RF）计算得出。半定量方法不需要额外的内标物。外部定标过程后，在每次分析操作之前都应该用一个空白标准液及一个含20～30种元素的校准标准液更新仪器的响应因子。增加标准液中的元素种类可能可以提高分析精度。对于未包含在标准液中的元素，其仪器响应因子通过对已校准元素进行软件插值来间接更新。半定量模式通过各同位素的天然丰度分布来识别并标记信号强度，通过从总信号中减去已赋值的多原子物质的信号来矫正分子干扰，然后进一步矫正元素方程中的多原子和同重干扰并计算最终浓度。

（2）湿化学法

湿化学法是许多化学试剂盒法的基础，本身源于EPA的方法。化学药品和经过一致性检验的试剂盒使用“自动分析仪”检测器进行分析。湿化学方法构成了多种环境及临床应用的化学分析方法的基础。这些装置的制造商通常会提供完整详细的操作方法来介绍正常应用范畴内各种被测物的湿化学分析方法。滴定法也是可用的，可用其来分析水样的碱度等背景水质参数。

（3）离子选择电极

离子选择电极（ISE，也称为电化学探针）可被用于分析某些背景水质参数。ISE的一个简单的例子是大家熟悉的用于测定氢离子的pH传感器。市场上还有许多提供用于测量其他各种各样的离子（如氨、钙、氯化物、氟化物、硝态氮、钾、银、钠、硫化物）ISE的制造商，也可以考虑使用。一些能被ISE监测的参数可能有助于表征污染程度或校验污染物源的可靠度。

3. 生物毒素的扩展筛查

生物毒素有数百种，它们来自几十种不同的植物和动物。对微生物污染物进行宽谱筛查可以捕获一些分子量较高的生物毒素。可以使用免疫测定法对适用的生物毒素进行分析。

值得注意的是，大部分的试剂盒都未经任何标准制定机构认证，这些试剂盒对饮用水的适用性也未经过充分研究，而这些试剂盒中可能含有干扰物质和/或交叉反应物质。要牢记这些试剂盒在样品检测效率和假阴性/假阳性结果方面的权衡比。通常，检测试剂盒产生的阳性结果只能认为是初步结果，需要经过更加严格的实验室分析才能确定。

生物毒素可以看作是一种有机化学物质。相同分子质量的生物毒素可以采用同类型的样品制备和仪器分析方法。小分子量的毒素可以与任何有机物采用相同的方法处理，并且可与之采用相同的分析技术（如GC-MS）。由于生物毒素通常极易溶于水，可以采用液相色谱来测定水中的生物毒素。当使用LC-MS时，需要采取和其他有机物相同的前处理措施。LC-MS已被证明能够极其有效地测定生物毒素，特别对于分子质量不适合使用GC-MS分析的生物毒素。同样地，分析人员的技术水平对能否获得有意义的LC-MS生物毒素分析结果至关重要。

4. 放射性核素的扩展筛查

如上文所指出的，放射性核素的分析应由专业的实验室来进行，并且应根据 α、β、γ 辐射源的现场筛查设备来判断是否有必要进行此类分析，并评估决定把放射性样品送交哪家实验室更为合适（例如，高水平的放射性意味着放射危害性高，必须将其送到合乎要求的放射实验室）。若实验室希望在接收或分析前就对样品进行筛查，那么在使用传感器对样品进行 α、β、γ 射线检测时需格外谨慎。此外，筛查装置产生的阳性测试结果应被送往专业实验室做确认分析。

前文所讨论的基础筛查是非常全面的，因为一旦对总的 α、β、γ 辐射的筛查发现了放射性核素，那么基础筛查就要求对每一种具体的放射性核素做出鉴定。因此，扩展筛查的目的是捕获未落入总体放射筛查能级范围的放射性核素。

4.2.7　对水中未知污染物的分析方法

在水污染风险事故中，根据有限的信息，需要对实验室即将要分析的污染物快速地做出判断。这些判断可能会影响采样、实验室的选择和最终采用的分析方法。某些情况下，通过现场或现场筛查的可以获取污染物具体成分的线索和相关信息，分析方法可以随之进行相应调整。但是一般情况下，需要根据有限的信息判断水样中的污染物是否存在，并确认具体的成分。即使在现场已经对污染物进行了初步的筛查，但在条件允许的情况下，仍有必要对其他的可能的污染物进行分析。

可能会有来自不同单位、实验室的相关人员共同参与制定应对污染事件的分析方法。在应对污染危机过程中，实验室需要与事故指挥部、相关的公共职能部门、采样小组和所有其他事故管理协调的相关组织建立良好的沟通机制。这个官方决策集体，需要对现有资料进行评估，针对事件具体情况，协同工作，制定适合的分析方法。

通常需要在几分钟到几小时内快速制定出分析方法。而计划、准备和沟通是快速有效地制定出分析方法的关键。经过良好的计划和安排，实验室可以标准化他们的分析和管理方法，并写入到实验室指南中。

1. 制定分析方法的框架

若水样需送实验室分析，针对特定污染危机和事故制定适合的分析方法就是必要的。图 4-10 展示了一个意在辅助分析方法制定的决策流程。是针对低风险现场所采集的有潜在未知化学或生物污染物水样的分析的。假设在之前已经进行过放射性筛查。具体说，如果野外放射性测试结果是阳性，那么应采用完全不同的明确界定的分析方案。

图 4-10 中描述的决策流程并非仅仅为事故预案，决策的第一步是收集可能对其制定分析方法有意义的污染风险的现有相关资料。

流程中的第一个决策点，对于是否有充足信息作出是否化学污染物、生物污染物或化学与生物复合污染物的初步识别的评估。如果可以进行识别，则其他类污染物可被排除出考虑范围，而可集中精力在暂时识别出的污染物类型上。如果信息不足以在化学和生物污染物中作出判断，水样可以被视为完全未知。

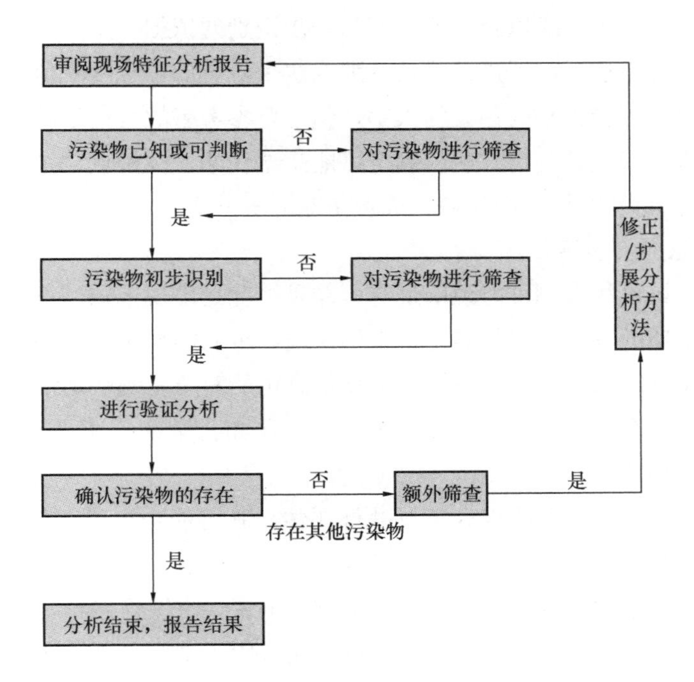

图 4-10 对于制定潜在污染水样分析方法的决策流程

第二个决策点，是对特定污染物的初步识别。在这一点上，污染物的成分是在现场调查报告提供的资料的基础上假设的。初步识别的判定依据可能有以下几种：在应急情况下可确定的特定污染物；在现场安全性筛查或快速现场测试中对于某一污染物的暂时阳性结果；在现场特定污染物的物理证据；以及引起疾病的污染物的临床证据。但是需要注意的是，这些情况下的初步识别结果的可信度是不同的。总的来说，初步识别可能更注重确定针对特定污染物类型的分析方法，以及对于特定污染物的确认。举例来说，对于某类杀虫剂的初步识别（比如有机磷）可能基于一组测试试剂的检测结果，并且这些信息可能会被用于这一类中特定杀虫剂的分析方法上。针对不同的初步识别方法的可信性，供水企业考虑两条路双管齐下应该是明智的。如果初步识别的证据足够强，那么筛查可以推迟。否则对于更广泛的潜在污染物的筛查应该与分析确认初步识别出的污染物应同时进行。

第三个决策点，是建立在通过分析确认初步识别污染物的结果上。如果可分析判断确定污染物的存在，则结果将被报告给事故管理员。如果存在多种潜在污染物，则由事故管理员决定是否需要进行多次分析。

第四个决策点则针对了在初步识别污染物时未被检出或者怀疑有其他污染物时需考虑进行额外化学物质或生物筛查的可能性。在这一点上，可能需要实验室和事故管理员之间的沟通，因为决定是否一般只是基于关于风险的已有资料进行额外筛查，但新的证据可能排除这个风险。但是，如果这个风险被确认，则需要对分析方法进行修改或扩展，并对现场特性报告进行重新审阅。

在任何包含污染物初步识别的情况下，都需要谨慎地评估信息的可信度。在某些情况下，可能信息来源过于不可靠以至于不能作为初步识别的依据。举例来说，如果一个特定的污染物在某一风险中通过电话进行确认，那么这个信息的可靠度就值得怀疑。在这种情况下，分析方法可从初步识别的污染物入手，但是要参考事故可信度的判断，由此决定是否需要额外的筛查。因此，分析方法的制定可能是迭代的，决策点“是否需要额外筛查”，如果这个问题的答案为“是”，则应修正或者拓宽分析方法。

2. 对已有信息的初步评估

尽管以前的污染事故案例可能说明最有可能是情况是出现未知污染物，但也可能事故会提供一些信息来辅助分析方法的制定。举例来说，可靠的现场测试的阴性结果可以将某些类型的污染物排除出考虑范围。同样，现场信息可能对于定制特定情况下的筛查方法有所帮助。即便这些现有资料不足以进行初步识别（比如化学物质还是微生物），在筛查的应用上仍可能具有价值。

第一步是对关于潜在风险的现有资料进行评估，其可能会提供可能的污染物的线索。对于特定污染应急时，制定分析方法的信息应包括以下几点：

（1）公共健康信息可能是可得的，如果接触污染者寻求医疗照顾，并且这些病人的临床数据可能提供污染物成分的信息。这些信息可能被用于进行污染物或者污染物类型的暂时辨认。需要注意的是尽管有人接触了污染，并不意味着饮用水是污染源；其他接触途径，比如食品，空气或者地表都可根据情况加入考量。

（2）暂时性阳性结果通常来自野外测试，可以用于暂时辨认特定污染物或污染物类型。阴性结果可以被用于将污染物排除出进一步考虑范围。野外测试的可信度必须基于野外测试设备流程进行评估。

（3）现场物理证据可以提供污染物成分的信息。举例说明，空容器可能有体现污染物本质的痕迹，并且对于容器中残留物质的分析可能可以确定物质成分。其他现场的物理证据，比如死亡的动植物，可以帮助判断物质成分并制定分析方法。

（4）特定污染物的信息来自案例库或者现场报道，可以对怀疑污染物进行暂时辨认。举例说明，现场筛查结果和/或物理证据，可以与潜在污染物的详细信息一起用于对污染物或污染物类型进行初步判断。

（5）发生污染事故地点的特点应该在针对制定分析方法时进行考量。举例说明，公共设施管理者可根据地点特性识别出潜在的污染源（比如，化学品库房），并且这些可能的污染物已经有明确的分析方法。

（6）现场特定污染物的背景浓度可能在污染事故的决策中极为重要。某些情况下，对于某些污染物，背景浓度可能处于显著水平。如果未确认，背景污染物浓度可能会与实际污染事故相混淆。

（7）危机可信性可以体现事故的严重性，因而会影响分析方法。举例说明，如果危机被视为高度可信，则对于化学和生物污染物进行完全筛查可以作为分析方法，而忽略现场采集到的其他信息。

（8）错误辨别未知污染物的后果（或者没有确定有害污染物不存在）应该在制定分析

方法时加入考量。对于事故的误诊的潜在后果越严重，分析方法就应该越严格。

3. 未知类型化学污染物实验室分析筛选

全面筛查分为 2 部分，一部分被称为基本筛查，另一部分被称为扩展筛查。在扩展化学物质筛查中应用的技术组对于重要污染物足够全面。另外，这些筛查方法可以探测出数百种非高重要性的额外化学物质，但在人为污染危机或事故中应用仍有些许问题。需要注意的是这些筛查方法并非惯例，实验室在制定分析方法时根据他们的现存能力和经验以及其客户需求有很高的灵活性。但由于有大量可能的潜在化学物质存在，在筛查过程中应尽可能包含大量的可能污染物。

基本筛查使用已建立的分析技术以及在法律上站得住脚的标准方法来分析水中的污染物。但是，这些已建立的技术并不覆盖所有的目标分析物。比如，目前没有标准方法来分析水中的生物毒素。为了弥补这些缺陷，还未实现标准化的探索性方法在扩展筛查中有所应用。比如，免疫测定或液相色谱-质谱可能在扩展筛查中用于检验生物毒素。由于有多种可用的分析技术，在扩展筛查中使用的均为那些能够最大程度保证水样分析可靠性的技术。特别的，那些在除水以外其他介质用已经建立应用的分析技术可以为扩展筛查提供基本的杂质分析。

筛查中，污染物分析按化学物质类型分类，比如有机物、无机物以及放射性核素。这一方法所使用的有机物分析包括以下 3 步的不同组合：①提取或恢复水基中的污染物；②使用气相色谱或液相色谱分离化合物；③检测和辨认分析物。有机物的准备和提取技术应该足以覆盖广泛的化学物质类型（比如，不同的亲水性和分子量）。各种技术已经用于检测有机组分。当质谱用于检测之后，量化辨认可以通过电子电离质谱库的比较来实现。

（1）无机物分析包括集中分析技术，即传统的湿式化学和仪器分析技术，比如电感耦合等离子体质谱法、电感耦合原子发射光谱法、痕量金属的原子吸收光谱法、阴离子和阳离子污染物的离子色谱法。

（2）在紧急事故中的放射性核素分析依靠传统的放射性技术，但是对于其他化学物质属于一个单独范例，因为放射性核素是由他们发出的放射性的类型，以及具体的放射性同位素来定性的。

未知的化学物质的筛查首先须通过验证性分析暂时辨认出化学物质。总的来说，快速现场测试或者安全筛查（在现场或实验室中进行）的阳性结果可以被认为是初步识别并需要独立验证。相比来说，通过标准方法辨认的化学物质通常不需要进行独立分析验证，因为推荐的验证步骤通常已包括在这些方法中。

如果可行，应在分析水基中目标分析物时使用现有标准方法进行验证性分析。当没有标准方法可用，验证性分析应该采用基于不同分离和/或检测技术的方法来进行，以独立验证化学物质污染物的筛查结果。

4.3 基于免疫分析的快速检测方法的开发

4.3.1 免疫分析法概述

随着经济的发展，人类使用的合成有机化学品越来越多，这些物质许多属于持久性有机物（POPs）、“三致”物质和环境内分泌干扰物质（EDCs）。在各类环境标准中对其残留量提出了严格的限制浓度。小分子物质的传统检测方法包括气相色谱法（GC）和高效液相色谱法（HPLC），这些方法能够实现定量测定，灵敏度和检测限都很高，但都需要复杂的预处理和昂贵的设备，且萃取、还原、衍生化和纯化等操作过程繁杂、耗时，需要专门的技术人员进行操作。免疫检测技术因具有特异性强、灵敏性高、样品通量大、检测迅速、检测费用低廉等优势，近年来在环境污染物检测领域引起了广泛的关注（见表4-10）。

美国EPA已有的基于免疫分析的标准方法　　表4-10

标准号	方法名称
4010	水及土壤中五氯酚（PCP）的免疫检测方法
4015	水及土壤中2，4-二氯苯氧乙酸（2，4-D）的免疫检测方法
4020	土壤中多氯联苯（PCBs）的免疫检测方法
4030	土壤中石油碳氢化合物总量（TPH）的免疫检测方法
4035	粗土壤中多环芳烃（PAH）的免疫检测方法
4040	土壤中毒杀芬（ToxapHene）的免疫检测方法
4041	土壤中氯丹（Chlordane，一种杀虫剂）的免疫检测方法
4042	土壤中二氯二苯三氯乙（DDT）的免疫检测方法
4050	水及土壤中三硝基甲苯炸药（TNT）的免疫检测方法
4051	水及土壤中三次甲基三硝基胺炸药（RDX）的免疫检测方法
4425	初筛环境样品提取物中的共面有机化合物（PAHs、PCBs、二噁英/呋喃）
4500	土壤中水银的免疫检测方法
4655	土壤及水中的炸药免疫检测传感器
4656	土壤及水中的炸药光纤免疫检测传感器
4670	水中三嗪类农药的免疫检测方法
4016	水中2，4，5-T的免疫检测方法
4060	土壤中三氯乙烯（TCE）的免疫检测方法
4025	土壤和水中二噁英的免疫检测方法
4026	土壤和水中共面多氯联苯（PCBs）的免疫检测方法

4.3.2 检测目标及方法选择

免疫分析（IA）是基于抗原和抗体特征性反应的一种分析技术，免疫检测的基础是抗原-抗体之间的特异性反应，未标记的待测抗原和一定数量的标记抗原竞争数量有限的抗体特异性结合位点。反应达到平衡之后，可以检测出标记抗原的数量。抗体结合的标记抗原数量与未标记待测抗原的数量有关，因此可以得到未标记待测抗原（分析物）的浓度。因为在分析过程中结合待测抗原的数值无法直接测定，在竞争性免疫检测中就必须引入标记物。标记物是以共价键和一个可以产生信号的物质相连接的半抗原。同时，必须保证标记抗原的基本免疫化学特性，特别是它和抗体表面结合位点相关的结构没有改变。标记物可以是放射性同位素、酶、脂质体、荧光物质、化学发光物质等。

酶免疫技术是最常见的免疫检测手段。将酶标记在抗体或抗原分子上，形成酶标抗体或酶标抗原，称为酶结合物。在抗原与抗体反应形成复合物之后，酶结合物上的酶，使底物显色，根据反应有无颜色和颜色的深浅，定性或定量抗体或抗原。酶联免疫吸附试验（ELISA）、酶检测免疫测试（EMIT）、竞争性结合酶免疫检测（EIA）以及免疫酶分析技术（IEMA）是常见的检测方法。酶联免疫吸附测定法（ELISA）具有特异性强、简单快速等优点，在环境污染物的快速筛查中显示了其独特的优势，受到广泛重视。现有的环境小分子有机物免疫检测技术大多数都是采用这一技术。

荧光免疫检测在物质分析中采用荧光信号，主要的检测方式包括竞争结合荧光免疫检测（FIA）、免疫荧光分析技术（FIMA）、免疫荧光检测（IFMA）、荧光极性免疫检测（FPIA）和时间分辨荧光免疫检测（TRFIA）。荧光免疫检测技术和新型传感器结合开发荧光免疫传感器是近年来的发展趋势，荧光免疫检测技术和光波导传感技术联合使用具有高灵敏度和高信噪比，易于集成等优势，是较突出的一种。

4.3.3 酶联免疫检测方法开发

酶联免疫吸附测定法（ELISA）是目前使用最广泛的免疫分析方法之一，本研究从该方法的原理出发，从抗体性能，抗原-抗体的反应性能及基质效应开展研究，旨在为行业快速检测方法的选择提供参考。本书以微囊藻毒素为例，对酶联免疫检测方法的开发进行详述。

微囊藻毒素（MCs）是淡水中蓝绿藻属（Cyanobacteria，Blue-green Algae）产生的细胞内毒素，它在细胞内合成，细胞破裂后释放到水体中，对水生生物、人类饮用水的安全和人类健康构成严重影响；WHO的研究表明，MCs是目前已经发现的污染范围最广，研究最多的一类藻毒素。常规的理化检测方法由于前处理复杂、检测费用昂贵、需要较高的室内环境条件、需要专门的技术人员操作等因素，而难以适应大量样品及高通量条件下快速检测和筛查的需要，本研究将酶联免疫检测方法作为一种能快速地筛查大量样品的预警监测技术引入城镇供水的应急监测方法体系，开发针对藻毒素的检测方法，以发挥其检测灵敏度高、特异性强、分析容量大、检测时间短、检测费用低廉等优点。

1. 抗体特异性评价

分别以标准浓度的微囊藻毒素衍生物作为 ELISA 检测对象，评价实验结果，用于特异性分析的 5 种微囊藻毒素（MC-LR，MC-RR，MC-YR，MC-LW，MC-LF）及 1 种节球藻毒素（Nodularin）均购自 Alexis 公司（表 4-11、图 4-11）。同时将这几种毒素配制成与 MC-LR 相同的浓度梯度，替换 MC-LR 标准浓度梯度进行 ic-ELISA 实验，分别测试了抗体与微囊藻毒素-LR、微囊藻毒素-YR、微囊藻毒素-RR、微囊藻毒素-LF、微囊藻毒素-LW 以及节球藻毒素的交叉反应性，并计算半抑制浓度。

用于特异性分析的 6 种藻毒素　　**表 4-11**

英文名称缩写	中文名称	X（2）	Y（4）	分子量	产品编号
MC-LR	微囊藻毒素-LR	亮氨酸	精氨酸	995.2	ALX-350-012
MC-RR	微囊藻毒素-RR	精氨酸	精氨酸	1038.2	ALX-350-043
MC-YR	微囊藻毒素-YR	酪氨酸	精氨酸	1045.2	ALX-350-044
MC-LW	微囊藻毒素-LW	亮氨酸	色氨酸	1025.2	ALX-350-080
MC-LF	微囊藻毒素-LF	亮氨酸	苯丙氨酸	986.2	ALX-350-081
Nodularin	节球藻毒素	（3）精氨酸		825.0	ALX-350-061

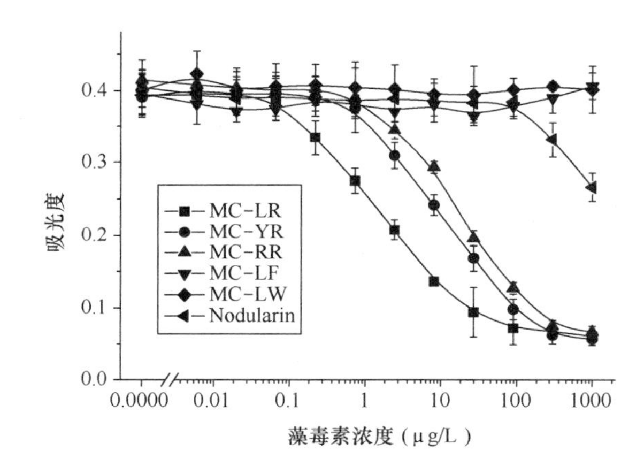

图 4-11　多种藻毒素与 MC8C10 的间接竞争 ELISA 标准曲线

如表 4-12 所示，所获得的单克隆抗体 MC8C10 对第四位氨基酸为精氨酸的微囊藻毒素只有较弱的交叉反应性，例如对 MC-YR 和 MC-RR 的摩尔交叉反应性分别为 12％和 7.5％；并且与第四位氨基酸为非精氨酸的微囊藻毒素，例如 MC-LF 和 MC-LW，在测定浓度范围内（0～1000μg/L）未发现有交叉反应；节球藻毒素（Nodularin）与第四位氨基酸为精氨酸的微囊藻毒素存在类似的结构，其第三位氨基酸也为精氨酸（第四位氨基酸为 Adda），结果表明，节球藻毒素与 MC8C10 存在很弱的反应能力。结果说明单克隆抗体 MC8C10 具有很好的特异性，具有单独检测水中 MC-LR 一种微囊藻毒素的能力。

MC8C10 交叉反应　　**表 4-12**

MCs 类似物	$IC_{50}\pm s$ （μg/L）	检测限 （μg/L）	交叉反应 （%）	摩尔交叉反应 （%）
MC-LR	1.5±0.1	0.10	100	100
MC-YR	11.0±0.2	2.0	14±1	12±1
MC-RR	17.8±0.5	3.0	8.6±2	7.5±1.5

续表

MCs 类似物	$IC_{50}\pm s$ (μg/L)	检测限 (μg/L)	交叉反应 (%)	摩尔交叉反应 (%)
MC-LF	>1000	—	<10^{-4}	<10^{-4}
MC-LW	>1000	—	<10^{-4}	<10^{-4}
Nodularin	2000±100	200	0.1	0.1

2. 抗体亲和性评价

将包被抗原 MC-LR-OVA 用碳酸钠包被液进行 2 倍梯度稀释，分别为 8μg/mL、4μg/mL、2μg/mL、1μg/mL、0.5μg/mL、0.25μg/mL、0.125μg/mL、0.0625μg/mL 共 8 个梯度，并包被于酶标板上（8 个浓度横向包被，每个浓度包被 12 个孔），每孔加入 100μL，4℃过夜，洗板 3 次。将纯化后的抗体（浓度为 1.7mg/mL）稀释成 1∶500，再作一系列 2 倍梯度稀释，共有 12 个梯度，每个浓度纵向平行添加，每孔加入 100μL，37℃反应 1h，洗板 3 次。取中间的 4 个包被抗原浓度（2μg/mL、1μg/mL、0.5μg/mL、0.25μg/mL）测定抗原抗体反应曲线，结果如图 4-12 所示。横坐标为经过纯化的抗 MC-LR 单克隆抗体 MC8C10 的稀释倍数，纵坐标为吸光度，各曲线表示不同浓度的包被抗原。

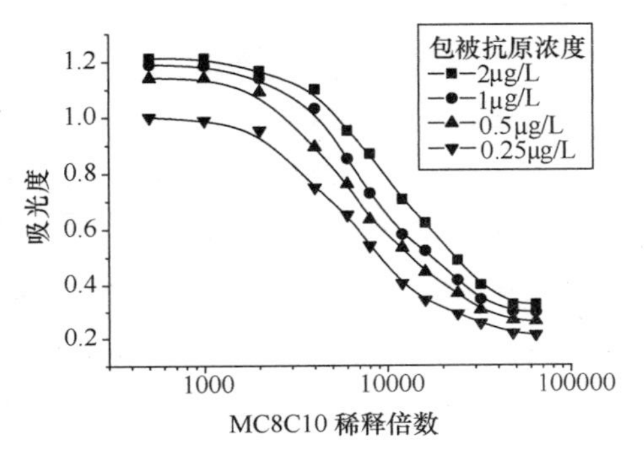

图 4-12 MC8C10 与 MC-LR-OVA 的反应曲线

利用间接 ELISA 测定各个包被浓度下的结合反应曲线，并计算抗体的亲和常数（表 4-13）。

抗体亲和常数的计算 表 4-13

包被抗原浓度 (μg/mL)	Amax	1/2 Amax 对应的 抗体稀释度	抗体浓度 (10^9mol/L)	亲和常数 (10^8L/mol)	平均亲和常数 (L/mol)
2	1.23	11186.3	1.013	—	2.76×10^8
1	1.21	8241.9	1.375	K1=2.88	
0.5	1.18	7068.0	1.603	K2=2.73	
0.25	1.02	6540.5	1.733	K3=2.68	

3. 包被抗原及一抗浓度确定

采用方阵滴定法确定包被抗原的最佳包被浓度以及单克隆抗体 MC8C10 的最佳工作稀释度，后续加二抗及显色步骤同间接竞争 ELISA。系列梯度稀释的包被抗原和单抗做方阵试验结果如图 4-13 所示。由图可以看出，每条曲线都有一高一低两个平台。高平台的出现是由于抗体稀释倍数较低，抗体浓度大，1∶1000时抗体仍过量所致；而低平台则

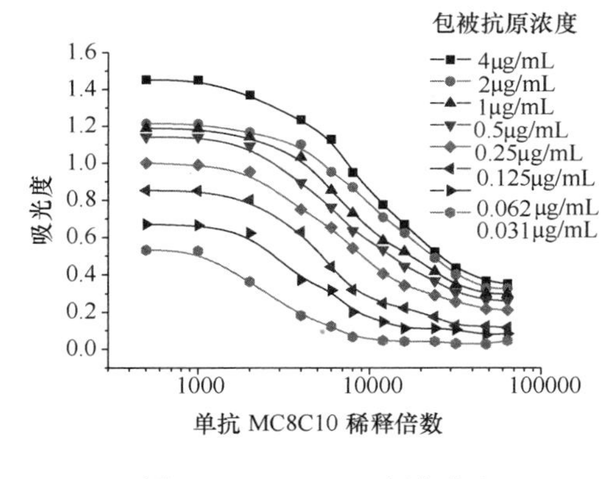

图 4-13　MC8C10 方阵试验

是抗体稀释倍数高，抗体不足。而中间区域内，当抗体浓度（或抗原浓度）改变时，吸光度有很明显的变化，可以在这一范围内选择最佳的抗原和抗体的工作浓度。本实验结果表明，包被抗原浓度为 0.5μg/mL，对应的抗体稀释度为 1∶8000 左右；或者包被抗原浓度为 0.25μg/mL，对应的抗体稀释度为 1∶6000 左右时，都可以作为 ELISA 良好的反应条件。考虑到本研究将要采用的是竞争反应，因此选择 0.25μg/mL 为包被抗原的最佳工作浓度，与之配套的单抗最佳工作稀释度为1∶6000。

4. 酶标二抗浓度确定

从 Sigma 购买的酶标二抗鼠（HRP-Goat anti Mouse IgG，产品号 A4416，Sigma）推荐工作稀释度为 1∶（5000～10000）。为确定本试验中合适的酶标二抗的稀释度，用最佳工作浓度的包被抗原包被，封闭后加入最佳稀释度的单抗，反应过程同间接竞争 ELISA 基本程序。HRP 标记的羊抗鼠 IgG 做 8 个稀释度：1∶2000、1∶4000、1∶6000、1∶8000、1∶10000、1∶12000、1∶15000、1∶20000，每行的稀释度相同，体积均为 100μL/孔，后续显色和测定步骤同前。

1∶2000～1∶6000 时，结果表现为加底物后显色很快不易控制，虽有梯度但本底值明显偏高许多。原因应该是与抗体结合的酶过多，导致催化反应加快，不易控制；同时由于酶浓度过高，非特异性吸附增强，致使本底值明显偏高。酶标二抗工作稀释度为 1∶15000～20000 时，实验结果为显色很慢，颜色较浅，阴性孔颜色不高；若放置时间过长，则半抗原浓度较低的孔梯度不明显。主要原因应该是一抗能结合到的酶标二抗不多，使显色过程变长，显色不深。酶标二抗工作稀释度为 1∶8000～1∶12000 时，实验结果较为理想，本底值较低，同时所得到的最大吸光度能达到 1.0 以上，故本研究采用酶标二抗的工作稀释度为 1∶10000。

5. 基质效应

对各种基质条件影响特征的系统研究表明，本研究所建立的间接竞争 ELISA 检测方法所适合的边界条件为：pH＝3～10，硬度 0～112H_G^o，离子强度必须保持一定量的无机盐浓度（如 NaCl 为 50g/L 左右），重金属离子以 $CuSO_4 \cdot 5H_2O$ 作为研究对象（浓度范围 0～1000mg/L），腐殖酸 0～300mg/L，综合污染指标以 COD_{Cr} 为指标（浓度范围 0～200mg/L），叶绿素 *a*0～1000mg/L，有毒有机污染物以甲苯和氯苯为例（边界均为 0～1mg/L），农药（2，4-D 浓度范围 0～100mg/L，叶枯唑浓度范围 0～30mg/L），有机溶剂以甲醇为例（体积百分比范围 0～20％），表面活性剂以 Tween－20 作为研究对象（体积百分比范围 0～0.54％）。

研究结果表明，在竞争 ELISA 的关键步骤，即同时加入待测水样和抗体（或酶标抗原或酶标抗体）时，后者的稀释液采用10倍磷酸盐缓冲液（即10倍0.01mol/L pH=7.4的PBS，其中NaCl浓度为50g/L），再加入1%的牛血清白蛋白（BSA）及0.5%的乙二胺四乙酸钠（EDTA）缓冲体系，如，在间接竞争ELISA中，抗体经10×PBS + 1% BSA + 0.5%EDTA缓冲体系稀释抗体后，按体积比1∶1与待测环境样品同时加入酶标板中，可以有效地减小或消除来自水样中各种基质的不利影响。

6. 方法评价

（1）检测完整标准曲线的建立及检测限的确定

藻毒素的ELISA法标准曲线如图4-14（*a*）所示，实验重复性良好，相对标准偏差（变异系数）均在10%以内。从图可以看出，完整标准曲线呈现明显的反S形。以各标准品浓度的常用对数值（lg*C*）为横坐标，吸光度*A*的平均值为纵坐标绘制一个对应微囊藻毒素-LR浓度的半对数坐标曲线图得到半对数线性标准曲线如图4-14（*b*）所示，R^2达到0.999，线性良好。

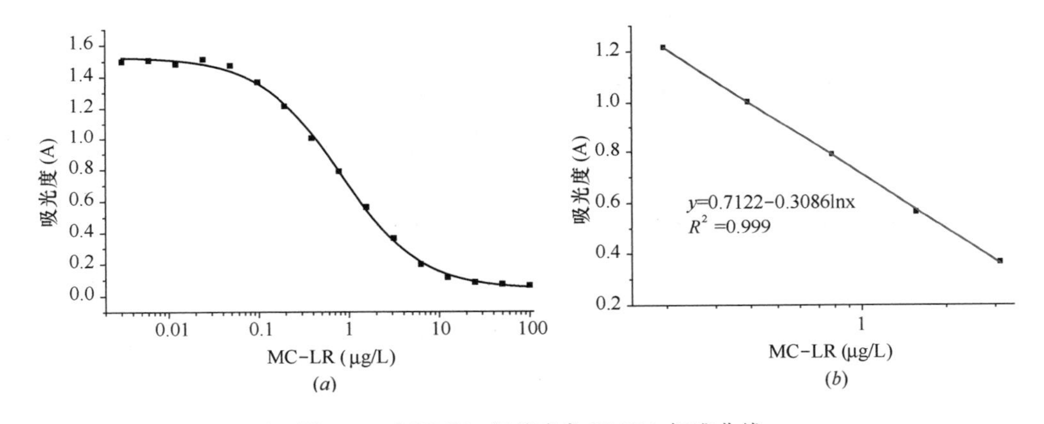

图4-14 MC8C10间接竞争ELISA标准曲线

（*a*）间接竞争完整标准曲线；（*b*）间接竞争线性段标准曲线

（2）检出限

取12份阴性样品，用该试剂盒进行测定（表4-14），对间接竞争ELISA标准曲线的评价和分析，由拟合参数分析可得：半抑制浓度IC_{50}=0.795μg/L±0.034μg/L；检测限3S法：平均吸光度为$\overline{A}$=1.475，标准偏差为*S*=0.0316，（$\overline{A}$-3S）= 1.3801，该吸光度所对应的微囊藻毒素浓度= 0.08μg/L，即为该试剂盒的最低检测限。定量检测区间：靠近中点处（x_0）的一段区间是线性的，称之为定量检测区间，间接竞争ELISA的定量检测区间是结合率为80%～20%所对应的目标物质的浓度区间，通过计算得IC_{20}和IC_{80}分别为0.197和3.8。即LQD为0.20～4.00μg/L。

阴性水样重复测定12次的结果 **表4-14**

阴性样品编号	吸光度	阴性样品编号	吸光度
1	1.493	3	1.484
2	1.424	4	1.477

续表

阴性样品编号	吸光度	阴性样品编号	吸光度
5	1.512	9	1.437
6	1.435	10	1.448
7	1.517	11	1.476
8	1.502	12	1.493

（3）精密度与准确度

通过试验对藻毒素酶联免疫检测方法的精密度和准确度进行研究，选取 3 个浓度值的自配水样，浓度分别是 0.5μg/L、1μg/L（我国地表水水质标准及饮用水水质标准限制值为 1μg/L）和 2μg/L 的样品重复测定 7 次（表 4-15），评价其标准偏差。采用 3 组不同浓度的自配水样重复测定 7 次，测定得到的吸光度值利用半对数线性标准曲线计算出浓度值 C，计算 C 的平均值 $\overline{C}$ 以及标准偏差 SD，进一步用 SD 除以相应的平均值 $\overline{C}$ 即得到标准偏差（SD）和相对标准偏差（RSD）。

7 个浓度自配水样测定结果　　　　表 4-15

平行样品编号		MC-LR 加标量（μg/L）		
		0.5	1.0	2.0
测定结果	1	0.40	0.82	1.66
	2	0.40	0.84	2.11
	3	0.50	0.94	1.72
	4	0.62	0.88	2.02
	5	0.57	0.93	2.06
	6	0.48	0.92	1.87
	7	0.51	0.85	1.96
平均值		0.49	0.88	1.91
标准偏差		0.078	0.048	0.170
相对标准偏差		15.6%	5.4%	8.8%

3 个浓度自配水样多次检测的相对标准偏差都小于 20%，其中低浓度的水样相对标准偏差稍大，而中高浓度的水样相对标准偏差都小于 10%。因此，高中低浓度的 MC-LR 测定都具有很好的可重复性。

（4）回收率

测定地表水（清华大学近春园湖泊水样）以及添加了 MC-LR 标准品梯度的水样，最终浓度分别为 0.5μg/L、1μg/L、2.0μg/L 3 个不同浓度。采用间接竞争 ELISA 测定，每个水样平行测定 7 次（表 4-16），根据标准曲线计算水样中 MC-LR 浓度，并计算回收率。

地表水样水添加回收实验结果　　表 4-16

平行样品编号		实际样品测定结果（μg/L）	酶联免疫测定结果		
			MC-LR 加标量（μg/L）		
		MC-LR	0.5	1.0	2.0
测定结果	1	0.17	0.76	1.29	1.84
	2	0.20	0.70	1.27	1.97
	3	0.18	0.73	1.14	2.26
	4	0.19	0.75	1.24	2.16
	5	0.15	0.79	1.24	2.26
	6	0.13	0.68	1.25	1.96
	7	0.17	0.75	1.19	2.27
平均值		0.17	0.74	1.23	2.10
测定加标量		0	0.57	1.06	1.93
加标回收率		—	114%	106%	96.5%

为了减少样品的基质效应，使用了上文中提及的抗体稀释液。酶标抗原稀释液和抗体稀释液均采用 10×PBS 缓冲液，同时加入 1% BSA 以及 0.5% EDTA。

回收率的计算方法如下：每个样品平行测定 7 次，计算吸光度的平均值，样品添加浓度（最终浓度）用 X 表示，未添加标准品的样品测定平均值为 x_1，添加了标准品的样品测定平均值为 x_2，则：

$$\text{回收率}(\%) = \frac{x_2 - x_1}{X} \times 100\%$$

当原水样 ELISA 测定浓度超出本方法的检测限，即小于 0.2μg/L 时，视为未检出，此时均按照 $x_1 = 0$ 计算回收率。

地表水中加标 0.5μg/L、1μg/L 及 2μg/L 的样品测定结果见表 4-16。可以看出，加标 0.5μg/L 的水样回收率为 114%，加标 1.0μg/Lμ 的水样回收率为 106%，加标 2μg/L 的水样回收率 96.5%。各样品的综合回收率为（98.0±10.7)%。此结果表明，本研究所采用的直接竞争 ELISA，在酶标抗原稀释液采用 10×PBS+1% BSA+0.5% EDTA 的条件下，可充分消除上述不同来源水样中各种基质的综合干扰，准确度良好。而且各样品检测结果的变异系数均小于 10%，精密度优良，所建立的 ELISA 检测方法具有良好的稳定性。

4.3.4　免疫荧光检测方法开发

为了建立多指标平面波导型荧光免疫分析仪检测实际水样中 MC-LR 的方法，在对传感器检测 MC-LR 的过程进行分析的基础上，考察间接竞争法检测 MC-LR 的影响因素。间接竞争法检测 MC-LR 的基本程序如下：

（1）预反应。在适宜温度条件下，将一定浓度、一定体积的标记抗体与一定体积的待测样品混合预先反应一段时间，使得部分抗体能与待测样品中的待测目标物结合。因此，预反应时间和温度对抗体抗原反应程度均将产生一定影响。

（2）进样。将预反应后的混合物按照标准进样模式输入反应池，并与免疫芯片进行反应，此过程中影响反应后信号的有进样量及进样时间。

（3）检测。部分在预反应过程中游离的抗体与芯片上的包被抗原结合而固定在芯片表面上，抗体分子上标记的荧光染料分子受激发光激发产生荧光以用于测定。

（4）活化。检测完后，为使芯片具备重复使用功能，需将与探头上固定抗原结合的标记抗体解离。标记抗体是否能完全解离，且不影响探头固定抗原的特性，是决定再生条件的关键因素，因此需要对活化条件进行优化。

从上述过程的描述可知，影响传感器系统检测的因素主要包括：预反应时间及温度、标记抗体浓度、活化条件及样品基质性质等。因此为实现传感器系统对实际样品的有效检测，并得到较高的灵敏度及较宽的检测区间，需要对上述条件进行优化。下面以微囊藻毒素为例对主要影响因素的研究结果进行详述。

1. 进样时间与进样量确定

进样时间对检测信号的影响结果发现进样时间 100s 时，信号仅为 300，进样时间为 920s 时，信号可达 1200，信号增加了 4 倍，可见进样时间对有效信号影响很大(图 4-15)。在开始阶段，信号增加迅速，随着进样时间的延长，信号增加速度开始下降，因此进样时间增加到一定程度，再延长时间对信号的增加影响不大，但浪费了每次测定的时间。进样时间大于 10min 时，信号增加量已经很小，因传感器系统不要求免疫反应进行到平衡态再测量，只要保证每次进样的时间一致即可，综合考虑有效信号的大小和每个周期测定的时间，选择 500s 作为进样时间，在这个条件下，既能保证信号较强，又不会导致检测时间过长。

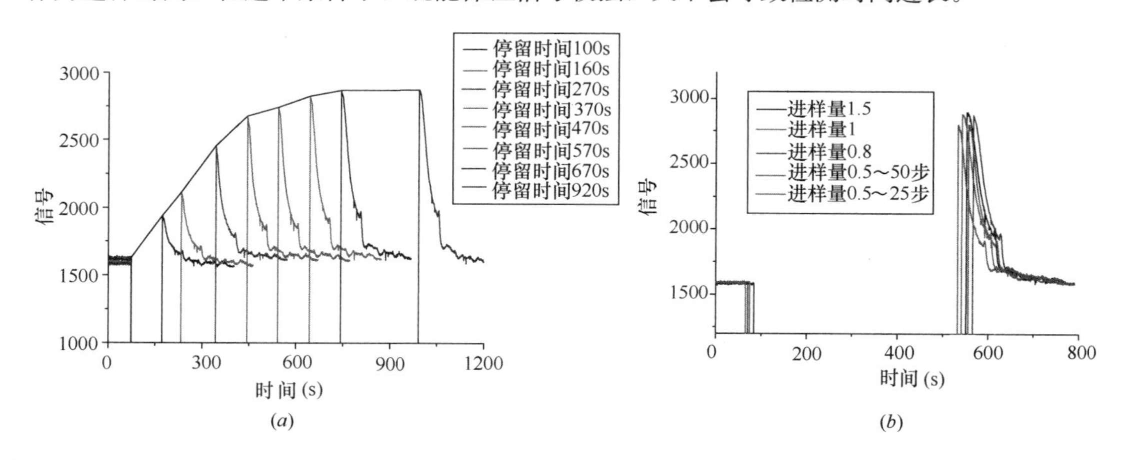

图 4-15　进样时间、进样量对检测结果的影响

(*a*) 进样时间对检测结果的影响；(*b*) 进样量对检测结果的影响

进样量对检测结果的影响结果可见，在进样时间在 500s 左右时，进样量在 0.5mL～1.5mL 范围内变化时，检测结果的变化很小，进样量为 0.8、1 及 1.5 的时候信号大小都是，进样量为 0.5 时信号为 1150，信号稍小。综合信号大小及检测样品用量的因素，选择进样量为 0.8mL 作为标准进样量。

2. 抗体浓度确定

当抗体浓度较低时，得到的荧光信号较弱；抗体浓度较高时，信号强度较大。另一方面，经归一化处理后可以看出，当抗体浓度为 0.05μg/mL 时，所得标准曲线的检测限为 0.06μg/L，检测区间为 0.15～1.65μg/L，IC_{50} 为 0.5μg/L，检测限较低，检测区间只有一个数量级。当抗体浓度为 0.1μg/mL 时，根据 Logistic 方程模拟的结果，此时，IC_{50} 值为 0.72μg/L，标准曲线的检测限为 0.15μg/L，与前者略有上升，同样检测区间为 0.26～1.83μg/L，同样比前者略有提高（图 4-16）。抗体浓度除了影响信号的大小以外，同样也影响检测标准曲线的参数。在本试验的两个条件下，抗体浓度对检测标准曲线的影响较小，原因是 2 种抗体浓度都很低，根据理论分析，抗体浓度很低的条件下，抗体浓度对归一化后的标准曲线影响很小。因此抗体浓度可以采用 0.1μg/mL。

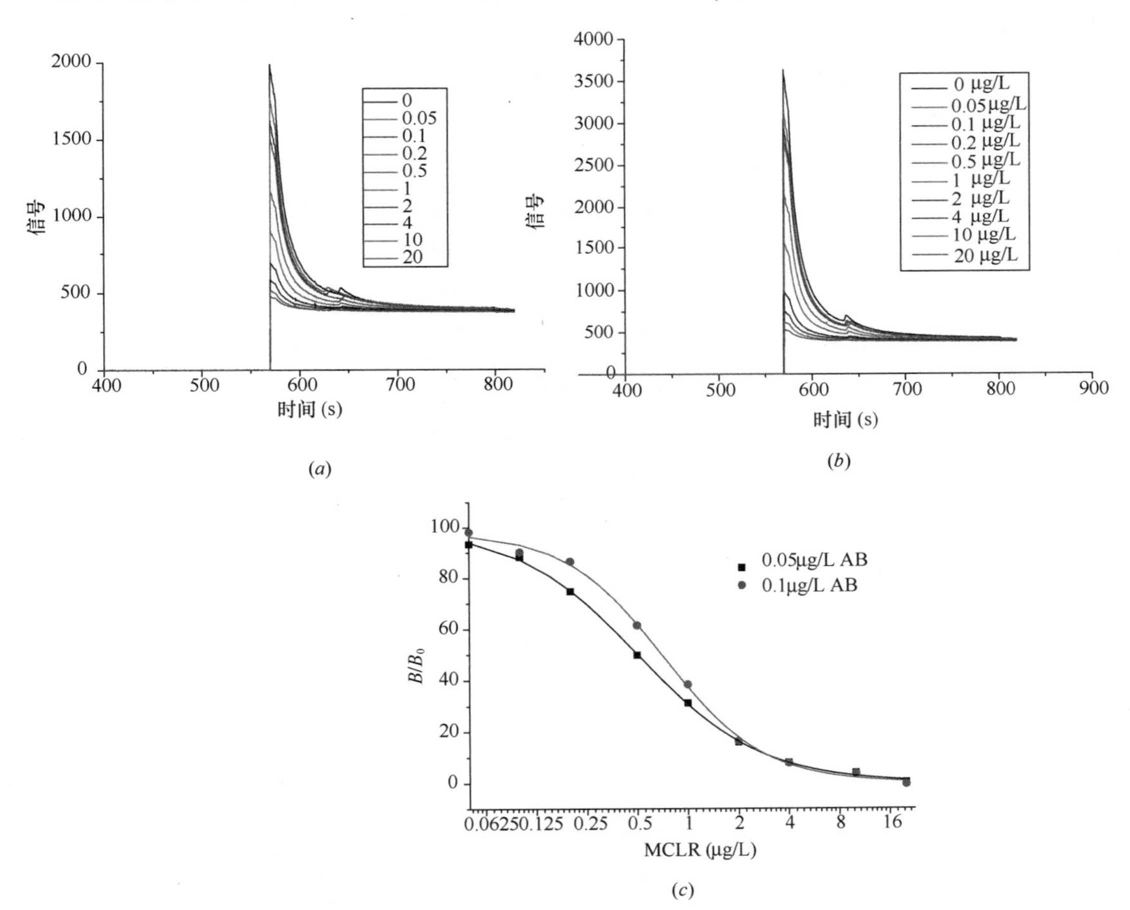

图 4-16 不同抗体浓度下检测曲线及归一化处理后的标准曲线

(a) 抗体浓度为 0.05μg/mL 时检测曲线；(b) 抗体浓度为 0.1μg/mL 时检测曲线；(c) 归一化处理后的检测标准曲线

3. 活化条件确定

活化条件对检测结果的影响数据没有列出，试验结果显示，pH2.9 的 HCl 溶液对免疫芯片有一定的活化效果，但活化不完全；pH2.9 的 Pepsin 溶液及 SDS 溶液都对免疫芯片有良好的活化效果，且连续几次的平行样测定结果一致。原因是活化体系中加入 Pepsin 溶液后，Pepsin（胃蛋白酶）能够使抗体分子中的二硫键断裂，从而破坏抗体三级结构，结构遭到破坏的抗体的低 pH 条件下更容易与抗原解离，从而达到芯片活化的目的；而活化体系中加入 SDS 后，SDS（十二烷基磺酸钠）是一种表面活性剂，它能够降低抗体活性甚至使抗体失活，活性降低的抗体在低 pH 值下更容易与抗原解离，从而更容易活化免疫芯片。

本传感器系统适宜的活化试剂是 pH2.9 的 Pepsin 溶液及 SDS 溶液。

4. 基质效应

平面波导型荧光免疫分析仪采用的免疫分析方法对 MC-LR 进行测定，与酶联免疫一样，都是基于抗原－抗体的结合反应，因此 2 种方法对实际水样的基质具有同样的响应，即免疫荧光法与酶联免疫法具有同样的基质效应。

5. 方法评价

（1）检测完整标准曲线的建立及检测限的确定

根据优化后的反应条件，用平面波导型荧光免疫分析仪对系列浓度梯度的 MC-LR 进行了测定。采用 2 倍系列梯度稀释的 MC-LR（单位：μg/L），稀释后浓度分别为：25.6、12.8、6.4、3.2、1.6、0.8、0.4、0.2、0.1、0.05、0.025，采用间接竞争免疫检测模式进行测定，获得标准曲线。采用 n＝2 作平行实验，用于考察其重复性。同时取 7 份阴性样品，测定其免疫荧光信号值，用于计算检出限。检测限的确定同样采用 3S 法。

完整标准曲线：平面波导型荧光免疫分析仪检测 MC-LR 的完整标准曲线如图 4-17（*a*）所示，2 次平行实验的相对标准偏差（变异系数）均在 10%以内实验重复性良好。从图可以看出，完整标准曲线呈现明显的反 S 形。

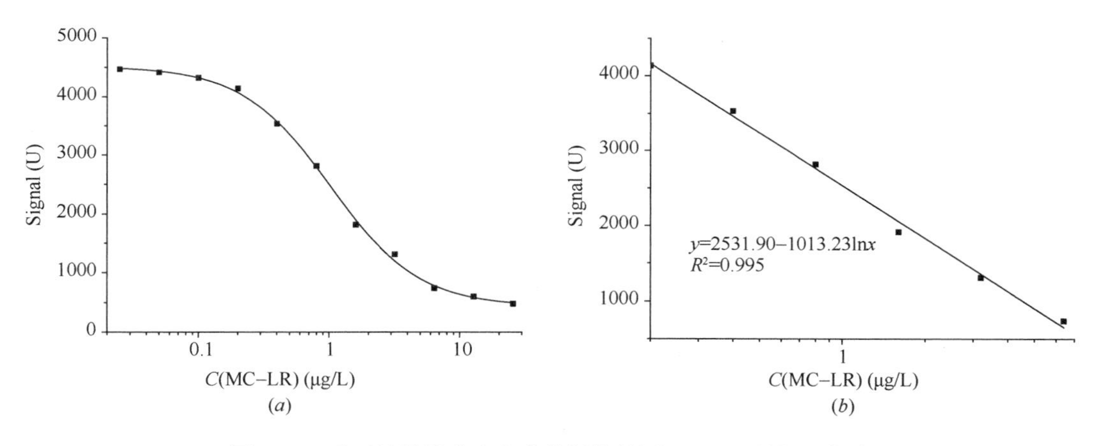

图 4-17　平面波导性荧光免疫分析仪检测 MC-LR 的标准曲线

（*a*）完整标准曲线；（*b*）线性段标准曲线

半对数线性标准曲线：平面波导型荧光免疫分析仪检测 MC-LR 的线性标准曲线如图 4-17（*b*）所示，采用方程 $A=\mathrm{a}\times\ln C+\mathrm{b}$ 对测定结果进行先行模拟，结果显示 $R^2=$

0.995，线性良好。

7份阴性样品的重复试验结果采用3S法确定免疫荧光法检测MC-LR的检出限（表4-17）。

阴性水样重复测定9次的结果 **表4-17**

平行样品编号		免疫荧光信号（U）
测定结果	1	4362
	2	4505
	3	4399
	4	4474
	5	4328
	6	4510
	7	4366
平均值		4420.6
标准偏差		74.6
检出限（μg/L）		0.15
测定下限（μg/L）		0.20

通过对试验数据的分析，得到的结果如下：

① 半抑制浓度 IC_{50}=1.018μg/L±0.046μg/L。

② 检测限3S法：免疫荧光信号平均值为$\overline{S}$=4420.6U，标准偏差为S=74.60U，则（$\overline{A}$−3S）=4196.80，该信号值所对应的MC-LR浓度=0.15μg/L，即为该仪器对MC-LR的最低检出限。

③ 定量检测区间：靠近中点处（x_0）的一段区间是线性的，称之为定量检测区间，间接竞争免疫检测的定量检测区间是结合率为80%～20%所对应的目标物质的浓度区间，计算得到LQD为0.20～6.00μg/L。

（2）藻毒素酶联免疫检测方法的精密度和准确度

超纯水配制3个浓度值的水样，浓度分别是0.5μg/L、1μg/L（我国地表水水质标准及饮用水水质标准限制值为1μg/L）和2μg/L的样品重复测定7次，评价其标准偏差（表4-18）。

7个浓度自配水样测定结果 **表4-18**

平行样品编号		MC-LR加标量（μg/L）		
		0.5	1	2
测定结果	1	0.42	0.89	2.21
	2	0.41	0.83	2.25
	3	0.46	0.86	2.25
	4	0.48	0.90	2.37
	5	0.43	0.89	2.33
	6	0.44	0.96	2.20
	7	0.43	0.98	2.28
平均值（μg/L）		0.44	0.90	2.27
标准偏差（μg/L）		0.024	0.053	0.062
相对标准偏差（%）		5.50	5.85	2.73

3个浓度自配水样多次检测的相对标准偏差都小于10%，因此平面波导型荧光免疫分析仪检测MC-LR具有良好的可重复性，但3个浓度的样品的检测结果与实际加标量有一定的误差，检测误差分别是12%、10%和13.5%，都小于20%，因此此检测方法具有良好的准确度。

(3) 回收率

测定地表水（清华大学近春园湖泊水样）以及添加了MC-LR标准品梯度的水样，加标浓度分别为0.5μg/L、1.00μg/L和2.00μg/L。每个水样采用平面波导型荧光免疫分析仪平行测定7次，根据线性标准曲线计算水样中MC-LR浓度，并计算回收率（表4-19）。

为了减少样品的基质效应，使用了上文中提及的抗体稀释液。酶标抗原稀释液和抗体稀释液均采用10×PBS缓冲液，同时加入1%BSA以及0.5%EDTA。回收率的计算方法如下。

地表水样水添加回收实验结果　　表4-19

平行样品编号		实际样品测定结果（μg/L）	加标测定结果		
			免疫荧光加标量（μg/L）		
		免疫荧光	0.5	1	2
测定结果	1	0.17	0.51	1.31	2.54
	2	0.15	0.52	1.17	2.51
	3	0.14	0.51	1.28	2.55
	4	0.15	0.52	1.28	2.62
	5	0.17	0.50	1.34	2.66
	6	0.14	0.52	1.34	2.62
	7	0.14	0.52	1.34	2.60
平均值（μg/L）		0.15	0.51	1.29	2.59
测定加标量（μg/L）		0	0.36	1.14	2.44
加标回收率（%）		—	73	114	121

采用平面波导性荧光免疫分析仪对地表水中及地表水加标水样进行测定的结果见表4-19，可以看出，加标0.5μg/L的水样回收率为73%，加标1.0μg/L的水样回收率为114%，加标2μg/L的水样回收率121%。因此中浓度的加标水样回收率误差小于15%，准确度良好，而检测低浓度的加标水样回收率误差接近为27%，高浓度加标水样回收率误差21%，准确度稍差。此外，7组平行样的检测结果的标准偏差都小于5%，具有很好的可重复性。

4.3.5 免疫检测方法性能参数

项目针对微囊藻毒素、2，4-D、硝基苯、阿特拉津、双酚A等物质基于应用最广的酶联免疫法及基于荧光标记技术和倏逝波光波导传感技术开发的荧光免疫传感器开展研究，从性能指标来看（表4-20），完全能满足应急监测的需求。

免疫法快速检测方法性能 **表 4-20**

污染物名称	设备与原理	检出限		检测时间	
		国标检测方法	快速检测方法	国标检测方法	快速检测方法
微囊藻毒素总量	多通道平面波导型荧光免疫分析仪	0.1μg/L	0.1μg/L	5h	10～15min
	酶联免疫试剂盒（ELISA）	0.1μg/L	0.1μg/L		40min
微囊藻毒素-LR	多通道平面波导型荧光免疫分析仪	0.2μg/L	0.2μg/L	5h	10～15min
	酶联免疫试剂盒（ELISA）	0.2μg/L	0.2μg/L		40min
2，4-D	多通道平面波导型荧光免疫分析仪	10μg/L	10μg/L	3h	10～15min
	酶联免疫试剂盒（ELISA）	10μg/L	10μg/L		40min
硝基苯	多通道平面波导型荧光免疫分析仪	0.1mg/L	0.1mg/L	3h	10～15min
	酶联免疫试剂盒（ELISA）	0.1mg/L	0.1mg/L		40min
阿特拉津	酶联免疫试剂盒（ELISA）	0.01mg/L	0.01mg/L	3h	40min
双酚 A	酶联免疫试剂盒（ELISA）	0.01mg/L	0.01mg/L	—	40min

第 5 章　水质监测网络构建技术

水质监测网络是水质监测预警系统的基础部分，其作用就是把供水系统整体的、系统的、全面的水质动态及相关信息传递到水质监测预警系统的中枢（数据处理中心）。长期以来，我国供水水质管理中水质数据碎片化现象普遍，信息孤岛和信息不对称问题突出，处于“有数据无信息”状态，对水质监测预警系统正常发挥功能带来极大挑战。

“十一五”期间，围绕水质监测预警系统建设，结合国家、省、市（县）三级管理的现行水质管理体制，开展三级水质监测网络构建技术研究，提出城镇供水管理信息系统数据上报指标体系、城市供水水质在线监测设施建设技术方案，制定城镇供水基础信息采集内容和水质指标编码规则，研发异构数据接入的数据接口软件和实验室 LIMS 系统的水质数据自动同步导入软件，实现了水质在线监测实时数据、实验室检测数据、移动应急监测数据的网络化采集和国家、省、市（县）三级网络化传输，最大限度地为水质监测预警系统及时、可靠、系统地获取水质数据提供了技术支持，并为相关部门间的数据交换共享提供了技术支撑。

5.1　实时监测信息采集网

5.1.1　研究背景

城镇供水水质实时监测信息采集网指分布在一定区域内由水源水、出厂水和管网水水质在线监测站点共同构成的实时监控网络，由此来实现对城市供水水质的实时连续监测和远程监控，及时掌握主要地区、关键环节及重点监测点的水质状况，预警预报重大或区域性水质污染事故，解决公众反映强烈的水质问题，监督保障城市供水水质安全措施的落实情况。及时、准确、有效是水质在线监测的技术特点，近年来，水质自动监测技术在许多国家、地区和行业的供水水质监测中得到了广泛的应用。

为实现从水源到龙头的全过程控制，供水企业通常在水源采样点、出厂水采样点和管网点布设在线监测设备。

为保障城市供水安全服务，从水质信息实时性的角度出发，需要解决的问题是：

（1）改变国内城市供水水质在线监控系统建设目的的单一性：供水企业的城市供水水质在线监控，主要为企业生产调度使用，尚不能为政府部门的监管服务；环保部门和水利部门建设的河流、湖泊水质在线监测服务于各部门的职能，缺乏与城市供水行业的信息共享；

（2）针对我国饮用水水源普遍污染、水污染事件频繁发生，如何结合当地（流域）原水水质特点，建设城市供水水质在线监测网，选择合适的在线监测项目；

（3）在线监测数据的安全传输问题。

通过对国内外研究进展、存在问题及发展趋势的分析，课题实施期，在国家网39个监测站的支持下，全面采集了这些城市的供水水源、净水工艺、在线监测点的布局信息。调查数据表明39个城市中89.7%的城市安装了城市供水水源在线监测点，97.4%的城市安装了水厂出厂水在线监测设备，59%的城市安装了城市供水水质管网在线监测点。出厂水与供水管网水的水质指标监测项目为浊度、余氯；供水水源在线监测项目达20多种，但以浊度、pH为主，其次为氨氮、电导、溶解氧和温度（浊度的在线监测使用率接近80%，pH的在线监测约占50%，氨氮、溶解氧、电导率和温度的在线监测在10%～20%之间）。调查资料表明，无论是环保部门还是供水企业，在总氰、总汞、重金属（铜、锌、铅、镉）、氟化物等项目的在线监测均为起步阶段。

在总结分析城市调查资料的基础上结合国内涉水部门的水质在线监测网的建设经验，课题组提出城市供水水质在线监测点位置选择、不同水源类型在线监测点建设的基本项目和增加项目的选择、城市供水水质在线监测设备选型、数采仪技术性能要求等。

5.1.2 在线监测站点选择

水质在线监测点分水源水、出厂水和管网水三种类型。

水质在线监测点的总体设置原则包括：

（1）全覆盖原则。在线监测站点的设置，要能够使在线监测系统覆盖整个供水区域。

（2）全流程原则。在线监测站点的设置，要能够实现从水源到用户的全流程监测。

（3）有效性原则。应反映出供水系统从水源到龙头的水质变化规律。

（4）预防性原则。应具有预警作用，及时反映水质不利点的水质情况。

1. 原水水质在线监测站点的选择

水源水水质监测站点的选择考虑如下因素：

（1）地理位置

为确保预警反应时间，地表水源水在线监测点一般设置于取水口，地下水源水在线监测点一般设置在全部取水井的汇流点。

应具备土地、交通、通信、电力、清洁水及地质等良好的基础条件，不受城市、农村、水利等建设的影响。交通方便，满足监测仪器仪表进出、监测站维护和试剂更换等要求；有可靠的电力保证而且电压稳定，满足仪器设备的电力供应要求，以保证监测站的正常运行；具有自来水或可建自备井水源，水质符合生活用水要求；有直通（不通过分机）电话通信条件，而且电话线路质量符合数据传输要求，或具备有线宽带互联网或无线通信可以覆盖，保证数据的连续传输。在选择无线通信方式时，监测站具体位置的选择应当兼顾监测和通信的要求，尽可能保证具有最佳的无线通信信号。

当原水是经过远距离输水管道（尤其是明渠）进入水厂时，除建立原水取水口水质在线监测点外，建议在水厂进水管设置原水进厂水质在线监测点。

（2）水深状况

比较稳定的水深，保证系统长期运行。要考虑到雨季和旱季水位的变化，枯水季节水面与河底的水位不得小于1.5m，保证能采集到水样，有利于采水设施的建设、运行维护和安全。

（3）取水点与站房的距离

取水点距站房的距离以不超过100m为宜，枯水期亦不得超过150m，而且有利于铺设管线和管线的保温设施；如果利用已有的封闭式取水管（如自来水取水管道），站房距河、湖岸的距离亦不应超过500m，并应对该水源的水质与准备截水处的水质变化做实际分析对比，当水质指标变化大于10%时，应单独采水；枯水期时的水面与站房的高差一般不超过采水泵的最大扬程。

2. 出厂水水质在线监测站点的选择

根据现有水厂实际情况，计划在各水厂靠近出水泵房位置设置出厂水水质监测点。地下水厂结合原水监测点计划合并建设。

3. 管网水水质监测站点的选择

管网水水质在线监测点的布局应与城市供水水质日常监测点的选择相结合，管网水水质在线监测点能够充分反映对应水厂出厂水水质变化、管网水混合后水质变化及末梢水水质情况。尽可能选择在主要输配水管、部分配水管、重点用户、管网末梢点的管道上，采样点要分布均匀。

具体布点主要考虑以下5个方面：

（1）重要用户：包括居民集中区、学校、医院、机关单位。

（2）一般用户：包括厂矿、企业。

（3）管网末梢。

（4）均匀性。

（5）不同水质混合点。

当选择无线通信方式时，为保证监测数据的实时传输，监测站具体位置的选择应当兼顾监测和通信的要求，当城市具有多个无线通信网时，应通过现场测试比较选择最佳的无线网。

5.1.3 在线水质监测指标选取

1. 地表水作为城市供水原水的在线监测项目选择

首先要根据当地的水质特点考虑的选择监测指标，它直接决定了一个在线监测站的建设投资规模。如何合理地选择监测指标，一般要遵循以下几个原则：

（1）所选指标尽可能反映比较多的水质特征。

（2）对当地水体的水质状况进行综合分析，明确主要污染物属于哪种类型，具体是什么物质，历年的演化趋势，拟建站点附近人类活动情况可能带来的特殊影响，如有无工厂、有无发生紧急污染事故的可能等。选择一些有重要指导意义的、综合性的、基础性的指标和根据具体监测点的实际情况，有针对性地指标，达到水质监控和预警的目的。

（3）以水质监测的管理需要为出发点，满足正确评价水质的需要。

（4）选择指标时，要考虑是否具有合适、成熟的仪器设备。

不同的水体，水质有其特殊的水环境特点，不但要求检测技术成熟的设备，还要求仪器采用的检测方法能适应这些特殊的水体，使得这种不利因素对检测结果的影响尽量减小，检测结果与实验室数据有较好的可比性，设备故障率低，方便后期对仪器设备的维护。

由于目前我国城市供水地表水厂净水工艺仍以常规工艺为主，为使原水水质在线监测信息可以指导净水工艺中的加投药，为出厂水水质达标服务，对不同的地表水源地在线监测项目的选择有如下建议：

（1）依据《生活饮用水标准（GB 5749—2006）》水质检测要求，水源水日检的必检项目为浑浊度、色度、臭和味、肉眼可见物、COD_{Mn}、氨氮、细菌总数、总大肠菌群、耐热大肠菌群；结合目前在线监测常用的 5 参数（浑浊度、pH、DO、电导率、温度），设定常规 5 参数、COD_{Mn}、氨氮为水源水在线监测的基础项目。

（2）对于湖泊、水库为水源的水厂，可增加选择叶绿素 α、TOC、TP、TN 等基础项目；根据水质特点增加其他项目，如 UV、生物鱼行为强度测定仪等。

（3）对于河流为水源的水厂，建议按照水源地和水系特点，在集中取水水源地上游建设集中的水质在线监测站点形成城市供水水质的第一道防线，监测项目在基础项目上可增加选择 TOC、重金属、水中油类、UV、在线综合毒性等有关项目；在水厂取水口建立浑浊度与 pH 在线监测。

（4）对位于沿海地区易受咸潮影响的水源，可增加选择盐度等有关项目。

此外，现有城市供水水厂实际上均基本建有简单的原水养鱼观察预警，该方法具有实用、成本低的特点，建议保留。

2. 地下水作为城市供水原水的在线监测项目选择

对于地下水水厂，除部分水厂根据当地水质，建有除铁、锰工艺，大多数水厂以消毒供水为主，因此，可在进厂原水管建立原水水质在线监测点，监测项目可根据水源地水质特点，选择浑浊度、pH、水温、氨氮、电导率全部或部分指标，监控水源地水质的变化。

3. 出厂水、管网水水质监测项目选择

监测项目为浑浊度、余氯，可选项目为 pH 和其他根据城市供水管网水质具体情况增加的项目。

5.1.4 在线监测仪选型

1. 选型要求

（1）量程适应监测源的水质变化。一般来说，供水水源地的水质较好，相对污水在线仪器来说测量量程小，要求的精度高。

（2）检测误差符合相关标准的规定。

（3）维护量少，运行成本低。

（4）使用试剂少，不产生二次污染。

（5）认证要求：按国家规定取得批准证书或生产许可证。

2. 基本功能要求

（1）应具有电源开/关控制功能。

（2）应具有时间设定校对、显示功能。

（3）应具有自动零点、量程校正功能。

（4）应具有测试数据显示、存储和双向数据及信号传输功能。

（5）应具有分析日程设置功能。

（6）应具有自动清洗与标定功能。

（7）意外断电且再度上电时，应能自动排出系统内残存的试样、试剂等，并自动清洗，自动复位到重新开始测定的状态。

（8）应具有故障报警、超标值报警、仪器运行参数（试剂量、水样量等）报警功能，并且能够将故障报警信号远程传输到系统平台。

（9）应具有故障诊断功能。

（10）应具有状态值查询功能。

（11）应具有密封防护箱体及防潮功能。

（12）应具有远程接收系统平台的外部触发命令、启动分析等操作的功能。

（13）防雷和抗电磁干扰（EMC）能力。

（14）通信协议：支持RS-232、RS-485协议。

5.1.5　在线监测数据采集仪技术要求

数据采集仪通过数字通道、模拟通道采集在线监测仪器的监测数据、状态信息，然后通过传输网络将数据、状态传输到监测中心，同时监测中心通过传输网络发送控制命令，数采仪根据命令控制在线监测仪器工作。基本的数采仪要求见表5-1，宜根据信息化的发展采用相关标准更新技术指标。

数据采集传输仪的技术指标表　　**表5-1**

硬件要求	
1	CPU采用32位ARM处理器，主频不小于180MHz，内存不小于64M，Flash不少于18M，并采用工业级设计
2	数据采集设备必须采用一体化结构设计，同时具备2个以太网口接口和1个GPRS无线网络接口
3	数据采集单元，应至少具备2个RS232（或RS485）数字输入通道并有可扩展性，用于连接监测仪表，实现数据、命令双向传输
4	I/O模块技术要求：至少6路AI模拟量输入接口、4路DI输入端口、4路DO输出接口；AI模拟量输入接口，应支持4～20mA、0～20mA、0～5V、0～10V的输入，AI采用16位以上A/D芯片，AI采样精度最大误差应<0.1%；DI/DO输入输出接口：应采用光藕隔离，隔离直流电压不低于2500V；不接受通过采用外挂模块达到I/O模块技术要求

续表

硬件要求	
5	采集器需具备至少1G内部存储空间，至少可以保存30日以上的采集历史数据，断电后数据不可丢失
6	产品必须提供相关检测机构提供的电磁兼容性报告，磁兼容性能要求在抑制高频干扰、静电放电、快速瞬变干扰、雷击浪涌等方面指标都达到3级标准
7	具有高精度实时时钟，要求时钟误差≤1s/d，断电后可连续运行和自动同步功能
8	支持GPRS/CDMA/ADSL/PSTN/WLAN/短波电台等多种通信方式
功能要求	
1	数据采集设备应具备多中心数据传输功能，支持至少4个中心数据发送，并可以独立的配置各中心的数据发送频率，发送频率可设置为60秒～12h
2	支持指定的传输协议，同时支持MODBUS、HJ/T 212—2005及等标准
3	数据采集传输后，将数据包写入到现有管理平台标准数据库中。与现有平台无缝对接
4	串口通信参数可远程或在采集器本地进行设置
5	采集器需支持实时及历史数据查询和校时等功能
6	支持Web形式能对采集器进行简单配置，如IP地址等
7	数据采集设备应内嵌数据库，在与中心的通信临时中断后，至少可以存储15d的数据，并应具备数据断点续传功能，通信一旦恢复可以将存储的数据再传回中心
8	数据采集设备必须主动采集实时数据，并主动向上位通信前置机发送实时数据
9	数据采集设备应具备远程维护功能，能够在不去现场维护的前提下，远程将某个指定的数据采集设备的软件进行单独升级
10	采集器应支持对采集子系统故障的定位和诊断，并可通过中心软件查询故障信息及运行状态信息
11	支持远程反控功能
12	应具有开发采用其他传输协议接收计量装置数据的能力

5.1.6 在线监测仪数据采集内容

内容包括在线监测指标及设备运行状态等。

5.1.7 在线监测数据传输方式选择

城市供水水质在线监测网建设应用物联网的理论，采用成熟的信息化与工业化深度结合的两化融合技术建设。在线监测仪器到数据采集仪之间的短距离通信，主要依赖成熟的ModBus现场总线串口通信；数据采集仪与远端数据中心的长距离通信主要根据现场条件选择无线通信或有线通信，优先选择有线通信。无线通信方式主要有GPRS、CDMA等，有线通信方式主要有VPN、ADSL等。随着将来信息化的发展，可进一步选择稳定性更好的、低成本的传输方式。

5.2　非实时数据采集

5.2.1　研究背景

对于城市供水水质的监控，除部分指标可以采用在线监测外，大量的水质指标需要通过城市供水水质监测机构实验室检测设备完成，因此监测机构是三级监控网络中重要信息源，是进行日常水质监控工作的基本单位。

根据中华人民共和国建设部令第156号《城市供水水质管理规定》第六条，“城市供水水质监测体系由国家和地方两级城市供水水质监测网络组成。国家城市供水水质监测网，由建设部城市供水水质监测中心和直辖市、省会城市及计划单列市等经过国家质量技术监督部门资质认定的城市供水水质监测站（以下简称国家站）组成，业务上接受国务院建设主管部门指导。建设部城市供水水质监测中心为国家城市供水水质监测网中心站，承担国务院建设主管部门委托的有关工作。”

“地方城市供水水质监测网（以下简称地方网），由设在直辖市、省会城市、计划单列市等的国家站和其他城市经过省级以上质量技术监督部门资质认定的城市供水水质监测站（以下简称地方站）组成，业务上接受所在地省、自治区建设主管部门或者直辖市人民政府城市供水主管部门指导。”

同时规定对地方网中心站的设立规定为：“省、自治区建设主管部门和直辖市人民政府城市供水主管部门应当根据本行政区域的特点、水质检测机构的能力和水质监测任务的需要，确定地方网中心站。”

自1993年建设部下达《关于组建国家城市供水水质监测网的通知》（建城（1993）363号）文件以来，国家站得到了长足的发展。至2010年，国家网成员单位共43个，其中，天津、广东、湖南、浙江等省、市国家站的数量突破了原国家网组建时仅在直辖市、省会城市、自治区首府、计划单列市设置的布局原则，在考虑区域经济发展水平的基础上，于省会城市、计划单列市以外的重要城市或地区布设了国家站。

地方网的建设始于1999年《城市供水水质管理规定》出台以后。目前，已有北京、河北、山西等25个直辖市、省、自治区建立了地方网，地方网成员单位近200个。上海、辽宁等省、市的地方网正在建设中，青海、重庆、甘肃等3个省、市尚未建立地方网。地方网监测站一般建在经济条件和基础设施条件均较好的地级市；海南等省由于设地级市较少，将部分地方站设在县级市。目前，地方网运行较好的省份有陕西、广西、广东、浙江、山西、河南等，成为当地政府的供水主管部门行使监管职能，开展水质监督检查的重要的技术支撑机构。

受部门分割影响，我国现有水质监管体系信息通道不畅，水质信息资源利用效率低下，难以满足各级政府决策需要。建设部城市供水水质监测中心仅能对41个国家站的所在城市的供水水质检测数据进行收集和分析整理，并以此为基础每月定期向建设行政主管部门提交水质分析报告，各地方网的监测站的水质监测数据无法有效送达国家水中心，国家城市供水水质监测网“两级网、三级站”的作用得不到有效发挥。

由于缺乏标准化和规模化，各地水质监测机构都按照自己的要求各自开发自己的系统，造成水质监控系统之间的各种系统难以兼容，信息资源难以共享。

为提高城市供水水质管理水平，使城市供水水质数据达到标准化管理，2002 年建设部在联合国计划开发署的技术援助项目“城市供水水质督察体系研究”的支持下，建立了“中国城市供水水质督察网”，开发了“城市供水水质管理信息系统”，形成了建设部城市供水水质监测中心与各国家站之间非实时数据采集网的雏形。

截至 2012 年，42 个国家站运用“城市供水水质管理系统”和“中国城市供水水质督察网站”每月上报本城市全部水厂的原水、出厂和管网水的水质监测数据。自 2004 年开展全国城市供水水质专项检查以来，每年度水质督察样品的检测结果也经该系统上报到建设部城市供水水质监测中心。运用该系统的数据统计、分析功能，由建设部城市供水水质监测中心每月上报数据和水质督察数据进行汇总，经统计、分析报送国务院建设行政主管部门。

本项目构建的非实时数据采集网络框架见图 5-1，其采集内容包括城市供水相关的基础信息和城市供水水量与水质动态信息两大部分内容，其中供水水质涉及实验室检测的人工上报数据采集和移动监测设备数据采集。

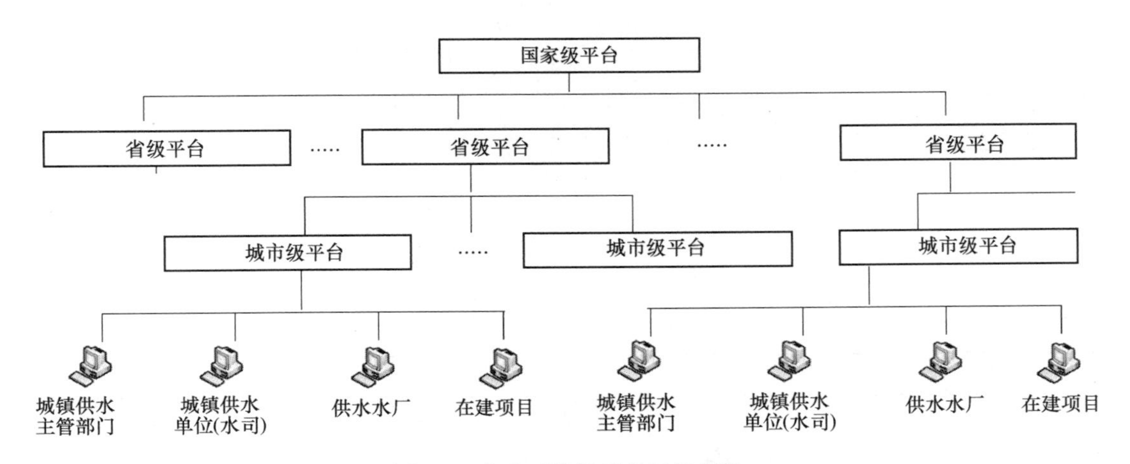

图 5-1　非实时数据采集网络框架

5.2.2　基础信息类指标

基础信息类指标为年度信息采集，分为城市供水、水司、水厂和在建项目，其整体框架见图 5-2。

1. 城镇供水基础信息

城镇供水基础信息的数据采集内容见表 5-2。

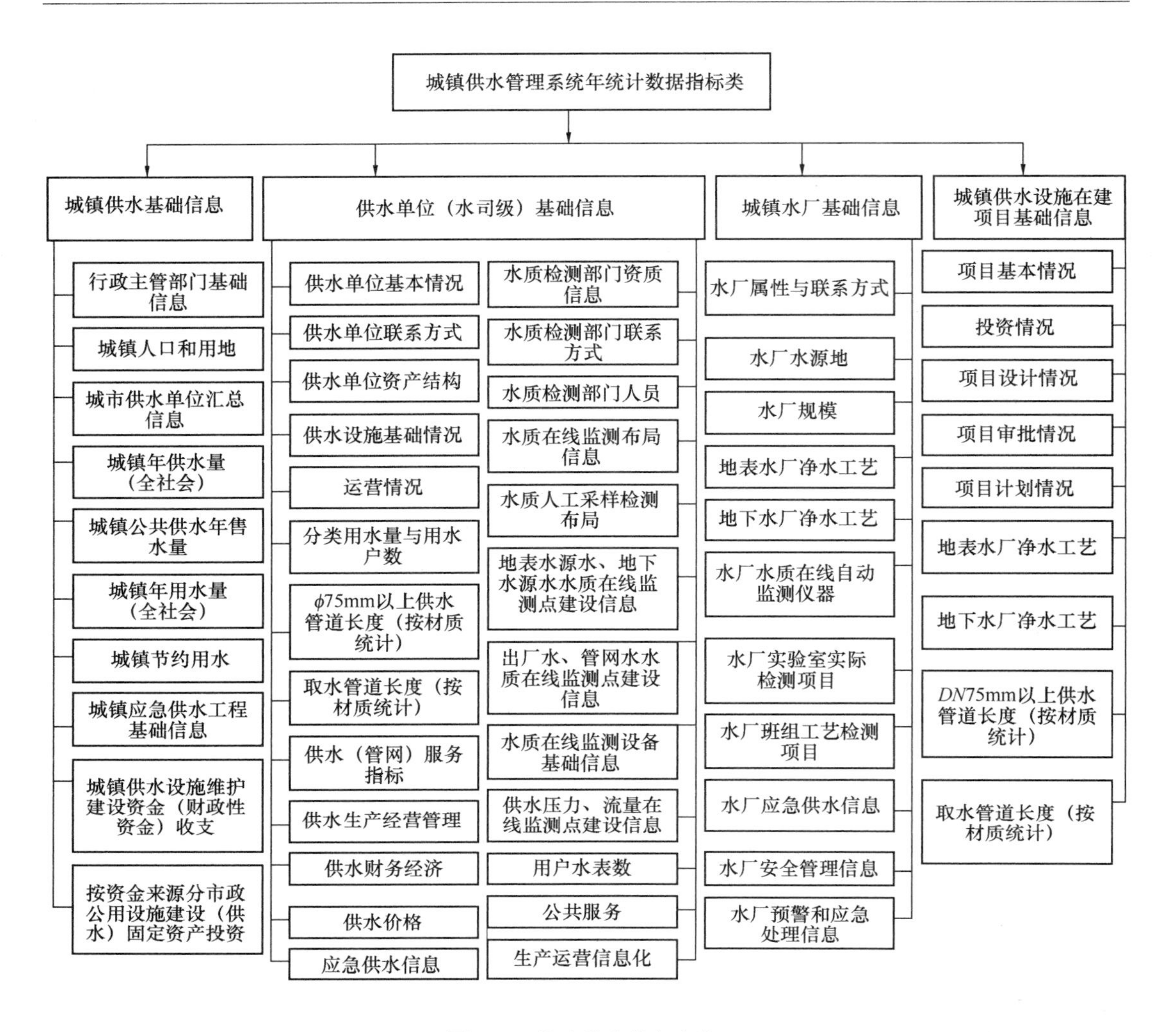

图 5-2 基础信息指标框架

城镇供水基础信息管理指标 **表 5-2**

类别	采集指标
行政主管部门基础	部门名称、主要负责人、联系电话、联系人、联系人职务、联系人手机、联系人电话、联系人通信地址、联系人邮政编码、联系人传真、联系人 E-mail
城镇人口和用地	市区人口（万人）、市区暂住人口（万人）、城区人口（万人）、城市暂住人口（万人）、城区面积（km^2）、建成区面积（km^2）
城市供水单位汇总信息	产供销一体企业（个）、独立源水企业（个）、独立制水企业（个）、独立管网企业（个）、单位总数（个）、城镇水厂数量（个）、其中：公共水厂（个）、其中：公共地表水水厂（个）、城市综合生产能力（万 m^3/d）、其中：公共供水综合生产能力（万 m^3/d）、城镇地下水生产能力（万 m^3/d）、其中：公共供水地下水生产能力（万 m^3/d）、供水管道长度（km）、其中：Φ75mm 以上供水管道长度（km）、城乡区域供水一体化、总用水人口（万人）、其中：乡镇用水人口（万人）、在建水厂数量（个）、设计供水能力（万 m^3/d）、规划拟建水厂数量（个）、规划设计供水能力（万 m^3/d）

续表

类别	采集指标
城镇年供水量（全社会）	城镇供水总量（万 m^3）、其中，公共供水总量（万 m^3）、城镇地下水供水总量（万 m^3）、其中：公共供水地下水供水总量（万 m^3）
城镇公共供水年售水量	售水总量（万 m^3）、生产运营用水量（万 m^3）、公共服务用水量（万 m^3）、居民家庭用水量（万 m^3）、其他用水量（万 m^3）、免费供水量（万 m^3）、其中生活用水量（万 m^3）、漏损水量（万 m^3）、用水用户（户）、其中家庭（户）
城镇年用水量（全社会）	生产运营用水量（万 m^3）、公共服务用水量（万 m^3）、居民家庭用水量（万 m^3）、其他用水量（万 m^3）、用水用户（户）、其中家庭（户）
城镇二次供水管理情况	城镇二次供水行政管理部门、城镇二次供水管理模式、城镇二次供水用水人口（万人）、城镇二次供水蓄水池（箱）＋加压泵＋水塔供水系统（个）、城镇二次供水蓄水池（箱）＋加压泵＋高位水箱供水系统（个）、城镇二次供水蓄水池（箱）＋加压泵＋气压罐供水系统（个）、城镇二次供水蓄水池（箱）＋变频调速加压机组供水系统（个）、城镇二次供水为管网叠压或无负压供水系统（个）、供水单位接收二次供水用水人口（万人）、供水单位接收二次供水蓄水池（箱）＋加压泵＋水塔供水系统（个）、供水单位接收二次供水蓄水池（箱）＋加压泵＋高位水箱供水系统（个）、供水单位接收二次供水蓄水池（箱）＋加压泵＋气压罐供水系统（个）、供水单位接收二次供水蓄水池（箱）＋变频调速加压机组供水系统（个）、供水单位接收二次供水为管网叠压或无负压供水系统（个）、供水单位接收清洗二次供水蓄水池个数（个）、供水单位接收清洗二次供水蓄水池频率（次）
城镇节约用水	计划用水户数合计（户）、其中：自备水计划用水户数（户）、下达计划用水总量（万 m^3/a）、计划用水率（%）、计划用水户实际用水量合计（万 m^3/a）、其中工业实际用水量（万 m^3/a）、新水取水量合计（万 m^3/a）、其中工业新水取水量（万 m^3/a）、重复利用量合计（万 m^3/a）、其中工业重复利用量（万 m^3/a）、超计划定额用水量（万 m^3/a）、重复利用率（合计）（%）、其中工业重复利用率（%）、节约用水量合计（万 m^3/a）、其中工业节约用水量（万 m^3/a）、节水措施投资总额（万元）
城镇应急供水工程基础信息	城镇应急水源、应急水源名称、城镇联网供水、联网城镇名称、城镇备用水源
城镇供水设施维护建设资金（财政性资金）收支	收入合计（万元）、其中：中央财政拨款（万元）、其中：省级财政拨款（万元）、其中：市财政专项拨款（万元）、其中：其他财政资金（万元）、支出合计、其中：维护支出（万元）、其中：固定资产投资支出（万元）、其中：其他支出（万元）
按资金来源分市政公用设施建设（供水）固定资产投资	本年实际到位资金合计（万元）、上年末结余资金（万元）、本年资金来源：小计（万元）、本年资金来源：国家预算资金（万元）、本年资金来源：国家预算资金其中中央预算资金（万元）、本年资金来源：国内贷款（万元）、本年资金来源：债券（万元）、本年资金来源：利用外资合计（万元）、本年资金来源：利用外资其中：外商直接投资（万元）、本年资金来源：自筹资金合计（万元）、本年资金来源：自筹资金中单位自有资金（万元）、本年资金来源：其他资金（万元）、各项应付款（万元）

2. 供水单位（水司级）基础信息

供水单位（水司级）基础信息的数据采集内容见表 5-3。

城市供水单位（水司级）基础信息管理指标　　表 5-3

类别	采集指标
供水单位基本情况	法定代表人、企业单位负责人、上级行政主管单位、所属行政级别、供水单位类型、供水单位性质、供水单位服务类别
供水单位联系方式	联系人、职务、手机、联系电话、通信地址、邮政编码、传真、E-mail
供水单位资产结构	总资产（万元）、净资产（万元）、登记注册类型、企业注册时间、参股单位名称、企业类型、投资金额（万元）、投资比例（%）
供水设施基础情况	运行水厂数量（个）、设计供水能力（万 m^3/d）、城镇供水取水管道总长度（km）、其中，供水管道总长度（km）、其中，*DN*75mm 以上供水取水管道长度（km）、其中，*DN*75mm 以上供水管道长度（km）、实际供水能力（万 m^3/d）、职工人数（个）、用水人口（万人）
运营情况	年供水总量（万 m^3）、平均日供水量（万 m^3）、最高日供水量（万 m^3）、年售水总量（万 m^3）、免费供水量（万 m^3）、其中免费生活用水量（万 m^3）、漏损水量（万 m^3）
分类用水量与用水户数	居民家庭用水量（万 m^3/a）、生产运营用水量（万 m^3/a）、公共服务用水量（万 m^3/a）、其他用水量（万 m^3/a）、用水户数（户）、其中家庭（户）
Φ75mm 以上供水管道长度（按材质分类统计）	球墨铸铁管（km）、钢管（km）、玻璃钢管（km）、灰口铸铁管（km）、预应力钢筋混凝土管（km）、预应力钢套筒混凝土管（PCCP）（km）、塑料管（km）、石棉水泥管（km）、其他管材（km）
取水管道长度（按材质分类统计）	球墨铸铁管（km）、钢管（km）、玻璃钢管（km）、灰口铸铁管（km）、预应力钢筋混凝土管（km）、预应力钢套筒混凝土管（PCCP）（km）、塑料管（km）、石棉水泥管（km）、其他管材（km）
供水服务	管网水综合合格率（%）、管网水浑浊度合格率（%）、管网水色度合格率（%）、管网水臭和味合格率（%）、管网水余氯合格率（%）、管网水菌落总数合格率（%）、管网水总大肠菌群合格率（%）、管网水耗氧量合格率（%）、管网压力合格率（%）、管网平均压力值（MPa）、低压区面积（km^2）、供水面积（km^2）
供水生产经营管理	消耗电量（$\times 10^4$ kW·h）、制水单位耗电量（kW·h/km^3）、送（配）水单位耗电量（kW·h/km^3）、混（助）凝剂耗用总量（kg）、混（助）凝剂单位制水耗用量（kg/km^3）、消毒剂耗用总量（kg）、消毒剂单位制水耗用量（kg/km^3）
供水财务经济	固定资产原值（万元）、固定资产净值（万元）、销售收入（万元）、单位售水成本（元/km^3）、工资总额（万元）、利润总额（万元）、净利润（万元）、亏损额（万元）、企业从业人员总数合计（人）、企业在岗职工（人）、企业其他从业人员（人）、企业其中专业技术人员（人）

续表

类别	采集指标
供水价格	现行价格批准文号、现行价格批准日期、居民家庭用水现行自来水价（元/m^3）、第一基准分档水量核定每户用水人口（人）、居民家庭用水现行自来水第一阶梯水价（元/m^3）、居民家庭用水现行自来水第一阶梯水价对应水量（m^3）、居民家庭用水现行自来水第二阶梯水价（元/m^3）、居民家庭用水现行自来水第二阶梯水价对应水量（m^3）、居民家庭用水现行自来水第三阶梯水价（元/m^3）、居民家庭用水现行自来水第三阶梯水价对应水量（m^3）、居民家庭用水现行污水处理费（元/m^3）、居民家庭用水现行水资源费（元/m^3）、居民家庭用水现行水资源费改税（元/m^3）、居民家庭用水现行其他费用（元/m^3）、生产运营用水现行价格（元/m^3）、公共服务用水现行价格（元/m^3）、其他用水现行价格（元/m^3）、单位平均售价（元/m^3）
应急供水信息	供水单位（水司级）联网供水、联网单位名称
水质化验室资质信息	资质认定状况、实验室资质认定级别、检测能力可检项目数（个）、有资质认定的项目数（个）、资质认定起始时间、资质认定终止时间
水质检测部门联系方式	联系人、手机、电话
水质检测部门人员	高级职称（个）、中级职称（个）、初级职称（个）、人员总数（个）
水质在线监测布局信息	地表水原水、地下水原水、出厂水、管网水，各自的在线监测项目名称、在线监测项目的监测点个数（个）、在线监测项目的监测频率、历史数据保存时间等
水质人工采样检测布局	地表水原水、地下水原水、出厂水、管网水，各自的日检/半月检/月检/季检/半年检/年检监测点个数（个）、各频率检测项目数（个）、水质监测项目名称
地表水源水水质在线监测点建设信息	站点名称、站点编码、水源名称/水源地编码、站点位置、建设时间、建设单位、监测项目、取水口位置描述、设备安装形式、水源水质特征、有预处理的设备名称与预处理方法、采水单元构成、对净水工艺运行的指导作用
地下水源水水质在线监测点建设信息	站点名称、站点编码、水源名称/水源地编码、站点位置、建设时间、建设单位、监测项目、取水口位置描述、设备安装形式、水源水质特征、有预处理的设备名称与预处理方法、采水单元构成
出厂水水质在线监测点建设信息	站点名称、站点编码、水源名称、站点位置、建设时间、建设单位、监测项目、取水口位置描述、设备安装形式、取水管安装要点
管网水水质在线监测点建设信息	站点名称、站点编码、水源名称、站点位置、建设时间、建设单位、监测项目、取水口位置描述、设备安装形式、取水管安装要点、建点依据（按分区）、建点依据（按水力学）、建点依据（均匀分布）
水质在线监测设备基础信息	设备名称、设备型号、设备标识码、建设以来设备更新次数、年耗材费用（万元）、最新设备更新时间、生产厂家、监测项目、监测精度、购置时间、维护单位、维护周期与维护要点、使用评价、地表水源水水质在线监测设备单样检测需要时间（h）、地表水源水水质在线监测设备具备远程反控功能
供水压力在线监测点建设信息	站点名称、站点编码、站点位置、建设时间、建设以来设备更新次数、最新设备更新时间、现使用设备生产厂家

续表

类别	采集指标
供水流量在线监测点建设信息	站点名称、站点编码、站点位置、建设时间、建设以来设备更新次数、最新设备更新时间、现使用设备生产厂家
用户水表数	水表总数（支）、其中：生活水表（支）、工业水表（支）、其他水表（支）
公共服务	客服热线、营业厅个数（个）、维修、抢修服务厅个数（个）、对外网站、网站公示出厂水水质日报、网站公示水源水水质日报、网站公示出厂水水质月报、网站公示管网水水质月报、网站公示二次供水水质报告、网站公示管网压力、网站公示生产水量、网站公示停水信息、微信公众号、收费系统、客户服务系统
生产运营信息化	生产、调度控制系统、企业资源计划系统、管网 GIS 系统

3. 城镇水厂基础信息

城镇水厂基础信息内容包括：水厂基本情况；水厂水源地；水厂规模；水厂净水工艺；水厂在线监测仪器；水厂实验室实际检测项目等，详见表 5-4。

水厂基本信息管理指标　　　　表 5-4

类别	采集指标
水厂基本情况	水厂名称、水厂编号、所属供水单位（公司级）名称、产权结构 负责人、负责人电话 联系人、联系电话
水厂水源地	水源名称、水源地编码、水源地类型、水源地所属流域
水厂规模	设计生产规模（万 m^3/d）、实际供水能力（万 m^3/d）、年供水总量（万 m^3）、平均日生产水量（万 m^3）、出厂水压（MPa）、水厂设计压力（MPa）、水厂供水完全覆盖范围（km^2）、水厂供水服务人口（万人）、水厂与其他水厂供水混合区（km^2）、水厂混合区供水区服务人口（万人）
地表水厂净水工艺	水厂净水工艺系统编码、净水工艺系统名称、水源地名称、设计生产能力、预处理（常规—非应急状态）、混合工艺、絮凝工艺、混凝剂及助凝剂、沉淀工艺、过滤工艺、滤料、深度处理、消毒方式
地下水厂净水工艺	特殊处理工艺、消毒方式
水厂水质在线自动检测仪器	水厂级水质在线监控设备—原水、水厂级水质在线监控设备-出厂水、水厂混凝沉淀工艺水质在线监测设备、水厂过滤工艺水质在线监测设备、水厂深度处理水质工艺在线监测设备、水厂消毒工艺水质在线监测设备
水厂实验室实际检测项目	原水水质检测项目、水厂混凝沉淀工艺水质检测项目、水厂过滤工艺水质检测项目、水厂深度处理水质工艺检测项目、水厂消毒工艺水质检测项目、出厂水水质检测项目、检测频率（h）
水厂班组工艺检测项目	水厂混凝沉淀工艺水质检测项目、水厂过滤工艺水质检测项目、水厂深度处理水质工艺检测项目、水厂消毒工艺水质检测项目、检测频率
应急供水信息	应急水源、应急水源名称、应急净水措施、应急抢险设备名称、水质应急检测设备名称、水质应急处理物资名称和数量
水厂安全管理信息	水厂周界报警方式、水厂周界视频监控、氯气回收装置
水厂预警和应急处理信息	预警和应急处理预案编制、预警和应急处理演练

4. 城镇供水设施在建项目基础信息

城镇供水设施在建项目基础信息内容包括：项目基本情况、投资情况、项目设计情况、净水工艺、项目计划情况等，详见表5-5。

城镇供水设施在建项目基本信息管理指标 **表5-5**

类别	采集指标
项目基本情况	项目名称/项目代码、项目情况、供水专项审批文号、建设内容、规划期限、项目性质、项目所属供水单位、所属流域
投资情况	计划投资（万元）、其中水厂计划投资（万元）、其中管网计划投资（万元）
项目设计情况	水厂设计规模（万 m^3/d）、设计管网长度（km，*DN*75mm以上）
项目审批情况	是否开展前期工作、项目建议书是否批准、可行性研究报告是否批准、规划部门是否已出具城镇规划选址意见、国土部门是否已出具项目预审意见、环保部门是否已出具环境影响文件的审批意见、发展改革部门是否出具项目核准或审批文件
项目计划情况	计划开工时间、实际开工时间、计划竣工时间
地表水厂净水工艺	预处理（常规一非应急状态）、混合工艺、絮凝工艺、混凝剂及助凝剂、沉淀工艺、过滤工艺、滤料、深度处理、消毒方式
地下水厂净水工艺	特殊处理工艺、消毒方式
Φ75mm以上供水管道长度（按材质统计）	球墨铸铁管（km）、钢管（km）、玻璃钢管（km）、灰口铸铁管（km）、预应力钢筋混凝土管（km）、预应力钢套筒混凝土管（PCCP）（km）、塑料管（km）、石棉水泥管（km）、其他管材（km）
取水管道长度（按材质统计）	球墨铸铁管（km）、钢管（km）、玻璃钢管（km）、灰口铸铁管（km）、预应力钢筋混凝土管（km）、预应力钢套筒混凝土管（PCCP）（km）、塑料管（km）、石棉水泥管（km）、其他管材（km）

5.2.3 城镇供水水质、水量及供水设施建设进度动态信息类指标

城镇供水水质、水量为日、月频率采集信息，供水设施建设进度则按季度采集信息，从信息来源分，可分为城镇供水单位（水司级）、城镇水厂和在建项目，其整体框架见图5-3。

1. 城镇供水单位（水司级）月供水量、水质动态信息

内容包括供水量月报、供水水质月报等，详见表5-6。

城镇供水单位（水司级）月供水量、水质动态信息管理指标 **表5-6**

类别	采集指标
供水量月报	月供水总量（万 m^3）、平均日供水量（万 m^3）、最高日供水量（万 m^3）、月售水总量（万 m^3）、居民家庭用水量（万 m^3）、生产运营用水量（万 m^3）、公共服务用水量（万 m^3）、其他用水量（万 m^3）、免费供水量（万 m^3）、其中：免费生活供水量（万 m^3）、漏损水量（万 m^3）
供水水质月报	采样点、样品编号、水样类型、采样时间、水厂名称、水质监测报告的样品检测类型、检验时间、检测机构、指标代码注、指标名称、指标检测单位、指标检测值

注：参见CJ/T 474—2015城镇供水管理信息系统供水水质指标分类与编码

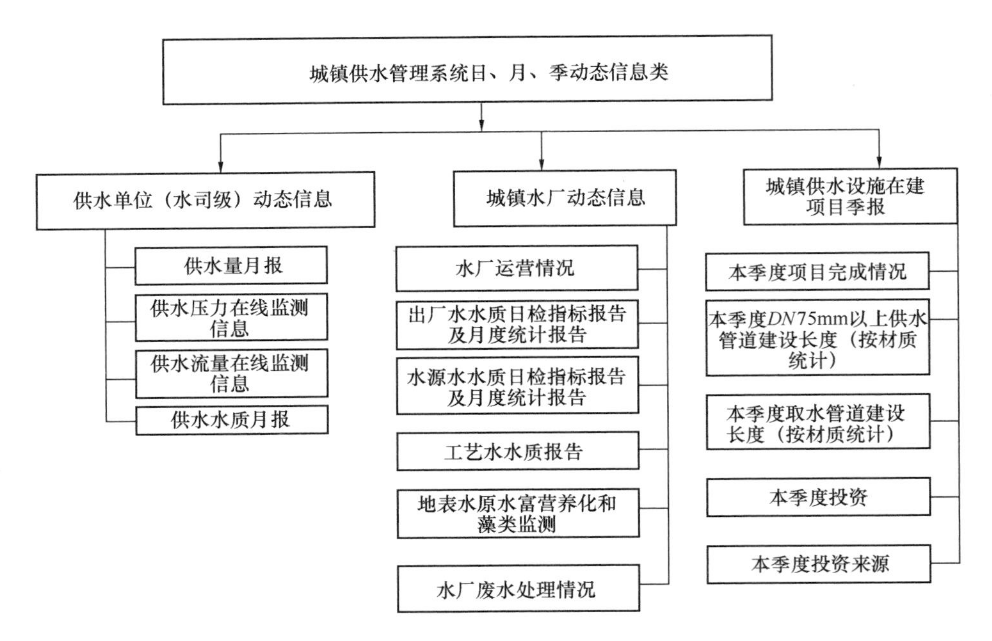

图 5-3　动态信息类指标框架

2. 城镇水厂水质和生产日、月动态信息

采集内容为水厂月运营情况、出厂水水质日检指标报告及月统计报告等，详见表 5-7。

水厂月报信息管理指标　　表 5-7

类别	采集指标
水厂运营情况	本月水厂电耗（万 kWh）、本月制水单位耗电量（kWh/km^3）、本月送（配）水单位耗电量（kWh/km^3）、本月累计供水量（万 m^3）、本月停水天数（注：数据为各类停水天数之和）（d）、本月最高日供水量（万 m^3）、其中：原水水量不足停水（d）、原水水质超标停水（d）、设施故障停水（d）、设施正常维护停水（d）、调度需要停水（d）、其他原因停水（d）
出厂水水质日检指标报告及月度统计报告	统计时间、九项指标①各指标检测次数、九项指标各指标超标次数、九项指标各指标检测最大值，其中，消毒剂检测为最小值、九项指标各指标平均值、浑浊度在线监测合格率（%）、余氯在线监测合格率（%）、一氯胺在线监测合格率（%）、臭氧（O_3）在线监测合格率（%）、二氧化氯在线监测合格率（%）、高锰酸盐指数（COD_{Mn}）在线监测合格率（%）
水源水水质日检指标报告及月度统计报告	统计时间、九项指标②各指标检测次数、九项指标各指标超标次数、九项指标各指标检测最大值、九项指标各指标平均值、浑浊度在线监测合格率（%）、氨氮（NH_3-N）在线监测合格率（%）、高锰酸盐指数（COD_{Mn}）在线监测合格率（%）
工艺水水质报告	采样点、样品编号、水样类型、采样时间、检验时间、指标代码③、指标名称、指标检测单位、指标检测值

续表

类别	采集指标
地表水原水富营养化和藻类监测	采样日期、采样时间、采样时天气、检验时间、检测机构名称、报告编号、取水口名称、采样地点、取水量（万 m^3/d）、气温（℃）、水温（℃）、pH 值（无量纲）、透明度（SD）（m）、浊度（NTU）、溶解氧（DO）（mg/L）、高锰酸盐指数（COD_{Mn}）（mg/L）、化学需氧量（COD_{Cr}）（mg/L）、氨氮（NH_3-N）（mg/L）、总磷（以 P 计）（mg/L）、总氮（湖、库，以 N 计）（mg/L）、叶绿素 *a*（chla）（mg/L）、藻类计数总量（万个/L）、优势藻种名称、优势藻种计数（万个/L）、优势藻种在藻类总量中所占百分含量（%）、次优势藻种名称、次优势藻种计数（万个/L）、次优势藻种在藻类总量中所占百分含量（%）、第三优势藻种名称、第三优势藻种计数（万个/L）、第三优势藻种在藻类总量中所占百分含量（%）、藻类检测方法、备注
水厂废水处理情况	废水处理量（立方米）、处理工艺、污泥去向、尾水排放去向

注 ① 出厂水 9 项参见 CJJ58，具体指标为：浑浊度、色度、臭和味、肉眼可见物、余氯、细菌总数、总大肠菌群、耐热大肠菌群、COD_{Mn}。其中，臭和味检测最大值（若超标为"有"），肉眼可见物最大值（若超标为"有"），消毒剂（氯气及游离氯制剂（游离氯）或一氯胺或臭氧（O_3）或二氧化氯（ClO_2））。

② 水源水 9 项参见 CJJ58，具体指标为：浑浊度、色度、臭和味、肉眼可见物、COD_{Mn}、氨氮（NH_3-N）、细菌总数、总大肠菌群、耐热大肠菌群，其中，臭和味检测最大值（若超标为"有"），肉眼可见物最大值（若超标为"有"）。

③ 参见 CJ/T 474—2015 城镇供水管理信息系统 供水水质指标分类与编码。

3. 城镇供水设施在建项目季动态信息指标

内容包括在建项目统计时间段内的完成情况、项目累计完成情况等，详见表 5-8。

城镇供水设施在建项目季动态信息管理指标　　表 5-8

类别	采集指标
本季度项目完成情况	建设进度、本季度管网增加长度（km）
Φ75mm 以上供水管道长度（按材质统计）	铁墨铸铁管长度（km）、钢管（km）、玻璃钢管（km）、灰口铸铁管（km）、预应力钢筋混凝土管（km）、预应力钢筋混凝土管（PCCP）（km）、塑料管（km）、石棉水泥管（km）、其他材质管道（km）
取水管道长度（按材质统计）	铁墨铸铁管长度（km）、钢管（km）、玻璃钢管（km）、灰口铸铁管（km）、预应力钢筋混凝土管（km）、预应力钢筋混凝土管（PCCP）（km）、塑料管（km）、石棉水泥管（km）、其他材质管道（km）
本季度投资	本季度投资额（万元）、其中，自来水厂建设投资额（万元）、其中，管网投资额（万元）
本季度投资来源	中央财政拨款（万元）、地方财政拨款（万元）、国内贷款（万元）、债券（万元）、利用外资（万元）、其中外商直接投资（万元）、供水企业自有资金投资（万元）、投资完成率（%）

5.2.4 移动监测设备数据采集

当采用便携、监测车等移动监测设备数据在现场进行采样、分析水质时，可以采用人工上报数据的方法进行及时报告。数据采集的内容包括采样点信息、监测项目，监测值等。与日常水质检测不同的是，移动监测的检测项目视实际需要而定，具有一定的灵活性。

5.2.5 城镇供水水司突发水质事故快报信息

内容包括事故基本情况和水质跟踪情况等信息（表 5-9）。

应急报告类指标 表 5-9

类别	采集指标
事故基本情况	发生时间、发现时间、上报时间、事故地点、事故类型、目前事故处理状态、特征污染物、目前采取措施、事故概述、事故产生的后果评估
水质跟踪情况	检测设备名称、采样点、水样类型、水样编号、采样时间、检测时间、指标名称、执行标准、标准值、检测值、检测方法、目前情况

5.3 监控网络传输

三级水质监控网的组网，包括实时数据采集网与非实时数据采集网两大类，三级网络课题在实施过程中建立了不同的数据采集网，见图 5-4。

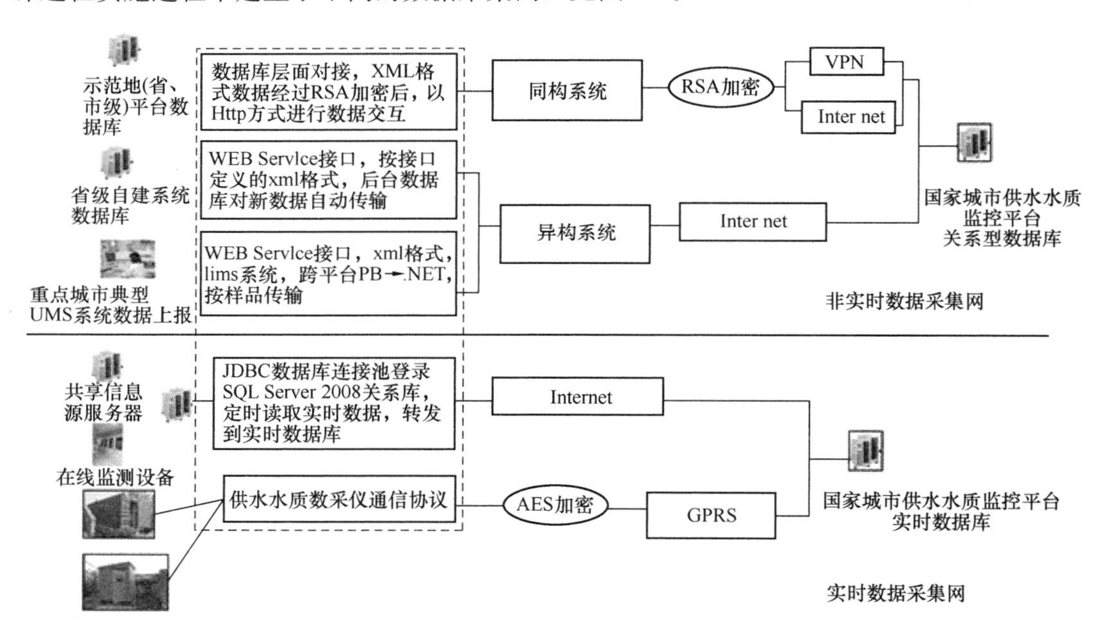

图 5-4 监控网络的组网架构

5.3.1 非实时数据采集网

非实时数据采集网，是采用 B/S 架构的软件系统，可以实现城市、水司、水厂各级用户的数据填报及审批，包括城镇供水主管部门、水司、水厂的基础信息年报；水司、水厂实验室检测的水质数据日报月统计、月报、季报、半年报、年报。按照信息系统软件的开发方，可以分为同构系统与异构系统，其中同构系统指三级网络课题在示范地及课题结束后在其他省份统一部署的城镇供水管理信息系统；异构系统指其他省（市）级自开发的城镇供水信息管理系统。

省（市）级自开发的城镇供水信息管理系统属于异构系统，针对异构系统的数据推送到国家城市供水水质数据中心的需求，设计的标准接口。目前，部分省市已自主研发建设了不同的水质数据管理系统，为整合信息资源、节省建设投资，避免重复录入，提出相应的数据接口，通过标准接口将水质数据批量导入三级城市供水水质监控网络。

LIMS 系统的数据导入，亦属于异构系统。对于使用 LIMS 系统的实验室，系统提供支持多语言的 LIMS 系统数据导入接口，以便实验室 LIMS 系统将水质月（年）检测数据、水质日检数据推送到国家城市供水水质数据中心。LIMS 系统数据的标准接口，主要包括接口方法、接口参数、返回值和 XML 格式要求。涉及以下两部分工作：第一部分为实验室 LIMS 系统初始设置，包括由系统管理员实现 LIMS 系统中水质指标代码与国家城市供水水质数据中心代码的对应、LIMS 系统中报表模板与国家城市供水水质数据中心数据模板的对应、在国家城市供水水质数据中心的用户编码设置。第二部分为数据上传，由数据管理员将通过审批的数据，点击数据上传，实现数据导出，进入国家城市供水水质数据中心。

5.3.2 实时数据采集网

实时数据采集网服务于在线监测数据的采集上传，支持省（市）在线监测数据通过数据库对数据库的方式，或单点多发的方式，向上级监控平台传输数据。便于本地与上级主管部门实时监控水质动态

5.3.3 组网案例

在三级网络课题实施过程中，结合各示范地的实际情况，分析研究后形成了各地不同的组网方式。

案例 1 东莞市示范地

东莞市的数据中心架设在当地的政务外网内，Web 发布服务器、GIS 服务器发布公网可以访问的站点，水厂水司用户使用软件系统，见图 5-5。政府及管理维护部门通过政务外网访问。一定程度保障了数据安全性。与国家数据中心的通信采用数据加密后公网通信。

案例 2 山东省示范地

山东省随着应急中心的建设，采用 IPSEC/SSL VPN 方式组网。国家数据中心、山东省都购置了 IPSEC/SSL VPN 设备，进行互联，在省内水司水厂用户采用 SSL VPN 的方

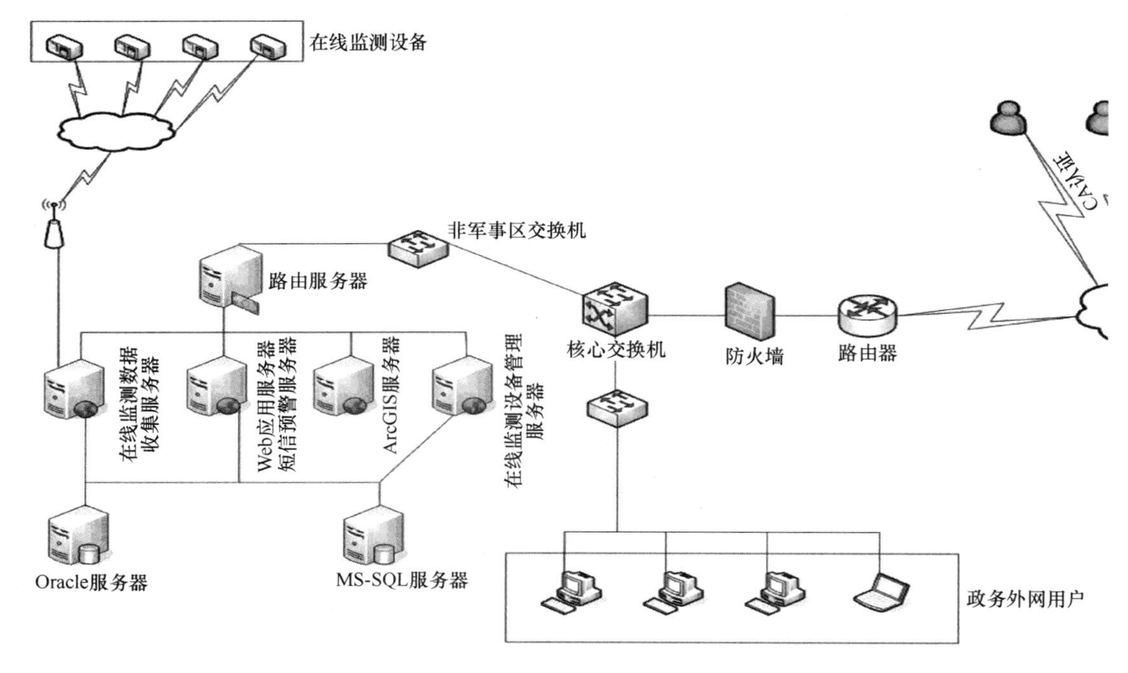

图5-5 东莞市城市供水水质数据采集网

式接入，见图5-6。

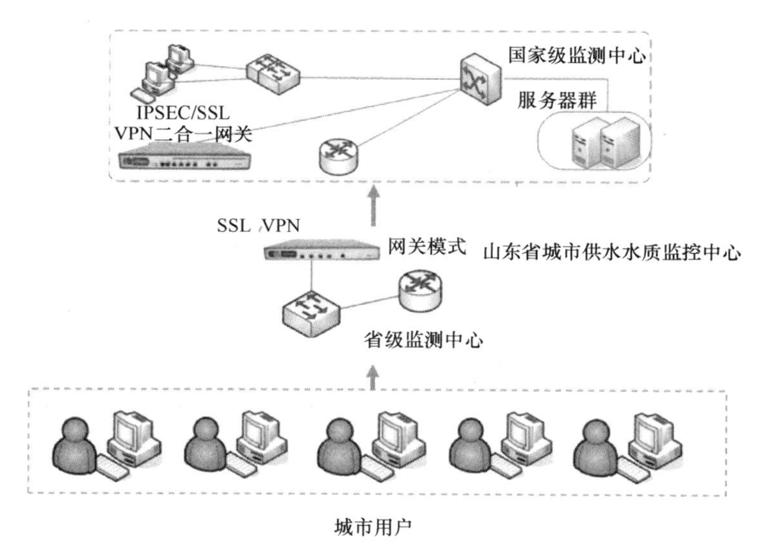

图5-6 山东省城市供水水质数据采集网

案例3 杭州市示范地

杭州市城市供水管理信息系统中实时数据采集网的组网方式是（见图5-7）：通过从政务外网向水业集团布置专线，建立在线监测数据共享通道（可从水业集团数据库获取信息）；通过在已纳入政务外网的林水局、环保局机房建立前置服务器（双网卡），获取共享信息，发送到水质监控中心服务器。

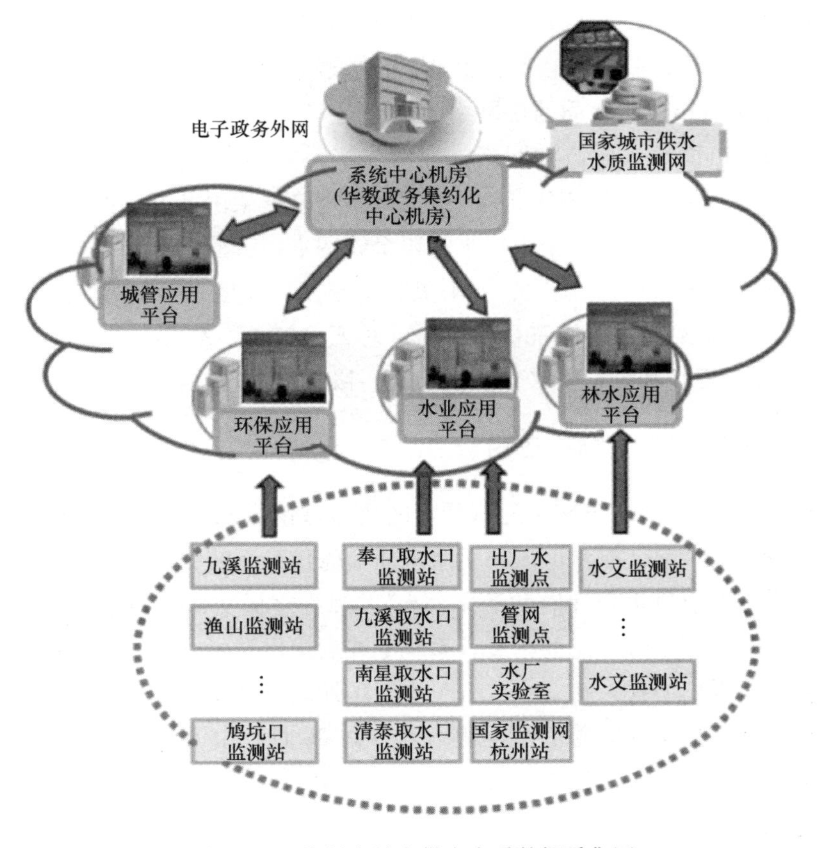

图 5-7　杭州市城市供水水质数据采集网

5.4 应用与远景

5.4.1 "十一五"期间的成果应用

1. 东莞市市级城市供水水质监控网络

东莞市市级城市供水水质监控网络框架的非实时数据采集网（水质、水量、基础信息）覆盖中心城区与28个镇共33家水司（含1家村级水司）及下辖水厂，实时数据采集网络框架由6个原水、19个出厂水和4个管网水，合计29个水质在线监测点构成。水源水在线监测项目除常规五参数（pH、温度、溶解氧、电导率、浊度）和氨氮外，还监测了高锰酸盐指数、总氰、重金属（铜、锌、铅、镉）、总汞、石油类、生物毒性、藻类、氟化物等指标。

2. 山东省省级城市供水水质监控网络

山东省省级城市供水水质监控网络框架的非实时数据采集网（水质、水量、基础信息），覆盖省住房和城乡建设厅管理下的全部地级市、覆盖的县级市和县城合计52个。城市供水水质实时数据采集网框架包括济南市的49个水质在线监测点、潍坊市5个和东营市4个代表性水质监测点。水源水在线监测项目除常规五参数（pH、温度、溶解氧、电导率、浊度）和氨氮外，还监测了高锰酸盐指数、总有机碳、总磷、总氮、生物毒性、综合毒性、油含量、绿藻、蓝藻、硅藻、隐藻、叶绿素等指标。

3. 杭州市市级城市供水水质监控网络

杭州市市级城市供水水质监控网络框架的非实时数据采集网（水质、水量、基础信息）覆盖杭州市水业集团供水范围，实时数据采集网络框架由共享环保部门 5 个原水水质在线监测点、共享供水企业的 4 个出厂水和 4 个管网水在线监测点共同构成。水源水在线监测项目除常规五参数（pH、温度、溶解氧、电导率、浊度）和氨氮外，还监测了高锰酸盐指数、UV254、氟化物、耗氧量、总磷、总氮、蓝藻、硅藻、隐藻、绿藻、叶绿素 α、生物毒性、综合毒性和重金属（铅、铁、锰、铬（六价）、镉）等指标。

5.4.2 “十二五”期间的推广应用

‘十二五’水专项“河北省南水北调受水区典型城市供水系统布局优化及配套工程实施方案”课题设计了“河北受水区城市供水水质监管信息系统”研发任务，为此，三级网络课题组将“全国城市供水管理信息系统 V2.0”源程序提交作为新系统的开发基础，并在实施过程中指导了新系统功能的拓展，系统上线后提供技术支持。

受河南省有关部门委托，在‘十二五’水专项期间，课题组完成了《河南省城市供水水质管理信息系统》移植和完善工作，2016 年 9 月 30 日，由河南省住房和城乡建设厅发出通知启用信息系统。

5.4.3 远景

推广三级水质监控网络的方式有两种：一种为共享方式。另一种为自建方式。

共享方式可以借助国家级平台，按权限登录国家级系统，实现相应的全省、市城市供水水质管理工作。

自建方式可以建立当地具备软硬件设备的网络中心。建设方式可采用自开发软件的模式，但信息采集内容必须包含国家网信息系统采集的全部指标；亦可采用移植国家网的软件系统，拓展本省、市的其他功能模块。

随着三级水质监控网络建设的推广，可以逐步建成覆盖全国的城镇供水水质三级监控网络（见图 5-8），服务于预警系统，为保障饮用水水质安全提供数据支持。

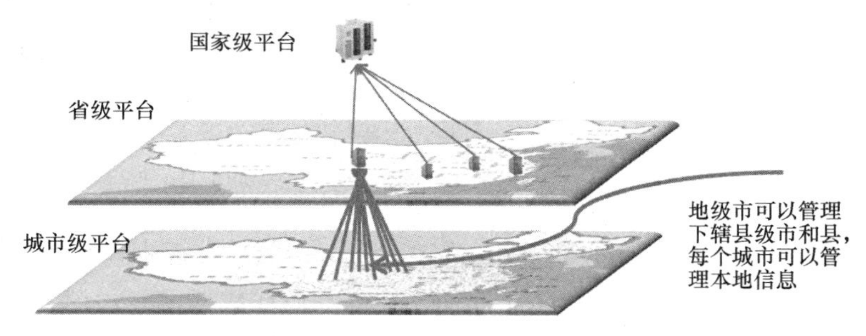

图 5-8 三级水质监控网络框架示意图

第6章　水质评价与预警技术

克服以往水质监测预警系统监测数据来源单一和水质预警方法单一带来的预警信息置信率低、误报率高的技术弊端，建立了包括《生活饮用水卫生标准》（GB 5749—2006）106项指标在内的166个预警因子评价体系，并提出了原水水质评价方法和基于水厂工艺的原水评价方法，以及基于综合合格率、单因子和层次分析综合指数法出厂水和管网水水质的3种评价方法，开发了典型渐变性和突发性原水污染等不同类型污染水质预测模型，构建了包含水质预警多源信息集成技术、空间地理信息支撑技术、模拟仿真支撑技术、分析支持技术、辅助决策支撑技术等的城市饮用水水质安全预警系统，以及用于研究典型有毒有害物质在不同水域类型（包括河流、水库、湖泊等）下随时间、空间的稀释、扩散、迁移及转化规律的"突发性水质污染事故模拟服务系统"。

6.1　水质安全评价方法

饮用水生产的流程通常是水源地的原水进入水处理厂，经过除杂质、消毒等一系列工艺处理后，得到卫生指标合格的出厂水，经过管网输送，成为供千家万户使用的饮用水。可见饮用水的品质取决于原水水质、水处理工艺、输送管网特性等要素。

水质评价的对象主要为水源地的原水、自来水厂的出厂水和管网水，最终目标是为了确保千家万户用上卫生指标合格的饮用水，因此根据不同的环节和对象，可分别对水源地的原水、自来水厂的出厂水和管网水进行水质安全评价。

6.1.1　水质安全评价的指标体系

1. 水质安全评价指标体系框架

以原水、出厂水和管网水整个流程作为主线，并根据我国国情及其地表水和饮用水标准，可建立起水质安全评价指标体系，在这个基础上，进一步建立指标、事件和属性三级评价预警体系，并定义相应的评价预警因子、预警事件和整体属性。

（1）预警因子

单因子预警指标称为预警因子，它是用于描述水质安全状态的单变量物理指标或污染物含量指标，每个预警因子包含参数的种类（名称）、预警限值及数值单位等信息，这些信息被定义为预警因子的属性。

预警因子的集合成为预警因子表，在预警系统中的作用是供水质预警算法选择水质参数的参考依据，即在预警因子表的范围内选取，包括因子的基本属性。

预警因子选取依据是目前最新版本的与饮用水相关的国家标准，如《生活饮用水卫生标准》（GB 5749—2006）等，以及在目前实际水体已经出现或出现概率较高的污染物参数，但还没有被水质标准所包含的指标。

所建立的预警因子表共有166个预警因子，其中引用了《生活饮用水卫生标准》（GB 5749—2006）所指定的106项指标，每个因子还包含一定数量的属性，如限值、单位、检测方法等。

（2）预警事件

预警事件一般是指达到一定危害程度的饮用水水质污染现象。当某种水质污染现象发生时，预警系统可连续地检测和跟踪污染现象的变化，并根据预定义的指标限，不断地判断其危害程度，一旦超越预定义的指标限，就要产生报警，即某个预定义的预警事件发生了。可认为预警事件是预警系统给出警情预报的一个基本单位。

当饮用水水质污染现象出现时，有时只需要用单因子指标描述即可，如原水中的苯酚污染事件，由载有苯酚的汽车坠入河中引起，是一个突发性的污染事件，可用苯酚浓度这个单因子指标描述污染程度。而有些饮用水水质污染现象需要用多个预警因子进行描述，如原水中的蓝藻爆发，与水温、流速、富营养程度、蓝藻浓度等因素相关。

预警事件由一个或多个预警因子以及事件属性组成。预警因子通常来源于预警因子表，也可以是预警因子表以外的补充因子。每个因子有它自己的属性，如限值、数据单位、检测方法等，预警事件也有事件本身的属性，如毒性大小、判别方法、应急处理方法等。

预警事件表是预警系统中预定义的预警事件的集合。比如，在预警技术研究中，预警事件表中定义了16种水源地预警事件，4种管网预警事件，共20种预警事件，并设计了各事件的基本属性，如编号、定义、所属因子的组成、基本判别算法、毒性大小与危害等级、毒性持久性、可消除性、应急处理措施等。

其中在水源地可能发生的16种预警事件为热污染、放射性污染、浑浊度、水色、水臭和异味、酸碱污染、咸潮、重金属污染、无机化合物污染、耗氧有机物污染、农药污染、易分解有机物污染、油污污染、病原菌污染、霉菌污染、蓝藻污染等。在饮用水输送网关中可能出现的4种预警事件为：金属离子污染、病原菌污染、消毒副产物污染、纳米污染等。

（3）整体属性

整体属性是建立在事件的基础上，主要用来表征水体整体状况的参数。整体属性应包括所有预警因子，但实际情况往往仅包括了重点关注预警因子或可测预警因子。

整体属性一般采用综合评价方法来进行评估，如采用综合指数法、层次分析法和模糊评价方法等开展水质总体状况的评估。因此对于整体属性需首先建立评估预警所需的指标集，该指标集主要由具有典型代表的预警因子组成。然后采用合适的综合评价算法进行评价，得出水质的总体优劣情况。

整体属性具有的特点包括：

1）整体性：应由典型水质预警因子组成，能够表征整个水质状况。各指标应有不同程度的相互联系，形成有机整体。

2）区域性：不同区域的水体应根据实际情况在常规指标的基础上，选择特征预警因子组成指标集。

3）有限性：虽然整体属性理论上应包括所有预警因子，但在实际操作和评价过程中是做不到的，只能用有限个典型水质预警因子来表征。

整体属性的一种评估方法是采用水质的分类状态来描述，如出厂水的整体属性分成两类：合格或不合格；原水的整体属性通常采用：正常、预案可处理、预案难处理（通过集团调度可处理）、异常（无法处理）等等级来描述。评价结果的准确性依赖于被评价水体的特性、选用的评价因子数量和覆盖面、所选取的评价方法等。

2. 水质安全评价体系总体框图

按照水质安全评价及预警体系框架，可确立水质安全评价体系框如图 6-1 所示。

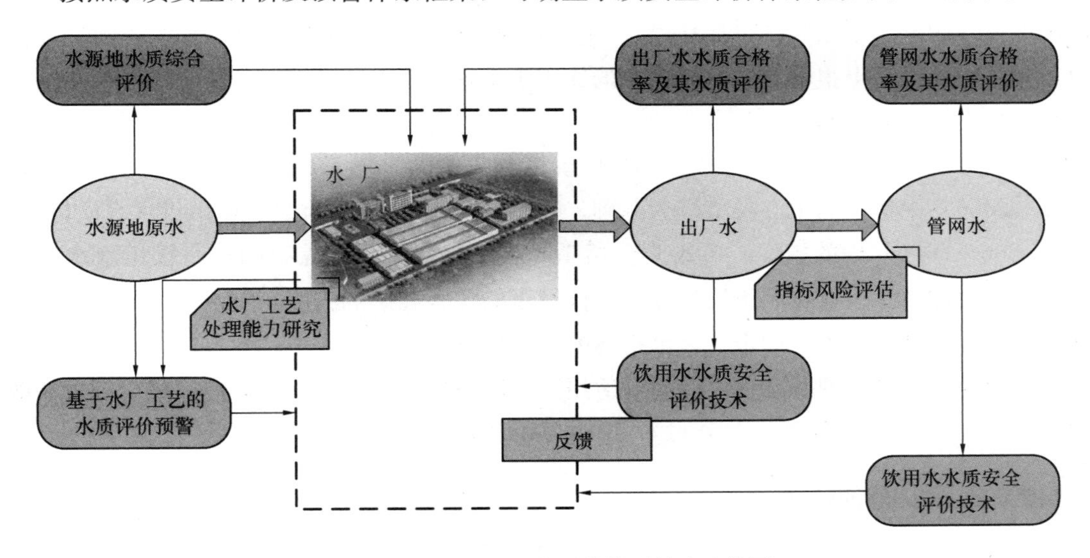

图 6-1　水质安全评价预警体系技术路线图

（1）建立评价指标体系。结合各指标的危害程度，水厂的处理能力等条件，完成指标体系的建立工作，并长期采集水源地、出厂水和管网水水质指标监测值，进行基于常规水质评价方法的水质管理。

（2）然后进行水源地的水质评价新方法的研究。重点是将主观评价、客观评价等方法组合应用，以取得较好的评价效果；并结合水厂工艺条件建立基于水厂工艺的水质评价方法。

（3）最后进行出厂水和管网水的评价方法研究。根据国标设定指标体系，进行各个指标体系的风险评估，在此基础上提出单因子评价法和基于层次分析的综合评价法。

按研究内容流程划分，水质评价与预警主要包括原水、出厂水和管网水水质评价和预警内容，具体包括：

（1）原水水质评价

水质的评价在很多文献和书籍中已经进行了深入的研究，但针对饮用水这个主题的研究还鲜见报道，基本上是根据地表水国家标准和地下水国家标准进行的水质评价，用于水质的分级，具体方法包括：单因子评价方法，水质指数法，综合评价法，模糊评价法和层次分析法等。

（2）原水水质预警

基于水厂工艺的水质评价预警方法的核心之处是获取水厂工艺运行数据以及水厂处理各项指标的极限值，通过统计分析处理方法，实现各个指标参数的设定。各指标参数确定后即可采用各种评价方法完成水质的评价，并为水质预警提供基础数据。根据水厂工艺，处理能力以及水业集团的调配能力，将原水水质预警分为4个级别：Ⅰ，Ⅱ，Ⅲ和Ⅳ级。其中Ⅰ和Ⅱ级主要是给水厂提供评价预警信息，以便在不同水质等级的情况下采取不同的水质处理方法（水厂范围可控），第Ⅲ级已经超出水厂处理能力，是提供给水业集团进行饮用水统一调度（集团内部可调），最严重的情况为第Ⅳ级，这时已超出水业集团调度能力，必须作为警情上报政府，进行相应的饮用水水质安全应急处理。

（3）出厂水和管网水评价方法

这部分的研究中首先要确定合适的指标体系，以《生活饮用水卫生标准》（GB 5749—2006）中包含的106项指标为基础，吸纳部分水源水质指标、《城市供水水质标准》（CJT 206—2005）中的指标，形成共包括126项指标、基本涵盖我国现行饮用水水质标准的评价指标体系。并按照水质指标对人体健康的危害和影响程度、供水工艺的处理情况等对指标体系进行分类，制定了评价指标的分类依据和规则。

在确定指标体系的基础上，提出了适用于不同条件下的单因子指数法、综合指数法两种饮用水水质安全评价方法。

6.1.2 水质安全评价方法

1. 原水水质评价预警方法

（1）原水水质评价方法

自20世纪60年代以来，国内外已开发出的水质评价方法有数十种之多，早期以综合指数法为主。由于随机性、模糊性、灰色性往往共同存在于所研究的问题和对象之中，随着计算机技术的快速发展，以现代数学理论为基础的模糊评价、灰色评价、人工神经网络、遗传算法等现代系统方法近年来在水环境评价中得到广泛应用，而且不同方法的耦合将成为科学发展的必然。水质评价主要目的是了解水质现状，是水质等级评定和水功能区划的前提，同时也是水质预测的基础。近年来，相关学者在水质评价方法上不断推陈出新，使其呈现多样化，并渐趋成熟和完善。代表性水质评价方法主要包括：单因子指数法、内梅罗指数法、综合标识指数法、模糊评价法和灰色关联评价法等。

1）单因子指数法

单因子评价法是将每个评价因子与评价标准（地表水常采用《地表水环境质量标准》

(GB 3838—2002) 比较，确定各个评价因子的水质类别，其中确定的最高类别即为断面水质类别，通过单因子污染指数评价可确定水体中的主要污染因子。单因子评价法的应用很广，特别是在建设项目的环境影响评价中十分常见，但这一方法因过于简单而使评价过于粗糙，单因子污染指数只能代表一种污染物对水质污染的程度，不能反映水体整体污染程度。

pH 的标准指数为

$$S_{pHj} = \frac{pH_j - 7.0}{pH_{su} - 7.0}(pH_j \geqslant 7.0) \tag{6-1(a)}$$

或

$$S_{pHj} = \frac{7.0 - pH_j}{7.0 - pH_{sd}}(pH_j < 7.0) \tag{6-1(b)}$$

式中，S_{pHj}为 pH_j的单因子指数（无量纲）；pH_j为所测断面 pH 值（无量纲）；pH_{sd}为地面水水质标准中规定的 pH 值下限（无量纲）；pH_{su}为地面水水质标准中规定的 pH 值上限（无量纲）。

DO 的标准指数为：

$$SDO_j = \frac{|DO_f - DO_i|}{DO_f - DO_s}(DO_j \geqslant DO_s) \tag{6-2(a)}$$

或

$$SDO_j = 10 - 9 \times \frac{DO_j}{DO_s}(DO_j < DO_s) \tag{6-2(b)}$$

$DO_f = 468/(31.6 + T_j)$。

式中 SDO_j——水质参数 DO 在 j 点的标准指数；

DO_f——该水温的饱和 DO 浓度（mg/L）；

DO_j——实测 DO 浓度（mg/L）；

DO_s——DO 的标准值（mg/L）；

T_j——j 点的水温（℃）。

其他项目标准指数为：

$$P_i = C_i/Co_i \tag{6-3}$$

式中 P_i——i 类污染物单因子指数，无量纲；

C_i——i 类污染物实测浓度平均值（mg/L）；

Co_i——i 类污染物的评价标准值（主要考虑第Ⅲ类，主要适用于集中式生活饮用水地表水源地二级保护区，鱼虾类越冬场、洄游通道、水产养殖区等渔业水域及游泳区）（mg/L）。

2）内梅罗指数法

内梅罗指数是一种兼顾极值和平均值的计权型多因子评价指数，该方法可表示为：

$$P_{ij} = \sqrt{\frac{(C_i/C_{ij})^2_{max} + (C_i/C_{ij})^2_{ave}}{2}} \tag{6-4}$$

$C_i/C_{ij} > 1$ 时，令 $C_i/C_{ij} = 1 + 5\lg(C_i)$

$$P_i = \sum_{j=1}^{m} W_j P_{ij} \tag{6-5}$$

式中　i——水质项目数（$i=1, 2, 3, \cdots, n$）；

j——水质用途数（$j=1, 2, 3$）；

P_{ij}——j 用途 i 项目的内梅罗指数；

C_i——水中 i 项目的监测浓度（mg/L）；

C_{ij}——水中 i 项目 j 用途的标准限值（mg/L）；

P_i——几种用途的总指数，取不同用途的加权平均值；

W_j——不同用途的权重，$\sum(W_j)=1$。

内梅罗将水的用途分为 3 类：人类接触使用的，间接接触使用的和不间接使用的。

3）水质指数法

水质指数是属于物化性的水质指标，水体环境中各个水质参数对于水质总体影响的评估方法，即根据水质参数对水质影响的不同给予不同的权重，并且依其不同的浓度范围确定指数，依此数据来评估水质的优劣。

水质指数法中，以因子编号和因子实测值作为输入，以水质指数值和水质等级作为输出。可以对水源水，出水厂和管网水的因子进行评价。

该方法能客观的反映的水质状况，算法实现相对容易。

参与评价的项目分为三类：第一类是对人体危害程度严重且经水厂处理后难以消除的污染指标；第二类是经自来水厂处理后出水水质能够达标的污染指标；第三类是除第一类、第二类以外的其他参加评价的污染指标。参见表 6-1。

评价指标分类表（可根据实际情况增减）　　表 6-1

分类	评价指标
第一类	砷、汞、镉、铬（六价）、硒、铅、氰化物
第二类	pH、DO、高锰酸盐指数（COD_{Mn}）、五日生化需氧量、氨氮、粪大肠菌群
第三类	TP、氟化物、挥发酚、石油类、硫酸盐、TN、氯化物、铁、锰、硝酸盐氮、铜、锌、阴离子表面活性剂、硫化物

水质指数的计算分三个步骤：

① 单项指数（I_i）：计算方法：当实测值 C_i 处于 $C_{iok} \leqslant C_i < C_{iok+1}$ 时，单项指数

$$I_i=(C_i-C_{iok})/(C_{iok+1}-C_{iok})\times 20-1 \tag{6-6}$$

式中　C_i——i 项评价项目的实测浓度；

C_{iok}——i 项评价项目的 k 级标准浓度；

C_{iok+1}——i 项评价项目的 $k+1$ 级标准浓度；

I_{iok}——i 项评价项目的 k 级指数值。

② 分类指数（I_{I}）：在单项指数的基础上计算分类指数。

对第一类项目（I_{I}）取单项指数最高者为该类的分类指数，即：

$$I_{\text{I}}=(I_{\text{I}})_{max} \tag{6-7}$$

对第二类、第三类项目（I_{II}、I_{III}）均取各单项指数和的均值或进行加权求和。即：

$$I_{\text{Ⅱ}} = \sum_{i=1}^{n} w_i l_i \tag{6-8}$$

$$I_{\text{Ⅲ}} = \sum_{i=1}^{n} w_i l_i \tag{6-9}$$

③ 水源地水质指数（WQ_{I}）：水源地水质指数取上述三类分类指数中的最高者，即：

$$WQ_{\text{I}} = (I_{\text{L}})\max \tag{6-10}$$

另外，在水源地水质指数计算中，有某些细节，需要比较妥善地进行处理：

① pH 的指数计算

当 pH 值处于 6～9 范围内时，其指数以 0 记；当 pH 超过上述范围时，其指数计为 100。

② 未检出值的处理

未检出项目指数可简单的计为零。

③ 两级或多级值相等的处理

当标准中两分级值或多分级值相同时，单项指数按下列公式计算，即：

$$I_i = \left(\frac{C_i - C_{i\text{ok}}}{C_{i\text{ok}+1} - C_{i\text{ok}}}\right) \times 20n + I_{i\text{ok}} \tag{6-11}$$

式中　n——相同标准值的个数。

④ $C_i \geqslant C_{io5}$ 时的处理

当 $C_i > C_{io5}$ 时，为超 5 级水，其水质指数一律计为 $I_i > 100$。

⑤《地表水环境质量标准》(GB 3838—2002) 中补充项目的计算方法

《地表水环境质量标准》(GB 3838—2002) 中共有 5 项补充项目，即硫酸盐、氯化物、硝酸盐、铁、锰，这 5 项只有一个标准值。其单项指数按以下公式计算，即：

$$I_i = \frac{C_i}{C_{io}} \times 60 \tag{6-12}$$

根据 WQ_{I} 值，按表 6-2 评价水源地水质状况。

水质评价指数分级　　**表 6-2**

水质评价	优	良	中	差	劣
WQ_{I}	≤20	21～40	41～60	61～80	>80

4）模糊综合评价法

该算法通过获得一个综合评判集，评价水体水质对各级标准水质的隶属度程度，来得到水质级别。

模糊综合评价法以水质污染事件对应的因子为集合作输入，以该事件隶属水质等级作为评价结果输出。

该方法基于水质事件进行评价，能利用全部数据的所提供的信息，总体因素的评价效果显著。

目前应用的模糊数学综合评价法中隶属度函数的确定多采用“降半梯形分布法”，其对应每一等级隶属度的最大值取在限值点处，存在一定的不合理性。因此提出了一种改进的水质模糊综合评价方法，该方法针对现有的模糊综合评价法中隶属度函数确定中存在的问题，提出了改进措施。选用正态分布作为隶属度函数，通过参数调整满足实际隶属度状况；对不同因子进行权值运算；最后对权重矩阵和隶属度矩阵进行模糊运算，得出水质评价结果。

如果水质评价因子值越小水质质量越好，可以拟定样本中第 i 个因子对各类水的隶属函数如下：

对第Ⅰ类水的隶属函数为：

$$y_{i1}=\begin{cases}1 & x_i\leqslant\dfrac{v_{i1}}{2}\\ e^{-\left(\frac{x_i-\frac{v_{i1}}{2}}{\sigma_{i1}}\right)^2} & x_i>\dfrac{v_{i1}}{2}\end{cases}\tag{6-13}$$

对第Ⅱ～Ⅳ类水的隶属函数为：

$$y_{ij}=e^{-\left(\frac{x_i-\frac{v_{ij-1}+v_{ij}}{2}}{\sigma_{ij}}\right)^2}\quad -\infty<x_i<+\infty\tag{6-14(a)}$$

对第Ⅴ类水的隶属函数为：

$$y_{i5}=\begin{cases}e^{-\left(\frac{x_i-\frac{v_{im-1}+v_{im}}{2}}{\sigma_{im}}\right)^2} & x_i\leqslant\dfrac{v_{im-1}+v_{im}}{2}\\ 1 & x_i>\dfrac{v_{im-1}+v_{im}}{2}\end{cases}\tag{6-14(b)}$$

式中　x_i——检测的第 i 项因子值；

ν_i——对应第 i 项因子第 j 类标准的限值；

y_i——第 i 项因子值对第 j 类标准的隶属度。

选用的正态分布曲线在Ⅰ类水和Ⅴ类水时采用边界方式的正态分布，Ⅰ类水以其限值的 1/2 为中心，Ⅴ类水以Ⅳ和Ⅴ标准的中点为中心，当因子值小于Ⅰ类水限值的 1/2 或大于Ⅴ类水正态分布的中心时，取隶属度为最大值 1。对于中间几级水，以两级类标限值间的中点为中心，左右两侧对称分布。

σ 为隶属度函数中的可变参数，需根据具体问题选择合适的参数。在该水质评价中需试验不同的 σ 对评价结果的影响。由于不同评价因子的大小有很大差别，并且同一因子相邻类别限值间的差也有很大差别，因此对应不同因子、不同类别均须选用不同的 σ 值。经过反复试验，最后选择在水质分类限值点处使隶属度函数

$$e^{-\left(\frac{x-v}{\sigma}\right)^2}=0.5\tag{6-15}$$

的 σ 值作为实际用值。

当给定 x_i 已知时，可以用以上隶属函数求出第 i 个因子分别对各类水的隶属度。然后再计算所有因子的隶属度模糊集，组成模糊矩阵

$$R\in u_{n\times m}\tag{6-16}$$

权重因子的确定采用成熟的污染物超标加权法，权重计算如下所示：

$$w_i = \frac{x_i}{v_i} \tag{6-17}$$

$$v_i = \frac{1}{m}(v_{i1} + v_{i2} + l + v_{im}) \tag{6-18}$$

式中 x_i——第 i 个因子的实测值；

v_i——第 i 个因子各类水标准值的平均值。

然后对 w_i 做归一化处理：

$$a_i = \frac{w_i}{\sum_{i=1}^{n} w_i} \tag{6-19}$$

式中 w_i——权重因子；

a_i——归一化后的权重值。

将各因子的数据代入上式即可得到各因子的权重值，并由其组成模糊矩阵 A 。

由评价矩阵 R 和权重矩阵 A ，即可得到评判矩阵 B ，表明该水质隶属于各等级的程度，再根据最大隶属度原则进行等级确定，得出最终综合评价结果。

5）灰色关联分析法

关联度表征了系统内两个事物的关联程度；关联分析是根据数列的可比性和可近性，分析系统内部主要因素之间的相关程度，它定量地刻划了内部结构之间的联系，是加强系统序化处理的方法，对发展变化系统的发展态势或系统内部各事物之间状态进行量化比较分析。考虑到各水质指标在数量级和单位上的差异，采用灰色系统进行水质评价时，有必要对样本矩阵 X 和标准矩阵 S 进行归一化处理。测断面样本矩阵 X 的归一化采用分段线性插值法，归一化后矩阵记为 A。

$$\begin{cases} X = [x_1\ x_2\ x_3\ x_4\ x_n] \\ A = [a_1\ a_2\ a_3\ a_4\ a_n] \end{cases} \tag{6-20}$$

$$a_n = \begin{cases} 1 & k = 1, x_n < S_{1n} \\ 1.0 - \dfrac{0.25(x_n - S_{k-1,n})}{S_{kn} - S_{k-1}} & \\ 0.75 - \dfrac{0.25(x_n - S_{k-1,n})}{S_{kn} - S_{k-1}} & k = 2 \sim 5 \\ 0.5 - \dfrac{0.25(x_n - S_{k-1,n})}{S_{kn} - S_{k-1}} & S_{k-1,n} < x_n < S_{kn} \\ 0.25 - \dfrac{0.25(x_n - S_{k-1,n})}{S_{kn} - S_{k-1}} & \\ 0 & k > 5, S_{5n} < x_n \end{cases} \tag{6-21}$$

式中 n——第 n 类污染物；

x_i——第 i 类污染物实测浓度（mg/L）；

S_{k-1}，S_{kn}——第 n 类污染物第 k、第 $k-1$ 类水质标准（mg/L）。

标准矩阵 S 为：

$$S_{L\times n}=\begin{bmatrix}S_{11} & S_{12} & L & S_{1n}\\ S_{21} & S_{22} & L & S_{2n}\\ M & M & O & M\\ S_{L1} & S_{L2} & K & S_{Ln}\end{bmatrix} \tag{6-22}$$

式中　S_{Ln}——第 n 类污染物第 L 类水质标准（m/L）。

如确定 $L=5$，对于某一水质因子归一化质量标准矩阵 B 为：

$$B_{5\times1}=[b_1\ b_2\ b_3\ b_4\ b_5]=[b_1\ b_2\ b_3\ b_4\ b_5]^{\mathrm{T}} \tag{6-23}$$

关联离散函数及关联度的计算：

分别计算对应每个 P 指标的绝对值差 Δn（L）和离散函数 ξn 及关联度 r。关联离散函数定义为：

$$\bar{\xi}=\{\xi_1(L),\xi_2(L),\xi_3(L),\cdots,\xi_n(L)\} \tag{6-24}$$

$$\xi_n(L)=\frac{1-\Delta_n(L)}{1+\Delta_n(L)} \tag{6-25}$$

$$\Delta_n(L)=|b_{Ln}(L)-a_n| \tag{6-26}$$

式中　$\bar{\xi}$——关联离散函数；

$\Delta_n(L)$——某一断面第 n 类污染物与第 L 级水质标准的类别差。

当

$$\Delta_n(L)=0$$

时，相应的水质因子与第 L 级水质同类；

当 $\Delta_n(L)=1$ 时，相应的水质因子与第 L 级水质异类。

关联度定义为：

$$r=\sum_{i=1}^{n}\omega_i\xi_i(L) \tag{6-27}$$

式中　r——关联度；

ω_i——第 i 类水质指标的权重值。

ω_i 的确定方法如下：

$$\omega_i=\frac{I(i)}{\sum_{i=1}^{n}I(i)} \tag{6-28}$$

$$I(i)=\frac{1}{9}(W+8) \tag{6-29}$$

$$W=\begin{cases}S_{n,2}/S_{n,5} & \text{溶解氧指标}\\ S_{n,4}/S_{n,1} & \text{非溶解氧指标}\end{cases} \tag{6-30}$$

式中　I——水质因子的相对重要性指标值；

W——水质因子的重要性系数。

关联矩阵最终为：

$$R_{L\times n}=[r_1(L)\ r_2(L)\ r_3(L)\ r_4(L)\ r_n(L)] \tag{6-31}$$

对于某断面来说，式中 $r_n(L)$ 最大值所对应的 n 即为该断面的水质类别。

（2）基于水厂工艺的原水评价预警方法

原水水质的评价在很多文献和书籍中已经进行了深入的研究，但针对饮用水这个主题的研究还鲜见报道，现有的研究基本上是根据地表水国家标准和地下水国家标准进行的水质评价，用于水质的分级，这样的评价对于饮用水评价预警来说是不适用的，因为没有考虑水厂的处理能力等方面的因素。因此，针对这个问题，提出了基于水厂工艺的原水预警方法：一是针对水厂的需求，按照现有的评价方法和参考国家标准实现原水的水质等级划分；二是进行水厂工艺处理能力方面内容的研究，在第一步完成的基础上，提出基于水厂工艺的原水预警方法。

基于水厂工艺的水质评价方法最重要的要获取水厂工艺运行数据以及水厂处理各项指标的极限值，通过统计分析处理方法，实现各个指标参数的设定。各指标参数确定后即可采用各种评价方法完成水质的评价，并为水质预警提供基础数据。

基于水厂工艺的原水水质预警方法：根据水厂工艺，处理能力以及水业集团的调配能力，将原水水质预警分为 4 个级别：Ⅰ，Ⅱ，Ⅲ和Ⅳ级。其中Ⅰ和Ⅱ级主要是给水厂提供评价预警信息，以便在不同水质等级的情况下采取不同的水质处理方法（水厂范围可控），第Ⅲ级已经超出水厂处理能力，是提供给水业集团进行饮用水统一调度（集团内部可调），最严重的情况为第Ⅳ级，这时已超出水业集团调度能力，必须作为警情上报政府，进行相应的饮用水水质安全应急处理。

基于水厂工艺的预警阈值（详见表 6-3）。设定举例：

济南市某水源地原水部分参数的阈值表 **表 6-3**

pH	正常	7≤*≤8	水质指标位于正常处理范围内
	预案可处理	6≤*≤7 或 9≤*≤10	正常工艺难处理，根据预案投加净水剂、消毒剂
	预案难处理	5≤*≤6 或 10≤*≤11	预案工艺难处理
	无法处理	4≤*≤5 或 11≤*≤12	停水，需集团内部调度
氨氮（以 N 计）	正常	*<1.4	原水氨氮浓度正常，经常规工艺处理后能满足饮用水卫生要求
	预案可处理	1.4<*≤2	原水氨氮浓度偏高，需进行滤后加氯工艺
	预案难处理	2<*≤3	原水氨氮浓度超过水厂常规处理能力，需进行生物预处理或深度处理
	无法处理	*>3	原水氨氮浓度超过水厂处理能力极限，需停水
浑浊度	正常	*<32	原水浑浊度浓度正常，经常规工艺处理后能满足饮用水卫生要求
	预案可处理	32<*≤35	原水浑浊度偏高，若要出厂水达标，需进行工艺干预
	预案难处理	35<*≤40	原水浑浊度过高超过水厂常规处理能力，需进行深度处理
	无法处理	*>40	原水浑浊度过高超过水厂处理能力极限，需停水

注：*代表指标的实测值

2. 出厂水和管网水水质安全评价技术

（1）基于合格率的评价方法

主要考虑出厂水、管网水和末梢水的合格率。对于水厂管网，水质检测指标共计102项，分一、二、三级规划，各102、66、45项。合格率侧重9项检测指标：浑浊度、细菌总数、色度、臭味、总大肠杆菌群、余氯、肉眼可见物、耐热大肠杆菌群、COD_{Mn}，各单项指标不得高于《生活饮用水卫生标准》（GB 5749—2006）规定的值。

具体定义如下：

① 综合合格率：

$$\frac{\text{管网水 9 项各单项合格率之和}+45\text{ 项(或 66 项或 102 项)扣除 9 项后综合合格率之和}}{9+1}\times100\% \tag{6-32}$$

② 出厂水合格率：

$$\text{出厂水 9 项各单项合格率}=\frac{\text{单项检验合格次数}}{\text{单项检验总次数}}\times100\% \tag{6-33}$$

③ 管网水合格率：

$$\text{管网水 9 项各单项合格率}=\frac{\text{单项检验合格次数}}{\text{单项检验总次数}}\times100\% \tag{6-34}$$

水厂水和管网水水质安全分级分为5级（见表6-4）。

供水系统评价等级表　　表6-4

评价指标	评价等级及标准				
	优（1）	良（2）	中（3）	差（4）	劣（5）
出厂水质合格率	≥97%	≥95%	≥90%	≥85%	<75%
管网水质合格率	≥97%	≥95%	≥90%	≥85%	<75%
末梢水质合格率	≥93%	≥89%	≥85%	≥80%	<70%

（2）单因子指数法

单因子指数法赋予了指标体系中各项污染物指标相应的危害系数，将水质评价指标逐一进行分类，Ⅰ类指标对人体健康的危害最大，Ⅱ类其次，以此类推，Ⅴ类最轻，建立单因子评价模型，如表6-5～表6-9所示，并将水质安全评价结果分为5类。

第Ⅰ类指标　　表6-5

类别	指标名称
微生物	贾第鞭毛虫、隐孢子虫
无机物	氰化物、砷、铬、汞、铊

第Ⅱ类指标　　表6-6

类别	指标名称
微生物	耐热大肠菌、大肠埃希氏菌
无机物	铅、铍、镍、镉

续表

类别	指标名称
消毒剂及消毒副产物	氯化氰
有机物	七氯、甲基对硫磷、对硫磷、溴氰菊酯、敌敌畏、呋喃丹、六氯苯氯乙烯、苯、微囊藻毒素-LR

第Ⅲ类指标 表 6-7

类别	指标名称
微生物学指标	菌落总数、总大肠菌群
综合性指标	浑浊度、pH、COD_{Mn}、氨氮
消毒剂及消毒副产物	余氯、二氧化氯
	二氯乙酸、三氯乙酸、2,4,6-三氯酚、三卤甲烷、三氯甲烷、三溴甲烷、一溴二氯甲烷、二溴一氯甲烷、三氯乙醛、甲醛
无机物	铜、氟化物、锑
有机物	滴滴涕、六六六（包括林丹）、林丹、五氯酚、马拉硫磷、乐果、2,4-D、莠去津
	六氯丁二烯、二氯甲烷、1,2-二氯乙烷、1,1,1-三氯乙烷、四氯化碳、1,1-二氯乙烯、三氯乙烯、四氯乙烯、1,2-二氯乙烯、甲苯、乙苯、二甲苯、氯苯、1,2-二氯苯、1,4-二氯苯、三氯苯、苯并[a]芘、二-(2-乙基已基）邻苯二甲酸酯、丙烯酰胺、环氧氯丙烷

第Ⅳ类指标 表 6-8

类别	指标
无机物	铝、硫化物、硝酸盐、硒、银、钡、硼、钼
消毒剂及消毒副产物	一氯胺、亚氯酸盐、氯酸盐、溴酸盐
有机物	百菌清
	挥发酚、苯乙烯
放射性指标	总α放射性、总β放射性

第Ⅴ类指标 表 6-9

类别	指标
无机物	硫酸盐、氯化物、钠、锌、铁、锰、总硬度、溶解性总固体
感官性指标	色度、臭和味、肉眼可见物
消毒剂及消毒副产物	臭氧
有机物	阴离子合成洗涤剂

单因子指数法可根据实际情况选择参与评价的指标，并能够直观反映水质污染的程度。其具体计算公式如下式所示。

$$P=\sum_{i=1}^{n}P_i \tag{6-35}$$

$$P_i=\frac{C_i}{C_0}\times W_i \tag{6-36}$$

式中 P_i——第 i 个评价指标的水质分指数；

C_i——第 i 个评价指标的实测值；

C_0——第 i 个评价指标的标准限值；

W_i 为第 i 个评价指标的危害系数，这里将Ⅰ类指标的危害系数设为 1.0，Ⅱ、Ⅲ、Ⅳ、Ⅴ类的指标相对于Ⅰ类指标的危害系数为 0.5、0.3、0.2、0.1。

在计算水质指数时，某些单项指标如 pH、余氯和微生物学指标的水质指数不能用公式

$$I_i = \frac{C_i}{C_0} \tag{6-37}$$

直接计算，在此对上述指标的计算作特别说明如下：

1）pH

若 pH<7，则

$$I_i = \frac{7.0 - \text{pH}_{实测值}}{7.0 - \text{pH}_{标准下限值}} \tag{6-38}$$

若 pH≥7，则

$$I_i = \frac{\text{pH}_{实测值} - 7.0}{\text{pH}_{标准上限值} - 7.0} \tag{6-39}$$

2）微生物学指标

若 $C_0=0$ 或为不得检出，则

$$I_i = 1 + \lg(C_i) \tag{6-40(a)}$$

若 $C_0>0$，则

$$I_i = 1 + \lg(C_i/C_0) \tag{6-40(b)}$$

3）余氯

$$I_i = \frac{C_0}{C_i} \tag{6-41}$$

其中，当 $I_i \geqslant 3.3$ 时，以 3.3 计。

根据计算的水质指数将水质评价结果分为 5 级，具体如表 6-10 所示：

单因子指数法分级表 **表 6-10**

等级	阈值	描 述
Ⅰ	$P>15$	水质超标特别严重，有个别Ⅰ类指标超过标准限值很高的倍数，或数个其他类别的指标同时出现高倍数的超标
Ⅱ	$7<P\leqslant15$	水质严重超标，有个别Ⅰ类指标出现高倍数的超标，或数个其他类别指标出现高倍数的超标
Ⅲ	$2<P\leqslant7$	水质中度超标，有个别Ⅰ类指标超标倍数较高或Ⅱ类指标出现高倍数的超标，或数个其他类别指标出现高倍数的超标
Ⅳ	$1<P\leqslant2$	水质轻度超标，有个别Ⅰ类指标出现较低倍数的超标，或有Ⅱ类指标超过标准限值倍数较高，或有数个Ⅱ类以下指标超过标准限值较高的倍数
Ⅴ	$0.1<P\leqslant1$	水质轻微超标，Ⅱ类指标超过标准限值较低的倍数，或有数个Ⅱ类以下指标超过标准限值较低的倍数

(3) 基于层次分析的综合指数法

综合指数法是通过层次分析方法确定指标体系中各指标的权重，然后结合各指标的实际检测结果以一定的数学模型对水质进行评价。综合指数法既充分考虑指标本身在评价体系中的权重，又同时兼顾实际监测对评价结果的影响，并对超标的污染因子引入安全风险系数的概念，可对水质的总体情况做出综合评价，便于对不同区域、不同时间对水质情况进行比较。

基于层次分析的综合指数法选取如表 6-11 评价指标进行评价。第一层为目标层 A，第二层为准则层 B（B1～B3），第三层为指标层（C1～C20），并根据专家投票的方法计算出各个指标的权重。

综合指数法指标体系 **表 6-11**

水质 A		
生物学指标 B1	毒理学指标 B2	一般化学指标 B3
总大肠菌群 C1、耐热大肠菌群 C2、菌落总数 C3、消毒剂 C4	砷 C5、汞 C6、镉 C7、氰化物 C8、氟化物 C9、硝酸盐 C10、三氯甲烷 C11、四氯化碳 C12	浑浊度 C13、pHC14、总硬度 C15、COD_{Mn} C16、氨氮 C17、铁 C18、锰 C19、总 α 放射性 C20

基于层次分析的综合指数法的计算公式按下面的公式进行计算，分无超标项目和有超标项目两种情况进行计算。

当无超标项目时，

$$P=\sqrt{\sum_{i=1}^{20} I_i W_i}\times\sqrt{I_i(\max)} \tag{6-42}$$

$$I_i=\frac{C_i}{C_0} \tag{6-43}$$

式中　P——饮用水水质安全评价指数；

W_i——单项指标的权重值；

I_i——单项指标水质指数；

C_i——单项指标检测值；

C_0——单项指标标准值；

I_i（max）——单项指标水质指数最大值。

当有超标项目时，

$$P=\sqrt{\sum_{i=1}^{20} I_i W_i}\times\sqrt{I_i(\max)}\times R_i \tag{6-44}$$

$$I_i=\frac{C_i}{C_0} \tag{6-45}$$

$$R_i=\prod I_i(\text{exceed}) \tag{6-46}$$

式中　R_i——安全风险系数；

I_i（exceed）是单项指标超标项目的 C_i/C_0 值。

然后将水质评价结果分为 5 级，具体如表 6-12 所示：

基于层次分析的综合指数法分级表　　表 6-12

等级	阈值	描　述
Ⅰ	$P \geqslant 50$	有个别权重很大的因子出现很高倍数的超标或多个权重较大的因子同时出现高倍数的超标
Ⅱ	$25 \leqslant P < 50$	有个别权重很大的因子出现高倍数的超标或多个权重较大的因子超标倍数较高
Ⅲ	$10 \leqslant P < 25$	有个别权重很大的因子超标倍数较高或权重较大的因子出现高倍数的超标，或多个权重小的因子同时出现较高倍数的超标
Ⅳ	$2.5 \leqslant P < 10$	有个别权重很大的因子出现较低倍数的超标，或个别权重较大的因子超标数倍较高，或多个权重小的因子超标数倍
Ⅴ	$0.4 \leqslant P < 2.5$	有个别权重较大的因子超过标准限值较低的倍数或多个权重小的因子出现较低倍数的超标

6.2　典型渐变性水源水质污染预警技术

水是人类赖以生存的必要条件，但是随着工农业发展、城镇化加快，我国水环境特别是饮用水水源状况不容乐观：2009 年全国重点城市共监测 397 个集中式饮用水源地，监测结果表明，城市年取水总量为 217.6 亿 m^3，达标水量为 158.8 亿 m^3，占 73%，不达标水量 58.8 亿 m^3，占 27%；据住建部统计，2002～2005 年间，全国 36 个重点城市地表原水样品中，样品合格率分别为 33.87%、27.79%、29.69%和 26.34%，总体上样品合格率呈现下降趋势；环境保护部 2007～2010 年开展的饮用水水源基础环境状况调查显示，20%左右的水源地存在污染物超标现象；突发性水污染事件时有发生，如紫金矿业污染事件、江苏盐城饮用水源污染、云南阳宗海砷污染事件等，导致水源水质严重恶化。饮用水水源水质恶化严重影响到人民群众的饮用水安全，当前我国针对饮用水的保障机制还不健全，有效的饮用水安全保障和预警体系亟待建立和完善。

典型渐变性水源水质污染预警重点关注渐变性水质安全问题。地表水长期性污染、地下水质沉积性污染、气候水文因素导致的水质周期性变化等都属于渐变性的水质变化，其特点是在人类活动所能达到的尺度，其变化是缓慢的、有规律可循的，这些水质安全问题通常在不知不觉中产生并扩大，一旦被人类意识到，其已经对水质安全造成损害。因此对水质变化的趋势进行预测、分析和挖掘，找出规律性的经验、知识和模型，以在未来某一时期内的水质变化的趋势、速度以及达到某一变化限度的时间等进行前瞻性的预测，预报不正常状况的时空分布和危害程度，进行水质安全预警，对于饮用水安全保障具有重要的意义。

6.2.1　典型渐变性水源水质污染的基本预警技术

典型渐变性水源水质污染预警技术主要通过对面向水厂工艺的原水安全评价技术、概率性组合预测方法、面向多种水体类型的水质模型库构建，以及水质预警信息生成发布技术等方面的研究，实现预警因子筛选优化、水质预测方法选择决策、水质安全评价以及警情生成与发布，并对其进行有机整合，形成完整的从现场水质监测数据到水质警情发布的预测预警技术体系。本项目建立了基于概率性组合预测原理的渐变性水质预测方法。

目前，水质预警方法在实际应用中，遇到了诸多困难和问题，主要包括：

（1）单一水质预测模型在水质预测中的研究和应用甚为广泛，但单一预测方法往往存在对信息利用不足的缺点，因此所能提供的有效信息必然有所侧重。为此，如果引入基于多种预测模型的“组合预测”的方法，则可充分利用每一种预测方法所包含的独立信息，其总体预测效果比单一预测方法有一定的优势。

目前见诸报道的组合预测多是针对特定几种预测方法的组合，缺少一般框架性的组合方法，其可扩展性还有一定的局限性，不易加入更先进的算法，降低了水质预测方法在不同示范地的适用性。

（2）由于水质变化及预测模型的不确定性，预测结果必然存在一定的不确定性。之前，概率性水质预测还没有引起水质预测工作者的广泛注意，一些研究虽然能够给出概率性预测结果，但往往多是在假设水质数据服从某种概率分布前提下进行的，这存在很大的主观性，无法真实反映水质的实际状况。

（3）水质预警模型的可扩展性和自动寻优能力无法满足实践需求。水质模型一般针对特定水环境建立，同一种机理模型在不同环境下得到的结果可能也会不同，这一定程度上限制了水质模型的应用效率。因此研究一种扩展性良好且具备一定自动寻优能力的水质模型具有极重要的意义。

基于以上讨论，本章节提出并实现了一种框架性的概率组合水质预测方法，该方法提供了一种扩展性较强的组合方法，可以不断引入先进预测方法；通过对历史预测工作的统计给出概率性的预测结果。概率组合预测方法框架结构如图 6-2 所示。

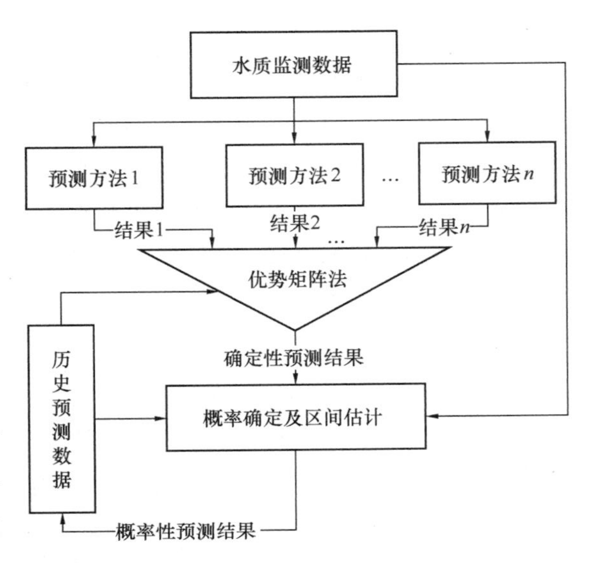

图 6-2　概率组合预测框架结构图

基于现场水质监测数据，各单一预测方法根据各自的建模需求利用相应的水质数据进行预测，得到各自的预测结果；组合预测方法利用优势矩阵法将各单一预测方法的结果进行加权融合得到确定性预测结果；对历史预测值和历史检测值统计得到水质状况的历史概率统计分布，根据当前的水质预测情况，得到当前预测概率及一定置信度下的区间估计，即概率性预测结果；该结果加入到历史预测数据，作为未来权重计算以及概率性预测的结果。

组合预测与概率性预测是两个独立的过程，但相互之间又有紧密的联系。组合预测可以有效提高水质预测效果，对于有效地进行概率性预测具有重要的意义；概率性预测需要对历史水质状况进行统计，一定程度上促进了组合预测权重调整过程的优化。因此将二者结合有利于水质预测效果提升以及水质变化不确定性的表达。

首先，组合预测方法能够充分利用每一种预测方法所包含的独立信息，有效解决单一预测方法对水质信息利用不足、能够提供的有效信息侧重点不同的问题。该框架可以根据不同水体类型以及能够获取的水质数据数量，选择相应的水质预测方法，通过组合预测对各单一水质预测方法进行加权融合，从而获得更好的预测效果。

其次，组合预测方法与水质监测信息没有直接的输入输出关系，其主要工作是利用优势矩阵法对单一预测方法进行加权融合给出组合预测结果，因此组合预测方法对水质监测数据没有特殊的要求，对于不同的水质预测模型具有良好的适应性，在不同区域的推广应用具有重要的意义。

另外，由于水环境变化及水质模型的不确定性，水质预测结果必然存在不确定性，因此进行概率性水质预测对于水质变化复杂性的表征十分重要；概率组合预测方法通过对历史监测值和预测值的统计分析，给出一定置信度下的区间性预测结果，有利于人们对水质未来可能变化趋势的理解，进而为水质管理部门的管理决策奠定良好的基础。

1. 概率性预测原理

本小节所述的预测概率有以下含义：当预测值为某一水平时，历史统计中监测值达到该水平的概率。本小节对概率统计方法及其有效性进行了论述，并且为了更利于人们对水质变化的理解，还给出了一定置信度下水质指标未来可能的波动范围。

(1) 预测概率的确定

一般情况下，求取随机变量的概率分布，会采用假设该变量符合某种概率分布，根据历史数据求取其分布参数的统计方法。但是这种统计方法是在假设随机变量满足该分布的基础上进行的，因此具有很大的主观性。本小节采用直接对历史预测进行统计的方法确定其概率分布，这样更能体现预测情况以及水质信息的真实变化，更具客观性。

由统计学知，样本容量足够大时，可以认为样本分布与总体分布近似相同，因此可以在历史预测次数足够大的情况下，取历史预测作为统计样本，估计未来预测状况。由于预测概率基于对历史监测值和历史预测值的统计，因此预测概率可看作二维随机变量，并服从概率分布 $f(X,Y)$，$f(X,Y)$ 为对历史统计而得出的统计概率分布。

设对历史监测值分 x 段，历史预测值分 y 段，这样就形成了 xy 个分区，记为 Area (i,j)，$i=1, 2\cdots x$，$j=1, 2\cdots y$。则统计概率满足分布律

$$P_{ij}=\frac{\text{Area}(i,j)\text{ 容量}}{\text{统计样本容量}} \tag{6-47}$$

式中，X、Y 分别为历史监测值、历史预测值，$i=1, 2\cdots x$，$j=1, 2\cdots y$。

那么当前预测值在未来出现的概率，即预测概率为

$$P = \frac{P_{ij}}{\sum_{k=1}^{y} P_{ik}} \tag{6-48}$$

值得注意的是，一般情况下，水质监测值及预测值在一定的范围内波动，因此分段应根据历史预测的状况进行调整，并不是固定的均匀分段。

（2）预测概率有效性检验

对历史预测进行统计，该统计概率分布是否能够模拟未来预测概率是未知的，因此需要对其进行有效性检验。检验历史统计概率的有效性从两方面进行：确切概率分布与累积概率分布。

根据统计学原理，累积概率

$$F(x) = P\{X \leqslant x\} \tag{6-49}$$

由预测概率和累积概率公式可得预测概率的确切概率分布和累积概率分布。

设水质监测值落在一定区段的历史统计预测概率为 x，水质预测值落在相应区段的未来预测概率为 y，那么相关系数

$$\rho = \frac{\sum_{i=1}^{n}(x_i - \overline{x})(y_i - \overline{y})}{\sqrt{\sum_{i=1}^{n}(x_i - \overline{x})^2 (y_i - \overline{y})^2}} \tag{6-50}$$

式中　n——随机变量维数；

$\overline{x}$、$\overline{y}$——变量 x，y 的均值。

易知 $|\rho| \leqslant 1$。从确切概率和累积概率两方面计算历史统计概率 x 与未来预测概率 y 的相关系数，相关系数越大，说明统计规律对未来水质预测的模拟越好，具有较好的应用价值。同样地，有效性检验应对原始统计的分段进行修正，以保证有效性检验是在同一区段进行的。

（3）水质预测的区间估计

得到预测概率后，仅得到水质指标达到预测值的概率，没有得到水质指标可能的波动范围，无法为水质监管工作提供较直观的依据，因此对水质预测进行区间估计是非常必要的。

由置信区间定义知，给定 α（$0<\alpha<1$），水质指标 W 满足

$$P\{W_{min} \leqslant W \leqslant W_{max}\} = 1 - \alpha \tag{6-51}$$

则称区间（W_{min}，W_{max}）为 W 置信水平为 $1-\alpha$ 的置信区间。设预测值处于某一分区 Area（i，j），该区域的概率分布是离散的，可采取一次线性插值求取置信区间上下限。将不同时刻的置信区间上下限分别相连，可作出水质指标波动包络线。

2. 组合预测原理

组合预测方法的基本原理是把各个竞争模型得到的预测结果赋予不同的权重并组合成一个单一的预测，基本思想在于充分利用每一种预测方法中所包含的独立信息。组合预测的核心内容是确定各竞争模型的权重。

设一个问题可以采用 n 种预测模型 f_1，f_2，…，f_n 预测，那么组合预测模型输出

$$f = \sum_{i=1}^{n} w_i f_i \tag{6-52}$$

式中，w_i为模型 f_i（$i=1$，2，…，n）所对应的权重，满足条件

$$\sum_{i=1}^{n} w_i = 1 \tag{6-53}$$

（1）权重确定方法

考虑到组合预测方法未来将应用于日常水质预测以及组合预测框架的可扩展性，采用稳健性较高的优势矩阵法确定权重。优势矩阵法确定权重有三大优点：第一，权重对优势比的变化不很敏感，因而无须大量先验数据；第二，可以时刻对权重进行更新，稳健性高；第三，可操作性强。另外，按照均方误差判别标准，优势矩阵法确定权重的预测精确性高于任何单一预测方法，而且对大样本数据，优势矩阵法确定权重的精确性超过等权重法、最小方差法和回归法。

设一个问题可以采 n 种预测模型预测，其权重为向量 $w=$（w_1，w_2，…，w_n）T，构建优势矩阵

$$O = \begin{bmatrix} \frac{w_1}{w_1} & \frac{w_1}{w_2} & \cdots & \frac{w_1}{w_n} \\ \frac{w_2}{w_1} & \frac{w_2}{w_2} & \cdots & \frac{w_2}{w_n} \\ \vdots & \vdots & \ddots & \vdots \\ \frac{w_n}{w_1} & \frac{w_n}{w_2} & \cdots & \frac{w_n}{w_n} \end{bmatrix} \tag{6-54}$$

式中，O——对角线元素为 1 且各元素均为正数的方阵。

I 为单位矩阵，O 中的每一个元素 O_{ij} 可以看作预测模型 i 优于预测模型 j 的概率。对 O 进行分析可以发现，O 是秩为 1 的矩阵，只有一个特征值 n，即

$$(O - nI)w = 0 \tag{6-55}$$

如果历史预测样本足够大，那么上式恒成立，但是受到样本容量限制，历史预测往往无法准确估计模型表现，因此上式无法严格相等。矩阵 O 具有这样的性质，其元素小的摄动意味着特征向量小的摄动，从而有

$$(O - \lambda_{\max} I)w = 0 \tag{6-56}$$

式中，$\lambda_{\max}$为矩阵 O 的主特征向量。

设 π_{ij} 表示下一次预测中模型 i 优于模型 j 的概率，比例 π_{ij}/π_{ji} 表示模型 i 优于模型 j 的概率，即 $O_{ij}=\pi_{ij}/\pi_{ji}$。在历史预测中，假设使用模型 i 和模型 j，令 Z_{ij} 代表模型 i 优于 j 的次数，Z_{ji} 代表模型 j 优于 i 的次数，则

$$\pi_{ij} = \frac{Z_{ij}}{Z_{ij} + Z_{ji}}, \pi_{ji} = \frac{Z_{ji}}{Z_{ij} + Z_{ji}} \tag{6-57}$$

对 n 种预测模型分别进行上述工作即可得到优势矩阵 O。可采用幂法求得主特征值及其对应特征向量，将特征向量归一化即可得权重向量 w。

（2）预测表现评定

对预测效果的评价基于损失函数以及预测值序列和监测值序列相关系数的计算，分别从一次损失函数和二次损失函数两方面对预测精度和稳健性进行评估，从相关系数方面对趋势性预测效果进行评估。其定义分别如下：

一次损失函数

$$L_1 = \frac{1}{T}\sum_{t=1}^{T}|e_t| \tag{6-58}$$

二次损失函数

$$L_2 = \frac{1}{T}\sum_{t=1}^{T}e_t^2 \tag{6-59}$$

式中 T——预测序列长度；

e_t——预测相对误差。

一次损失函数越小，代表预测精确性越好，而二次损失函数越小则代表预测稳健性越高。

预测值序列与监测值序列相关系数

$$\rho = \frac{\sum_{i=1}^{n}(x_i-\overline{x})(y_i-\overline{y})}{\sqrt{\sum_{i=1}^{n}(x_i-\overline{x})^2(y_i-\overline{y})^2}} \tag{6-60}$$

式中 n——序列长度；

$\overline{x}$、$\overline{y}$——变量 x、y 的均值。

相关系数越接近 1，说明预测值序列的变化趋势越接近监测值序列，即趋势性预测效果越好。

6.2.2 典型渐变性水源水质污染预警技术的实现

基于典型渐变性水源水质污染预警方法的研究，结合各示范地信息系统的建设，开发了一套水质预警服务软件，该软件基于 VS2008 和 SQL Server 开发，基于前文所述的概率性组合预测框架模型以及各单一预测方法，实现了原水日常水质预警、原水预测手动分析以及预测结果分析三个主要功能。该软件的数据流图如图 6-3 所示。

典型渐变性水源水质污染预警软件以概率组合水质预测方法为核心，整合了水质安全

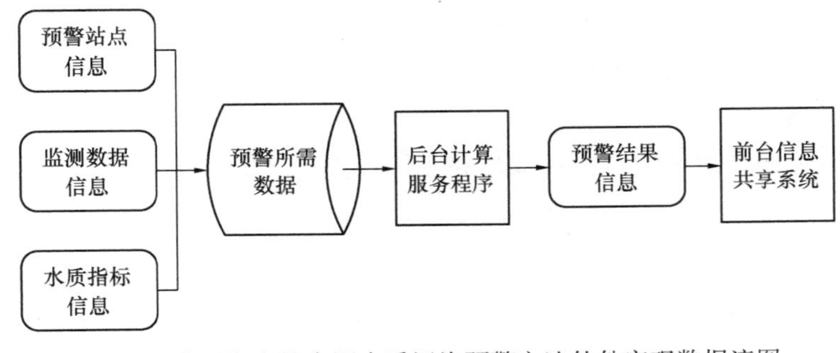

图 6-3 典型渐变性水源水质污染预警方法软件实现数据流图

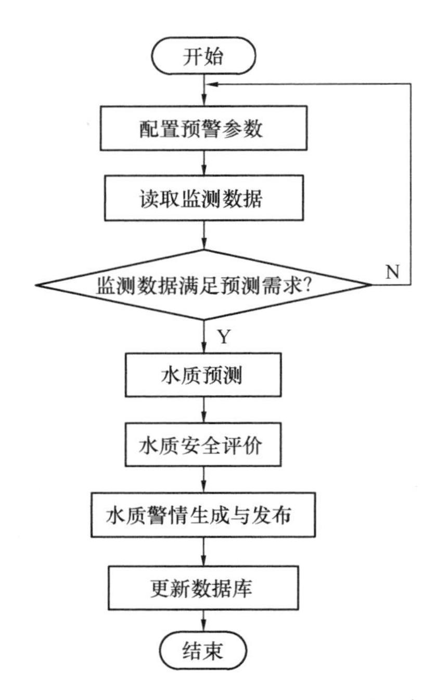

图 6-4　典型渐变性水源水质污染预警软件预警流程图

评价、水质预警信息生成与发布等模块功能，形成了从水质监测信息到水质预测、水质安全评价、水质预警信息发布的水质预警流程，水质预警流程图如图 6-4 所示。

该软件主要包括三方面的功能：原水日常水质预警、原水预测手动分析以及预测结果分析。

（1）原水日常水质预警

该模块用于展示各水源地典型渐变性水质指标的日常预警情况，并给出水质指标历史监测与未来变化趋势详情，为水厂、管网等后续制水供水阶段预警以及水质管理部门决策奠定基础。

（2）原水预测手动分析

该模块主要用于满足用户对关心的水源地、渐变性水质指标以一定的预测模式进行手动预测的需求。通过配置预警点、水质指标、预测起点时间、外推周期、预测周期以及预测方法的选择进行预测，预测结果以趋势图以及表格的形式进行展示，并对未来水质变化进行安全评价，给出水质变化的风险等级信息。

（3）预测结果分析

该模块主要是基于对预测方法进行检验、校订的考虑而设置的，通过对预警点、水质指标以及预测起点终点等参数的设置，对历史预测效果进行查询分析，从而发现水质预测方法的不足，进而改进水质预测方法。

6.3　典型水源水质污染事件预警专题技术

6.3.1　有毒有害物质泄漏事故预警技术

有毒有害物质污染事故主要是指在生产、生活过程中因生产、使用、贮存、运输、排放不当导致有毒有害化学品泄漏或非正常排放所引发的污染事故。近年来有毒有害事故频发，为了应对突发有毒有害事故，有必要对有毒有害泄漏事故预警技术进行研究，据此建立起有毒有害泄漏事故预警系统。

有毒有害事故的预测一般有机理模型和非机理模型。机理模型主要是通过求解水动力学方程和水质方程来获得污染物浓度的预测，而非机理模型是通过实际检测值，利用预测算法和预测模型，从监测数据中找到规律，从而获得预测数据。一般而言，机理模型建模明确，只要将少量参数代入方程，利用数值解法求解方程即可，建模简单，在边界条件和输入参数信息较充分的情况下，求解精度也较高。而非机理模型的建立需要大量样本数据，建模相对困难。研究提出了一种基于机理模型的多模型预测及校准方法，能够达到较好的效果。

对于水质仿真系统，多是在本地运行仿真模型，不仅要求用户具备较高的水环境仿真模拟专业知识，在实际应用和维护方面也存在相关问题。通过建立水环境远程模拟仿真系统，提供了不受地域限制、自助式的远程仿真服务模式，优化计算资源配置、提高仿真计算效率、实现仿真结果共享。

本节从有毒有害泄漏事故预警体系构建、有毒有害物质水质污染事故污染物扩散规律及模型、基于多模型的有毒有害物质水质污染事故动态优化预警方法、水环境远程仿真计算服务技术、基于WebGIS的有毒有害物质水质污染事故仿真模拟服务平台实现等方面来概述有毒有害泄漏事故预警技术的总体研究与系统实现情况。

1. 有毒有害物质泄漏事故预警体系

有毒有害物质泄漏事故预警体系旨在建立从有毒有害物质指标监测、污染物浓度仿真，污染物浓度预警到预警信息发布的自动预警平台，为有毒有害污染物防治工作和有毒有害物质泄漏事故的快速反应提供直接的指导性意见。

有毒有害泄漏事故预警系统可分为三层：仿真应用层、仿真服务层和数据层。结构如图6-5所示。

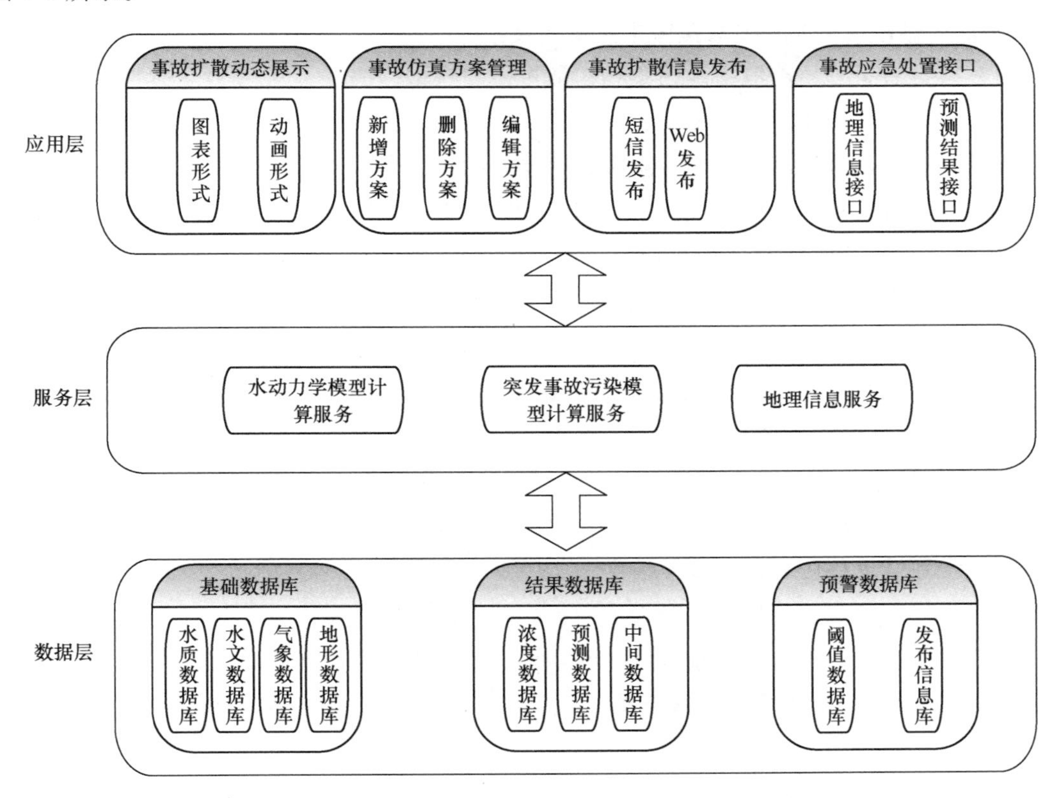

图6-5 有毒有害泄漏事故预警技术体系

仿真应用层是系统最终和用户交互的部分，主要包括事故扩散动态展示、事故仿真方案管理、事故扩散信息发布、事故应急处置接口。高级用户（水质专家）可以通过仿真方案管理对建立的污染物归趋模板进行增加、修改和删除操作。应急事件决策人员可以通过故扩散动态展示和事故扩散信息发布来查看当前污染事件的进展情况，并通过 Web 或短信两种形式发布事故的预警信息。

仿真服务层是连接仿真数据层和仿真应用层的纽带。仿真服务层主要包含了水动力学模型计算服务、突发事故污染计算服务和地理信息服务。其中水动力学模型计算服务和突发事故污染计算模块均包括了 Mike、Fluent 和 Matlab 等多模型的计算模板。应用层通过调用水动力学计算仿真服务模块来完成水动力相关信息的计算，通过调用污染模型计算服务模块来完成对污染物浓度的计算，通过调用地理信息服务模块来获得地理信息，并应用于 WebGIS 展示。仿真服务层的引入隔离了数据读写操作与应用流程操作，很大程度上提高了系统的扩展性和稳定性。

数据层为系统的最底层，主要包括基础数据库、结果数据库和预警数据库。基础数据库包含建模所需的基本信息，如水质信息，气象信息等。结果数据库包含了服务层对水动力学和水质模型计算的结果。预警数据库包含了生成预警信息所需的相关信息。各个数据库之间相互分离，共同为业务处理层提供了数据支持，并且支持自动录入和手工录入方式，用户可以根据自己的需求灵活选择。

2. 有毒有害物质泄漏事故预警相关关键技术

（1）有毒有害物质泄漏事故污染物扩散规律及模型构建

有毒有害物质的扩散规律是整个预警系统的基础。通过研究不同种类的典型有毒有害物质的迁移规律，从而建立起典型有毒有害物质的扩散模型。

典型有毒有害物质按照其在水中迁移转化的特性，可以分为溢油类、疏水性、亲水性三大类。围绕这三个大类物质，可开展相应的研究，具体包括水动力学模型构建技术研究、溢油类化学品数学模型研究、疏水性化学品数学模型研究、亲水性化学品数学模型研究等。水动力学模型是污染扩散模型的基础，能够为污染物扩散模型的构建提供水动力学相关的参数。溢油类化学品模型能够模拟溢油类化学品的水面扩展漂移及水中分散过程；疏水性化学品风险场数学模型能够模拟化学品受沉积物影响条件下的颗粒态物质吸附、沉降/再悬浮过程以及各种物化、生化反应过程；亲水性化学品数学模型能够模拟常规耗氧有机污染物质以及溶解性化学品的各种物化、生化反应过程。

（2）水环境远程仿真计算服务技术

由于水环境模拟仿真软件一般为本地运行软件，其软件操作、模型构建、结果展示等往往限于本地进行，这使得这类软件在网络化应用方面存在较大的局限性。而且这类软件要求用户具备较高的水环境仿真模拟专业知识，在软件的维护和升级方面也存在相关问题。

为此，可通过开展水环境远程模拟仿真技术研究，改变水环境模拟仿真本地运行的传统模式，建立不受地域限制、自助式的远程仿真服务模式，优化计算资源配置、提高仿真计算效率、实现仿真结果共享。

(3) 有毒有害物质泄漏事故动态优化预警方法

由于突发性有毒有害泄漏事故的紧迫性，必须要在短时间内对事件作出预警，因此对仿真的实时性要求很高；又由于实际环境的复杂性，往往会造成仿真结果与实际结果的偏离。

(4) 基于WebGIS的有毒有害物质泄漏事故仿真模拟服务平台

应用前述的多模型预警方法以及WebGIS远程仿真技术，可建立基于WebGIS的有毒有害物质泄漏事故仿真模拟的服务平台。

系统的整体架构主要基于SOA思想设计，这样做可以提高系统的扩展性能。SOA可以根据需求通过网络对松散耦合的粗粒度应用组件进行分布式部署、组合和使用。服务层是SOA的基础，可以直接被应用调用，从而有效控制系统中与软件代理交互的人为依赖性。这种具有中立的接口定义（没有强制绑定到特定的实现上）的特征称为服务之间的松耦合。在仿真模拟系统中，将每次仿真的请求都看成服务，利用SOA的思想管理服务所需的资源，并分配给服务请求者。如果服务有变更，只需要修改特定服务的逻辑即可，可以实现系统的高扩展性。

基于SOA思想，系统采用C/S和B/S模式相结合的实施方案：后台计算采用C/S模式：水质模型以dll的形式封装，基于c#开发的后台运算模块调用模型dll文件完成仿真运算，并将计算结果输出到仿真结果数据库。前端展示采用B/S模式：响应网站用户的需求，实现对仿真需求的在线管理，并与GIS系统相结合，对仿真结果进行在线展示。采用这种混合架构既能利用C/S架构强大的计算能力，又能够利用B/S架构的平台无关性，从而使系统的性能达到最大化。

根据SOA思想构建的基于WebGIS的有毒有害物质泄漏事故模拟仿真服务系统（软件）主要是用来对突发性的水质污染事件进行模拟仿真，得到污染物在河道中浓度的时空分布结果，做出发生的严重程度、影响时间，影响范围等信息的预警，并输出可视化结果，为日常水质管理及突发性事故应急管理提供服务。该软件主要由两部分组成：Web操作界面和仿真计算模块。前台Web操作界面主要是用来对仿真服务的设置进行管理，并可查看仿真结果。而后台仿真计算模块则主要是按照用户的要求，利用接口程序，驱动仿真模型进行运算，并将运算结果送入数据库，用于Web界面的展示。

6.3.2 蓝绿藻重点指标预警技术

近些年，藻类水华灾害事件频频出现于国内许多湖泊、内海和江河，太湖、滇池、巢湖、洪泽湖、汾河等都发生过藻类水华事件。由于水体的富营养化，引发水体中藻类等浮游生物大面积地恶性繁殖，在特定的气象和环境条件下，就会在水体表面聚集，形成水华，如在城市供水水源地爆发，会严重威胁取水口的原水水质，影响人民群众的饮用水安全。藻类水华发生时，不仅破坏水体生态环境，产生异味、降低水体感官性状，还会堵塞水厂滤池，影响水厂正常生产。当源水中藻类含量较高时，会加大水处理成本。因此，加强源水中藻类数量的监测预警非常必要。

在进行藻类水华预测预警分析时，藻总计数和叶绿素 a 浓度是两个需重点关注的指标。所有藻类中都含有叶绿素 a，并且叶绿素 a 在活的浮游植物体内含量很高，但在无机漂浮物质、浮游动物以及死亡浮游植物体内含量却很低。因此，叶绿素 a 浓度和藻总计数可以作为表征藻类现存量的指标。藻类水华发生是一个复杂的动态多因子驱动过程，其预测预警方法主要有机理分析和非机理分析等方法。

1. 基于机理模型的藻类预测预警算法

在基于机理模型的藻类预测预警方法中，针对不同的研究对象选取不同的单元体作为藻类生长基体，对于河流，采用的是 Lagrangain 方法，即通常所谓的迹线法；对于湖库，采用箱体模型。两种模型均基于充分混合理论作了如下假设：

（1）单元体内营养盐混合均匀；

（2）单元体内藻类分布均匀；

（3）单元体体积（深度）在计算时间内不变化。

藻类生长模型如式（6-61）所示：

$$\frac{\mathrm{d}A}{\mathrm{d}t}=(\mu-r-es-m-s)\cdot A-G \tag{6-61}$$

式中　A——生物量（干重）或叶绿素 a 浓度；

μ——总生长速率；

r——呼吸速率；

es——内源呼吸率；

m——非牧食导致的死亡率；

s——沉降速率；

G——由于牧食而导致的损失。

如果 A 为藻总计数时，则不考虑 es 和 r。

总生长速率受限于营养盐和温度、光照等环境因子：

$$\mu=\mu_{\max}\cdot f \tag{6-62}$$

式中　$\mu_{\max}$——参考温度下的最大生长速率；

f——生长率限制因子，生长率限制因子采用李比希最小因子定律即：

$$f=\min[f(T)\cdot f(I)\cdot f(C,PI,N,S_i)] \tag{6-63}$$

$$f(C,PI,N,S_i)=\min[f(C),f(N),f(PI),f(S_i)] \tag{6-64}$$

式中　f（T）——温度限制因子；

f（I）——光限制因子；

f（C，PI，N，S_i）——营养盐限制因子。

在很多场合，磷常成为限制因子，实际机理模型选用可参见表 6-13。相应的，机理模型的因子及参数见表 6-14。

可采用模型　　表 6-13

示范地	济南、东莞	杭州	输出值	率定参数
单元体划分	箱体划分	拉格朗日法划分		
总的藻类生长模型	$\frac{dC_{chl}}{dt}=(\mu-r)\cdot C_{chl}$		C_{chl}	r
磷营养盐模型	$\frac{dPI}{dt}=-\mu(t)pC_{chl}$		PI	p
营养吸收因子	$f(C_{PI},p)=\left(\frac{p_{max}-p}{p_{max}-p_{min}}\right)\cdot\left(\frac{C_{PI}}{k_{PI}+C_{PI}}\right)$		$f(C_{PI},p)$	p_{max}、p_{min}、k_{PI}
细胞增长因子	$f(p)=1-\frac{p_{min}}{p}$		$f(p)$	p_{min}
磷限制因子	$f(PI)=f(C_{PI},p)\cdot f(p)$		$f(PI)$	
温度限制因子	$f(T)=\vartheta^{(T-T_{ref})}$		$f(T)$	T_{ref}、ϑ
光照限制因子	$f(I)=\frac{1}{D}\int_0^D\frac{I(t)e^{-\lambda(t)z}}{\sqrt{K_I^2+I^2(t)e^{-2\lambda(t)z}}}dz$ $\lambda(t)=\lambda_S C_{chl}(t)$		$f(I)$	K_I、λ_S
生长率限制因子	$\mu=\mu_{max}\cdot f$ $f=\min[f(I),f(T),f(PI)]$		μ、f	μ_{max}

机理模型符号列表　　表 6-14

符号	含　义	符号	含　义
μ	总生长速率	p_{max}	藻细胞最大含磷量
r	呼吸速率	p_{min}	藻细胞最小含磷量
μ_{max}	参考温度下的最大生长速率	k_{PI}	半饱和磷常数
$f(T)$	温度限制因子	T_{ref}	参考温度
$f(I)$	光限制因子	ϑ	Arrhenius 指数
PI	水体无机磷浓度（细胞外）	K_I	光半饱和系数
p	藻细胞含磷量	λ_S	遮蔽系数
C_{chl}	叶绿素浓度		

机理模型能较好地反映藻类的生长规律，但由于藻类生长需要考虑的因素众多，很多变量之间的关系还没有被完全揭示，参数率定的工作量非常大。建立适合示范地藻类生长的机理模型需要利用较长时间范围内的数据进行模型参数率定。另外，水体环境是变化的，模型中很多参数（如藻类的生长速率）会随藻类、季节的不同而不同。因此，需要对参数进行不断的修正和率定。

2. 基于智能预测模型的藻类预测预警算法

智能模型是将人工神经网络、支持向量机等人工智能的方法应用于藻类预测。智能方法所具备的突出的非线性描述能力使其常作为生态建模和预测的重要工具，尤其针对藻类生长的高维非线性问题往往能给出有效的解决途径。迄今为止，多种智能方法已被较好的应用于藻类问题的研究。人工神经网络是较早应用于藻类预测的智能方法，是机器学习方法中的一种。人工神经网络对于分析复杂的数据序列具有明显优势，多数情况下优于数理统计方法。

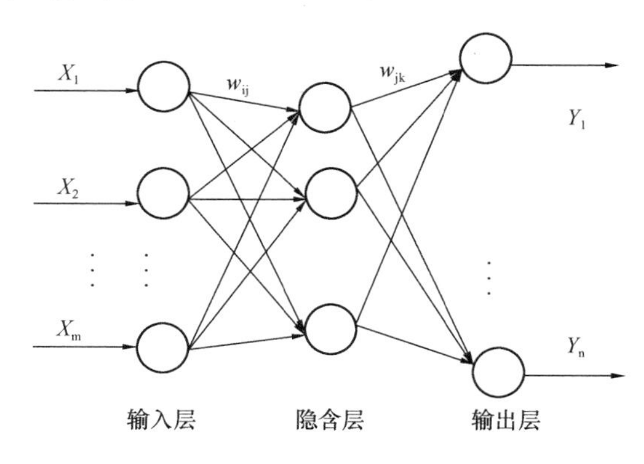

图 6-6　BP 神经网络拓扑结构图

BP（反向传播）人工神经网络是目前应用最广泛的人工神经网络模型，由一个输入层、一个输出层和若干个隐含层组成。模型特点是：每层各个神经元之间没有任何连接，相邻层神经元之间单向连接，无反馈、无跨层连接。BP 神经网络拓扑结构，见图 6-6。

图中，X_1、X_2、X_3、……X_m是 BP 网络的输入值，Y_1、Y_2、Y_3、……Y_n是预测值，W_{ij}和W_{jk}为权值。BP 网络可看成一个非线性函数，网络输入值和输出值分别为该函数的自变量和因变量。当输入层节点数为m，输出层节点数为n时，BP 网络就表达了从m个自变量到n个因变量的函数映射关系。

BP 网络的学习是典型的有教师学习，其学习规则又称为δ学习规则，一般有两个过程：信息的正向传播过程，这个过程逐层更新状态，信息由输入层传到隐含层神经元，逐个处理后传到输出层，从而得到输出值；误差的逆向传播过程，若输出值与期望值的误差不满足要求，误差信号就沿原路逐层反向传播，并不断修各层间的连接权值，然后再进行正向传播，如此反复进行，直到网络误差或训练次数达到设定值为止。

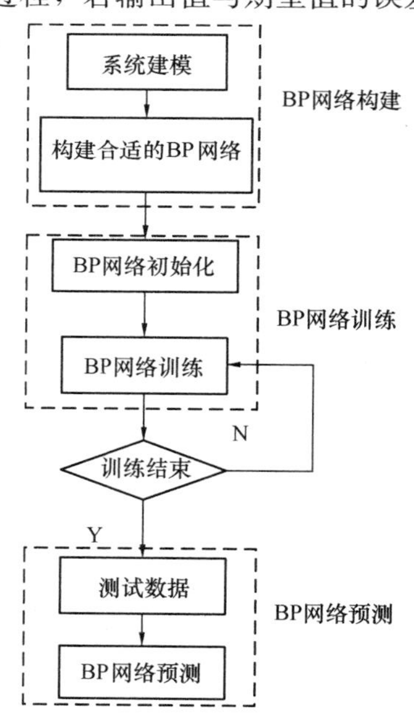

图 6-7　BP 神经网络预测的算法流程

BP 网络预测的算法流程包括 BP 网络构建、BP 网络训练和 BP 网络预测，如图 6-7 所示。

BP 网络预测模型的设计需要确定输入层、隐含层、输出层节点数及各层之间的传输函数。

大量研究表明，藻类植物的生长受到多种因素影响，最重要的限制性因素是氮和磷，它们是水生植物生长繁殖所必需的营养盐。另外，藻类的生长受到很多环境因素的影响，例如，水温、光照、DO 浓度及以水的流速等。同时，藻类的大量繁殖会对水环境产生反作用，使水体的 pH 值、透明度、氧化还原电位（ORP）、电导率、COD_{Cr}等因素产生变化。因此，选择能表征叶绿素含量变化的自变量和因变量是对其进行准确评价和预测的重要前提。

在实际应用中，可以根据现有的监测数据，运用时间序列方法，选取前一周的叶绿素 a、TP、TN、DO、温度这 5 个参数的日平均值作为神经网络的输入参数，后 3d 的叶绿素 a 浓度作为网络的输出参数，采用基于数值优化理论的改进算法 Levenberg-Marquradt 方法作为所建模型的训练算法，利用 Matlab 软件建立 3 层 BP 人工神经网络。配置参数见表 6-15：

神经网络配置参数 **表 6-15**

类别	设定值		节点数
输入层	济南	东莞	7
	叶绿素、pH、氨氮、DO、COD_{Mn}	藻种计数、pH、氨氮、DO、COD_{Mn}、水温	
隐含层			30
输出层	叶绿素	藻种计数	3
训练函数	线性函数		
最大训练次数	100000		
学习速率	0.05		

由于 BP 算法容易陷入局部最优，可以把遗传算法用于神经网络的训练，充分利用遗传算法全局搜索的特性来提高 BP 神经网络的性能。

选取均方根误差（RMSE）、相对平均误差（RMAE）、相关系数（R）和持续指数（PI）等指标来评价预测性能，各参数的定义如下：

（1）均方根误差 RMSE

$$\text{RMSE}=\sqrt{\frac{1}{n}\sum_{t=1}^{n}(z_t-T_t)^2} \tag{6-65}$$

（2）相对平均误差 RMAE

$$\text{MAE}=\frac{1}{n}\sum_{t=1}^{n}|z_t-T_t|,\text{RMAE}=\frac{\text{MAE}}{\overline{T}} \tag{6-66}$$

（3）相关系数 R

$$R=\frac{\sum_{t=1}^{n}(z_t-\overline{z})(T_t-\overline{T})}{\sqrt{\sum_{t=1}^{n}(z_t-\overline{z})^2\cdot\sum_{t=1}^{n}(T_t-\overline{T})^2}} \tag{6-67}$$

（4）持续指数 PI

$$PI=1-\frac{\sum_{t=1}^{n}(z_t-T_t)^2}{\sum_{t=1}^{n}(T_t-T_{t-1})^2} \tag{6-68}$$

上述各式中：n 为样本数；z 为预测值；T 是相应的目标值或观测值；MAE 是在所有输入形式下绝对误差的平均值；RMAE 是观测数据（或目标数据）平均值的 MAE；PI 参数特别适合于时间序列，因为 PI 参数将模型比作一个简单模型，就是在当前观测值和过去观测值（T_t-T_{t-1}）之间的差异。RMSE 和 RMAE 越小，PI 和 R^2 越高，模型也就越好。

采用遗传算法优化的时间序列神经网络多变量预测模型（GA-BP）的预测结果如图 6-8 所示，从图中可以看出，GA-BP 模型能较好地预测藻类浓度的变化。

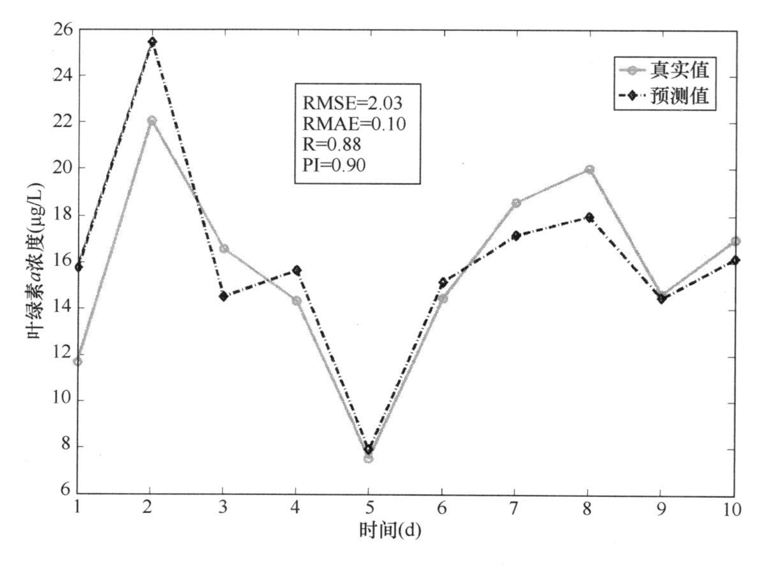

图 6-8　GA-BP 模型 chla 预测

为进一步验证该方法的有效性并便于比较，分别建立单变量模型（时序神经网络单变量预测模型的输入、输出变量都是藻类总数，即仅利用藻类总数自身的历史监测数据来预测其未来发展趋势）、多变量模型和遗传算法优化后的多变量模型。预测结果如图 6-9 所示。

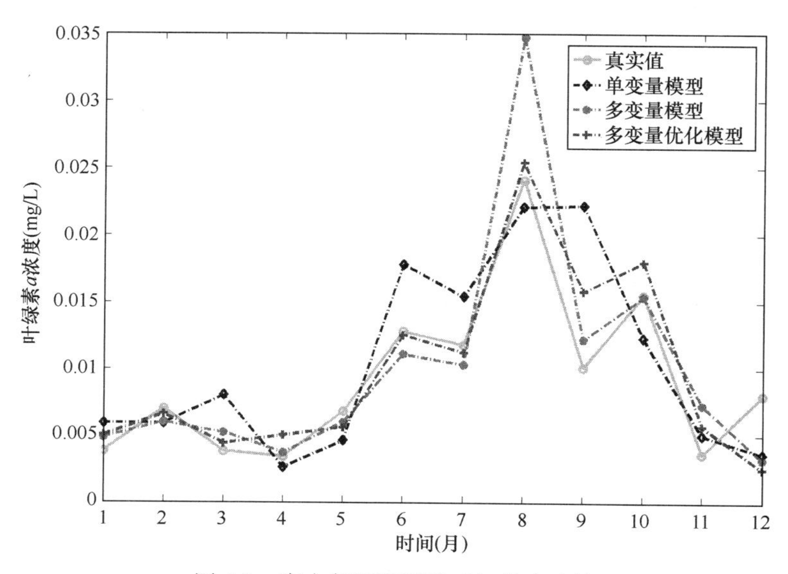

图 6-9　库内各预测模型 chla 输出比较

各模型具体的预测性能指标见表 6-16：

库内各预测模型性能比较 **表 6-16**

预测模型	RMSE	RMAE	R	PI
单变量	0.0046	0.4564	0.7777	0.5639
多变量	0.0037	0.3144	0.9241	0.7322
多变量（优化）	0.0026	0.2514	0.9244	0.8661

从模型的预测结果可以看出，多变量模型的预测性能要明显优于单变量模型，而利用遗传算法进行优化更是有助于其性能的提高，预测效果良好。

BP 神经网络由于本身的数据依赖性，对数据的需求量大，另外，神经网络本身存在收敛速度慢、容易陷入局部极小值、训练结果容易受不准确样本的错误引导等不足。但是，当数据比较完备时，BP 神经网络是一种较好的预测方法。

6.3.3 取水口盐度预测预警技术

咸潮（又称咸潮上溯、盐水入侵），是一种天然水文现象，它是由太阳和月球（主要是月球）对地表海水的吸引力引起的。在我国的很多沿海地区，在潮汐作用强、地表水径流量小的时候发生海水倒灌，即形成咸潮。以杭州湾为例，在夏季的枯水期，涨潮流可一直上溯到九溪、富阳附近，给杭州市的生活和生产用水造成巨大困难。

对于咸潮的研究，国外起步较早，国内到 20 世纪 80 年代才有了较为系统的研究。咸潮的预测预警方法主要有机理模型、经验模型和智能模型。机理模型描述水体中的物质混合、输移和转化规律，是研究污染物在水环境中变化规律及其影响因素之间相互关系的数学描述。机理模型中，最先进的是三维数值模型，三维数值模型可以用来很好的解决咸潮预测，但是工程应用中数值模型通常需要大量的基础数据来对数值模型进行校验和率定，当影响因素发生变化时，不能快速的做出变化。而简单的一维模型或者时间序列模型仅考虑影响咸潮入侵变化的主要因素，如潮水位、流量、杭州湾外海的盐度等。相比三维数值模型，该模型需要的水利数据较少，且能满足工程应用的需要。

钱塘江研究范围内水文测站布局如图 6-10 所示。其中富春江水电站为流量控制点作为模型的上边界；乍浦水文站监测潮位、海水盐度数据作为模型的下边界。上下边界之间的各水文站：桐庐水文站、富阳水文站、闻家堰水文站、闸口水文站、七堡水文站、仓前水文站的水文监测数据作为模型的输入变量。

日盐度时间序列从七堡水文站、仓前水文站、澉浦水文站获得，日流量从富春江水电站水文站和分水江水文站获得，日潮位两个高潮位、两个低潮位数据从各个水文站获得。因为降雨量、蒸发量在收集的数据期间比较小可以忽略。这样，只有富春江水电站的流量和分水江的流量作为径流输入。

水文数据量通常很大，这些数据大多是非线性、不稳定、存在噪声。神经网络是数据驱动型模型，可以辨识输入数据间的非线性关系，但是数据间冗余性会使得神经网络输入

图 6-10　钱塘江水文测站布局

的数据很多，网络结构复杂，计算效率降低，因此需要对输入神经网络的变量进行筛选。

通过相关分析方法分析不同历史时刻序列值与当前时刻预测对象的相关性水平，使得模型输入项选择更加科学，对提高模型的泛化能力，降低输入维数，简化模型结构有较好的作用。

以 $X=\{x_i,\ i=1,\ 2,\ \cdots,\ n\}$ 表示模型某一输入变量的历史时间序列，$Y=\{y_i,\ i=1,\ 2,\ \cdots,\ n\}$ 表示模型输出变量的历史时间序列。令 $X_1=\{x_i,\ i=1,\ 2,\ \cdots,\ n-t\}$，$Y=\{y_i,\ i=t+1,\ t+2,\ \cdots,\ t+n\}$，其中 $0\leqslant t\leqslant n-1$，则 X_1 和 Y 的标准差为：

$$\delta_{X_1}=\sqrt{E\{[x_i-E(X_1)]^2\}}\quad i=1,2,\cdots,n-t \tag{6-69}$$

$$\delta_Y=\sqrt{E\{[y_i-E(Y)]^2\}}\quad i=t+1,2,\cdots,n \tag{6-70}$$

式中：$E(\cdot)$ 为数学期望。

X_1 和 Y 的相关系数 R_{X_1Y} 为：

$$R_{X_1Y}=\frac{\operatorname{cov}(X_1,Y)}{\delta_{X_1}\delta_Y} \tag{6-71}$$

式中　cov $(X_1,\ Y)$ ——X_1 和 Y 的协方差，$i=1,\ 2,\ \cdots,\ n-t$；

R_{X_1Y}——前 t 时刻变量 X 和当前时刻变量 Y 之间的相关系数，X 和 Y 相同时表示前 t 时刻和当前时刻同一变量自相关系数。

影响咸潮的变量有很多，其中主要包括流量、各水文站的潮水位、各水文站的盐度，由于输入变量很多，各个变量之间存在一定的相关性，全部作为输入变量输入到神经网络模型中，不仅使模型结构复杂、计算效率降低、还降低了模型的泛化能力。因此需要采用主成分分析法（PCA）提取输入变量中的主成分信息，降低输入维数。

主成分分析法的原理是相似的输入很有可能属于同一类，而输入变量方差越大，相关性越小，越有可能具有好的区分能力。主成分分析方法如下，原输入矩阵

$$X=(x_{it})=\begin{bmatrix} x_{11} & x_{12} & \cdots & x_{1m} \\ x_{21} & x_{22} & \cdots & x_{2m} \\ \vdots & \vdots & \vdots & \vdots \\ x_{n1} & x_{n2} & \cdots & x_{nm} \end{bmatrix} \tag{6-72}$$

对上式做标准化计算等处理，得到标准化输入矩阵

$$X\% = U\Sigma V^{T} \tag{6-73}$$

和输入矩阵降维

$$Z\% \approx X\%V\% \tag{6-74}$$

这样原始变量信息损失很小的情况下有效降低了输入项维数，并且避免了输入项间的相关性，可以有效的降低网络结构，提高网络的泛化能力。

由于 BP 算法容易陷入局部最优，把遗传算法（GA）用于神经网络的训练，充分利用遗传算法全局搜索的特性，得到一个初始的权值矩阵和初始的阈值向量，再用其他训练算法，得到最终的神经网络结构。这种 GA 和 BP 网络相结合的方法，能显著地提高 BP 神经网络的性能。

根据实测的盐度、潮位、流量和各站点的水位，将 GA-BP 算法应用于对七堡水文站盐度的预测，结果如图 6-11 所示，可以看出预测的准确度较高。

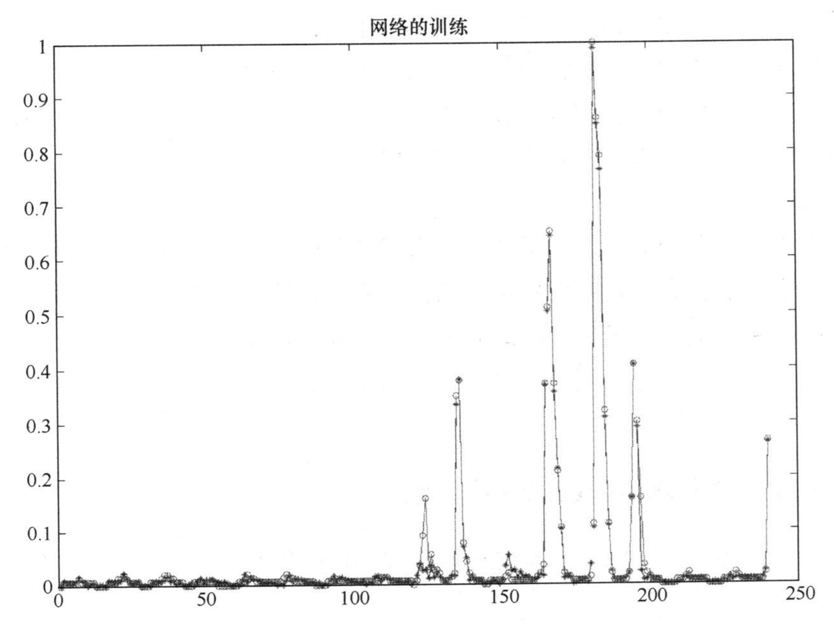

图 6-11　七堡实测和预测值比较

另外，对东莞某水厂取水口的数据进行测试，效果如图 6-12 所示，可以看出预测的盐度和实际趋势比较符合。

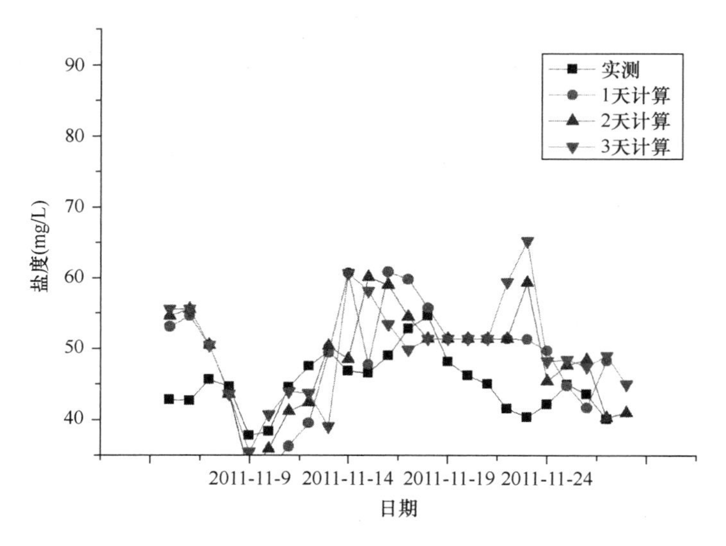

图 6-12　东莞某水厂取水口盐度实测和预测值比较

6.4　水处理及管网水质预警技术

有资料表明，目前国内大部分水厂使用由混凝、沉淀（或澄清）、过滤、消毒等工艺环节组成的常规水处理工艺，水处理和管网环节中在线监测仪表的使用虽较为普遍，但对水处理和管网水质进行预警并用于指导水厂实际生产的案例还尚不多见，大部分水厂仍沿用传统的人工决策来实现预警和警报处理。随着社会经济迅速发展，我国城市供水水质污染事故时有发生，水处理和管网水质预警作为饮用水水质安全评价预警的重要组成部分，可以用于指导水厂工艺调整，提高供水水质，保障人民群众的饮用水安全，具有重要的经济和社会意义。

水处理和管网预警的重要工作是结合制水工艺和历史水质数据，分析出厂水水质和水源地、取水口水质的相关性，应用各种预测预警方法，演算未来一段时间出厂水水质在时间和空间上的分布情况，并对预测的结果进行评价和提供相应的应急预案，用于指导水厂水处理环节的工艺及时调整，同时可以对管网的水力和水质进行模拟仿真，保障饮用水的安全供给。

6.4.1　水处理及管网水质预警的总体技术流程

水处理和管网水质预警的整体技术框架如图 6-13 所示，技术路线流程如图 6-14 所示。

管网和水处理预警研究的主要内容包括：

确定管网和水处理水质预警的预警指标和内容，进行相关预警算法模型的研究和实

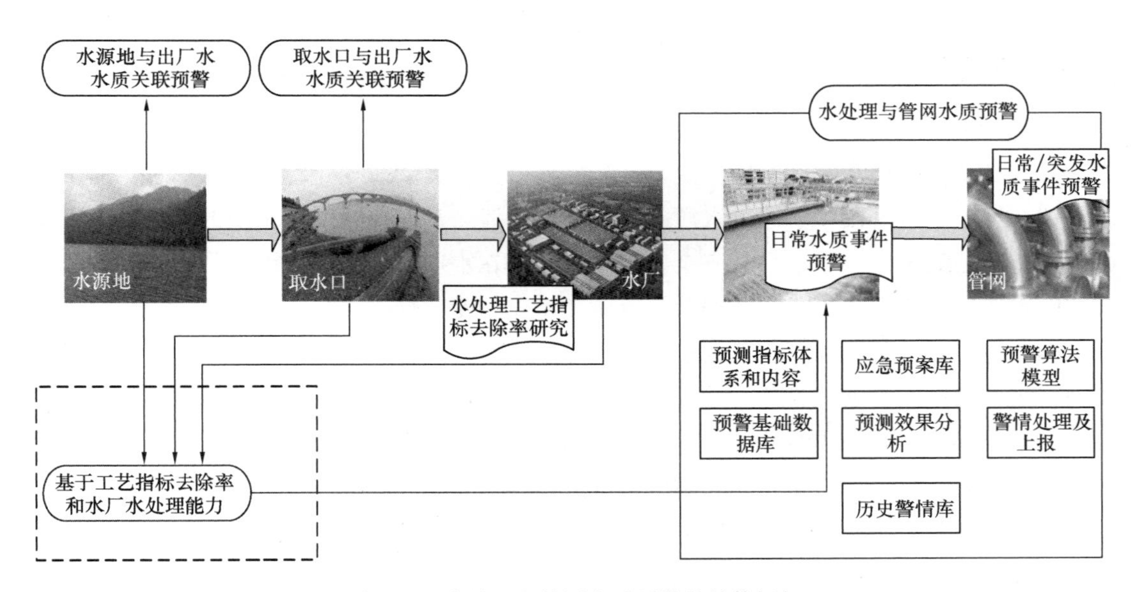

图 6-13 水处理和管网水质预警的整体框架

现，构建水厂工艺的水处理和管网水质安全评价及预警体系，开发水处理和管网水质安全预警软件平台，实现警情的可视化展示，最终实现预警系统在示范地的部署实施。

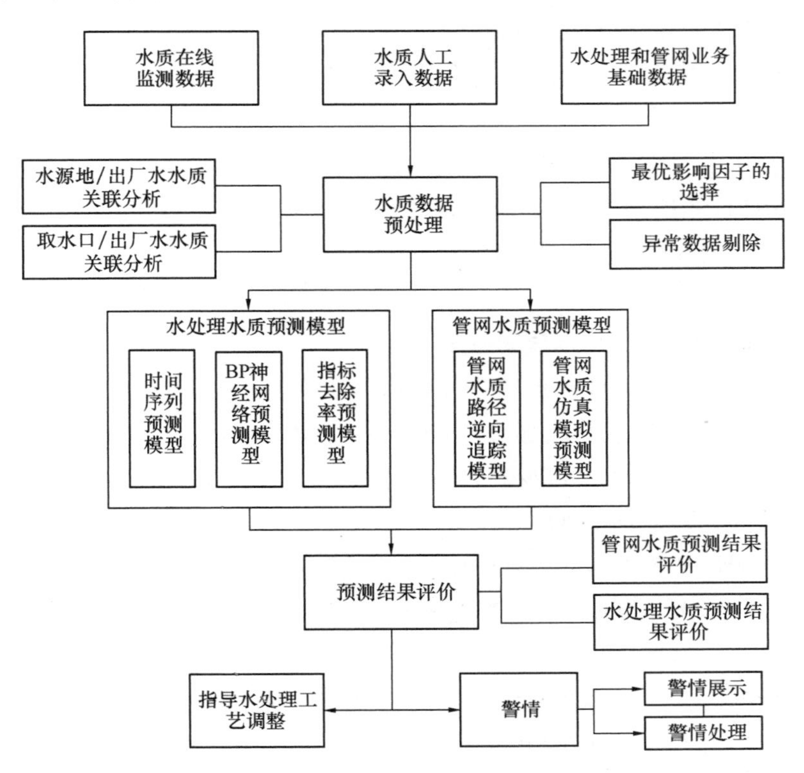

图 6-14 管网和水处理预警研究技术路线

6.4.2　水处理水质预警技术

给水处理系统是一个多变量、大滞后、强耦合的非线性系统，原水水质和水厂运行参数等因素都会影响出水水质。由于处理过程的复杂性及其动态变化特征，目前水厂的生产多停留在经验运行阶段，对原水水质的变化响应迟滞，难以保证供水水质的稳定。以机理分析为基础的数学模型要求参数齐全、信息完备，在水厂实际生产中尚未得到推广，目前实用的水质预测模型主要从非机理的角度研究水质的变化规律。

本节主要介绍基于水厂工艺的水质预测方法。该方法主要以分析利用水质历史数据为依据，结合水厂的水处理工艺，通过不同的预测方法推求预测指标以外的所有可能指标与待预测水质指标之间的非线性关系，或待预测水质指标本身随时间的变化规律。目前常用的水质预测方法可分为三类，即时间序列方法、结构分析方法和系统方法等。

时间序列分析法是根据事物发生过程的时序关系，找到历史数据的发展形态并进行外推的一种预测，在研究中要从预测对象的历史统计数据中分解出如长期趋势、季节性波动、循环性波动和随机性波动等不同分量，并分别对它们进行研究，这种预测方法属于时序性的探索预测。

而结构分析方法则主要着眼于事物发展变化的因果和影响关系，根据所拥有的资料数据，找出与预测对象密切相关的影响因素。

应用统计相关分析理论和方法建立预测模型则属于解释性的探索预测，典型的如灰色预测方法等。

系统方法是用系统科学的观点，把预测对象的各种变化视为一个动态的系统行为，通过研究系统的结构，构建系统模型，对未来值进行预测，典型的方法是人工神经网络预测方法。本节基于以上 3 种水质预测方法，结合水厂的水处理工艺，进行了出厂水水质预测方法的研究。

1. 基于时间序列法的出厂水预测方法

时间序列分析方法最早起源于 1927 年，数学家耶尔（Yule）提出建立自回归（AR）模型来预测市场变化规律。随后，在 1931 年另一位数学家瓦尔格（Walker）在 AR 模型的启发下，建立了滑动平均（MA）模型和自回归移动平均（ARIMA）混合模型，初步奠定了时间序列分析方法的基础。

时间序列预测技术在国外早已有应用，国内在 20 世纪 60 年代就应用于水文预测研究。到 20 世纪 70 年代，随着电子计算机技术的发展，气象、地震等方面也已广泛应用时间序列的预测方法。

时间序列预测法主要通过数理统计的方法，分析整理待预测水质指标本身历史数据序列，来研究其变化趋势而达到预测的目的。基本原理是：在考虑了水质变化中随机因素的影响和干扰基础上，从水质变化的延续性出发，将水质指标变化的历史时间序列数据作为随机变量序列，运用统计分析中加权平均等方法推测水质未来的变化趋势，做出定量预测。一般来说，时间序列受趋势变化因素、季节变化因素、周期因素和不规则因素等 4 种因素影响，时间序列预测方法是预测方法体系中的重要组成部分。

在分析研究了水处理过程水质数据的变化规律的基础上，建立了水处理过程基于残差方差最小原则的水质变化 ARIMA 时间序列模型，用于出厂水水质的预测。

ARIMA（Autoregressive Integrated Moving Average）模型，也称为 Box-Jenkins 法。该模型适用于非平稳时间序列，应用中需要通过若干次差分将非平稳时间序列转化为平稳时间序列，再对此平稳时间序列进行定阶和参数估计，得到 p，q 的值，然后就可以依据 ARIMA（p，d，q）模型对时间序列进行预测分析。

首先取某水厂出厂水的某水质指标给定的时间段内的历史观测数据作为分析样本，对其差分使样本时间序列平稳化。

设差分后的平稳时间序列 W_1，W_2，$W_3 \cdots W_n$，计算时间序列的均值：

$$\overline{W} = \frac{1}{n}\sum_{i=1}^{n} W_i \tag{6-75}$$

为该平稳过程均值的一个无偏估计。

$$x_i = W_i - \overline{W} \tag{6-76}$$

则 x_1，x_2，$x_3 \cdots$为一零均值序列。

对 x_i进行自相关函数和偏相关函数分析，以确定 ARIMA 模型需要使用的形式以及阶数，自协方差函数计算公式为：

$$r_k = \frac{1}{n}\sum_{i}^{n-k} x_i x_{i+k}, (k = 0, 1, \cdots\cdots n-1) \tag{6-77}$$

自相关函数计算公式为：

$$\rho_k = \frac{r_k}{r_0}, (k = 0, 1, \cdots\cdots n-1) \tag{6-78}$$

偏相关函数计算公式为：

$$\varphi_{kk} = \begin{cases} r_1 & k = 1 \\ \dfrac{r_k - \sum_{j=1}^{k-1} \varphi_{k-1;j} \cdot r_{k-j}}{1 - \sum_{j=1}^{k-1} \varphi_{k-1;j} \cdot r_j} & \begin{array}{l} k = 2, 3, \cdots \\ j = 1, 2, \cdots k-1 \end{array} \end{cases} \tag{6-79}$$

根据对 x_i做自相关与偏自相关分析的结果，判定 ARIMA 模型的适应性，再通过前期基于水厂处理工艺的水质分析，确定可以剔除趋势的差分阶数。若为非平稳时间序列，要先进行 d 阶差分运算后化为平稳时间序列，此处的 d 即为 ARIMA（p，d，q）模型中的 d；若为平稳序列，则用 ARMA（p，q）模型。差分阶数取决于水厂的水处理工艺。

最后经过参数估计和模型校验进一步确定最优的水质预测模型。

2. 基于灰色预测方法的出厂水预测方法

灰色模型（Grey Mode）简称 GM 模型，是灰色系统理论的基本模型，通过建立该模型体系就能实现灰色方法的系统分析、评估、预测和控制等功能。GM（n，h）模型为灰色模型的一般表达，模型中的“n”，表示微分方程的阶数，一般而言，“n”的值不宜大于3，模型中的“h”表示模拟的变量个数，目前，在水质预测方面，使用最多的是GM（1，1）灰色模型。

灰色理论在水质模拟和预测方面的运用主要有以下2种方法：一种方法是把水质确定性模型中的全部或部分变量或参数处理为灰色变量获得灰色解，如果采用优化技术，还可依据实测数据对水质模型中的参数进行灰色识别。

在基于水厂水处理工艺的基础上，采用GM（1，1）模型，研究出厂水水质变化规律，得到了基于水处理工艺的出厂水GM（1，1）水质预测方法如下：

首先，取某水厂出厂水的某水质指标一段时间内的监测值，具体时间段根据不同水厂已有的水质历史数据的实际情况进行划分，假设监测值时间序列$X^{(0)}$有n个观察值：

$$X^{(0)} = \{X^{(0)}(1), X^{(0)}(2), \cdots, X^{(0)}(n)\} \tag{6-80}$$

通过累加生成新序列

$$X^{(1)} = \{X^{(1)}(1), X^{(1)}(2), \cdots, X^{(1)}(n)\} \tag{6-81}$$

则GM（1，1）模型相应的微分方程为：

$$\frac{\mathrm{d}X^{(1)}}{\mathrm{d}t} + \alpha X^{(1)} = \mu \tag{6-82}$$

式中　α——发展灰数；

μ——内生控制灰数。

其次，由于不同的水处理工艺，出厂水水质的波动变化情况有所区别，所以针对水厂的水处理工艺，要对上述模型进行调整：将不同水处理工艺出厂水水质按照波动情况划分为不同的时期，先求各时期移动平均值；再用实际值除以时期移动平均值，得时期变动指数列；对同一时期变动指数列进行平均，得各时期的时期指数；用时期指数修正对应时期的灰色预测值，得时期指数调整后的预测值序列，再利用最小二乘法求解微分方程，即可得基于水处理工艺的出厂水水质灰色预测模型：

$$y_{k-1} = \left(= \left[X^{(0)}(1) - \frac{\mu}{\alpha}\right]e^{-\alpha k} + \frac{\mu}{\alpha}\right) \times \overline{I_{(1)}}, k = 0, 1, 2, \cdots, n \tag{6-83}$$

3. 基于人工神经网络的出厂水预测方法

1985年，以Rumelhart和Mc-Clelland为首的PDP（Parallel Distributed Processing）小组提出了实现神经网络的BP模型。BP网络可以看成是输入与输出集合之间的一种非线性映射，而实现这种非线性映射关系并不需要知道所要研究系统的内部结构，只需通过对有限多个样本的学习来达到对所研究系统内部结构的模拟。

BP神经网络作为一个广义函数逼近器，整个网络的学习过程分为两个阶段，第一阶段是从网络的底部向上进行计算，如果网络的结构和权已设定，输入已知的学习样本，可按公式计算每一层的神经元输出，第二个阶段是对权植和阈值的修改，这是从最高层向下进行计算和修改，从已知最高层的误差修改与最高层相联的权值，然后修改各层的权值，两个过程反复交替，直到收敛为止。

基于神经网络的水处理系统建模目前受到广泛关注，但多数研究集中在某个特定水处理单元的水质预测或运行控制，将其作为“黑箱”问题进行建模，从而忽视了各个水处理单元、水质参数之间的相互影响，以及人们对水质变化规律的先验知识。利用水厂日常运行时的原水水质和水处理工艺数据作为学习样本，研究并提出基于水处理工艺的 BP 神经网络水质预测方法。

首先，根据水厂的实际情况，确定出厂水水质的影响因子，作为神经网络的输入变量，以需要预测的出厂水水质作为输出变量：对出厂水水质产生影响的参数非常多，但恰当的影响因子选取是十分重要的，影响因子选取过多，会使预测模型过于庞大，降低网络的性能；影响因子选取得过少，对预测对象有较大影响的参数被忽略掉，会使预测精度下降，本研究在根据不同水厂工艺和原水监测指标的基础上，根据水厂的实际情况，选择合适的影响因子。

其次，根据选择好的输入变量和预测指标建立神经网络：建立神经网络模型一般很少有成型的规律可以遵循，通常都是通过多次的试验，对模型进行反复训练、测试来确定最终的模型结构。一般来说，具有一定相关性的输入和输出水质参数都可以通过调节网络模型的内部结构和参数找到一个合适的网络模型结构连接输入与输出。在研究的模型中，通过改变隐含层神经元的个数、隐含层和输出层的神经元传递函数、选择合适的学习算法等手段对不同水处理工艺建立了相应的神经网络模型。

最后，将针对不同水处理工艺的神经网络模型存储到系统的算法库中，形成了针对不同水处理工艺的出厂水水质预测方法库。

6.4.3 水处理及管网水质预警技术的系统实现

在研究水处理及管网模型及相关预测算法的基础上，可建立水处理及管网预警（子）系统，具有如下主要功能模块：

1. 出厂水预测

水厂出厂水水质预测模块以列表和曲线的方式展示水厂出厂水水质未来一段时间的预测信息，包括“水厂名称”“预警因子”“预测风险程度”“预测峰值”“预测峰值到达时间”等，可以以预警算法、预警源、水厂作为筛选条件展示预测结果。

2. 出厂水预测手动分析

出厂水预测手动分析模块的功能是手动选择某一水厂、预测指标、预测时间起点、预警算法和预警源进行出厂水水质的预测，得到以选定时间为起点的未来一段时间该指标的出厂预测结果，并可以以曲线形式同时展示监测值和预测值。

3. 水厂出厂水水质应急模拟

水厂出厂水水质应急模拟：该模块的功能是选择某一水厂和预警源，手动输入相应水质指标的模拟值，得到该水厂出厂水水质的模拟预测结果。

4. 管网日常预警分析

管网日常预警分析：该模块可以进行供水管网实时仿真、水力实时率定和实时评估管网水流动态、用水来源等功能。

第7章　水质信息管理及可视化技术

为支撑预警系统所需要的水质监测多源异构数据的甄别和融合，研发出基于数据融合的辅助决策支持技术、基于加权计算的水质综合分析评价技术、基于GIS的水质信息空间分析技术等来满足不同的水质数据分析和数据处理需求。基于水质监测预警系统多层及多用户的技术需求，采用面向服务的架构构建了国家、省、市三级水质信息管理系统及可视化平台，该平台可提供多种可视化表达方式和多维数据分析手段，能展示水质信息、分析水质变化趋势、提供应急处置信息化支持。结合水质监测预警系统的发展趋势和各地信息化技术资源的特点，提出大、中、小不同规模城市的水质信息管理系统及可视化平台的构建模式。

7.1　当前城市供水水质监管面临的问题

城市供水水质安全监管是城市供水主管部门的重要职责，但现行手段难以全面有效的支撑监管，主要存在以下问题：

7.1.1　各级城市供水主管部门难以及时完整获取水质数据

为切实做好城市供水水质监督管理工作，2007年建设部颁布了修订后的《城市供水水质管理规定》（部令156号文），明确了建立我国从中央到地方的城市供水水质监测体系。同年，建设部颁布了《城市供水水质数据报告管理办法》，明确了城市供水单位上报水质数据的内容和流程，以及各级政府的监督责任，并提出通过信息系统上报数据。

水厂和自来水公司，都制定了针对水源水、出厂水、管网水水质指标的日检、周检、月检制度，这些制度在具体实施中贯彻得还算比较好，但是大部分数据都记录在纸质表格上，往往要积累很长时间才上传到主管部门。水质检测数据是表征水质状况的最直接依据，水质的变化往往具有突变性和阶段性，这些来自现场的水质数据不能及时、完整让供水企业和管理部门看到，不能及时提供给专家分析，就有可能影响到日常监管和应急处理。

7.1.2　多样化海量水质数据难以综合处理和分析

我国有600多个设市城市，仅县城以上城镇的水厂数量就多达4500多个，各地的供水水质现状具有多样性。水质数据管理涉及多方面的数据管理内容，既包括单次样品水质检测指标的数值，也包括检测指标的阶段统计数值；既包括检测方法数据，也包括检测仪器精度数据；既包括人工化验的数据，也包括机器化验的数据和在线检测仪器的化验数据；既包括水质数据，也包括取水点位置、管网、河湖等空间数据。

同时，随着《生活饮用水卫生标准》的全面实施和技术的发展，水质监测指标由35项大幅度增加到106项；随着水质在线监测仪的发展，数据采集方式转变为实验室检测、在线监测、流动检测等多种方式；水质的数据量逐渐庞大。

海量、多样化的水质数据，基本都是以表格的方式呈现。各级城市供水主管部门看到的都是大量的、孤立的、不直观的数值，需要具有丰富的经验，并以非常谨慎的态度去查看才有可能发现存在的问题隐患，综合处理和分析具有很大的难度，影响城市供水水质监督管理工作的高效开展。

由于信息化手段具有及时完整获取海量数据，及开展综合分析的能力。因此，设计建立国家、省、市三级水质信息管理系统及可视化平台，支撑水质安全监管，形成新的管理形态。不仅有效解决了以上问题，并能提高监管效率。

7.2 主要技术突破

围绕国家、省、市三级水质信息管理系统及可视化平台研究目标，突破关键性的研究内容，确定了基于时空关系模型的水质数据存储技术、基于数据融合的辅助决策支持技术、基于加权计算的水质综合分析评价技术、基于GIS的水质信息空间分析技术等关键技术，4项技术关联关系如图7-1所示：

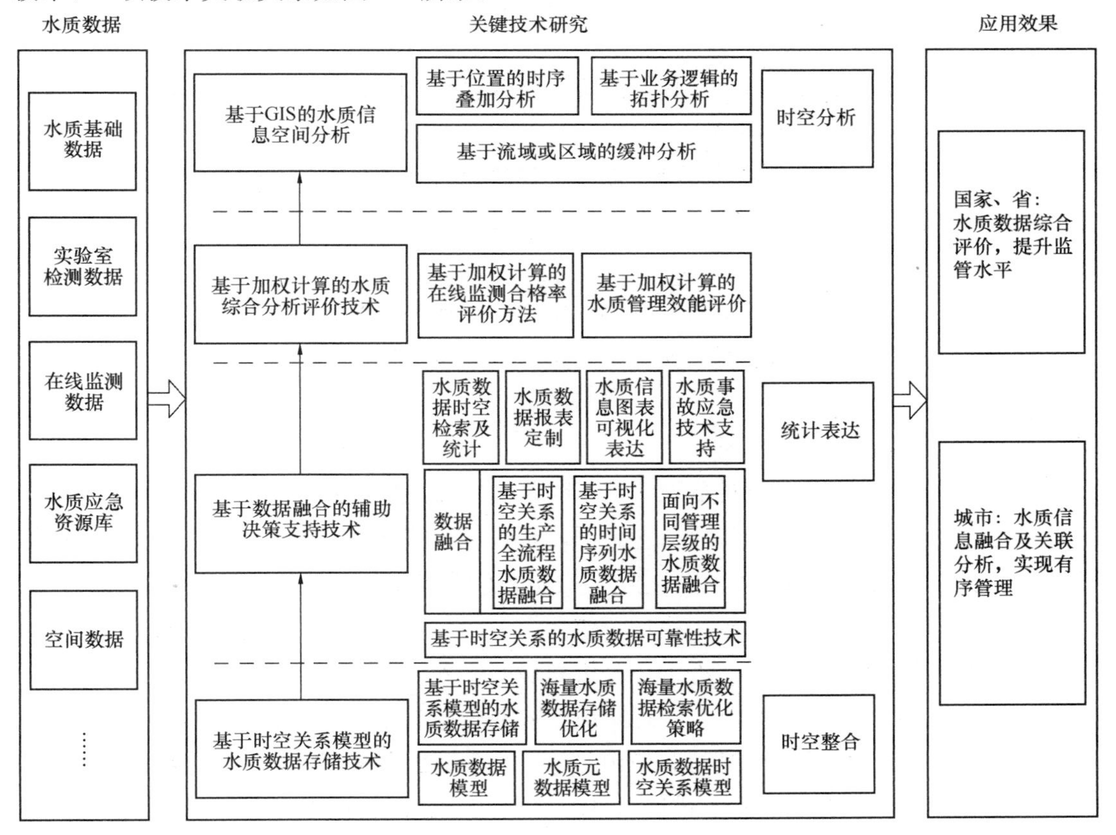

图7-1 关键技术关联关系分析

7.2.1 基于时空关系模型的水质数据存储技术

1. 针对问题

城市供水水质数据分为实验室检测数据、在线监测数据。实验室检测数据是指水厂水司、水质监测中心、水文环保气象等部门通过人工采样并检测的水质数据，其特点是：检测指标多，能反映采样点水质数据的整体情况，但检测频率较低；在线监测数据是指城市供水主管部门通过在水源地、水厂进出水口或管网安装水质监测设备自动获取的水质数据，其特点是：监测频率高，能反映水质随时间变化的细节，但监测指标较少。

在对实验室检测数据和在线监测数据进行分析时，会面临以下问题：

（1）实验室检测一般分日检、月检、半年检、年检等；在线监测的频率为分钟或小时，两者频率不一致导致无法直接对比。

（2）人工采样点、在线监测点空间位置信息彼此独立，缺乏上下游关系，难以表达取水、输水、制水、配水之间的水质空间关联性，难以支撑全流程的水质时空变化分析。

因此，在两类数据没有关联关系的情况下，两类数据形成两个信息孤岛，长期不能满足水质数据监测业务对两类数据的使用需求。

2. 技术目标

为解决实验室检测与在线监测的频度不一致、缺乏空间关联性导致的难以分析问题，需要开展以下工作：

（1）梳理各类水质数据基础结构，分析水质数据时空关系，构建水质数据时空关系模型，为水质数据的存储提供基础。

（2）基于水质数据时空关系模型，设计合理的数据存储结构，实现水质数据以及时空关系的高效存储，从存储底层实现实验检测与在线监测两类水质数据整合，支撑水质监测管理业务需求。

（3）提供多种水质数据检索优化策略，实现海量水质数据的快速高效检索。

本关键技术主要按照以下技术路线（见图 7-2）进行研究实施：

3. 主要技术内容

（1）水质数据时空关系模型

水质信息管理涉及多方面的复杂数据，除水质指标之外，还包括地形图（可能有属于不同比例尺的多种地形图，可以是矢量地图，也可以是影像图）、行政区划、统计指标数据、业务数据、管网设施数据以及专业分析的配置信息等。只有有效组织和管理这些数据，构建有机的水质数据时空组织模型，使其作为一个整体来相互补充和参照，才能充分发挥所有水质数据的作用，便于查询、分析和辅助决策。

系统将所有水质数据用数据集进行组织与管理，将全部水质数据以数据层的方式组织在一起进行统一管理，更便于理解和使用。针对每一个数据层，都会存储该数据来源（数据文件名或数据库表名）、类型、描述、显示控制（显示比例界限、还原显示标志等）等信息。国家、省、市级水质数据时空组织模型类似，只是数据范围和粗细程度不同，如图

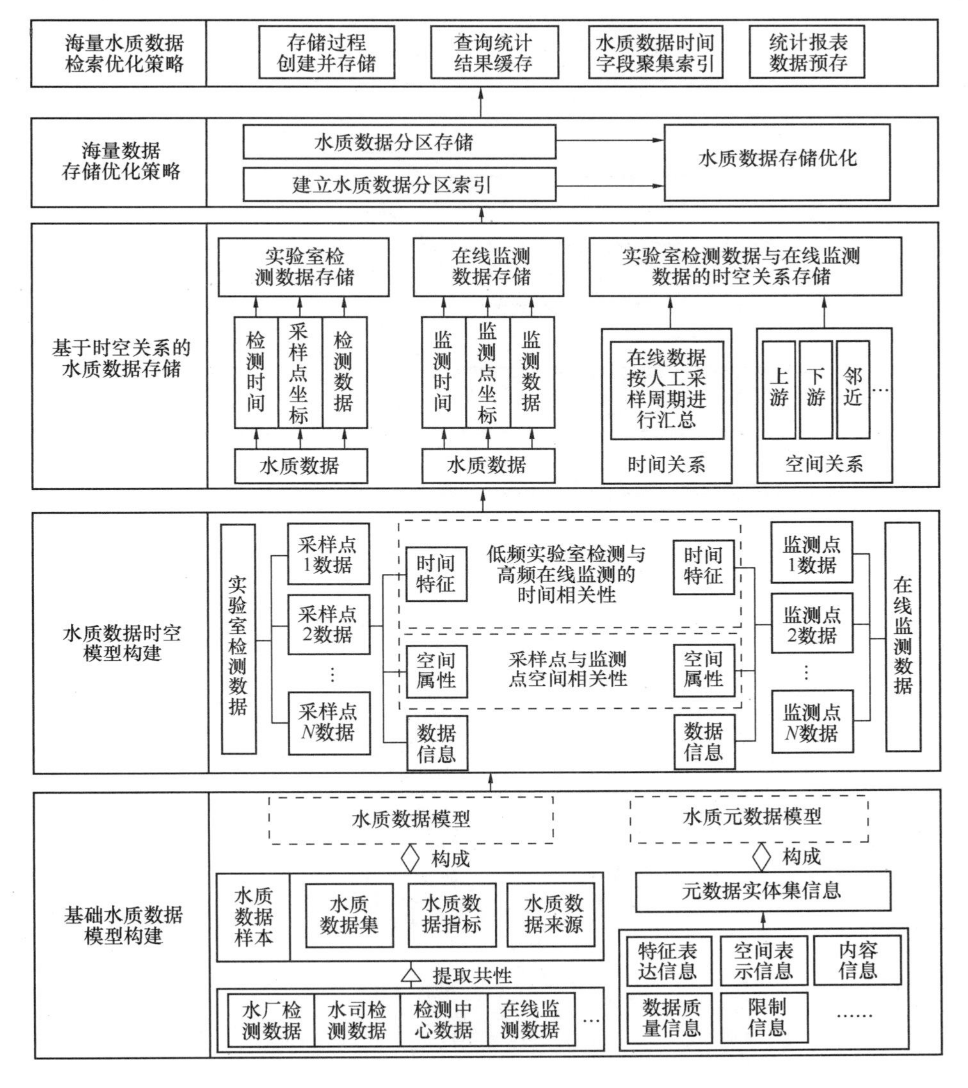

图 7-2 技术路线

7-3 所示。

通过对以上水质时空数据的组织，对时间序列数据建立空间对应关系，如图 7-4 所示。

无论对于实验室检测数据还是在线监测数据，其时空关系模型的表达均分为 2 个层次：

① 水质数据自身的时空特性。实验室检测数据由多个人工采样点数据组成，单个采样点数据涉及地理坐标、所属省市等空间特性，每份采样数据涉及采样时间、采样周期等时间特性，通过采样数据关联的采样点编号建立起采样数据具有的空间和时间特性；在线监测数据时间和空间特性与实验室检测数据类似。

② 实验室检测数据与在线监测数据的时空相关性。为了对实验室数据与在线监测数

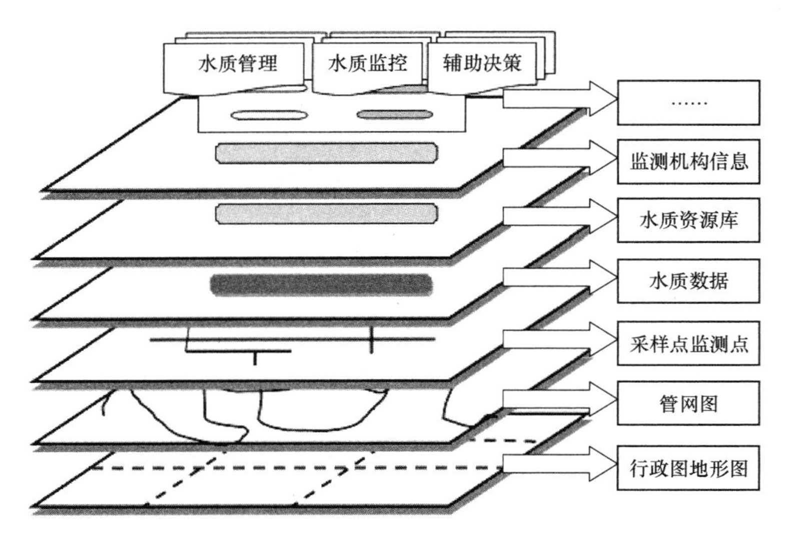

图 7-3　水质数据时空组织

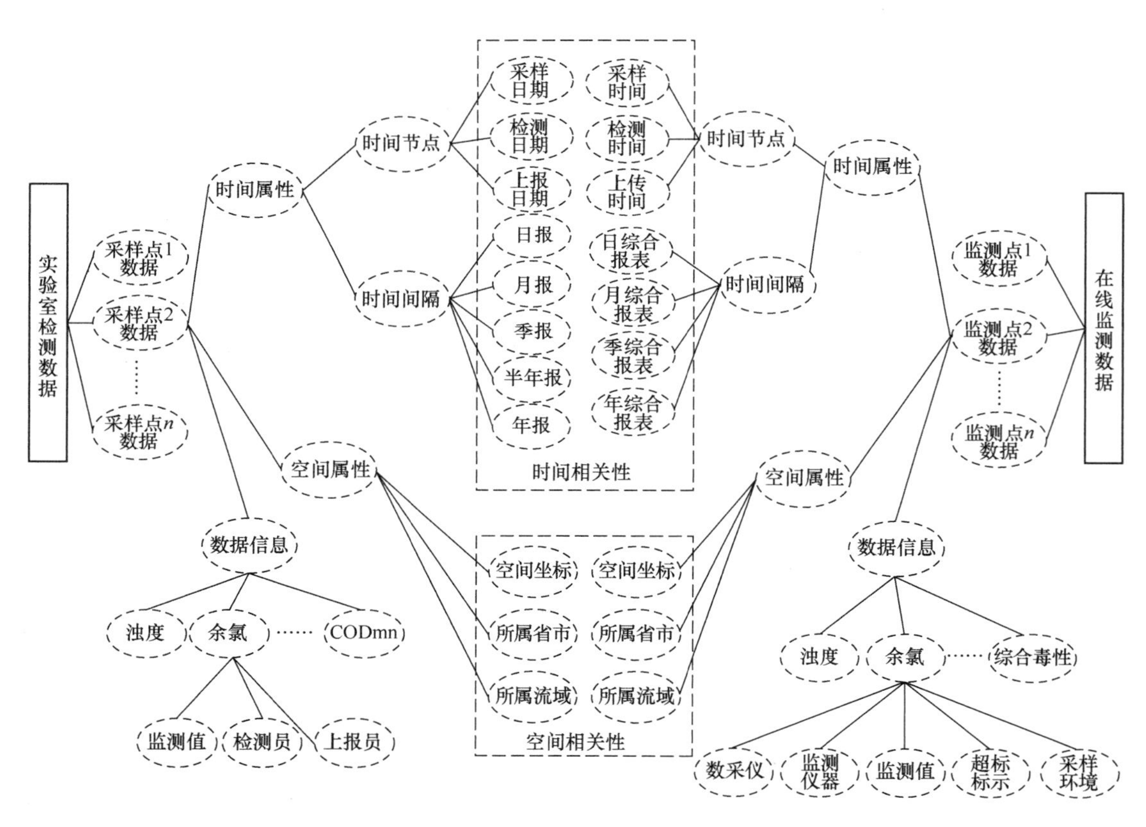

图 7-4　对时间序列数据建立空间对应关系

据进行综合集成分析，以及评价在线监测数据的可靠性，需要建立两者间的时空关系。

对于实验室检测数据，根据其采样点的空间坐标，通过空间分析，搜索出与其临近、或具有上下游关系的在线监测点序列 $\{S_1, S_2, S_3, \cdots, S_n\}$，并且用户可以选择其中一个或多个监测点，进行空间对应关系的存储（图 7-5）。

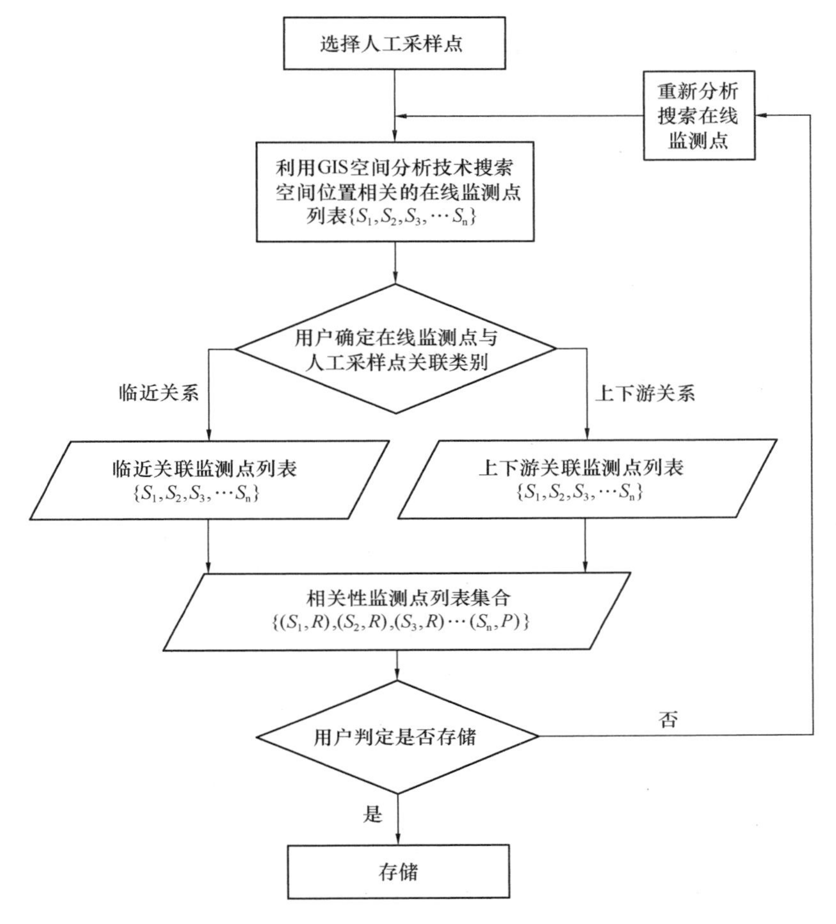

图 7-5 实验室人工采样点与在线监测点空间关系对应

实验室检测数据与在线监测数据在时间粒度上存在较大差异。实验室检测数据分为日报、月报、季报、半年报、年报，而在线监测数据是粒度为某一时刻的连续监测数据序列，因此，在构建两者时间关联关系时，需要进行时间关系上的映射（图 7-6）。如：对于实验室检测日报，需要将对应时间的在线监测数据进行统计，得出当日的在线监测数据平均值，为日常业务中两者的对比分析提供数据支撑。

（2）基于时空关系的水质数据存储

在实验室检测数据及在线监测数据的存储中，对两者空间位置相关属性进行了存储。如图 7-7 所示，无论是实验室检测人工采样点，还是在线监测点，都记录了其空间坐标信息、所属省市信息、所属流域信息。

而在实际的业务需求中，人工采样数据与在线监测数据还具有较大的相关性。在线监测点在选址时，已经考虑了人工采样点的分布情况：①对于水源水在线监测点，其数据将作为人工采样数据的对比参照；②对于出厂水在线监测点，将发挥其监测时间密集的优势，对人工采样数据进行补充；③对于管网水在线监测点，其将补齐人工采样点拓扑关系

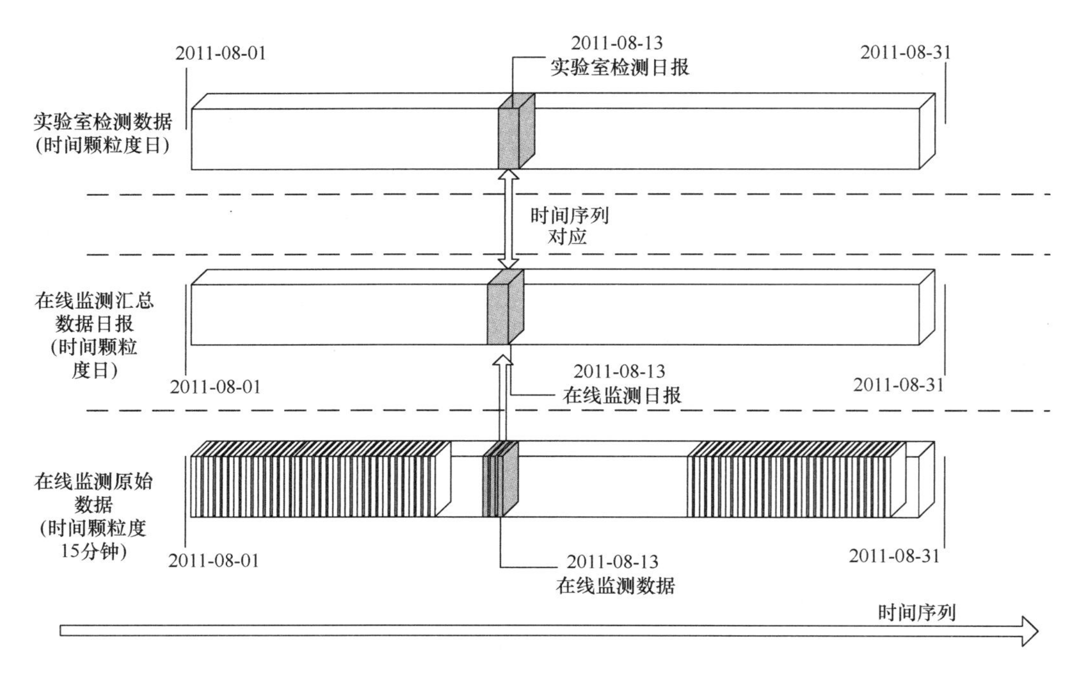

图 7-6　在空间关系基础上建立时间关系映射

在线监测点空间信息

sname	x	y
市环卫局	23169.6	39943.29
卧虎山水库	25704.72	52835.5
卧龙花园加压站	26241.41	68011.2371
金鸡岭加压站	30292.97	67017.212
东郊水厂出厂水	41638.89	70093.63
玉清水厂	17386.78	69804.7851
解放桥加压站	31665.07	72494.2912
南郊水厂	30851.4	62967.23
七里河加压站	35032.35	74213.2417
……	……	……

人工采样点空间信息

sname	x	y
东郊水厂进水采样房	41638.89	70093.63
玉清水厂加药间	17386.78	69804.7851
鹊华水厂进水采样房	34169.9326	57228.3
河务局医院	60136.34	24784.349
太平洋小区	63228.03	49764.54
幸庄加压站	38666.1	27846.2709
经济学院	34899.81	45889.9065
鹊山水库三号泵房	21305.23	41794.59
南郊水厂出厂水	30851.4	62967.23
……	……	……

图 7-7　在线监测点、实验室采样点空间位置信息

上的不足，如上下游关系、临近关系等，尤其是对于管网检测密度薄弱的区域，其数据还将作为整体管网水质数据分析的重要支撑。

在进行实验室检测数据、在线监测数据空间位置分析时，通过 GIS 技术，结合城市行政图、管网拓扑结构图、采样点监测点点位信息，将整个城市各类水质信息空间位置直观的呈现给用户，便于用户进行分析。

（3）海量水质数据存储优化策略

在业务功能开发中，需要对各监测点历史数据进行查询、统计、分析，且数据库实际响应速度要求小于 2s，因此，普通的数据库处理手段已经不能满足其需求。此外，作为城市水质监测重要数据，还要保证数据备份、恢复以及迁移的效率，提高系统的安全性、可用性。这样就需要研究海量水质数据存储技术。

为了保证在线监测海量数据处理效率，在在线监测数据入库时，对数据存储按照时间字段进行物理分区存储，即每月数据存储对应的月数据分区存储单元中，将数据和数据索引分成可以管理的小块分而治之，从而避免了将整个数据作为一个大的、单独的对象进行管理，也为海量数据提供了可伸缩的性能（图 7-8）。

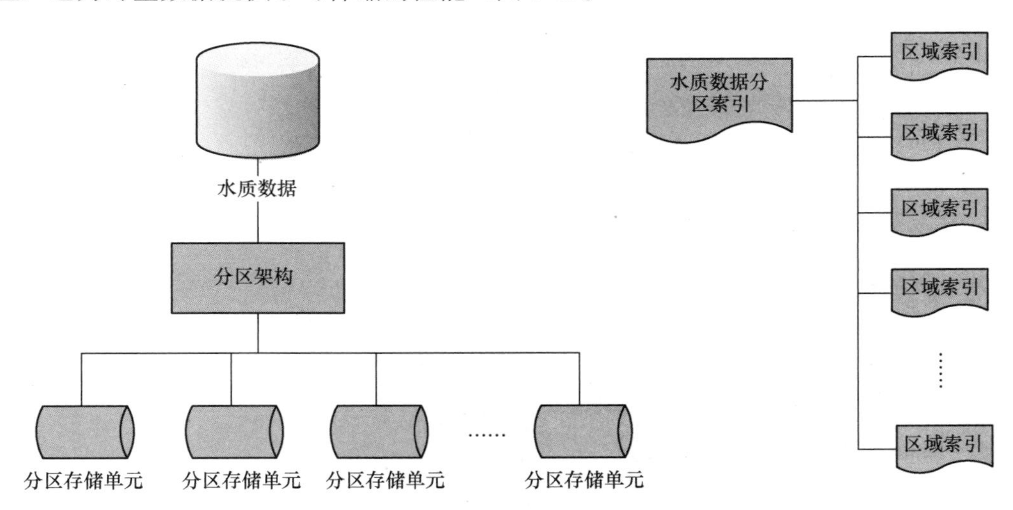

图 7-8　海量水质数据分区存储

在实际数据查询、统计等操作中，所有的数据分区存储单元逻辑上将作为一个整体，但实际的物理文件扫描将限于本次操作所涉及的存储单元，以查询某个时间段数据为例，数据库会自动按照起始时间、结束时间确定此次查询所涉及的小存储单元，随即在指定的若干块小存储单元中进行查找，这样仅需扫描这些小存储单元的索引，避免对整表的索引文件进行扫描，从而减少对 IO 操作的开销，提高数据查询检索及统计效率。

7.2.2　基于数据融合的辅助决策支持技术

1. 针对问题

水质数据具有海量、多类型、多尺度、多方式、多来源、异构等特点，缺乏关联关系，难以进行有效的统一管理及综合分析。鉴于水质数据的特点和数据融合的作用，需要对水质数据进行多级、多方面的处理和有机结合，在水质数据融合的基础上进行水质日常监管及应急处置辅助决策支持。

目前面临问题如下：

（1）实验室检测数据多采用手工填报、手工汇总的方式，存在着误差；在线监测数据受监测仪器运行环境、维护情况、检测精度等因素限制，也存在一定的误差，影响着水质数据统计、分析的准确性。

（2）面向生产全流程、面向时间序列和行政管理层级等三类基本水质数据监测主要业务信息检索和统计的困难。

（3）水质数据缺乏有效的分析和展示手段，难以支撑日常监管的高效开展。

（4）面对水质突发事件，难以快速整合各类信息资源，提取有效信息。

2. 技术目标

（1）研究基于时空关系的水质数据可靠性技术，对水质数据进行校验。

（2）融合基于时空关系的生产流程、时间序列和管理层级的高可靠水质数据，实现面向生产流程、时间序列和管理层级等三类水质数据监测业务信息检索和统计能力，支撑水质数据的模糊检索、水质统计报表定制，以及水质信息地图可视化和水质信息可视化表现。

（3）基于水质数据融合技术，利用水质数据检索、统计分析、可视化表达等手段从不同视角和维度分析展示水质数据现状及变化规律，为城市供水水质管理提供辅助决策支持，提高日常监管、应急处置决策效率。

该关键技术主要按照以下技术路线（图 7-9）进行研究实施：

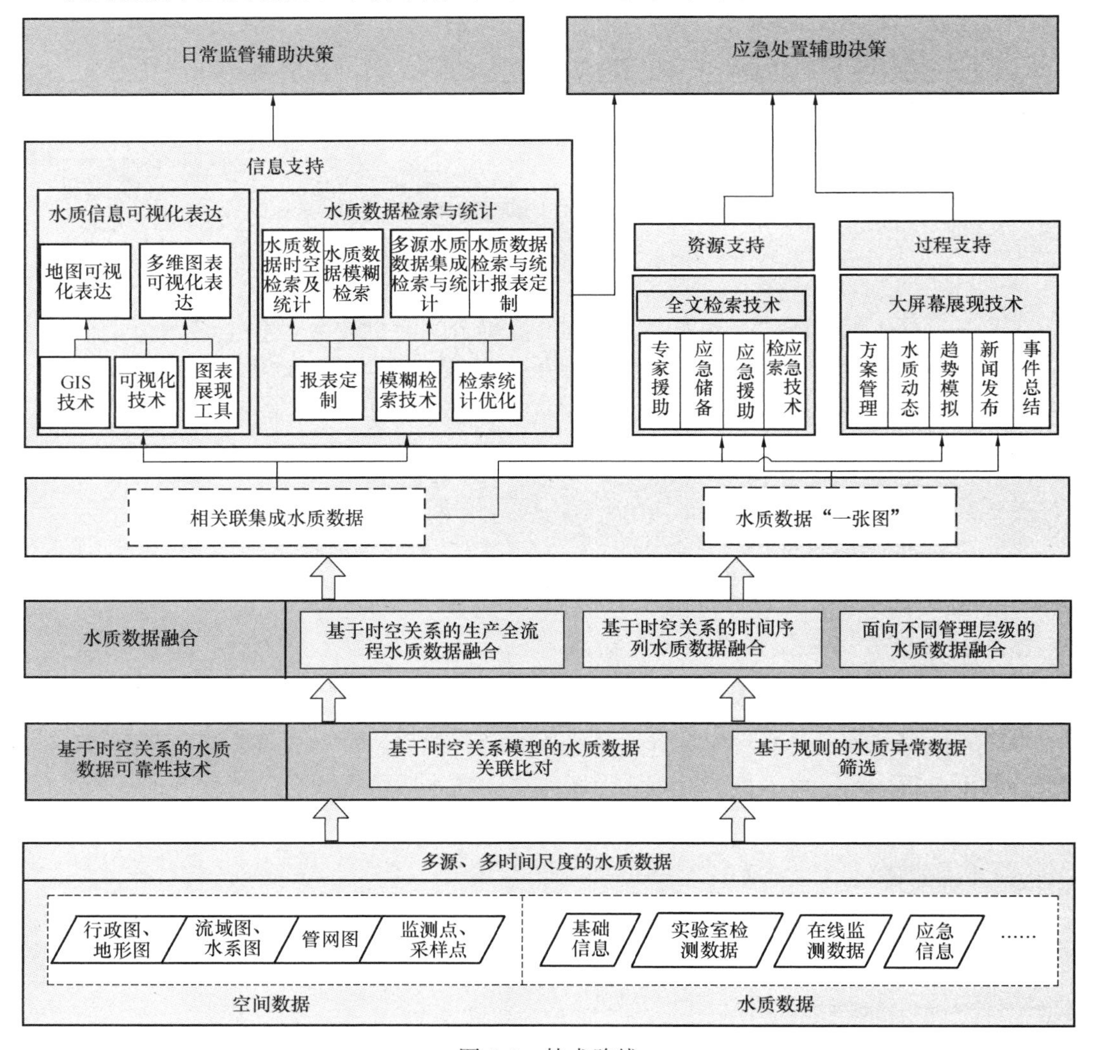

图 7-9　技术路线

3. 主要技术内容

（1）基于时空关系的水质数据可靠性技术

1）基于时空关系模型的水质数据关联比对

实验室检测数据从取样到检测，需经过多个环节，多采用手工填报、手工汇总的方式，存在着无意或有意的误差；在线监测数据受监测仪器运行环境、维护情况、检测精度等因素影响，其结果也可能存在一定的误差。通过将具有时空关系的实验室检测数据与在线检测数据进行关联比对，相互印证，将比对结果不一致的数据进行自动质疑，保障水质数据的准确性和真实性。

基于时空关系模型的水质数据关联比对算法如图 7-10 所示：

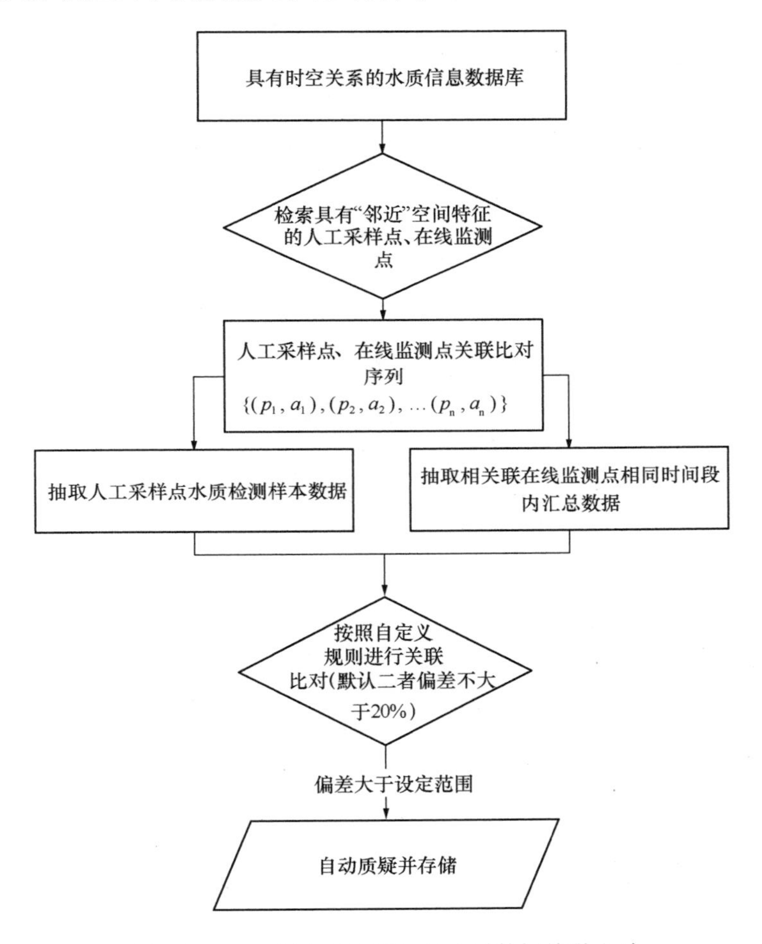

图 7-10 基于时空关系模型的水质数据关联比对

基于已经建立的具有时空关系的水质数据库，检索出具有“邻近”空间关系的人工采样点和在线监测点序列。

抽取相同时间段内相关联人工采样点、在线监测点检测数据，计算二者相同检测指标偏差率。对于偏差率大于 20%（可配置）的检测数据，将自动质疑并存储。

2）基于规则的水质异常数据筛选

水质异常数据主要包括3种情况，其处理方式如下：

异常水质数据。水质数据超出了正常范围，过大或过小。采用直接过滤的方式处理。

长时间无变化在线监测水质数据。设定一定的时间范围，水质数据无任何变化，采用自动质疑方式提醒处理人员。

异常波动在线监测水质数据。时间相近的水质数据波动幅度超过了设定的范围，采用自动质疑方式提醒处理人员。

系统管理员可对水质异常数据筛选规则参数进行配置。

(2) 水质数据融合

1) 基于时空关系的生产全流程水质数据融合

通过分析多源水质数据特点，水质监测分为纵向监测和横向监测。纵向上按照输送流程分别在原水、出厂水以及管网水设置若干监测点，对各项水质指标进行监控；横向上，由水质监测中心、水司检测实验室、水厂检测实验室等多个部门对供水各环节进行检测。通过多源数据整合技术，对不同来源的供水水质数据以及生产、配送、安全等相关数据进行接收、编目，实现生产全流程水质数据的融合（图7-11）。

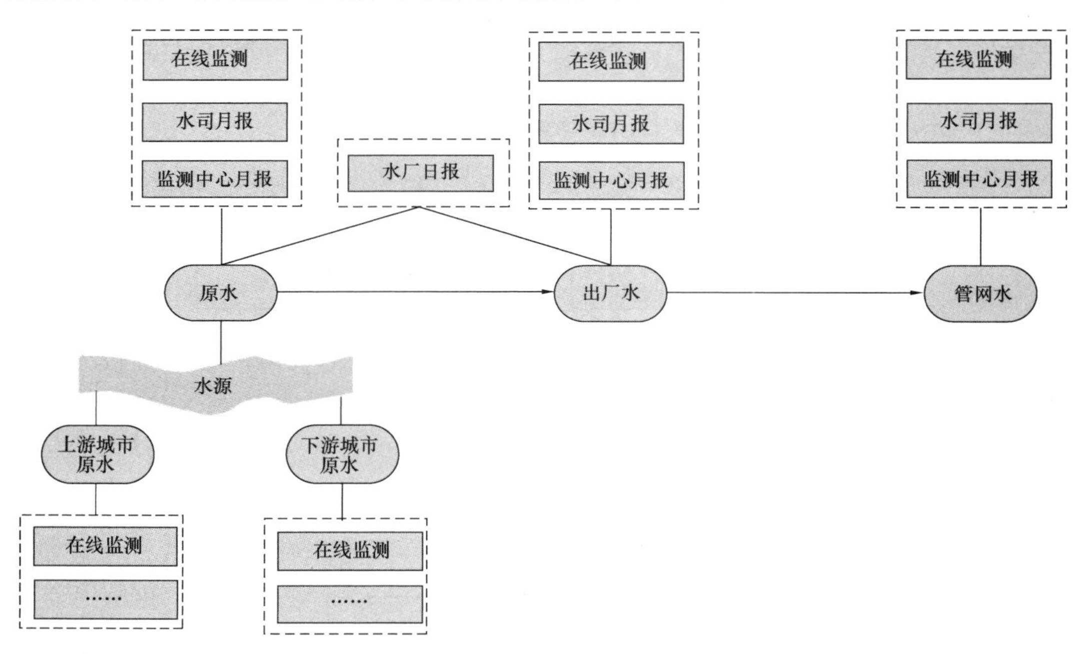

图7-11　生产全流程水质数据融合

基于时空关系的生产全流程水质数据融合技术，提供了数据可视化服务，以城市地形图，基础水质信息资源图为核心，以地图可视化的方式全面集成、整合、共享和交换城市多源水质信息（包括空间数据、水质数据、水质相关数据等信息），实现“水质信息一张图”。将城市行政图、地形图、遥感图、水质采样点监测点、水质基础数据、水质资源库、水司水厂信息等进行分层集中展现，并且能够对水质应急车辆和人员的空间位置进行实时查看实现水质信息的共享集成，发挥水质信息的整体效益。

通过数据融合，可全面整合和集成城市水质信息资源，辅助水质相关管理部门和水司水厂全面掌握水质信息资源的类型、数量、更新程度、水质质量等信息，摸清城市水质的整体运行情况，为各水质管理部门更好地进行水质监控、管理提供有力的辅助工具。

2）基于时空关系的时间序列水质数据融合

对于在线监测水质数据，根据对应关系，可以选择一段时间内（如月、季等）的在线监测信息进行数据融合，并将汇总结果与相关联的实验室数据进行融合分析，实现对在线监测水质数据可靠性的评估。

3）面向不同管理层级的水质数据融合

通过水质数据进行分类可知，水质信息主要包括空间数据（行政图、地形图等）、水质数据（在线监测数据、检测水质数据、综合数据等）、水质相关数据（应急数据、监测机构信息等）三大类。国家、省、市级水质信息数据库均由这三类数据组织而成，但对数据的粒度要求不一致。

（3）水质信息可视化表达及应急技术支持

提供水质数据时空检索及统计，及水质数据的地图、动态曲线、时空演变、大屏幕、表格、卡片等多种可视化表达技术，提升各级供水主管部门水质监管水平。同时，也可为水质事故应急处置提供信息支持、资源支持、流程支持，提高应急处置效率（图 7-12）。

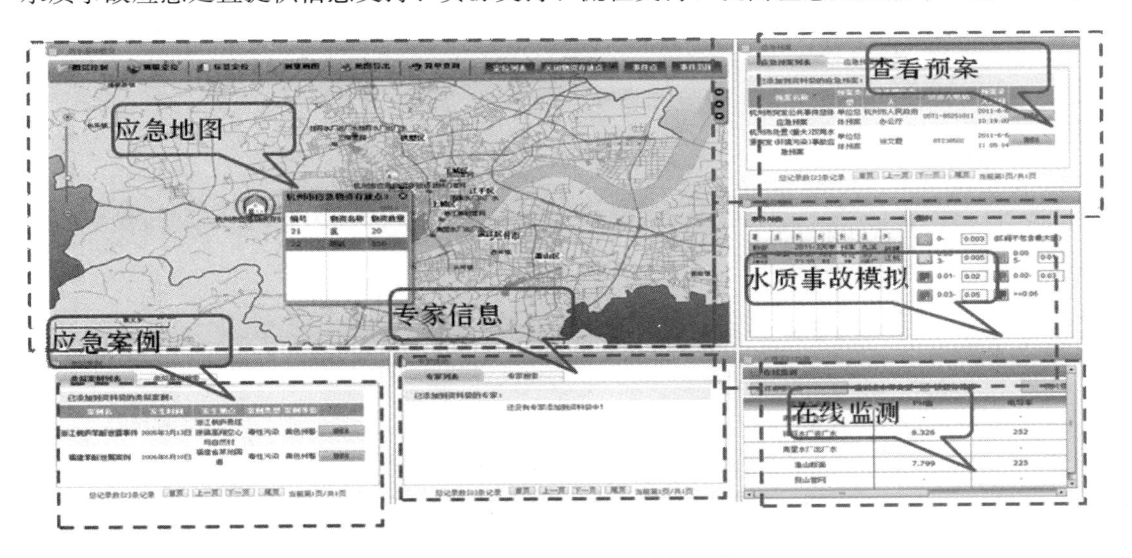

图 7-12 应急处置辅助决策支持

7.2.3 基于加权计算的水质信息综合分析技术

1. 针对问题

水质数据涉及众多水质检测指标，不同水质检测指标对水质的影响权重不同，对水质进行综合分析评价时评价指标需采用不同的权重，否则会掩盖或分散污染严重的指标在评价体系中的影响。因此，需对水质检测指标进行分类，形成面向合格率及管理效能的水质综合评价指标体系，方能建立水质综合分析评价方法。当前主要存在以下问题：

（1）缺少贯通国家、省、市三级的城市供水水质管理效能综合评价体系。

（2）缺乏面向宏观监管、综合考虑水质数据上报情况、合格情况、事故处置情况等的综合水质管理效能评价方法。

（3）各地的水质特点和检测能力均不一致，难以采用统一的权重对在线监测水质综合合格率进行评价。

2. 技术目标

（1）建立面向层级的宏观、综观、微观的城市供水水质管理效能综合评价体系（图 7-13）。

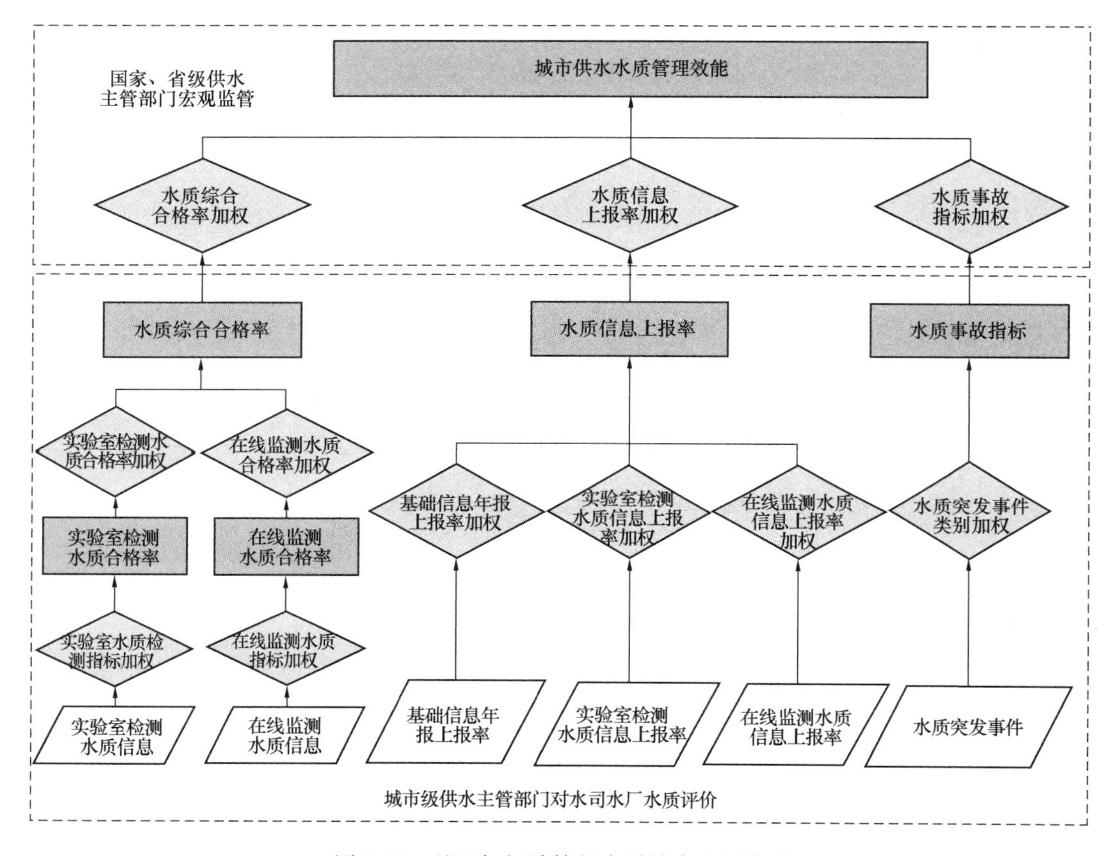

图 7-13　基于加权计算的水质综合分析体系

（2）提出城市供水水质综合管理效能评价方法，解决城市水质情况和水质监管效能难以评价的问题。

（3）结合济南（引黄水）、东莞（东江）、杭州（钱塘江）水质特点，确定水质检测指标对水质综合合格率的影响权重，建立在线监测水质综合合格率的评价方法。

该关键技术主要按照以下技术路线（图 7-14）进行研究实施：

3. 主要技术内容

（1）基于加权计算的实验室检测水质合格率评价

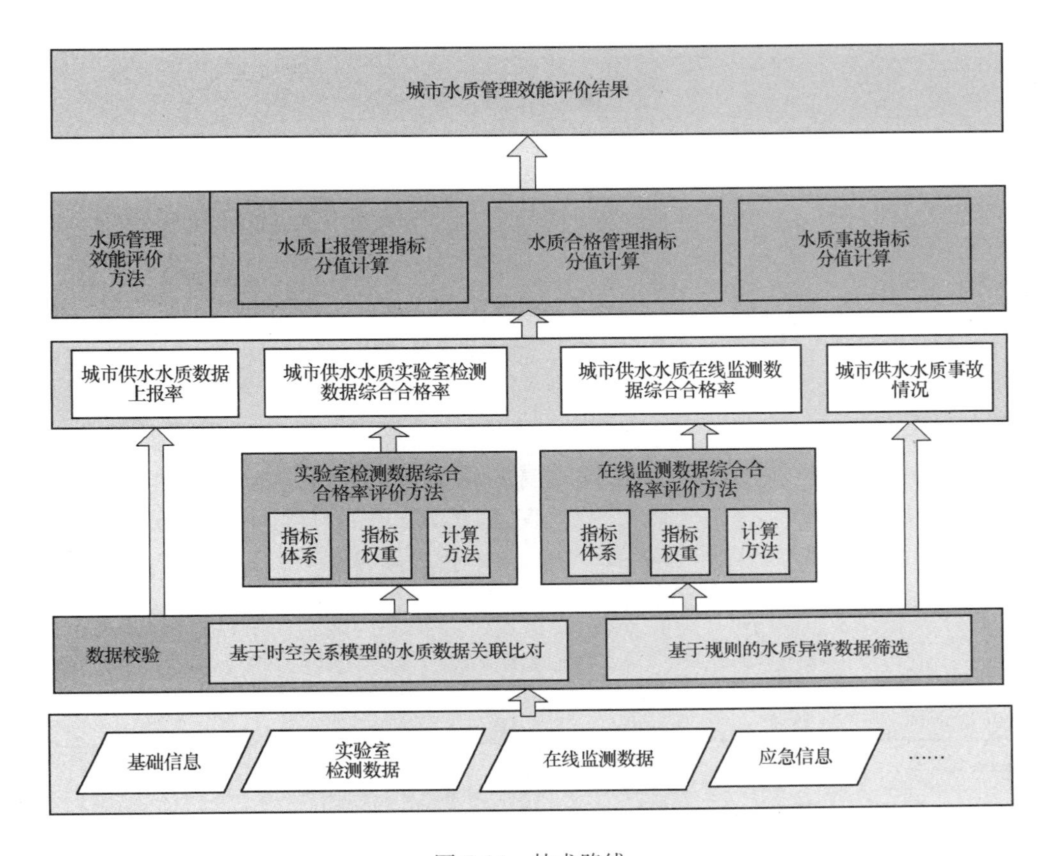

图 7-14 技术路线

按照《城市供水水质标准》（CJ/T 206—2005）对实验室检测水质合格率进行计算，公式如下。

1）出厂水检验项目合格率

浑浊度、色度、臭和味、肉眼可见物、余氯、细菌总数、总大肠菌群、耐热大肠菌群、COD_{Mn}共 9 项的合格率，见公式（7-1）。

$$出厂水\ 9\ 项各单项合格率(\%)=\frac{单项检验合格次数}{单项检验总次数}\times 100\% \tag{7-1}$$

2）管网水检验项目合格率

浑浊度、色度、臭和味、余氯、细菌总数、总大肠菌群、COD_{Mn}（管网末梢点）共 7 项的合格率，见公式（7-2）。

$$管网水\ 7\ 项各单项合格率（\%）=\frac{单项检验合格次数}{单项检验总次数}\times 100\% \tag{7-2}$$

3）常规指标综合合格率

管网水 7 项各单项合格率之和，42 项扣除 7 项后的综合合格率，权重按 7 比 1 设置，见公式（7-3）、公式（7-4）。

$$\text{综合合格率}(\%)=\frac{\text{管网水 7 项各单项合格率之和}+\text{42 项扣除 7 项后的综合合格率单项检验合格次数}}{7+1}\times100\% \tag{7-3}$$

式中：

$$\text{42 项扣除 7 项后的综合合格率（35 项）}(\%)=\frac{\text{35 项加权后的总检验合格次数}}{\text{各水厂出厂水的检验次数}\times35\times\text{各该水厂供水区分布的取水点数}}\times100\% \tag{7-4}$$

（2）基于加权计算的在线监测水质合格率评价

水质数据在线监测具有快速、准确、连续的获得水质监测数据的特点，有助于城市供水主管部门及时、有效确定目标区域的污染状况和发展趋势。

与实验室检测数据相比，在线监测指标数量明显偏少。经过调研 23 个城市的供水企业，15 个城市供水企业建立了水质在线监测点，共 175 个。其中：地表水源水 31 个，地下水源水 1 个，进厂水源水 23 个，出厂水 90 个，管网水 30 个。其主要监测指标如表 7-1。

在线监测指标　　表 7-1

类型	指标
地表水源水	pH、浑浊度、温度、COD_{Mn}、氨氮、TP、TN、毒性、TOC
地下水源水	pH、浑浊度、温度、COD_{Mn}、氨氮、毒性、TOC
出厂水	余氯、浑浊度、pH、温度
管网水	余氯、浑浊度、pH、温度、电导率

3 个示范地（济南、东莞、杭州）水质特点如下：

济南市的水源为引黄水库水和山区水库水，均存在着富营养化的问题，藻类问题突出，存在季节性嗅味问题。需重点关注蓝绿藻、叶绿素等富营养化指标。

东莞市的水源主要取自东江，水质呈恶化趋势，时常受到“咸潮、排涝、突发水源污染”的困扰。东江干流桥头河段（东深供水）全年水质总体比较稳定，水质综合评价为Ⅲ类，主要是铁和粪大肠菌超标，其他指标基本上都能满足饮用水要求。东江干流石龙河段受几种主要污染物的共同影响，有近一半时间超过Ⅲ类标准。水质多处于Ⅲ、Ⅳ类间，Ⅴ类及劣Ⅴ类占到了 20%左右。水质以氨氮、耐热大肠菌群为主要污染物。东江南支流以下河段水质总体上较差，水质综合评价为Ⅴ类，尤其是氨氮、铁、耐热大肠菌超标，对饮用水要求影响较大。

杭州市饮用水水源主要以钱塘江为主，少部分来自东苕溪。两大水源水质均出现过氨氮、COD_{Mn}、铁、锰等超标问题；另外，由于钱塘江季节性的潮汐现象，也时常受到“咸潮”的困扰。

济南、东莞、杭州水质在线监测指标如表 7-2～表 7-4。

济南市主要在线监测指标 表 7-2

类型	指标
地表水源水监测项目列表	蓝绿藻总数、叶绿素、BOD、DOC、TSS、浑浊度、生物毒性、综合毒性、pH、电导率、DO、温度、COD_{Mn}、硅藻、蓝绿藻、蓝藻、隐甲藻、TN、TP、氨氮
出厂水进厂原水监测项目列表	pH、电导率、DO、浑浊度
出厂水监测项目列表	余氯、浑浊度
管网水监测项目列表	余氯、浑浊度

东莞市主要在线监测指标 表 7-3

类型	指标
地表水源水监测项目列表	叶绿素 a、浑浊度、生物毒性、pH、电导率、DO、COD_{Mn}、氨氮、氟化物、镉、铅、石油（包括煤油、汽油）、水温、铜、锌、总氰化物
出厂水监测项目列表	pH、余氯、浑浊度
管网水监测项目列表	pH、余氯、浑浊度

杭州市主要在线监测指标 表 7-4

类型	指标
地表水源水监测项目列表	浑浊度、pH、DO、温度、电导、TN、TP、氨氮、UV_{254}、COD_{Mn}、叶绿素
出厂水监测项目列表	pH、余氯、浑浊度
管网水监测项目列表	余氯、浑浊度

结合各示范地水质特点以及监测指标，通过实地调研，确定了在线监测水质合格率计算方法中各指标权重，如表 7-5。

在线监测指标权重 表 7-5

指标	权值	分类指标	权值	备注
水源水在线监测指标	0.2	富营养化指标	0.3	以上权重均为默认值，可根据各地水质变化情况进行动态调整 例如：济南市水质存在季节性嗅味问题；杭州市水质受钱塘江季节性的潮汐现象影响，易出现咸潮；供水主管部门可按照季节调整权值
		一般化学指标	0.2	
		毒理学指标	0.3	
		微生物学指标	0.2	
出厂水在线监测指标	0.5	—	—	
管网水在线监测指标	0.3	—	—	

水源水水质指标受到客观条件影响，通过净水工艺的处理，对城市供水水质的影响相对较弱，因此权重取 0.2。将水源水监测指标分为富营养化指标、一般化学指标、毒理学指标、微生物学指标，各地可按照各类指标影响大小调整分类权重，从而保证水质在线监测水质合格率计算更加贴合各地水质特点。

出厂水水质指标影响范围较广，对城市供水水质有决定性的影响，因此权重取 0.5。

管网水水质指标受到出厂水合格率的影响，同时与城市供水管网输配的二次污染密切相关，直接影响龙头水质，因此权重取 0.3。

上述各类监测指标权重，可由供水主管部门根据本地水质情况进行动态调整，以便满足不同地区管理需求。

基于加权计算的在线监测水质合格率计算公式见式（7-5）：

$$S=(y\times\lambda_1+c\times\lambda_2+g\times\lambda_3) \tag{7-5}$$

式中　S——城市供水水质在线监测综合合格率；

y——水源水在线监测水质合格率；

c——出厂水在线监测水质合格率；

g——管网水在线监测水质合格率；

λ_1、λ_2、λ_3——水源水、出厂水、管网水的在线监测水质合格率权值。

各监测指标标准采用《生活饮用水卫生标准》（GB 5749—2006）、《地表水环境质量标准》（GB 3838—2002）、《地下水质量标准》（GB/T 14848—93）。

水源水在线监测水质合格率

水源水在线监测水质合格率见式（7-6）：

$$y_s=y_1\times\eta_1+y_2\times\eta_2+y_3\times\eta_3+y_4\times\eta_4 \tag{7-6}$$

式中　y_s——水源水在线监测水质合格率；

y_1——水源水富营养化监测指标合格率；

y_2——水源水一般化学物监测指标合格率；

y_3——水源水毒理学监测指标合格率；

y_4——水源水微生物监测指标合格率；

η_1、η_2、η_3、η_4——富营养化监测指标、一般化学物监测指标、毒理学监测指标、微生物监测指标的权值。

富营养化、一般化学物、毒理学、微生物监测指标合格率计算公式如下：

$$y_1=\frac{t_m}{t_n}\times100\%$$

$$y_2=\frac{t_m}{t_n}\times100\%$$

$$y_3=\frac{t_m}{t_n}\times100\%$$

$$y_4=\frac{t_m}{t_n}\times100\%$$

其中 t_m、t_n分别代表每月监测指标合格次数、每月监测指标监测次数。

出厂水在线监测水质合格率

$$c=\frac{c_m}{c_n}\times100\% \tag{7-7}$$

式中　c——出厂水在线监测水质合格率；

c_m、c_n——出厂水在线监测每月合格次数、出厂水在线监测每月监测次数。

管网水在线监测水质合格率见式（7-8）。

$$g=\frac{g_{\mathrm{m}}}{g_{\mathrm{n}}}\times 100\% \tag{7-8}$$

式中 g——管网水在线监测水质合格率；

g_{m}、g_{n}——管网水在线监测每月合格次数、管网水在线监测每月监测次数。

（3）基于加权计算的城市供水水质管理效能评价

1）评价指标体系建立

供水行业正在构建企业自管、政府监管、社会监督三位一体的管理模式，各级供水主管部门对所辖范围的供水水质情况进行监管。在效能评价体系中，应考虑以下三类因素：

① 水质数据上报情况

2007年建设部颁布了修订后的《城市供水水质管理规定》（部令156号文），明确了建立我国从中央到地方的城市供水水质监测体系。同年颁布了《城市供水水质管理办法》，明确了城市供水单位上报水质数据的内容和流程，以及各级政府的监督责任，并提出通过信息系统上报数据。因此，效能评价体系应包含水质基础信息、实验室检测信息、在线监测信息的逐级上报情况。

② 水质合格情况

水质合格率直观反应水质状况，是判断供水监管水平的重要依据。新的《生活饮用水卫生标准》将水质指标增加到106项，已经于2012年7月1日实施。因此，需要将实验室检测水质合格率、在线监测水质合格率作为最重要的评价因素。

③ 水质事故发生情况

当前城市供水污染状况日益严重，突发性水污染事故频频发生，特别是近几年呈明显增加趋势。水质事故直接威胁到人民群众安全，因而一直备受社会关注。因此，水质事故发生数量也需要作为效能评价体系的一部分。

为此，设计了如图7-15的评价指标体系，对各城市的供水水质监管开展量化考核，

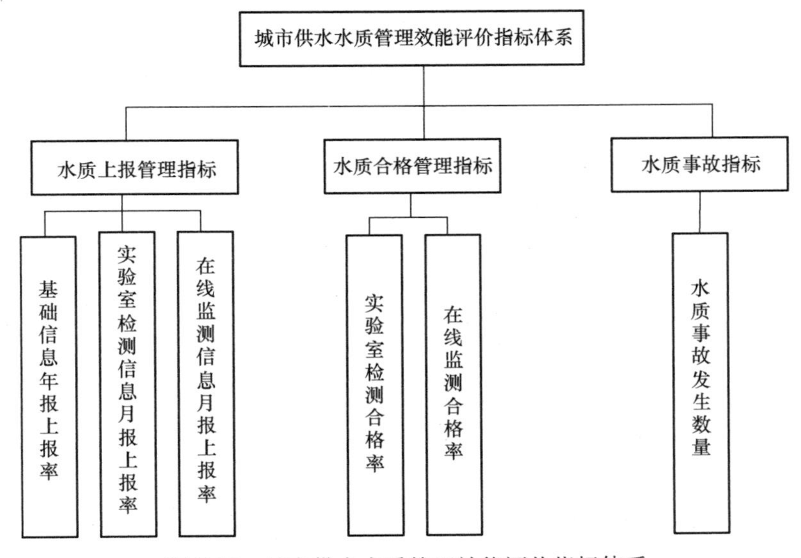

图7-15 城市供水水质管理效能评价指标体系

给各级政府制定政策、进行宏观管理提供依据。

2）权重确定

水质的变化往往具有突变性和阶段性，不及时上报将影响到管理决策和应急处理，水质上报管理指标权重设置为 0.3。水质合格率直接表征水质状况，是评价水质状况和水质监管水平的重要依据，水质合格管理指标权重设置为 0.6。监管到位能有效避免部分水质事故的发生，水质事故发生频率往往能反应水质监管水平，水质事故指标权重设置为 0.1。见表 7-6。

水质管理效能评价指标权值　　表 7-6

<table>
<tr><th>指标</th><th>权值</th><th>分类指标</th><th>权值</th><th>备注</th></tr>
<tr><td rowspan="7">水质上报管理指标</td><td rowspan="7">0.3</td><td>基础信息年报上报率</td><td>0.1</td><td rowspan="14">（1）上报管理指标、合格率指标、水质事故指标，各项分类指标权值可根据实际情况进行调整
（2）水质事故等级分为三个等级：黄色预警、橙色预警、红色预警</td></tr>
<tr><td rowspan="3">实验室检测信息月报上报率</td><td>大城市或经济发达城市 0.5</td></tr>
<tr><td>中等城市 0.6</td></tr>
<tr><td>小型城市或经济欠发达城市 0.7</td></tr>
<tr><td rowspan="3">在线监测信息上报率</td><td>大城市或经济发达城市 0.4</td></tr>
<tr><td>中等城市 0.3</td></tr>
<tr><td>小型城市或经济欠发达城市 0.2</td></tr>
<tr><td rowspan="6">水质合格管理指标</td><td rowspan="6">0.6</td><td rowspan="3">实验室检测水质合格率</td><td>大城市或经济发达城市 0.75</td></tr>
<tr><td>中等城市 0.8</td></tr>
<tr><td>小型城市或经济欠发达城市 0.85</td></tr>
<tr><td rowspan="3">在线监测水质合格率</td><td>大城市或经济发达城市 0.25</td></tr>
<tr><td>中等城市 0.2</td></tr>
<tr><td>小型城市或经济欠发达城市 0.15</td></tr>
<tr><td>水质事故指标</td><td>0.1</td><td></td><td></td></tr>
</table>

水质上报管理指标方面，基础信息年报反应供水的基础信息，一般一年上报一次，数据变化较少，权重设置较低。在线监测的检测频率较高，数据量大，而且设备传输受到网络的影响，权重比实验室检测信息低。

水质合格管理指标方面，在线监测数据的检测指标较少，一般比实验室检测准确性要低，权重比实验室检测的合格率低。

此外，确定权重时根据水质信息管理系统及可视化平台构建模式的研究成果，充分结合不同规模城市的特点调整权重。

大城市或发达城市供水系统结构复杂，除了人工采集水样进行检测外，大多采用自动监测手段进行水质监测。而且直辖市、计划单列市、省会城市等大城市的水质监测站一般都是国家站，检测能力较强，能够对水厂进厂水、出厂水、管网水进行较高密度的水质监测。

中等城市因为资金问题难以大量投资建设在线设备，一般建立了少量的自动水质监测设备。

小型城市或者经济欠发达城市供水人口数量相对较少，城市供水系统相对简单，水质检测一般以人工采集为主。

根据各类城市的特点，在实验室检测信息月报上报率、在线监测信息上报率、实验室检测水质合格率、在线监测水质合格率方面设置了权重。

7.2.4 基于GIS的水质信息空间分析

水质信息具有空间分布特性，本质上是一种空间数据。首先，在线监测点和采样点具有现实的地理位置，对应的水质指标所反映的是特定地点的水质情况；其次，行政区划、基础地形、水系等基本的地理空间要素对于水质状况和水质监管都具有重要影响；再次，取水口、水厂、输配水管网、二次供水设备等与饮用水生产输送有关的设施设备，它们的空间位置，以及它们之间的空间关联关系（邻近、连接、上下游等），都影响着水质指标及其变化趋势。所以，分析水质信息，针对采集的数据记录进行单纯的统计汇总，是远远不够的。必须充分考虑水质指标数据自身的空间特性，以及相关空间实体的空间位置及其相互关系，运用地理信息系统（GeograpHic Information System，简称GIS）丰富的空间分析手段（包括空间叠置、缓冲区分析、网络分析、路径分析、空间聚类等），为水质数据相关性、数据比对校正、水质变化演变提供分析工具，才能更好地满足水质管理的实际需求。

1. 针对问题

从采样点和在线监测点采集的原始水质数据，是离散的数据记录，不成系统，不相关联，难以进行分析，也难以在监管和预警中发挥作用。

例如，在线监测数据频率高，但监测指标较少；实验室检测指标多、但频率较低。由于两者缺乏时空关联，难以互补、共同的支撑水质监管。

再如，当水源水检测指标发生异常时，其下游的出厂水、管网水水质也易发生异常，使用现有单纯数据记录处理手段难以进行分析和预警。

实际上，水质数据存在2种内在关联性，挖掘和运用这种关联，是执行有效分析的基础。一方面，同一采样点/在线监测点，不同时间点的同一水质指标，或者同一时间点的不同水质指标之间，都存在内在关联，可以用来来判断水质数据的合理性；而更有意义的是，不同采样点/在线监测点，由于各自的地理位置或地理分布，产生了空间关联。

根据地理学第一定律，空间距离相近的现象，其特性也相近。空间关联蕴含着水质数据中丰富的内部关系，基于空间关联的分析，将对数据交互参照、可靠性甄别、异常数据发现提供有力支撑。

因此，有必要在实验检测和在线监测的原始数据基础上，构造完善的空间关联关系，进而实现各类水质空间分析，如对水质数据进行基于位置的时序对比分析、基于流域或区域的对比分析、基于生产流程的拓扑对比分析。

2. 技术目标

通过对实验检测点、在线监测点、流域、行政区划、水厂、管网等水质相关要素的空间特性分析和合理分层，运用地理信息系统中叠置、缓冲、拓扑等多种空间分析工具，获得水质相关要素的空间关联，并构建水质数据空间关联数据集；在该数据集的基础上提供一系列水质空间分析功能（如基于地理位置的时序对比、基于流域或区域的叠置对比、基于生产流程的拓扑对比等），为水质数据交互参照、数据可靠性甄别、水质异常发现和预警提供有有力支撑。

该关键技术主要按照以下技术路线（图 7-16）进行研究实施：

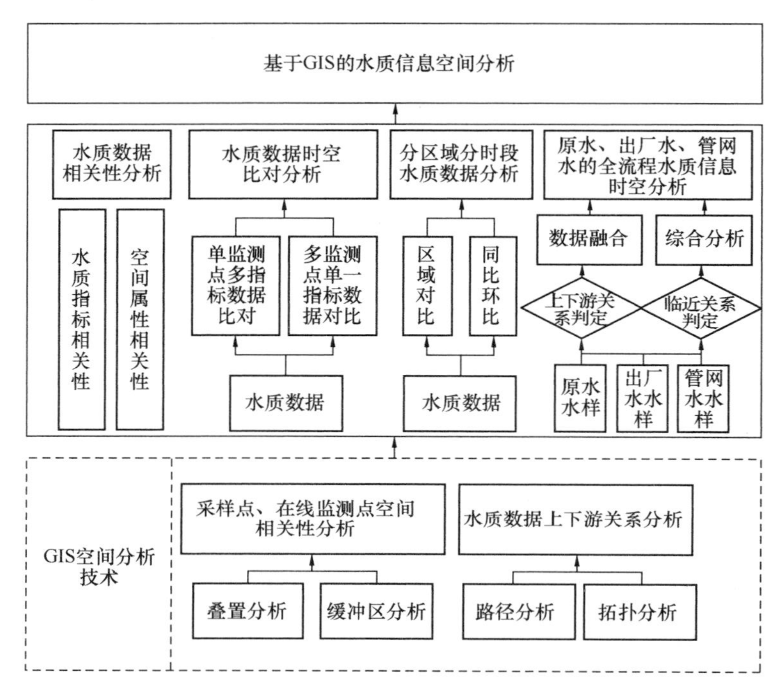

图 7-16　技术路线

3. 主要技术内容

（1）基于地理位置的时序对比分析

水质数据空间相关性分析是针对采样点、在线监测点、流域、水厂、管网等空间要素的空间位置、空间形态和内在关联，运用 GIS 空间分析功能，建立它们之间的相关性，并进而将离散的水质指标之间联系起来，建立水质数据空间关联数据集，为后续的水质分析提供数据基础。

空间关联的内容是多方面的，典型的包括邻近、包含、连接等。举例而言，两个邻近采样点/在线监测点所采集的水质数据正常情况下应具有较高相似度，否则就表示可能有事故发生；同一流域、同一行政区划内部的采样点/在线监测点、取水口、水厂、管网，相关的水质数据也有一定联系，在统计和分析中需要相互参照；取水口、水厂、输水管、配水管、二次供水设备、入户管道、水龙头等设施，形成饮用水生产、流动、消耗的完整路径，这种路径体现出上述设施的连接关系，蕴含着水质变化的内在规律。

结合水质数据自身特性，组合使用 GIS 的通用分析工具，建立不同类别的水质数据空间相关性。例如，通过空间聚类、缓冲分析、可访问性度量形成邻近关系；通过缓冲分析和叠置分析得到包含关系；通过拓扑分析和网络分析得到连接关系。

经由 GIS 技术得到的不同类别的空间相关性，被统一存储在空间关联数据集，作为水质数据库的有机组成部分，成为后续水质空间分析的数据基础（如图 7-17 所示）。

SampleId	SampleName	SampleType	DetectionMethod	Relation	RelationSampleId	RelationSample...	RelationSample...	RelationDetecti...
13701000100001002	玉清水厂加药...	进厂原水	人工采样点	上下游关系	13701000105001	卧虎山水库	地表水源水	在线采样点
13701000100001002	玉清水厂加药...	进厂原水	人工采样点	上下游关系	13701000104001	锦绣川水库	地表水源水	在线采样点
13701000100001002	玉清水厂加药...	进厂原水	人工采样点	临近关系	1370100030000...	玉清湖水库三...	地表水源水	人工采样点
13701000100001002	玉清水厂加药...	进厂原水	人工采样点	临近关系	1370100010000...	分水岭水厂进...	进厂原水	人工采样点
13701000100001002	玉清水厂加药...	进厂原水	人工采样点	上下游关系	1370100010000...	东郊水厂工北...	进厂原水	人工采样点
13701000100001002	玉清水厂加药...	进厂原水	人工采样点	临近关系	1370100040000...	经济学院	管网水	人工采样点
13701000100001002	玉清水厂加药...	进厂原水	人工采样点	临近关系	43701000000023	金鸡岭加压站	管网水	在线采样点
43701000000020	七里河加压站	管网水	在线采样点	临近关系	1370100030000...	鹊山水库管理...	地表水源水	人工采样点
43701000000020	七里河加压站	管网水	在线采样点	上下游关系	1370100010000...	南郊水厂加药...	进厂原水	人工采样点
43701000000020	七里河加压站	管网水	在线采样点	临近关系	1370100010000...	东郊水厂工北...	进厂原水	人工采样点
43701000000020	七里河加压站	管网水	在线采样点	临近关系	1370100040000...	辛庄加压站	管网水	人工采样点
43701000000020	七里河加压站	管网水	在线采样点	临近关系	43701000000023	金鸡岭加压站	管网水	在线采样点
13701000400003004	雪山水厂雪山...	出厂水	人工采样点	上下游关系	1370100030000...	鹊山水库管理...	地表水源水	人工采样点
13701000400003004	雪山水厂雪山...	出厂水	人工采样点	临近关系	13701000109001	狼猫山水库	地表水源水	在线采样点
13701000400003004	雪山水厂雪山...	出厂水	人工采样点	临近关系	1370100010000...	分水岭水厂进...	进厂原水	人工采样点
13701000400003004	雪山水厂雪山...	出厂水	人工采样点	临近关系	1370100010000...	玉清水厂加药间	进厂原水	人工采样点
13701000400003004	雪山水厂雪山...	出厂水	人工采样点	上下游关系	1370100010000...	东郊水厂工北...	出厂水	人工采样点
13701000400003004	雪山水厂雪山...	出厂水	人工采样点	临近关系	1370100040000...	辛庄加压站	管网水	人工采样点
13701000400003004	雪山水厂雪山...	出厂水	人工采样点	临近关系	43701000000023	金鸡岭加压站	管网水	在线采样点
13701000300001001	玉清湖水库三...	地表水源水	人工采样点	上下游关系	1370100030000...	鹊山水库管理...	地表水源水	人工采样点
13701000300001001	玉清湖水库三...	地表水源水	人工采样点	临近关系	13701000105001	卧虎山水库	地表水源水	在线采样点
13701000300001001	玉清湖水库三...	地表水源水	人工采样点	上下游关系	1370100010000...	玉清水厂加药...	进厂原水	人工采样点
13701000300001001	玉清湖水库三...	地表水源水	人工采样点	上下游关系	1370100010000...	玉清水厂加药间	进厂原水	人工采样点
13701000300001001	玉清湖水库三...	地表水源水	人工采样点	上下游关系	1370100010000...	鹊华水厂出水...	出厂水	人工采样点
13701000300001001	玉清湖水库三...	地表水源水	人工采样点	管网	1370100040000...	辛庄加压站	管网水	人工采样点

图 7-17　水质数据空间关联数据集

根据水质业务的特殊性，水质监控预警可视化平台实现数据的多种分析手段，包括单监测点多指标水质数据分析、多监测点单一指标数据对比、历史数据趋势分析、时空演变分析等分析方法。

1）单监测点多指标水质数据分析

该分析技术主要针对拥有多个监测项目的监测点，可以以监测时间和各个监测项目为两个维度，用曲线、表格等形式展示数据。曲线会随着时间的改变而变化，以此将后台的水质数据实时显示，对比同一监测点的不同指标的曲线状态。

2）多监测点单一指标数据对比分析

针对具有现实对比意义的指标项，通过比较具有既定关系的监测点，比如上下游关系、同水源关系等，发现监测点数据异常，并跟踪、发现水质数据异常原因，确定异常位置。

（2）基于流域的叠置对比分析

对水质数据进行分流域分时段的业务分析，即可以按国家、省、市或城市某区域在某日、某月、某年或用户自定义时间段内的水质数据进行专题分析，帮助用户了解不同流域内任意时间段的水质的变化情况。

基于分区域分时段的水质数据分析，可对研究区域某一时间段的水质要素分布特征及规律进行定量分析。即指随着时间推移，将区域范围内包含所有取样点的相同水质数据连片展示，并按照选取的时间节点以动态的方式进行可视化表达。如用平均值、最大值、最小值等统计量描述水质要素的分布特征，可以按区域、时间对水质数据进行灵活的趋势分析，为用户提供多样化的水质分析途径，帮助用户全方位、多角度了解水体的运行情况，宏观掌握当前水质情况，为水质管理工作提供参考。

（3）基于生产流程的拓扑对比分析

城市供水管理是一个系统工程，从取水、输水、配送等各个领域互为关联、相互影响。对于沿流域的原水取水点，上下游的水质变化更是呈规律性。目前水质数据上报方式是针对原水、出厂水、管网水的独立上报，缺乏针对供水生产流程的跟踪分析。

根据水源、水厂、管网之间的拓扑关系，分析某段时间范围内原水、出厂水、管网水的全流程水质变化情况，包括各检测部门检测报告超标情况以及详细数据，为全流程水质情况监控与管理提供支持。

针对某一项数据开展整合时，系统将相关的其他几类数据集成后进行展示。以对某水源水的监测数据整合为例。首先提取该监测点上下游的地表水源水在线监测和实验室监测数据，然后追踪至使用该水源的水厂，查看进厂原水和出厂水水质数据，以及对应的管网水监测情况，以统一的界面显示最近一段时间的水质报告，并突出显示超标数据。通过开展多类型、多频率数据展示，能够快速寻找水质变化的规律，为预警提供支撑。

第8章　城市供水水质督察支撑技术

水质监测预警与供水水质督察，是饮用水安全监管的两个方面，前者既适用于管理部门也适合于供水企业，而后者则适用于管理部门的饮用水安全监管工作。随着工业化、城镇化和市场化进程的快速推进，我国城市饮用水安全面临水源污染、事故频发、设施脆弱、管理粗放和供水企业多元化等多重挑战，亟待建立适合我国国情的饮用水安全监管制度，尤其是支撑这一制度实施的技术体系。

“十一五”期间，水专项开展城市供水水质督察技术体系构建研究，针对城市供水水源、设施和管理存在的影响水质安全的风险问题及协同作用，根据水中污染物“从水源地到水龙头”的迁移转化规律，识别出4个水质风险环节、18类影响因子、共296个督察要素，建立了对水源水、出厂水、管网水、二次供水水质分类抽查的频率和重点水质指标体系，统一了对供水设施和供水管理各督察要素实施检查的技术要求、判定标准，为协同集约开展国家重点抽查、省区全面普查、城市日常监管的三级水质督察提供了技术依据。突破水质风险定量分级关键技术，建立基于饮用水中污染物毒性特征、作用机制、影响范围、检出水平对人体健康影响的5级评价指标体系、基于供水设施可靠性和供水管理精准度对水质影响的3级评价指标体系，形成可支持督察任务拆分、合并的分系列多层次的饮用水水质风险定量分级评价方法；建立督察要素信息溯源规则，规范水质督察要素信息过程记录，形成水质风险问题归因评价方法。结合水质监测现场监测工作需要，研发了基于车载GC-MS的29种挥发性有机物检测方法，规范了针对消毒剂、氨氮和微生物的现场监测流程，实现了相关水质指标的现场快速测定。统一水质实验室能力建设及实验室内部质量控制技术要求，建立水质实验室外部质量控制考核技术规则，为保证水质督察的水质检测基础数据真实可靠提供了技术保障。

8.1　水质督察实施规范化技术

8.1.1　全流程水质检查技术要求

1. 检测指标确定

（1）指标选取的考虑因素

1）现行有效的城市供水水质有关标准

目前主管部门对城市供水水质进行日常监管、城市供水单位按照相关规定进行的日常检测主要依据各类水质标准，各标准中包含的指标数量见表8-1。

常用城市供水水质相关标准一览表　表 8-1

序号	标准名称	使用范围	现行有效版本	指标数量
1	《生活饮用水卫生标准》(GB 5749)	饮用水	2006 年	106
2	《城市供水水质标准》(CJ/T 206)	饮用水	2005 年	103
3	《生活饮用水水源水质标准》(CJ 3020)	水源水	1993 年	34
4	《地表水环境质量标准》(GB 3838)	水源水	2002 年	109
5	《地下水质量标准》(GB/T 14848)	水源水	1993 年	39

2）检查目的

根据检查目的有针对性地选择水质指标。对于定期检查，检查的目的通常包括：掌握日常城市供水水质情况；了解原水情况、水厂工艺、管网情况对水质的影响。对于不定期检查，通常检查的目的包括：掌握突发事件发生后城市供水水质情况；掌握重点流域、水质数据异常、严重自然灾害发生地区城市供水水质情况；掌握重大事件发生地区水质安全保障情况。

（2）指标选取的原则

1）现行标准优先

定期水质检查一般应选择现行标准中包含的指标，包括已发现的当地特征污染物。不定期检查，特别是突发污染事件或重大自然灾害发生后，应针对事故情况选取特征污染物及相关指标。

2）兼顾供水特点

各地城市供水水质受水源情况、净水工艺、管网材质、管网年代等因素影响，具有区域性的水质特点，对原水、出厂水与管网水进行同时检测，能够发现供水过程中可能影响到水质安全的因素。

3）常规与非常规指标结合

检测指标宜选择检测机构能力范围内的指标，并结合以往督察和日常监测情况，重点检查水质综合性指标、以往发现过超标的指标、原水有重大污染源的相关指标、对水质安全影响速度快范围广的指标等，对于以往水质检查中未发现问题的指标在后续检查时可适当降低检查频率，一旦发现存在超标风险应立即恢复定期检查频率。

2. 样品采集

（1）采样点确定

采样点布设时应具有代表性，能真实反映水质状况。当水质检查对水源、水厂、管网系统相关性有相关要求时，采样点应满足要求。采样点应便于样品采集。

1）地表原水

以地表水为原水的水厂，通常在入厂后净水工艺前设置采样点，对工艺原料水质进行分析。对于已在取水口或输水过程中进行预处理的水厂，其原水采样点应布设在预处理工艺之前。

进厂原水和取水口，应充分考虑到不同类别的水源水（河流、水库、湖泊）水质特点，布设采样点（表 8-2）。

地表原水采样点位置 **表 8-2**

采样地点	分类	采样点位置
配水井	进厂原水	进厂原水采样点应设在投加水处理药剂工艺以前
		采样点可布设在进厂原水干管或进（配）水井
取水口	河流为水源	在河流水源地取水口处按取水口深度布设一个采样点，采样点距取水口上游（逆水流方向）约 15m 处
		采用取水塔取水的，采样点按取水口深度布设在距取水塔上游（逆水流方向）约 5m 处
		采用虹吸式取水、重力流式取水、泵汲式取水的，采样点按取水口深度布设在距取水口上游（逆水流方向）约 15m 处
	湖泊、水库为水源	在湖泊、水库取水口处按取水深度布设一个采样点，采样点布设在取水口所在岸边的垂线上
		具体位置的布设原则与河流水源地取水口相同

2）地下原水

以地下水为原水的水厂，通常是单井供水或多个水井混合后供水，在对采样点布设位置进行研究时应考虑到不同情况（表 8-3）。

地下原水采样点位置 **表 8-3**

采样地点	分类	采样点位置
配水井	进厂原水	多个取水井混合供水时应采集进厂混合原水
		采样点应设在投加水处理药剂工艺以前
		采样点可布设在进厂原水干管或进（配）水井
取水井	单井为水源	尽量选择正在使用的生产井采集样品
		样品采集前应进行充分抽汲

3）出厂水

出厂水采样点布设时应设在水厂内、进入供水干管以前，可在水厂的出水泵房采集样品，采样点周围应有一定的空间保证现场检测的正常开展。

4）管网水

从管网结构上来看，由于主干管网流量大，因此管网腐蚀或微生物生长相对较弱，水质基本能够达标，可以尽量布置较少的监测点。而对于管网末端的支线管由于管材、流速等原因的影响，管网腐蚀严重或微生物生长旺盛，应该尽量布置较多的监测点。对于地表水和地下水交替供水或多水源供水的城市，由于水质条件不同对管网腐蚀产物释放的影响较大，因此在换水期间应加强管网水质的监督监测，避免发生“黄水”事故。此外，对于用户反映问题较多、用水大户、加压站、加氯站等地也应该布设一定数量的采样点。

（2）采样容器选择

1）容器分类

容器的数量和规格由检测单位所采用的检测方法和水质指标性质确定，通常情况下，可参考表 8-4、表 8-5。

生活饮用水 106 项全分析采样容器参考　　表 8-4

序号	容器名称	容积	数量
1	聚乙烯瓶	125mL	2
2	聚乙烯瓶	2L	2
3	棕色玻璃瓶	250mL	5
4	棕色玻璃瓶	500mL	1
5	棕色玻璃瓶	2L	1
6	棕色玻璃瓶	4L	1
7	细口玻璃瓶	500mL	1
8	滤囊	Evirocheck 标配	1

地表水环境质量标准 109 项全分析采样容器参考　　表 8-5

序号	容器名称	容积	数量
1	聚乙烯瓶	125mL	1
2	聚乙烯瓶	3～5L	1
3	棕色玻璃瓶	250mL	2
4	棕色玻璃瓶	500mL	2
5	棕色玻璃瓶	4L	2
6	细口玻璃瓶	500mL	2

2）容器要求

采样容器应符合以下要求：根据待测组分的物理化学性质和检测方法确定采样容器材质和容积；采样容器应不与样品中的待测组分发生反应，容器壁不应吸收或吸附待测组分；采样容器应能够适应环境温度的变化，能够密封，抗震性能强，便于携带，能够满足长途运输的安全性要求；检测无机物、金属和放射性指标的样品应使用有机材质的采样容器，如聚乙烯塑料容器等；检测有机物和微生物指标的样品应使用玻璃或聚四氟乙烯材质的采样容器。

（3）采样容器洗涤

1）新容器洗涤

对于新容器，应先用洗涤剂或洗液清洗，之后用实验用纯水冲洗干净。

2）在用采样容器清洗

对于在用的采样容器，一般清洗要求为：

① 用水将洗涤剂稀释后清洗采样容器及瓶塞、瓶盖；

② 用自来水多次清洗，确保将洗涤剂清洗干净；

③ 用质量分数为 10％的盐酸或硝酸溶液浸泡 8h 以上；

④ 用自来水清洗 3 次；

⑤ 用实验用纯水清洗 3 次。

（4）采样操作

1）样品分类

根据测定指标、测试方法、质控样、留样等检测所需样品量情况确定采样体积，分类采集，对不同水质指标可按照下列分类方式进行采样：微生物指标、一般常规指标、理化常规指标、有机挥发性指标、有机非挥发性指标、金属指标、放射性指标、其他指标。

根据所采用的具体检测方法，可在此基础上进一步细分。

2）采样操作要求

从取水井直接采集地下原水样品前，应充分抽汲。在取水口采集地表原水样品时，应避免样品混入水体底层的泥沙等沉积物及漂浮于水面的物质。采集表层样品时，应将采样器投入水中，进口直接对准水流方向取水；采集具有一定深度的样品时，应使用专用采样器采样，采样器浸入与取水口相同深度后再开盖采样。

采样容器在采样前应先用样品荡洗 2 次或 3 次。注意检测有机物、微生物指标和预先放置保存剂时不可荡洗。

从龙头采集样品时，首先应放水至少 3～5min，保证样品具有代表性后再取样，采集微生物指标样品前应对龙头进行消毒，并避免对瓶口及瓶塞造成污染。

3）采样记录

采集样品时应同时做好采样记录，对需要进行现场检测的指标如消毒剂余量、pH、水温等应详细如实记录，并妥善保存，必要时拍摄记录采样的关键环节。主要内容应包括：

① 被检单位名称、样品类型、样品序号；

② 采样时间、地点、环境、天气、温度等情况；

③ 采样容器编号及对应检测指标；

④ 样品外观特征描述；

⑤ 采样容器、采样量、保存剂名称、投加量；

⑥ 采样人、被检单位现场人员、收样人签字；

⑦ 现场检测指标信息。

当样品已在采样现场进行过滤、浓缩等预处理时，应记录预处理方法、过滤体积、浓缩倍数等信息。

（5）样品标识

样品采集后及时填写样品标识，样品标识应符合以下要求：应有样品序号、采样容器编号、采样时间、采样人员等信息；填写时应字迹工整，相关内容应与采样记录一致；样品标识应防污防水，在样品运输过程中不致损坏；使用防水条形码作为样品标识的，应在采样前对照采样计划制作足量的条形码，采样后立即将条形码粘贴于各样品瓶上。

（6）样品编号

水质检查样品应按照统一规则进行编号，编号应符合以下要求：每个样品对应唯一编号，不能重复；编号时通常采取字母与数字结合的方式；编号中体现的样品相关信息宜包括：检查时间、被检查地区名称或行政区代码、被检查单位编码、样品类型、采样地点编码、样品顺序号、保密编码。

（7）采样质量控制

采样时，可根据检查的目的和要求，选择现场平行样或现场空白样作为采样质量控制措施。水样采集的质量控制目的是检验采样过程质量，防止样品采集过程中水样受到污染或发生变质的措施。现场平行样或现场空白样宜占采样单位承接样品总量的 10%，样品总量不足 10 个时应至少包括 1 个并单独进行编号，与其他样品相同条件装箱、保存和运输。

3. 样品保存运输

（1）样品保存

样品保存的目的是抑制微生物的作用；减缓化合物的水解及氧化还原作用；减少组分的挥发和吸附损失。常采用的保存措施包括：选择适当材料的容器；控制溶液的 pH；对于性质不稳定的指标，加入化学试剂抑制氧化还原反应和生化作用；冷藏或冷冻以降低细菌的活动和化学反应速度。

（2）样品运输

样品采集后需尽快返回实验室进行检测，在现场采样工作开始前就应安排好运输工作，根据运输距离和样品保存时间、条件确定适当的运输方式和运输路线。对于需经铁路或航空运输的样品，应在采样工作开始前与铁路、航空及机场等相关部门联系，确认样品运输包装要求及需提供的证明文件。

采样容器应装入样品保存箱保存、运输，样品保存箱中应放置一定数量的冰排、冰袋、冰盒等冷源，冷源应均匀放置在采样箱中。

4. 样品检测

（1）检测方法

出厂水、管网水和二次供水的标准检测方法应优先选择《生活饮用水卫生标准检验方法》（GB/T 5750）中规定的方法。地下原水可执行出厂水和管网水的检测方法，地表原水应优先执行《地表水环境质量标准》（GB 3838）中规定的检测方法。

（2）现场检测

1）现场检测方法。对于标准规定需在现场检测的指标或经当次水质督察组织部门批准进行现场检测的样品，可以开展现场检测。现场检测应优先选择标准方法，无标准方法时，拟使用方法的精密度、准确度、检出限等应满足需要，经专家评审后报水质督察组织部门备案。

2）现场环境条件。充分考虑现场环境条件对检测的干扰和影响，并尽可能采取措施减少干扰和影响。

3）现场检测仪器设备。检测前应通过检测空白样品或标准样品对仪器设备状态进行确认，一般每检测 10 个样品后应再次确认。出发前应对所携带的设备和器具状态和数量进行确认，按照开展现场测试工作的要求，所用标准和试剂充足并在有效期内。

4）现场检测流程。至少有一名检测人员和一名监督人员方可进行现场检测，应按照现场检测操作要求使用仪器设备。开展现场检测时，检测人员应首先验证仪器设备状态，再核查环境是否满足检测要求，当确认环境和检测设备都满足检测要求后即可开始现场检测。检测结束后，应再次验证仪器设备状态并立即在现场计算检测结果，判断结果的合理性，如数据可疑应立即复测，直至确认无误。

5）现场检测记录。检测人员负责做好原始记录、环境记录等，监督人员复核。

（3）实验室检测

1）样品前处理。对于不能直接进行检测的样品，如浓度低于或高于方法检测要求、有其他干扰成分、浑浊度或色度过高等，样品须进行前处理。当存在影响检测结果准确性的干扰因素时，应先消除干扰，如对浑浊样品进行过滤、离心、沉淀等处理方法。

2）校准曲线。当次水质检查应重新制作校准曲线，浓度点不得小于6个（含空白浓度），各浓度点应在方法的测量范围内。校准曲线的相关系数应包含4位有效数字，且一般情况下，无机指标的相关系数 $\gamma \geqslant 0.9990$，有机指标的相关系数 $\gamma \geqslant 0.9900$。

3）检测环境。根据仪器设备的使用条件、采用的检测方法确定环境控制要求。配备采光、照明、通风、采暖、除湿、制冷、灭菌等设施控制环境条件，环境条件应满足环境控制要求。

4）检测仪器设备。实验室应配备与检测方法要求相匹配的仪器设备。仪器设备使用时检定/校准合格证应在有效期内，在两次检定/校准之间应进行期间核查。

5）标准物质。检测使用的标准物质应来自具有标准物质生产许可证的单位，能够溯源到国家或国际基准，有计量部门出具的证书证明其级别和不确定度，且纯度满足检测要求。

6）化学试剂。检测使用的化学试剂纯度应满足检测方法中的相关要求，检测方法中无明确要求的，均不应低于分析纯（AR）级。可能影响检测结果准确度的溶液应按照标准方法配制后使用有证标物或有证标准参考物质进行校正，试剂和配制后的溶液都应在有效期内使用。

7）实验纯水。检测使用的实验纯水制备依据《分析实验室用水规格和试验方法》GB/T 6682，检验合格后使用。使用纯水时应检测纯水质量，防止对实验特别是痕量组分产生干扰。

8）实验耗材。根据检测指标和检测方法选用适合材质的器皿，必要时按检测指标固定专用，避免交叉污染。可能影响检测结果准确度的器皿及材料应经过计量检定或校准。

（4）数据处理

检测结果应进行适当的数据处理，有效数字应按照标准要求进行修约，最终报出数据的有效位数应当等同标准的规定或多出标准规定一位。检测结果应采用国家法定计量单位或与标准相同的计量单位。

（5）结果表达

低于检测方法最低检测质量浓度的结果，应以所采用方法的最低检测质量浓度表达检测结果，表达格式如<0.001mg/L，微生物指标用“未检出”表示，臭和味用“无异臭异味”表示，肉眼可见物用“无”表示，未加消毒剂时消毒剂余量用“未加消毒剂”表示。

以某几项指标检测结果之和表达的水质指标，如其中部分指标的检测结果小于所用方法的最低检测质量浓度，求和时上述这些指标的检测值以所用方法最低检测质量浓度的 1/2 与其他指标的检测结果一并计算。以文字形式表示的检测结果，文字应清晰准确地表达样品的实际情况。标准中有明确规定的，以标准中规定的格式描述性状和等级。

5. 检测质量控制要求

检测单位应具有国家或省级实验室资质认定资格，通过资质认定的能力范围包含的水质指标应能满足当次督察工作的任务要求。必要时，可结合质量控制考核等措施对检测单位的检测能力进行综合确认。检测单位可采用单点质控样品、精密度等质控措施控制实验室内检测质量，并符合以下要求：

(1) 采用单点质控样品时，应在空白溶液中加入校准曲线上限浓度值的 0.1～0.9 倍或标准限值的 0.5～1 倍的标准物质，在分析方法与样品完全相同的条件下检测并计算回收率。回收率应满足分析方法的要求。

(2) 采用精密度进行质量控制时，对同一个样品重复测定至少 7 次，计算相对标准偏差。相对标准偏差应小于或等于分析方法的规定。

8.1.2　供水系统水质安全管理检查技术

供水水质安全管理检查技术方法，主要针对取水、制水、配水等供水生产全流程中的重要设施，如取水设施、预处理设施、投加药剂设施、混合絮凝设施、沉淀及过滤设施、消毒设施和在线监测设施设备的正常运行技术条件进行分析，确定对其进行安全检查的关键控制点，并根据相关安全生产与质量管理标准规范，制定基于关键控制点进行全方位全流程水质安全管理检查的程序、方式、检查要素及评定标准。

1. 水质安全管理检查依据

目前，对供水单位进行水质安全管理检查可依据的文件、规范主要有部颁文件、国家标准、行业标准等三类。法规和行业标准的规定，为供水单位的生产和管理的各个环节提供了依据（表 8-6）。

供水系统水质安全管理检查依据　　表 8-6

部颁文件	国家标准	行业标准
《生活饮用水卫生监督管理办法》 《城市供水水质管理规定》《城市供水水质数据报告管理办法》 《关于加强城市供水水质督察工作的通知》	《生活饮用水卫生标准》(GB 5749—2006) 《二次供水设施卫生规范》(GB 17051—1997) 《城镇供水服务》(GB/T 32063—2015)	《城镇供水厂运行、维护及安全技术规程》(CJJ 58—2009) 《城镇供水管网运行、维护及安全技术规程》(CJJ 207—2013) 《二次供水工程技术规程》(CJJ 140—2010) 《城市供水水质标准》(CJ/T 206—2005)

2. 水质安全管理检查范围及方式

（1）检查重点

对于国务院住房城乡建设主管部门以及省级住房城乡建设（城市供水）主管部门组织开展的供水系统水质安全管理检查，重点为城市公共供水；城市供水主管部门组织开展的检查，还应检查二次供水、自建设施供水。

（2）检查人员

检查人员应由督察组织或实施单位指派，具备相关专业技术知识，从事城市供水相关工作5年以上，熟悉城市供水水质安全相关的法律法规，以及净水工艺、检测、管理等方面的要求，并具有与水质安全管理检查工作要求相适应的观察、分析、判断能力，能够协助或者独立开展现场检测活动。

（3）准备工作

在进行供水设施和水质安全管理检查之前，检查人员应事先联系好供水单位，掌握供水单位的基本情况和以往对其开展的检查情况等资料，并落实供水单位主要负责人、陪同联络人员名单。由检查组组长制定检查工作计划，确定检查时间、检查重点环节、检查方式、检查组成员分组等，将具体任务分配到每位检查组成员。

（4）检查方式

水质安全管理现场检查的方式，一是查阅资料、询问，二是现场查验。检查人员应对检查内容逐一进行查验，查阅相关报表、数据、原始记录等资料，并如实、认真填写现场检查记录，必要时应进行影像记录或复制相关资料并做好标识，所有现场填写的书面资料均应由检查人员和被检查单位负责人及相关人员签字确认。

3. 城市供水系统安全管理关键控制点

城市供水水质督察工作应覆盖取水、制水、配水的全过程，本书对城市供水的整个过程进行分析和梳理，甄别出关键环节、关键控制点，有针对性地开展水质安全管理检查。

（1）取水环节

地表水是我国城市供水的主要水源，主要有河流、湖泊、水库等，地表水取水通常可分为取水和原水输送两个环节。

地下水水源有水质稳定，不受季节影响等优点，特别是在北方和西部缺水地区，地下水水源是主要的饮用水水源。

取水过程对水质的影响十分明显，在水质督察中需重点关注的关键控制点包括：

取水构筑物运行管理。应在取水口设立明显的警示标志，对取水口进行定期的巡视检查，采取设置格栅等设施对杂物、垃圾、鱼类等进行隔离，保障取水口的通畅，并减少其对原水水质和水处理工艺的影响。

水源水质监测与应急处理。供水单位应根据水源水标准对水质进行检测，检测结果原始记录应妥善保管。

（2）制水环节

制水是供水系统中极为重要的环节，对制水过程须进行严格控制。对相关的工艺环节进行梳理后确定以下关键环节：

1）预处理环节

生物预处理单元检查重点环节包括：预处理中是否设置了必要的充氧曝气设备；预处理设施在运行中是否根据温度、氧气、营养物质、透明度等指标的变化调整处理参数以达到设计处理效果。

预氧化单元检查重点环节包括：当由于原水水质原因造成常规制水工艺不能达到国家水质标准时，供水单位可选择预氧化工艺对原水进行预处理。供水单位应根据原水水质情况做相关试验，确定预氧化预处理过程中的氧化剂的选择、投加点的设置、加注量等参数，并保证有足够的接触时间。

粉末活性炭投加环节检查重点环节包括：当由于原水水质原因造成常规制水工艺不能达到国家水质标准时，供水单位可选择投加粉末活性炭工艺对原水进行预处理。应选择符合国家相关标准要求的粉末活性炭，粉末活性炭应独立储存。

2）净水材料和药剂

净水材料和药剂检查重点环节包括：供水单位应有水处理工艺中使用的各种净水药剂的详细清单。应选取有资质的生产厂家所生产的净水药剂，药剂的质量应符合国家、行业、地方的相关标准要求。对每个批次的净水药剂在首次使用和久存后使用前，供水单位应依据国家相关标准和规定进行抽检，合格后方可使用。在储存、使用、稀释、配比、投加等环节中有特殊要求的应满足相应的要求。

3）混凝环节

混凝单元检查重点环节包括：制水人员应根据原水水质、天气、温度等情况通过试验计算确定混凝剂（助凝剂）投加量、投加频率、投加点；混凝药剂投加应使用计量器。

4）沉淀环节

沉淀单元检查重点环节包括：沉淀池的出口应设水质检测点，一般将浑浊度控制在1～5NTU；制水人员应根据沉淀池底泥情况合理排泥。

5）澄清环节

澄清单元检查重点环节包括：澄清池的出口应设水质检测点，浑浊度指标一般应控制在1～5NTU；制水人员应控制药剂投加量和泥渣沉降比，投加药剂时应使用计量器；制水人员应定期排泥，防止泥渣变质或板结。

6）过滤单元。

过滤单元检查重点环节包括：新的滤池和翻修后的滤池在使用前应进行消毒和反复清洗；制水人员应做好滤池反冲洗工作，包括控制冲洗方式、冲洗频率、冲洗强度、滤料膨胀率等，冲洗必须停留一定时间以保证冲洗效果；供水单位应在过滤后设置水质检测点，滤后水浑浊度应小于0.5NTU。

7）消毒单元

消毒单元检查重点环节包括：供水单位应建立消毒剂安全使用的制度和防护措施；消毒剂投加前应做投加试验，确定投加量；出厂水应保留一定的消毒剂余量，消毒后端应设置采样点对消毒剂进行检测。

8）清水池单元

清水池单元检查重点环节包括：清水池应定期消毒，出水合格后方能投入使用；应严格控制清水池运行，防止污染；应在清水池出水口设置水质采样点进行水质检测；清水池制水人员应持合格健康证上岗。

9）深度处理

生物活性炭滤池的反冲洗不能采用含氯水，应配置专用冲洗水箱；活性炭滤池进水的浑浊度应控制在 1NTU 以下，并依照设计要求，对滤池滤速、运行水位、冲洗周期、冲洗时间、冲洗强度等工艺参数进行管理和控制。

臭氧发生系统的运行应符合以下要求：臭氧发生系统的操作运行必须由经过严格专业培训的人员进行，操作人员应定期观察臭氧发生器运行过程中的电流、电压、功率和频率，臭氧供气压力、温度、浓度、冷却水压力、温度流量等并做好记录，同时还应定期观察室内环境氧气和臭氧浓度值，以及尾气破坏设备运行是否正常。

（3）配水环节

从水质督察角度来看，可将以下方面作为水质督察的关键环节：

① 新管网敷设后、管网维修后的冲洗和消毒。在水质督察中，应检查是否有新管网敷设后、管网维修后的冲洗消毒制度；并检查具体的执行情况，包括人员、物资、设备保障，以及通水前的水质检测情况。

② 二次供水管理制度的建立。应检查二次供水管理制度的建立情况，以及在日常管理中的执行情况；检查二次供水设施（主要是水箱）是否定期清洗消毒。

4. 水质安全管理检查内容和要求

（1）供水水源

1）管理制度建立情况

检查是否建立取水口和输水管线巡查制度；检查是否建立取水口和输水管线维护制度。

2）取水口

在水源保护区或地表水取水口上游 1000m 至下游 100m 范围内定期进行巡视；检查取水口是否设置明显警示标志；检查是否有格栅、格网或旋转滤网等防护设施，并定期清理保持清洁；检查地下水水源地，是否根据所在地区状况确定卫生防护地带并定期进行巡视，记录水位和水质的变化情况。

3）输水管线

检查是否对通过明渠输送的原水管线定期进行全线巡视，并有相应记录；检查是否定期对原水输水管线进行维护。

4）水质检测

以地表水为水源的供水厂，有条件的可在水源地取水口建立原水水质在线监测及预警系统，检查是否对在线监测仪器定期进行校核；未建立水质在线监测及预警系统的供水厂，检查是否划定原水水质监测段并设置有代表性的水质监测点；检查以地下水为水源的供水厂，是否在汇水区域或井群中选择有代表性的水源井和全部补压井作为原水水质监测点。

（2）供水厂

1）水厂涉水相关制度的建立

检查供水厂是否制定下列相关水质安全管理制度并有效运行。

① 建立质量控制体系并有量化的水质控制目标，制定适合本厂制水生产工艺特点的工艺过程水质控制标准。

② 按照《城镇供水厂运行、维护及安全技术规程》（CJJ 58）和其他相关法规、标准、规范、规程的要求，制定与制水生产工艺相匹配的水质安全保障操作规程，包括：

a. 供水设施设备运行；

b. 供水设施设备维修、维护；

c. 自动化系统的运行与维护；

d. 安全生产要求。

③ 建立净水药剂和材料的采购、检测和使用制度。

④ 建立分级水质检测和数据上报制度。

⑤ 建立适合当地水源水质特点的水质安全预警和水质应急预案。

⑥ 建立健全的部门职责和各岗位人员职责，以及关键岗位人员上岗制度。

⑦ 建立水质投诉处理制度、包括水质档案在内的档案管理制度。

2）供水设施运行及维护

检查供水设施的运行与维护是否符合下列要求。

① 总体要求

a. 有卫生许可证；

b. 供水厂所采用的制水工艺应保证供水水质符合《生活饮用水卫生标准》（GB 5749）、《城市供水水质标准》（CJ/T 206）的要求，并有制水工艺说明及流程图；

c. 对制水生产的主要设施、设备运行中的动态技术参数制定和实施质量控制点检验制度，包括取水、预处理、混凝、沉淀、过滤、消毒环节；

d. 各种形式的投加工艺均应配置计量器具并应定期进行检定，流量计应按其等级要求定期进行校准；

e. 制水系统及其构筑物一般不宜超设计负荷运行，特殊情况下的超负荷运行应提供情况说明及出厂水水质合格的检测数据；

f. 建立供水设施维护检修的日常保养、定期维护和大修理三级维护检修制度并有相关记录，保证各净化工序的正常运行；

g. 生产环境应整洁、卫生。

② 预处理单元

a. 当常规工艺处理不能达到《生活饮用水卫生标准》的规定，应通过预氧化或吸附等技术进行原水预处理；

b. 处理后的效果应能使出厂水满足相关标准要求。

③ 混合、絮凝、沉淀单元

a. 根据原水水质状况，依据烧杯实验的结果，结合实际投加效果选择混凝剂，确定投加量并做记录；

b. 根据原水水质和滤池的相应去除率，提出沉淀池出水浑浊度要求，对沉淀池出水水质定期进行自动或人工检测并有相关记录。

④ 过滤单元

a. 新滤池在使用前或滤池新装滤料后必须进行消毒，滤后水经检测合格后方能投入使用；

b. 根据水头损失、滤后水浑浊度等因素确定反冲洗周期，反冲洗后应检测滤池的过滤效果，应有相关记录；

c. 定期检查滤层的质量，定期检测含泥量，含泥量一般不能大于3%，并有记录；

d. 定期对滤池进行维护，观察滤层平整度，测量砂层厚度，清洗斜管、斜板、池壁、池底，并有相关记录。

⑤ 消毒单元

a. 采用二氧化氯、次氯酸钠、液氯、氯胺、臭氧等消毒剂进行消毒，应满足不同消毒剂的接触时间；

b. 控制消毒剂的投加量，根据浑浊度、微生物指标合格情况和管网要求保留一定的消毒剂余量；

c. 检查供水厂是否设置消毒质量控制点，各控制点应每小时检测一次或自动监测，消毒剂余量应达到控制点设定值。

⑥ 清水池单元

a. 清水池使用前必须进行消毒并有记录，检测孔、透气孔、人孔等处应有防护措施；

b. 定期对清水池进行清洗消毒并经水质检测合格后方能正式投入使用；

c. 设置水质在线监测仪器，对出厂水浑浊度、消毒剂余量等进行监测。

⑦ 深度处理

a. 采用臭氧消毒的供水厂应对溴酸盐、甲醛进行检测与控制；

b. 使用生物滤池时应对滤池的生物安全性进行控制。

3）输配水设备、净水药剂及材料的使用

检查是否符合下列要求：

① 检查供水厂使用的输配水设备、防护材料、水处理材料、水处理药剂等产品，是否具有生产许可证、省级以上卫生许可证、产品合格证和出厂检测报告。

② 检查供水厂选用的净水药剂和材料是否为国家、行业产品质量标准或《城镇供水厂运行、维护及安全技术规程》中所列的净水药剂和材料。

③ 检查每批净水药剂和材料在首次使用和久存后使用前是否按照国家、行业产品质

量标准进行抽检，并在检测结果符合要求后使用，且有完整的检测记录。

④ 检查供水厂是否建立净水药剂和材料的采购和验收制度，并做好出入库管理工作，净水药剂和材料是否根据规定分类存放。

⑤ 检查是否有严格的危险和易制毒药剂的购置、领用和安全使用制度并有相关记录。

⑥ 检查絮凝剂和氧化剂在投加前是否根据原水水质变化情况做投加量试验，并根据情况调整净水工艺中的具体运行投加措施，投加时是否使用计量设备并记录加注时的投加量和浓度。

4）水质检测

检查是否符合下列要求：

① 检查供水厂是否按照《生活饮用水卫生标准》（GB 5749）、《城市供水水质标准》（CJ/T 206）、《城镇供水厂运行、维护及安全技术规程》（CJJ 58）的要求对原水、净化工序水、出厂水、管网水水质进行检测。

② 检查供水厂是否设置水质化验室并符合以下要求：

a. 水厂化验室的水质检测能力至少能够达到《生活饮用水卫生标准》（GB 5749）、《城市供水水质标准》（CJ/T 206）、《城镇供水厂运行、维护及安全技术规程》（CJJ 58）对原水、出厂水日检指标和管网水半月检指标的要求，并可根据原水水质特点和净水工艺的要求增加检测指标；

b. 原水水质有异常变化时，应针对异常变化增加检测指标和频率；

c. 建立质量体系并有效运行，有计划地进行内部质量控制考核，有条件时主动参加国家、地方组织的检测质量控制考核或能力验证活动；

d. 有足够数量的专业检测人员；

e. 配备与检测能力相匹配的水质检测仪器设备，有规范的仪器设备使用和管理制度，如仪器设备操作及维护规程等；

f. 有完整的采样与检测记录，记录填写真实、准确、规范；

g. 建立水质检测数据档案，档案应完整、标识清晰，由专人负责，并对数据定期进行汇总分析；

h. 建立实验室安全管理、有毒物品和易制毒物品管理制度，并配备相关的安全标识和防护设施；

i. 对于部分由于检测频率低、所需设备昂贵、检测成本高而不具备检测能力的指标，应委托有资质的检测机构进行检测。

③ 检查供水厂是否在每个净化工序设置车间班组水质监测点，按照《城镇供水厂运行、维护及安全技术规程》（CJJ 58）中的要求，对各净化工序有关检测指标和频率的要求进行水质检测并记录检测结果，并应做到：

a. 水质检测能力满足该工序关键水质指标的要求；

b. 有专业的水质检测人员；

c. 有与检测能力相匹配的检测设备。

④ 检查承担水质检测、数据报告的人员是否经专业培训合格后持证上岗，并有人员培训记录。

⑤ 检查化验室所使用的计量分析仪器是否定期进行计量检定或校准，并经检定合格后使用，在日常使用中是否定期进行校验和维护。

⑥ 检查供水厂是否设置适当数量的浑浊度、余氯、pH 等在线监测仪器，定期对在线监测仪器进行维护和校准，并有相应记录。

⑦ 检查水质数据上报和信息公布情况。内容有：

a. 供水厂是否按照《城市供水水质管理规定》（建设部令第 156 号）、《城市供水水质数据报告管理办法》（建城［2007］157 号）的要求如实报告供水水质检测数据；

b. 发生供水水质突发事件时，供水厂应按照当地人民政府供水主管部门的要求及时报告水质数据；

c. 供水厂是否按照所在地城市建设（供水）行政主管部门的要求建立水质信息公开制度、公布水质信息。

5）水质投诉

通过查验记录的方式检查供水厂投诉渠道的建立及投诉的处理是否符合下列要求：

① 设立用户投诉部门，以热线、信访、网络等形式接受投诉并及时进行处理。

② 有投诉事项的办理时限要求，并有相应记录。

③ 有公众参与水质管理的制度，定期收集和分析用户意见，以调查问卷或座谈会的形式接受公众对供水服务情况的监督。

6）检查水质应急预案和水源水质预警情况

① 通过查验记录和有关资料的方式，检查是否制定水源和供水突发事件应急预案并定期进行演练。

② 检查是否有应急处理专业队伍并已经过培训。

③ 检查是否根据应急预案配置临时投加粉末活性炭和各种药剂的应急设施、设备及其他物资和技术储备。

④ 检查是否建立水质预警系统，根据水源水质特点对特征污染因子进行有效监测。

7）关键岗位人员管理

① 检查供水厂是否在制水、水质检测、电气设备维护、机械设备维护、信息网络维护等关键岗位配备具有相关专业技术的人员。

② 检查直接从事制水和水质检测的人员是否持证上岗，是否应经专业技术和卫生知识培训取得上岗证，并每年定期进行体检取得健康证。

③ 检查关键岗位人员是否定期进行技术培训，是否有人员培训计划、培训内容、考试成绩和答卷有记录。

（3）供水管网

1）供水管网运行及维护

① 检查供水新设备、新管网，经改造或检修的设备、管网，所使用的管材、管道附件等材料是否符合现行的国家标准、行业标准的规定，并具有出厂合格证及验收合格证明。

② 检查新供水管道在并网前，是否清除管道杂物并对管道进行冲洗和消毒，且水质（包括管道末端等水质最不利点的水质）经有资质的水质检测机构检测符合相关标准要求后方可并网投入使用。

③ 检查管网末端余氯是否达标。

④ 检查是否对在用管网末端进行定期冲水并排放存水，且冲排放后当浑浊度指标不大于 1.0NTU 时结束冲水。

⑤ 检查是否制定管网巡查、维护、保养等管理制度及操作规程。

⑥ 检查管网巡查、维护制度是否有效实施并有相关记录。

2）水质检测

① 检查是否设立管网水质监测点并对管网水质实施监测。水质监测采样点的数量按每两万人设一个点，并当供水人口在 20 万以下或 100 万以上酌量增减的原则确定，采样点的位置应在输水管线的近端、中端、远端和管网末梢、供水分界线及大用户点附近设置，并与人口密度和分布相关。

② 检查是否按照《生活饮用水卫生标准》（GB 5749）、《城市供水水质标准》（CJ/T 206）中规定的水质检测指标和频率对管网水质进行检测。

③ 检查是否建立管网水质应急检测制度，当管网水质出现异常时增加水质检测频率和相关检测指标。

④ 检查是否根据管网情况和用水特点建立水质在线监测系统，在线监测点的检测指标包括浑浊度、游离余氯、pH 值、温度。

⑤ 检查是否对管网水质在线监测点定期进行巡视，并制定水质仪表维护计划。

3）管网信息管理与突发事件应急处置

① 检查供水单位是否制度管网资料收集、管理制度，设置管网信息管理部门收集、管理、保存管网信息。

② 检查是否建立供水管网突发事件应急制度，制定管网安全预警和突发事件应急处置预案。

（4）二次供水管理单位

1）一般要求

① 检查二次供水设施的运行、维护与管理是否有专门的机构和人员。

② 检查管理单位是否制定管理制度和应急预案。

③ 检查运行管理人员是否具备相应的专业技能，定期进行健康检查并持有健康证明。

④ 检查管理单位是否建立报表制度，包括设备运行、水质、维修、服务和收费报表。

⑤ 检查管理单位是否建立设施运行、维护档案管理制度。

2）二次供水设施运行与维护

① 检查管理单位是否制定设备运行的操作规程，包括操作要求、操作程序、故障处

理、安全生产和日常保养维护要求等。

② 检查是否具有消毒设施并持续运行。

③ 检查运行管理人员是否对设备的运行情况进行经常性检查，并做好运行和维修记录，记录内容包括交接班记录、设备运行记录、设备维护保养记录、故障或事故处理记录。

④ 检查泵房、水池（箱）周围是否无污染源，无杂物堆放并无在管线上压、埋、围、占现象。

⑤ 检查管理单位是否按照标准和相关规定的要求对水池（箱）定期清洗、消毒。

⑥ 检查管理单位是否有日常保养、定期维护和大修理的分级维护检修制度，运行管理人员是否按规定对设施进行定期维修保养。

3）水质检测

① 检查管理单位是否按照《二次供水设施卫生规范》（GB 17051）和当地二次供水管理相关规定，在水池（箱）清洗消毒后对水质进行检测，且各项水质指标的检测结果符合《生活饮用水卫生标准》（GB 5749）要求。

② 检查清洗消毒后的水质检测记录是否存档备案。

8.1.3 多层级水质督察结果评价方法

1. 水质督察结果评价的目的

水质督察结果评价的目的旨在全面掌握城市供水水质及供水单位水质安全管理状况，通过评价可以发现供水水质及安全管理各环节存在的主要问题，有助于进一步明确责任，完善水质安全保障措施。同时，可使水质督察工作更加有效，并使水质督察结果保持相对的一致性和持续性，有助于供水企业正确判断水质安全存在风险，为城市供水水质管理和供水主管部门决策提供依据。

督察结果评价既是对城市供水单位生产运营管理进行的综合评价，也反映出城市供水主管部门管理工作的成效。

2. 多层级水质督察结果评价方法

城市供水水质督察组织部门在实施水质督察时，首先是对供水单位的水质进行抽查检测。因此，在进行水质督察总体评价前，一般先对每个供水单位的水质检查结果进行评价，在此基础上对抽查地区、城市或全部督察范围的水质检查结果进行总体评价，最后再结合供水设施和水质安全管理检查结果进行综合评价。

目前，供水水质评价方法中最常用的评价方法，一是采用检测样品的每一个指标与其标准限值进行比较的符合性评价，评价结果为符合标准要求或超标 2 种结论；二是采用合格率的评价方法，该方法由《城市供水水质标准》（CJ/T 201—2005）规定。符合性评价和合格率评价是对饮用水达标的基本要求，多层级水质督察结果评价方法是在上述 2 种方法的基础上，对水质督察结果评价进行延伸研究提出的。

多层级水质督察结果评价方法，主要基于目前我国城市供水水质管理体制下，不同管理单位有其各自的职能范围和管理权限提出的。水质督察的目的是督促各方恪守职责，共同保障供水水质安全，因此，多层级水质督察结果评价方法针对原水、出厂水、二次供水等不同类型样品其管理单位或有不同的特点，对不同类型的样品赋予不同的权重。由于城市供水水质督察重点是在城市供水主管部门的管理范围内，因此在评价中赋予出厂水的权重大于原水的权重。

由于水质督察的核心是供水水质是否达到国家标准要求，供水设施和水质安全管理是保障水质达标的措施。因此，多层级方法在进行水质数据测算和实际评分验证的基础上，分别规定了水质检查和水质安全管理检查的权重。

采用多层级水质督察结果评价方法进行评价时，首先分别对公共供水单位、二次供水单位、自建设施供水单位的样品进行符合性评价，对样品按超标情况在百分的基础上按规定的原则减分，得出各类供水单位的样品得分后，再与水质安全管理得分合并计算出各供水单位得分。同样，供水单位水质安全管理评价是水质督察组织单位对被检查供水单位水质安全管理符合国家标准、行业标准、规范情况进行的评价。对城市供水水质综合评价的计算方法与供水单位水质评价计算方法相同。多层级评价方法均以 100 分计。

（1）供水单位检查结果评价方法

由于水质指标对应的污染物对人体的危害程度不同，因此评价时应对水质指标赋予不同的权重系数。评价时首先对《生活饮用水卫生标准》（GB 5749）、《城市供水水质标准》（CJ/T 206）、《地表水环境质量标准》（GB 3838—2002）、《地下水质量标准》（GB/T 4848—93）的水质指标，以其对应的污染物对人体健康的影响为基础，同时考虑其在水中的存在水平、影响时间、影响范围等因素，对水质指标进行分类。多层级水质督察结果评价方法将《生活饮用水卫生标准》（GB 5749）等标准中不重复的 122 个水质指标按照危害程度划分为五类，即Ⅰ类指标对人体健康的危害最大，当出现单一指标超标时，减 100 分；Ⅱ类指标超标时，减 70 分；Ⅲ类指标超标时，减 50 分；Ⅳ类指标超标时，减 40 分；Ⅴ类指标超标时，减 30 分。多个指标同时超标时，累计计算，减至零分为止。见表 8-7。

水质指标分类评分表　　**表 8-7**

序号	类别	超标指标	减分值
1	Ⅰ	蓝氏贾第鞭毛虫、隐孢子虫、氰化物、砷、铬、汞、铊	100
2	Ⅱ	耐热大肠菌群、大肠埃希氏菌、粪型链球菌群、铅、铍、镍、镉、氯化氰、七氯、七氯环氧化物、甲基对硫磷、对硫磷、甲胺磷、溴氰菊酯、内吸磷、敌敌畏、呋喃丹、六氯苯、氯乙烯、多氯联苯、苯、微囊藻毒素	70
3	Ⅲ	菌落总数、总大肠菌群、浑浊度、pH、COD_{Mn}、氨氮、游离氯、二氧化氯、卤乙酸（HAAs）总量、二氯乙酸、三氯乙酸、氯酚（总量）、2,4-二氯酚（2,4-DCP）、2,4,6-三氯酚、三卤甲烷、三氯甲烷、三溴甲烷、一溴二氯甲烷、二溴一氯甲烷、三氯乙醛、甲醛、铜、亚硝酸盐、氟化物、锑、滴滴涕、六六六（包括林丹）、林丹、五氯酚、马拉硫磷、乐果、2,4-D、莠去津、毒死蜱、六氯丁二烯、二氯甲烷、1,2-二氯乙烷、1,1,1-三氯乙烷、1,1,2-三氯乙烷、四氯化碳、1,1-二氯乙烯、1,2-二氯乙烯、三氯乙烯、四氯乙烯、甲苯、乙苯、二甲苯、氯苯、1,2-二氯苯、1,4-二氯苯、三氯苯、多环芳烃（总量）、苯并［a］芘、苯并［g,h,i］苝、苯并［b］荧蒽、苯并［k］荧蒽、荧蒽、茚并［1,2,3-c,d］芘、二-(2-乙基己基）邻苯二甲酸酯、丙烯酰胺、环氧氯丙烷	50

续表

序号	类别	超标指标	减分值
4	Ⅳ	铝、硫化物、硝酸盐、硒、银、钡、硼、钼、一氯胺、亚氯酸盐、氯酸盐、溴酸盐、百菌清、灭草松、草甘膦、挥发酚、苯乙烯、总α放射性、总β放射性	40
5	Ⅴ	硫酸盐、氯化物、钠、锌、铁、锰、总硬度、溶解性总固体、色度、臭和味、肉眼可见物、臭氧、阴离子合成洗涤剂	30

多层级评价方法将水质检查及水质安全管理检查结果按不同的供水管理形式分别规定了评价的方法：

1）公共供水厂、自建设施供水厂

公共供水厂、自建设施供水厂的水质检查评分方法为：总分以100分计，当出厂水样品中出现单一指标超标时，按照《水质指标分类评分表》查询指标分类和减分值扣减；多个指标同时超标时，累计计算，减至零分为止。供水厂水质检查分数以X_n表示。

公共供水厂、自建设施供水厂的水质安全管理检查评分方法为：总分以100分计，当检查结果出现不符合有关标准、规范的条款要求时，减5分；同时出现多项不符合时，累计计算，减至零分为止。供水厂供水系统水质安全管理检查分数以Y_n表示。

公共供水厂的水质检查、水质安全管理检查综合评价方法见下表。由于水质达标是供水厂生产运行的目标，水质安全管理是实现水质达标的基础保障。因此，水质检查评价权重占水质督察结果评价的主要部分。多层级评价方法规定了水质检查的评价权重占督察评价总权重的0.6，水质安全管理检查评价占督察评价总权重的0.4（见表8-8）。

$$公共供水单位总体评价分数 = 0.6X_n + 0.4Y_n \tag{8-1}$$

供水厂水质检查及水质安全管理检查综合评价方法 **表8-8**

水质检查评分		水质安全检查评分	总体评分
样品类型	分数	分数	
出厂水	X_n	Y_n	$0.6X_n+0.4Y_n$

备注：1. 检查评分时，当出现水质超标时，按照表中指标分类对应的减分值扣减；多个指标同时超标时，累计计算，减至0分为止；

2. 供水系统水质安全管理检查评分时，当检查结果出现一项不符合标准、规范有关条款的要求时，减5分；同时出现多项不符合时，累计计算，减至零分为止。

2）二次供水单位

二次供水单位的水质检查评分方法为：总分以100分计，当样品中出现单一指标超标时，按照《水质指标分类评分表》查询指标分类和减分值扣减；多个指标同时超标时，累计计算，减至零分为止。二次供水单位水质检查分数以X_n表示。

二次供水单位水质安全管理检查评分方法为：总分以100分计，当检查结果出现不符合要求时，减5分；同时出现多项不符合时，累计计算，减至零分为止。二次供水水质安全管理检查分数以Y_n表示。

二次供水单位水质检查及水质安全管理检查综合评价方法见表8-9。

$$二次供水单位综合评价分数 = 0.6X_n + 0.4Y_n \tag{8-2}$$

二次供水单位水质检查及水质安全管理检查综合评价方法　　表 8-9

水质检查评价		水质安全管理检查评价	总体评价方法
样品类型	分数	分数	
龙头水	X_n	Y_n	$0.6X_n + 0.4Y_n$

备注：1. 水质检查评分时，当样品中出现单一指标超标时，按照《水质指标分类评分表》查询指标分类和减分值扣减，多个指标同时超标时，累计计算，减至零分为止；

2. 水质安全管理检查评分时，当检查结果出现一项不符合有关标准、规范条款的要求时，减 5 分；同时出现多项不符合时，累计计算，减至零分为止。

供水单位检查评分结果填入《供水单位水质检查及水质安全管理检查评分情况表》，并在“分值描述”一栏中分别详细说明水质检查、水质安全管理检查的减分项与减分值（表 8-10）。督察组织部门在督察结束后，可将附件反馈供水单位，以便于供水单位充分了解自身差距，改进生产工艺，加强水质安全管理，提高供水水质。

供水单位水质检查及水质安全管理检查评分情况表　　表 8-10

供水单位名称	总分	水质检查		水质安全管理检查	
		分项得分	分值描述	分项得分	分值描述
…	…	…	…	…	…

（2）城市检查结果评价

城市供水水质检查及水质安全管理检查评价是分别对供水单位的水质检查及水质安全管理检查评价的基础上进行的综合评价。总分数以 100 分计。

为使城市供水主管部门全面了解辖区内城市供水的总体情况，以及各供水单位存在的具体问题，多层级评价方法提供了《城市供水水质检查及水质安全管理检查综合评价结果表》，便于各级政府主管部门根据评价结果表提供的信息，有针对性地制定应对方案，通过采取加强水源保护、调整净水工艺、改造老旧管网、强化供水水质安全管理等措施，提高城市供水水质安全管理水平。

1）城市水质检查评分

对城市供水水质检查及水质安全管理进行综合评价，总分数以 100 分计。

对城市供水水质检查结果进行评分，首先对城市供水原水（A）、公共供水出厂水（B）、公共供水管网水（C）、二次供水（D）、自建设施供水出厂水（E）、自建设施供水管网水（F）等不同类型样品进行分别评分。

评分时，以每类样品总分 100 分计，当某类样品的一个样品出现单一指标超标时，按照《水质指标分类评分表》查询指标分类和减分值扣减，多个指标同时超标时，累计计算，减至零分为止；在对公共供水出厂水、管网水、二次供水龙头水、自建设施供水出厂水、管网水的单一样品分别进行评分的基础上，再按照样品类型将分值求和后计算每类样品的平均值。

根据城市供水主管部门的管理职能，考虑到督察工作的重点是公共供水水质，因此多层级评价方法加重了公共供水出厂水水质的权重，降低了城市供水原水水质的权重。由于自建设施供水规模通常远远小于公共供水规模，因此也降低了自建设施供水水质的权重。

城市供水水质检查评分以 X 表示。计算时按照原水得分（A）、公共供水出厂水得分（B）、公共供水管网水得分（C）、二次供水得分（D）、自建设施出厂水得分（E）、自建设施管网水得分（F）的权重比 $A_{权重}:B_{权重}:C_{权重}:D_{权重}:E_{权重}:F_{权重}=1:3:2:2:1:1$ 计算总分数 X。城市综合评分总权重为 $P_{城市}=A_{权重}+B_{权重}+C_{权重}+D_{权重}+E_{权重}+F_{权重}$，城市水质检查评价总评分 $X=(A+3B+2C+2D+E+F)/P_{城市}$。当未涉及某类检查时，则该类的权重系数为零，不参加权重计算。

2）城市水质安全管理检查结果评分

对城市供水系统水质安全管理检查评分时，首先对城市供水原水（R）、公共供水出厂水（S）、公共供水管网水（T）、二次供水（U）、自建设施供水出厂水（E）、自建设施供水管网水（F）等的水质安全管理检查进行分别评分。评分时，每种类型以总分 100 分计，当一种类型的一个供水厂水质安全管理的现场检查结果出现不符合标准、规范有关条款的要求时，减 5 分；同时出现多项不符合时，累计计算，减至零分为止。在对公共供水出厂水、公共供水管网水、二次供水龙头水、自建设施供水出厂水、自建设施供水管网水的水质安全管理检查结果分别进行评分的基础上，再按照类型将分值求和后计算每类的平均值。

城市供水系统水质安全管理检查评分以 Y 表示。计算时按照原水得分（R）、公共供水出厂水得分（S）、公共供水管网水得分（T）、二次供水得分（U）、自建设施供水出厂水得分（V）、自建设施供水管网水水得分（W）的权重比 $R_{权重}:S_{权重}:T_{权重}:U_{权重}:V_{权重}:W_{权重}=1:1:1:1:1:1$ 计算总分数 Y。城市供水系统水质安全管理检查综合评分总权重为 $Q_{城市}=R_{权重}+S_{权重}+T_{权重}+U_{权重}+V_{权重}+W_{权重}$。供水系统水质安全管理检查评价总评分 $Y=(R+S+T+U+V+W)/Q_{城市}$。当未涉及某类检查时，则该类的权重系数为零，不参加权重计算。

3）城市检查结果综合评价

城市水质检查及水质安全管理检查综合评价总分以百分计。与供水单位检查评价相同，城市水质检查及供水系统水质安全管理检查评价权重中水质检查评价部分权重占主要部分。总分按水质检查评分、供水系统水质安全管理检查评分为 6∶4 的权重比计算。

$$城市总体评价分数\ Z=0.6X+0.4Y \tag{8-3}$$

具体计算方法见下表。城市水质检查及供水系统水质安全管理检查评分结果填入《城市水质检查及供水系统水质安全管理检查综合评价结果表》。当评价结果所得分值未满 100 分时，需在“分值描述”一栏中详细说明供水单位的减分项目、减分原因、超标样品的编号、超标指标及数值等。

城市检查结果评价方法参考表 8-11，评价结果表格见表 8-12、表 8-13。

城市水质检查及供水系统水质安全管理检查综合评价方法 **表 8-11**

管理类别	水质检查评价				水质安全管理检查评价			综合评价③
	样品类型	评分方法	分值	计算公式①	评分方法	分值	计算公式①	
城市供水原水	原水	每个样品出现单一指标超标时，按照表中指标分类对应的分值扣减；多个指标同时超标时，累计计算，减至0分为止	A	$A=(A_1+A_2\cdots+A_n)/n$	每个供水单位现场检查结果出现不符合标准、规范有关条款的要求时，减5分；同时出现多项不符合时，累计计算，减至零分为止	R	$R=(R_1+R_2\cdots+R_n)/n$	城市供水原水总体评价分数 $Z_{原水}=0.6A+0.4R$
公共供水出厂水	出厂水		B	$B=(B_1+B_2\cdots+B_n)/n$		S	$S=(S_1+S_2\cdots+S_n)/n$	公共供水出厂水总体评价分数 $Z_{公共出厂水}=0.6B+0.4S$
公共供水管网水	管网水		C	$C=(C_1+C_2\cdots+C_n)/n$		T	$T=(T_1+T_2\cdots+T_n)/n$	公共供水管网水总体评价分数 $Z_{公共管网水}=0.6C+0.4T$
二次供水	龙头水		D	$D=(D_1+D_2\cdots+D_n)/n$		U	$U=(U_1+U_2\cdots+U_n)/n$	二次供水总体评价分数 $Z_{二次供水}=0.6D+0.4U$
自建设施供水出厂水	出厂水		E	$E=(E_1+E_2\cdots+E_n)/n$		V	$V=(V_1+V_2\cdots+V_n)/n$	自建设施出厂水总体评价分数 $Z_{自建出厂水}=0.6E+0.4V$
自建设施供水管网水	管网水		F	$F=(F_1+F_2\cdots+F_n)/n$		W	$W=(W_1+W_2\cdots+W_n)/n$	自建设施管网水总体评价分数 $Z_{自建管网水}=0.6F+0.4W$
城市供水检查总体评价	—	—	X	$X=(A+B*3+C*2+D*2+E+F)/P_{城市}$②	—	Y	$Y=(R+S+T+U+V+W)/Q_{城市}$	城市总体评价分数 $Z=0.6X+0.4Y$

① 评价以100分计，各不同类型样品的评分可单独计算。计算时，当未检测某类样品时，该类样品的权重系数为零，不参加计算。

② 城市供水总体评价水质检查部分按照原水(A)、公共供水出厂水(B)、公共供水管网水(C)、二次供水(D)、自建设施供水出厂水(E)、自建设施管网水(F)权重比为1∶3∶2∶2∶1∶1计算总分数X，水质评价总权重为$P_{城市}=A_{权重}+B_{权重}+C_{权重}+D_{权重}+E_{权重}+F_{权重}$；水质安全管理检查部分按照原水(R)、公共供水出厂水(S)、公共供水管网水(T)、二次供水(U)、自建设施出厂水(V)、自建设施管网水(W)权重比为1∶1∶1∶1∶1∶1计算，水质安全管理评价总权重$Q_{城市}=R_{权重}+S_{权重}+T_{权重}+U_{权重}+V_{权重}+W_{权重}$。

③ 计算城市综合评价、每类供水单位综合评价时，按水质检查总评分、水质安全管理检查总评分为6∶4的权重比计算。

城市水质检查及水质安全管理检查综合评价结果表 **表 8-12**

管理类别	水质检查评价		水质安全管理检查评价	
	评价结果分值	问题描述	评价结果分值	问题描述
城市供水原水				
公共供水出厂水				
公共供水管网水				
二次供水				
自建设施供水出厂水				
自建设施供水管网水				
城市供水检查总体评价		—		—

注：当评价结果所得分值未满 100 分时，需在“问题描述”一栏中详细说明供水厂的减分项目、减分原因、超标样品的编号、超标指标及数值等。

供水单位水质检查及水质安全管理检查评分情况表 **表 8-13**

供水单位名称	总分	水质检查		水质安全管理检查	
		分项得分	问题描述	分项得分	问题描述

注：当供水单位的评价结果所得分值未满 100 分时，需在“问题描述”一栏中详细说明减分的项目名称、减分原因、超标样品的编号、超标指标及数值等。

8.1.4 《城市供水水质督察技术指南》

本书针对目前我国城市供水水质督察缺乏统一技术规定的现状，在 4000 多个水厂调查数据的系统分析基础上，结合近年督察的经验总结和水厂的现场调研确定了供水系统水质安全关键控制点，并基于对管网采样点布设、样品保存时效性、督察结果评价等技术难点的重点研究，提出了水质检查中的督察样品采集等环节的检查技术要求、从水源到龙头的供水系统水质安全管理检查的要素和评定标准、水质督察结果评价方法，编制了《城市供水水质督察技术指南》（以下简称《指南》）。《指南》统一了城市供水水质督察实施的技术要求，规范了水质督察的技术行为，实现了城市供水水质督察工作的科学化和规范化，适用于国家、省、市各级人民政府城市供水主管部门组织开展的水质督察工作。

《指南》分为四章，包括总则、水质检查、水质安全管理现场检查、督察结果评价，内容涉及水质督察实施的各个环节的检查要素和技术要求（内容框架见图 8-1）。其中，水质检查部分重点针对督察实施过程中原水、出厂水、管网水水质检查的技术方法提出规范化要求，包括样品采集、样品保存与运输、样品检测、质量控制等方面的内容。水质安全管理检查部分针对城市供水单位取水、制水、配水等各供水环节规定了检查的技术要求，涉及供水水源、供水厂、配水管网、二次供水管理单位等方面的内容。水质督察结果评价部分，主要包括供水单位水质督察结果的评价方法、以城市为单元的水质督察结果的评价方法。《指南》还提供了基本情况调查、供水系统水质安全管理检查等现场检查表格。

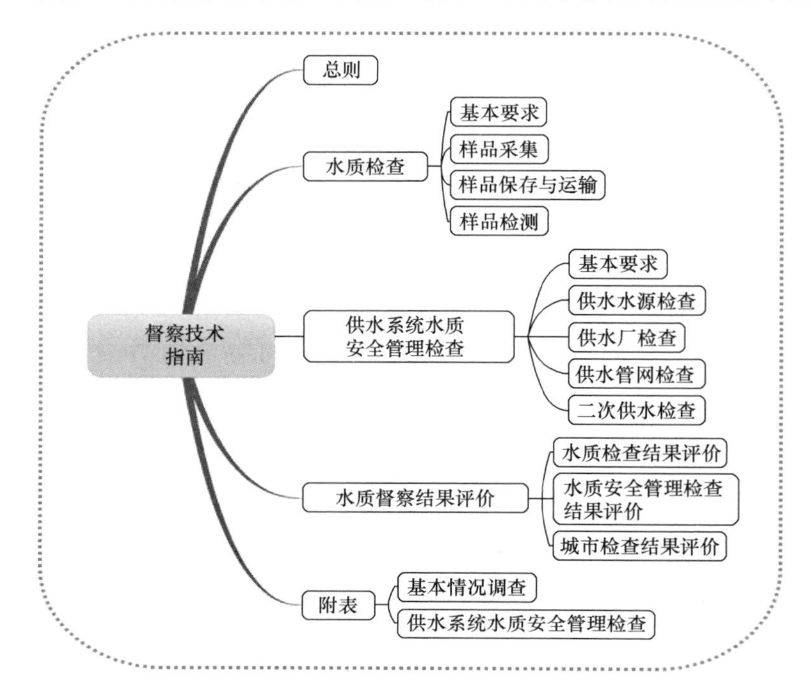

图 8-1　《城市供水水质督察技术指南》内容框架

8.2　水质督察现场快速检测方法

8.2.1　车载 GC-MS 测定水中挥发性有机物方法

1. 方法简介

对水质督察样品的检测要求在较短的时间内完成，尤其是遇到突发事件或测定易挥发性污染物时，要求在更短的时间内对供水水质情况做出客观、全面的判断，这对检测方法的时效性和方法的科学性提出了更高的要求。

使用台式 GC-MS 对水中有机污染物进行检测的技术已经比较成熟，但在使用车载 GC-MS 进行有机物定量分析方面的研究相对较少。车载 GC-MS 除了具有台式 GC-MS 的性能外，最大的优势就是便携，能够满足水质督察现场检测工作的需要。因此在供水水质督察的现场检测中引入车载 GC-MS 检测方法，可极大地提高督察现场有机污染物的检测能力，保障水质督察工作的科学性、及时性、有效性。

现场检测能够较好地适应复杂多变的实验环境，检测结果快速、准确。本书针对水质移动实验室的特点，研究车载 GC-MS 定性分析和定量分析方法，确定样品前处理过程、仪器工作参数、分析步骤，并与传统实验室方法进行比对，验证方法的精密度和准确度。

2. 适用范围及检测限

水质督察样品检测结果的准确性受样品流转时间影响很大，因此对水样检测有时效性要求，但是鉴于检测技术水平的限制，目前多对余氯、浑浊度、pH 等少数常规指标进行现场检测，水质标准中多数指标由于受现场检测设备和方法的限制未能进行现场检测。

本方法选取了水中 29 种挥发性有机物，采用车载 GC-MS 作为检测设备，可在现场进行定性、定量检测。

本方法可测定的 29 种挥发性有机物名单及其方法检出限见表 8-14。

29 种挥发性有机化合物清单 **表 8-14**

化合物	方法检出限（μg/L）	化合物	方法检出限(μg/L)
氯乙烯	0.36	四氯乙烯	0.34
1,1-二氯乙烯	0.37	二溴一氯甲烷	0.23
二氯甲烷	0.32	氯苯	0.21
反式 1,2-二氯乙烯	0.28	苯乙烷	0.17
顺式 1,2-二氯乙烯	0.21	m/p-二甲苯	0.12
三氯甲烷	0.51	o-二甲苯	0.14
1,1,1-三氯乙烷	0.37	苯乙烯	0.10
四氯化碳	0.36	三溴甲烷	0.40
苯	0.22	1,4-二氯苯	0.20
1,2-二氯乙烷	0.23	1,2-二氯苯	0.18
三氯乙烯	0.28	1,2,4-三氯苯	0.20
1,2-二氯丙烷	0.21	1,3,5-三氯苯	0.20
二氯一溴甲烷	0.24	六氯丁二烯	0.38
甲苯	0.19	1,2,3-三氯苯	0.20
1,1,2-三氯乙烷	0.26		

3. 仪器设备及耗材

样品瓶：40mL 玻璃瓶附螺旋盖及聚四氟乙烯垫片。

注射器：5mL 玻璃注射器。

容量瓶：10mL、50mL 棕色容量瓶。

吹扫捕集：包括吹脱装置、捕集管及热脱附装置。吹脱装置为全玻璃制吹气装置，可盛装 5mL 样品且水样深度不少于 5cm。样品上方气体空间应小于 15mL，吹气气体的初始气泡直径应小于 3mm，吹气气体从距水样底部不大于 5mm 处引入。捕集管规格为 25cm×3mm（内径），内填有聚 2，6-二苯基对苯醚（Tenax）、硅胶、椰壳炭各 1/3。若能满足质控要求，也可使用其他的填充物。热脱附装置须能将捕集管快速加热。

气相色谱仪：进样口为全电子气路控制（EPC）分流/不分流进样口，所有的玻璃元件（如进样口插件）均用硅烷化试剂处理脱活。

色谱柱：LTM 毛细管气相柱，支持室温＋8℃ 至 350℃程序升温，21 个恒温平台，最大升温速率 1200℃/min。

质谱仪：短时间内可从 1.8u 扫描到 1050u，使用 EI 方式离子化，标准电子能量范围 5～241.5eV。

4. 试剂材料

甲醇：色谱纯。

纯水：纯水中应无干扰测定的杂质，或水中杂质含量小于方法中目标组分的检出限。可将纯水煮沸去除 30%后使用。

氦气：高纯度（99.999%），用于气相色谱载气和吹扫气体。

标准储备液：可直接购买具有标准物质证书的标准溶液，标准溶液应包含所有相关的被测组分，常用浓度为 100～1000mg/L，于冰箱中避光保存。

标准中间液：用甲醇稀释标准储备液，其浓度应便于配置校准溶液。将其置于 PTFE 封口的螺口瓶中，尽量减少瓶内的液上顶空，于冰箱中避光保存。经常检查溶液是否变质或挥发，在用它配置使用液时要将其放至室温。

校准系列溶液：将一定量的标准中间液加入纯水中，倒转摇动两次，配制至少 6 个标准曲线点（含空白点），其中一个接近但高于方法的最低检出限，或在实际工作范围的最低限处。其余标准曲线点要对应样品的浓度范围。在无液面上顶空时将此校准标准置于螺口瓶中，并于 24h 内进行分析；也可在 5mL 注射器中直接注入一定量的标准使用液，然后立刻将此校准液注入吹扫捕集中。

5. 采样、运输与储存要求

（1）样品采集

所有样品均采集平行样，每批样品应带一个现场空白，即以带到采样现场的纯水作为样品，采集要求与样品相同。

采样时，使水样在瓶中溢流出而不留气泡。若从水龙头采样，应先打开龙头放水至水温稳定（大约 3～5min）。调节水流速度约为 500mL/min，从流水中采集平行样；若从开放的水体中采样，先用 1L 的广口瓶或烧杯从有代表性的区域中采样，再小心把水样从广口瓶或烧杯中倒入样品瓶中。

对于含余氯的样品和现场空白，在样品瓶中先加入抗坏血酸（每 40mL 水样加 25mg），待样品瓶中充满水样并溢流后，密封样品瓶。注意垫片的聚四氟乙烯（PTFE）面朝下。水样必须在 24h 内分析。

（2）样品保存

采样后须将样品冷却至 4℃，并维持此温度直到分析。现场水样在到达实验室前须用冰块降温以保持在 4℃。样品存放区须无有机物干扰。

6. 分析步骤

（1）仪器条件的选择

1）捕集管吸附剂的选择

捕集管的填充材料有很多，常用的有活性炭、硅胶、Tenax（聚 2,6-二苯基对苯醚）、

OV-1、木炭等。活性炭对水有很强的亲和力，且具极强的表面活性，对极性化合物常常产生不可逆吸附，以致热解析所需温度高，可能导致某些物质的分解；Tenax 是一类有机合成吸附剂，虽然比表面积较小，但对含羟基的化合物如水、低级脂肪醇和脂肪族羧酸的保留值低于对非极性和低沸点有机物的保留值，因此对水的吸附容量小，一般不会产生不可逆吸附和热分解现象，且热稳定性好，特别适合于非极性和中等极性的微量挥发性物质的浓缩，是最常用的吸附剂之一；硅胶是另一类常用的吸附剂，它对水和低级脂肪醇、脂肪族羧酸等极性化合物均有较强的吸附能力，不需很高的热解析温度，尤其是对于 Tenax 不能有效保留的低沸点挥发性有机物，却能有很好的捕集，因此常与 Tenax 联合使用。本实验选用活性炭/硅胶/Tenax 捕集管进行卤代烃的吹扫捕集实验，结果理想。

2）吹扫时间的选择

吹扫时间是吹扫捕集技术的重要参数之一。须根据具体样品来优化确定，原则上吹扫时间越长，分析重现性和灵敏度越高。但考虑到车载 GC-MS 主要用于快速监测，要提高分析时间和工作效率，因此在满足分析要求的前提下，选用尽可能短的时间，实际工作中可通过测定样品的回收率来确定吹扫时间。

方法采用挥发性有机物的混标配制 10μg/L 的标准溶液，分别在不同的吹扫时间下进行测定，在实验室常规 GC-MS 方法基础上，选取 4min、5min、6min、7min、8min、9min、10min、11min 进行测定。响应值在 5min、9min 时相对较大，但作为现场监测方法，在不影响结果准确性的前提下要尽量缩短时间，因此选取 5min 作为方法的吹扫时间，并选取其中 10 种化合物作为代表。见图 8-2。

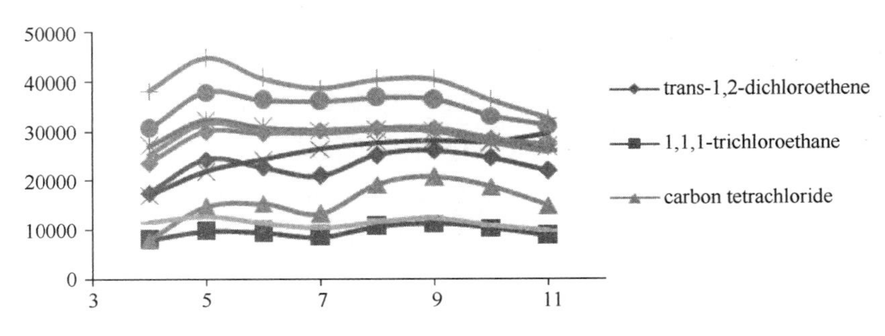

图 8-2 吹扫时间与挥发性有机物的响应峰面积

3）吹扫温度的选择

在室温下吹扫样品时，只要吹扫时间足够长就可满足分析的要求。通过实验发现不同温度下回收率差别在 5%左右，表明吹扫温度对检测结果的影响较小。但考虑到温度升高的同时也增大了水的挥发，不利于捕集管的吸附，因此吹扫温度不宜过高，本实验采用吹扫温度为 40℃。

4）吹扫气体流量的选择

吹扫气体流量的选取需充分考虑多方面因素，如水样中待测组分的浓度、挥发性，待测物质与水样中基质的相互作用以及该物质在捕集管中的吸附作用等。

通常情况下，吹扫气体流量过小时不能使样品充分吹出，响应值（回收率）偏低；而吹扫气体流量过大时会影响捕集管对样品的吸附，造成样品组分的损失。本方法为获取最佳的吹扫气体流量，参考了其他吹扫捕集的实验方法，以 30mL/min、40mL/min、50 mL/min 作为吹扫流量，在吹扫时间为 5min 的条件下分别进行实验。通过实验所得数据可知，当吹扫气体流量为 40mL/min 时待测物质的峰值稳定，得出的曲线见图 8-3，因此选择气体吹扫流量为 40mL/min。

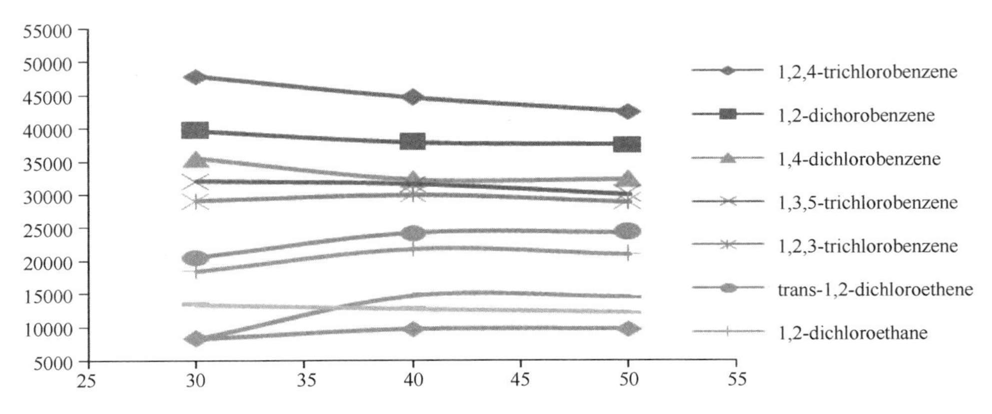

图 8-3　吹扫气体流量与挥发性有机物的响应峰面积

5）解析温度的选择

通过改变解吸温度进行试验，显示解吸温度越高，越有利于捕集管的解吸，回收率越高。考虑到样品的性质和捕集管最高工作温度上限，捕集管解吸温度采用 250℃。

6）解析时间的选择

由于本方法主要应用于水质督察工作的现场检测，需注重时效性，必要时甚至可以牺牲一定的准确性以达到快速分析的要求，保证在技术上尽量满足实现快速检测的目的。本方法使用 29 种挥发性有机物的标准溶液配制成相应浓度的待测溶液，采用不同的解析时间分别进行测定。参考实验室标准方法的解析时间，选取 0.5min、1min、1.5min、2min、2.5min 为实验时间，各组分的响应值变化参见图 8-4。

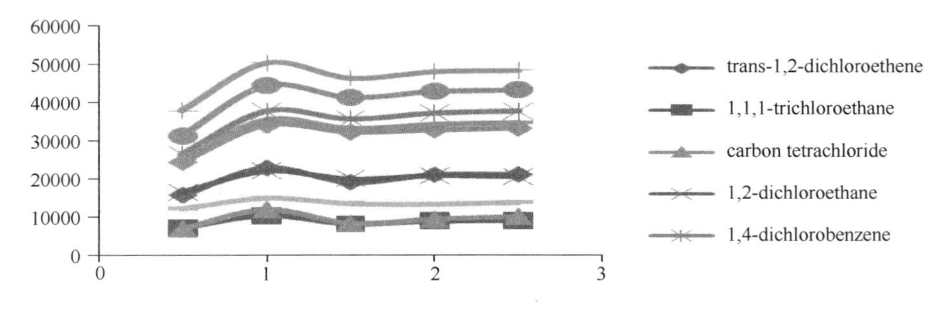

图 8-4　解析时间与挥发性有机物的响应峰面积

由于解析时间的长短对分析的影响不显著，且缩短解析时间能减少因水分传输到色谱柱干扰实验准确性的风险，改进色谱峰形状并提高灵敏度，并能减少检测时间。综合以上因素，选择解吸时间为 1min，与 EPA 524.2 方法比较，解析时间缩短了 3min，从而将整个吹扫捕集的时间减少了 3min，达到了分析时间最小化的目的。

7）烘烤时间的选择

烘烤是捕集管活化步骤，是当捕集管进行解吸之后保持部分气流通过，并加热到一定温度和保持一定的时间，其主要目的一是去除前一次分析的残留物，二是提高捕集管中吸附剂的吸附活性，活化捕集管。

采用 1min、2min、3min、4min 烘烤时间进行实验，由图 8-5 可见随着烘烤时间的增加，残留物减少，在 2min 时残留物浓度已低于最低检测限。因此采用烘烤时间为 2min，在保证实验准确度的前提下，大大缩短了整个吹扫捕集的时间，提高了车载 GC-MS 快速应急监测的时效性。

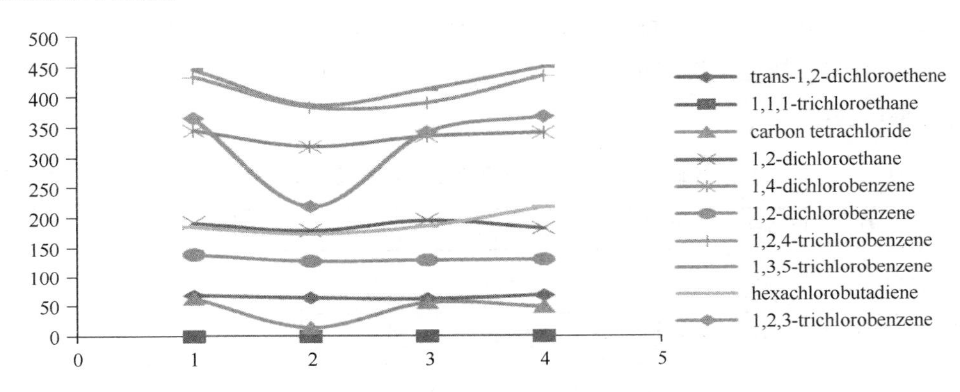

图 8-5 解析时间与挥发性有机物的响应峰面积

8）色谱柱的选择

实验选用的车载 GC-MS 采用 20m 的 DB-624LTM 柱，LTM 技术通过将加热元件和温度传感器包裹在气相色谱柱上，省去了传统的气相色谱柱温箱。这一色谱柱模块可快速加热、冷却（最大速率可达 1200℃/min）色谱柱，从而获得更高的分析通量。

（2）仪器操作条件

1）吹扫捕集装置条件

吹扫温度：40℃；吹扫时间：5min；解吸温度：250℃；解吸时间：1min；烘烤温度：270℃；烘烤时间：2min；气体流速：流量为 40mL/min。

2）气相色谱条件

起始温度 50℃保持 3min，50℃/min 升温至 220℃保持 3 min，载气流量 1mL/min，分流比 50：1。

详见表 8-15。

吹扫捕集装置及色谱具体参数 **表 8-15**

参　数	车载式	参　数	车载式
吹扫时间	5min	解吸温度	250℃
吹扫气体流量	40mL/min	解吸时间	1min
吹扫温度	40℃	烘烤时间	2min

续表

参　数	车载式	参　数	车载式
烘烤温度	270℃	色谱柱	DB-624LTM（20m×0.18mm×1.0μm）
载气流量	氦气，1mL/min		
起始温度	50℃	分流比	50：1
升温程序	起始 50℃保持 3min，以 50℃/min 升到 220℃，保持 3min	总吹扫时间	8min

3）质谱仪操作条件

离子源：EI；离子源温度：230℃；接口温度：250℃；离子化能量：70eV；扫描范围：45amu～300amu；扫描时间：0.45s；回扫时间：0.05s。

4）保留时间及特征定量离子

见表 8-16。

各组分出峰顺序、参考保留时间和定量离子　　表 8-16

样品名称（按出峰顺序）	CAS	保留时间（min）	定量离子
Vinyl chloride　氯乙烯	75-01-4	1.783	62
1,1-dichloroethylene　1,1-二氯乙烯	75-35-4	2.607	61
methylene chloride　二氯甲烷	75-09-2	3.007	84
trans-1,2-dichloroethylene　反式-1,2-二氯乙烯	156-60-5	3.249	61
cis-1,2-dichloroethylene　顺式-1,2-二氯乙烯	156-59-2	4.234	61
Chloroform　三氯甲烷	67-66-3	4.562	83
1,1,1-trichloroethane　1,1,1-三氯乙烷	71-55-6	4.758	61
carbon tetrachloride　四氯化碳	56-23-5	4.758	117
Benzene　苯	71-43-2	5.158	78
1,2-dichloroethane　1,2-二氯乙烷	107-06-2	5.175	62
Trichloroethylene　三氯乙烯	79-01-6	5.868	132
1,2-dichloropropane　1,2-二氯丙烷	78-87-5	6.121	63
Bromodichloromethane　二氯一溴甲烷	75-27-4	6.440	83
Toluene　甲苯	108-88-3	7.365	91
1,1,2-trichloroethane　1,1,2-三氯乙烷	79-00-5	7.859	97
Tetrachloroethene　四氯乙烯	127-18-4	8.030	166
Dibromochloromethane　二溴一氯甲烷	124-48-1	8.340	129
Chlorobenzene　氯苯	108-90-7	9.108	112
Ethylbenzene　苯乙烷	100-41-4	9.263	91
m/p-xylene　间二甲苯	108-38-3	9.423	91
o-xylene　邻二甲苯	95-47-6	9.937	91
Styrene　苯乙烯	100-42-5	9.956	104
Bromoform　三溴甲烷	75-25-2	10.173	173
1,4-dichlorobenzene　1,4-二氯苯	106-46-7	11.412	146
1,2-dichlorobenzene　1,2-二氯苯	95-50-1	11.627	146
1,2,4-trichlorobenzene　1,2,4-三氯苯	120-82-1	12.139	180
1,2,3-trichlorobenzene　1,3,5-三氯苯	108-70-3	12.446	180
Hexachlorobutadiene　六氯丁二烯	87-68-3	12.533	225
1,2,4-trichlorobenzene　1,2,3-三氯苯	87-61-6	12.699	180

5）标准色谱图

见图 8-6。

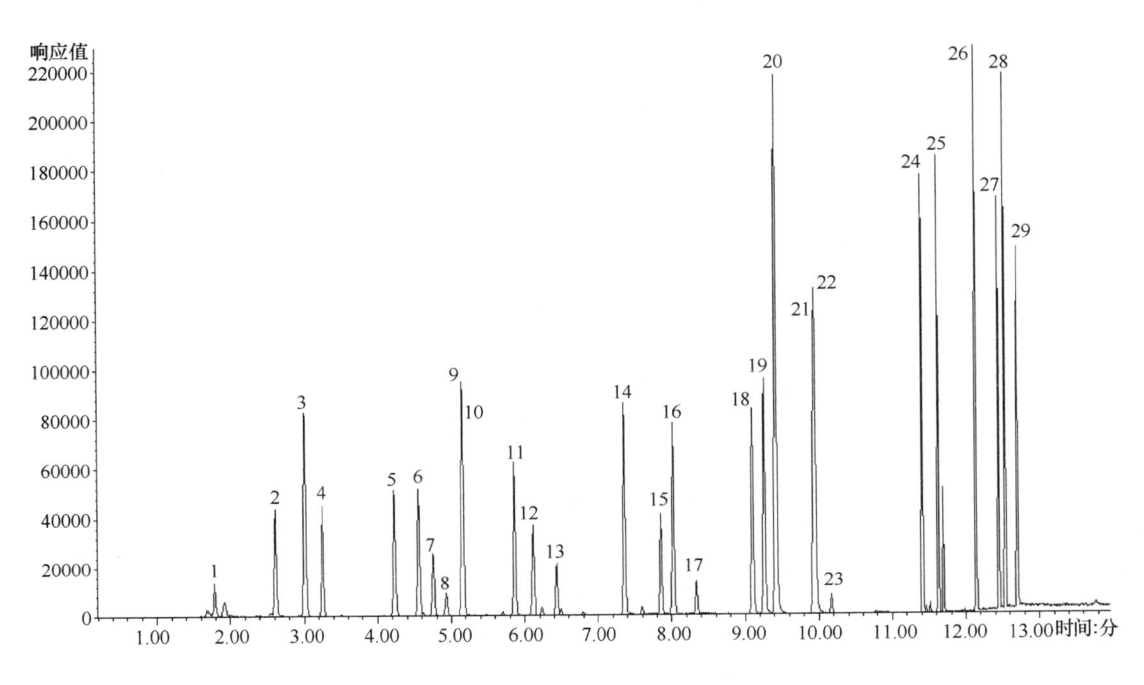

图 8-6 29 种挥发性有机物的标准色谱图

出峰顺序依次为：氯乙烯、1，1-二氯乙烯、二氯甲烷、反式 1，2-二氯乙烯、顺式 1，2-二氯乙烯、三氯甲烷、1，1，1-三氯乙烷、四氯化碳、苯、1，2-二氯乙烷、三氯乙烯、1，2-二氯丙烷、二氯一溴甲烷、甲苯、1，1，2-三氯乙烷、四氯乙烯、二溴一氯甲烷、氯苯、苯乙烷、间二甲苯、邻二甲苯、苯乙烯、三溴甲烷、1，4-二氯苯、1，2-二氯苯、1，2，4-三氯苯、1，3，5-三氯苯、六氯丁二烯、1，2，3-三氯苯

6）校准曲线的绘制

校准方法：外标法。

校准曲线的绘制：取 6 个预先装有纯水的 50mL 容量瓶，依次准确加入一定量的混合标准中间溶液，用纯水定容，配制成浓度为 0，0.5μg/L，4μg/L，10μg/L，25μg/L，40μg/L 的标准系列溶液，置于吹扫捕集装置上，使用以上分析条件进行测定，按照浓度由小到大依次上机分析，以色谱峰面积为纵坐标，以质量浓度为横坐标，绘制校准曲线。每次进行样品测定时，用新配制的标准系列溶液绘制校准曲线。

7. 数据分析及结果计算

（1）定性分析

① 将样品与标准品的特征离子图谱比较，且须符合下列条件：样品与标准品比较其相对保留时间差最多不得超过其保留时间窗的 3 倍相对偏差范围。

② 比较特征离子时应符合下列要求：标准质谱中相对强度大于 10%的特征离子均应出现在样品中；样品中符合要求的特征离子的大小应在标准品相对离子强度的±20%间；对于有些重要的离子，既使其相对强度小于 10%，也应予以考虑。

（2）定量分析

用6种不同浓度的标准溶液绘制校准曲线，通过目标化合物定量离子的峰面积直接在标准曲线上查出目标化合物的浓度。

1）检测限

准备至少6个加标空白样品，浓度接近检测限的估计值，所产生的信号为基线噪音的2～5倍。整个分析过程至少分3d完成，使用下面的公式计算检测限：

$$DL = S \times t(n-1, 1-\alpha=0.99) \quad (8\text{-}4)$$

$t(n-1, 1-\alpha=0.99)$＝自由度为$n-1$，置信区间为99%时的t值（在平行测定7次，99%置信区间时的t值为3.143）。

7个平行样品分别加标1μg/L，并且采用研究确定的方法操作条件进行分析。经实验测定各组分的检测线在0.12μg/L和0.40μg/L之间。

2）精密度和准确度。

用7个平行样品分别加标4μg/L和36μg/L，并用研究确定的方法操作条件进行分析。

制备第二个系列的样品，7个管网水样品也分别加标4μg/L和36μg/L。

精密度采用7次计算得到浓度的统计结果，以RSD（%）表示，通常应低于20%。

$$RSD(\%) = \frac{测定浓度的标准偏差}{平均浓度} \times 100 \quad (8\text{-}5)$$

准确度则以平均的百分比回收率表示，必须处于80%～120%。

$$回收率(\%) = \frac{平均浓度}{加标浓度} \times 100 \quad (8\text{-}6)$$

8.2.2 督察现场快速检测流程标准化技术

《生活饮用水标准检验方法》（GB/T 5750—2006）针对水样特点，明确规定了水样采集后应尽快测定，水温、pH、游离余氯等指标应在现场测定，对于浑浊度、电导率、DO等可以按照一定保存方法适当保存的指标也推荐现场测定。但标准仅对实验室检测方法进行了规定，并未提出上述指标的现场检测方法或有关现场检测时的注意事项，因缺乏标准化程序要求，检测人员在现场检测时随意性较强，影响水质检测结果的准确性。因此，为确保水质督察数据的权威性和公正性，作者开展水质督察现场快速检测方法标准化技术研究，提出现场检测的规范化技术要求。

本研究重点选取了余氯、总氯、二氧化氯和臭氧4项消毒剂指标，总大肠菌群和大肠埃希式菌2项微生物指标，以及氨氮等指标。基于督察现场环境条件复杂的特点，对环境条件、干扰因素对测试结果的影响通过实验进行研究，确定了仪器校正方法、干扰消除方法。对设备的操作程序进行细化，规范了检测步骤，通过人员比对显示结果满意。进行了现场检测常见的温度、pH、金属离子等的干扰试验，提出了干扰的消除方法。同时，开展了实验室检测结果的差异性分析及检测方法的实验室内比对研究，与国标《生活饮用水标准检验方法》（GB/T 5750—2006）中的方法（以下简称国标方法）进行比对实验，提出了7种指标的水质督察现场快速检测技术规程，为水质督察的有效开展提供标准化技术支撑。

1. 余氯

本书作者对余氯现场检测的分光光度法进行了标准化研究。研究过程中使用HACH PCII型便携式余氯分析仪，采用N,N-二乙基对苯二胺（DPD）分光光度法现场测定水中游离余氯，规范了仪器的校正方法，分析了温度、pH、显色时间等因素对测试结果的影响，并进行了检测干扰消除实验以及与实验室国标方法的比对实验，建立了现场余氯快速检测技术规程。结果表明，在水样温度为20℃，pH为6～7，反应时间为2～5min条件下，测试结果更加准确。对于水样中Mn^{7+}、Cr^{6+}等金属干扰，可通过加入3滴30g/L碘化钾溶液反应1min予以消除。余氯现场快速检测与《生活饮用水标准检验方法》（GB/T 5750—2006）DPD分光光度法检测结果的相对偏差≤5.9%。

2. 总氯

对总氯现场检测分光光度法的研究，规范了仪器的校正方法，分析了温度、pH、显色时间等因素对测试结果的影响，并进行了检测干扰消除实验以及与实验室国标方法的比对实验，建立了现场总氯快速检测技术规程。结果表明，水温和反应时间对实验结果没有显著影响，pH=6～7条件下能够得到准确结果，Mn^{7+}、Cr^{6+}等金属离子对总氯测定的影响不大，总氯现场快速检测与《生活饮用水标准检验方法》（GB/T 5750—2006）DPD分光光度法检测结果的相对偏差≤5.7%。

3. 二氧化氯

对二氧化氯现场检测分光光度法的研究，使用HACH PCII型便携式二氧化氯分析仪，采用N,N—二乙基对苯二胺（DPD）分光光度法现场测定水中二氧化氯，分析了样品温度、pH、显色时间等因素对测试结果的影响，并进行了干扰物去除研究以及与实验室国标方法的比对实验。结果表明，当ClO_2浓度小于2.00mg/L时，在水温为20℃，pH=6～7，显色稳定时间为10～20min条件下，测试结果更加准确；当ClO_2浓度大于2.00mg/L时，在水温为20℃，pH为6～7，显色稳定时间低于5min条件下，测试结果更加准确。对于水样中Mg^{2+}、Ca^{2+}等金属干扰，可以通过添加甘氨酸去除，Mn^{7+}、Cr^{6+}等金属干扰可通过加入3滴30g/L碘化钾溶液反应1min予以消除。采用DPD现场测定方法与《生活饮用水标准检验方法》（GB/T 5750—2006）中实验室碘量法测定结果进行比对，并采用t检验法对比对结果进行显著性比较。经统计，两种浓度的p值均大于0.05，两种检测方法之间无显著性差异。

4. 臭氧

对臭氧现场检测分光光度法的研究，使用HACH臭氧袖珍比色计并采用靛蓝比色法现场测定水中臭氧。研究内容主要包括4个方面：

（1）样品采集要求。因臭氧在水中稳定性很差（10～15 min即可衰减一半，40min后浓度几乎衰减为零)，但在冰水中半衰期延长，故最好慢慢的收集样品并立即分析，禁止搅拌、摇晃、加热样品。

(2) 样品温度、pH、显色时间等影响因素对测定结果的影响。结果表明，水温越低，臭氧测定结果越稳定；臭氧遇靛蓝显色后，2h内吸光值基本无变化；在酸性环境中，臭氧的损耗速度明显低于碱性环境，pH越低，臭氧的损耗速度越慢。

(3) 干扰物去除。过氧化氢和有机过氧化物可以使靛蓝缓慢褪色，若加入靛蓝后6h内进行测定，即可预防过氧化氢造成的干扰。当pH＞10时，水样加靛蓝后会变浑浊，影响比色效果，可以用稀硫酸（不可用盐酸）调节pH值至酸性，使试样澄清（在加入靛蓝前)，但此操作会导致臭氧的损耗。

(4) 与实验室国标方法检测结果进行比对。结果表明，两种方法检测结果的相对偏差小于15%，稳定性较高。

5. 氨氮

对氨氮现场检测所采用的水杨酸盐现场分光光度法研究，采用HACH DR2800型便携式分光光度计，在655nm条件下现场快速测定水中的氨氮，研究内容包括三个方面：

(1) 样品温度、浑浊度等因素对测试结果的影响。在水样温度为10～20℃下，检测结果更加准确。当浑浊度≤4.00NTU时，浑浊度对氨氮测定结果无显著影响；当浑浊度＞4.00NTU时，浑浊度越高对水样分光结果影响越明显，此种条件下需结合现场检测条件对水样进行絮凝前处理，以重新测定。

(2) 干扰物去除研究。肼和甘氨酸等干扰会使样品显色过程中颜色加深，需使用带有通用蒸馏组件的蒸馏程序以消除干扰。

(3) 与实验室纳氏试剂分光光度法的检测结果进行比对。结果表明，两种方法检测结果无显著性差异，相对偏差小于8%。

6. 总大肠菌群、大肠埃希氏菌

对酶底物法现场检测总大肠菌群和大肠埃希氏菌进行了标准化研究，采用多孔定量盘、Colilert商品培养基、封口机及培养箱等，对样品采集、样品处理环境、培养时间与温度等影响因素分别进行了研究，同时与国标滤膜法进行了比较分析。结果表明：

(1) 无菌操作和非无菌环境操作对结果影响不大，相对偏差小于7%；

(2) 35～37℃条件下培养能够得到准确结果，而培养温度过高或过低均会造成实验结果偏低；

(3) 培养22～28h能够得到准确结果，而培养时间不足对实验结果具有影响，会造成结果偏低；

(4) 与实验室滤膜法相比相对偏差小于20%。

研究表明，该方法检测周期短，18～24h即可报告最终结果，实验受环境影响因素小，配合车载培养箱的使用后更适合于现场检测，解决了水质督察工作受样品采集、保存及运输等条件不能检测总大肠菌群的问题。

8.3 城市供水水质监测技术资源优化与质量控制技术

8.3.1 供水水质监测机构优化布局

目前，由于我国不同地区之间经济发展不平衡、对水质监测的重视程度不同等原因，我国城市供水水质监测技术资源存在监测机构布局不合理、检测能力不足等问题，城市供水水质监测机构的建设需从国家层面进行统一规划，合理布局，建立长效运行机制，加大水质监测力度，提升水质监管效果，保障供水安全。

研究解决水质监测技术资源缺乏问题，需重点考虑以下几方面基础情况：

（1）根据各级政府城市供水主管部门和供水企业的不同需求，开展不同层级的水质监测工作，使各级政府和供水企业能够掌握供水水质现状情况、跟踪水质发展趋势、完善净水处理工艺、提升水质管理水平。

（2）根据各级政府城市供水主管部门实施水质监管工作的需要，兼顾供水企业的产品控制检测需求，在加强中央政策支持的同时，充分发挥地方政府和供水企业的积极性，建立政府监管和企业日常监测相结合的供水水质监测体系，建立有效的运行和管理机制，按照标准要求的检测内容和频率，使水质监测机构在功能上实现对辖区内供水企业生产环节与产品质量进行控制的同时，通过区域间交叉互检等方式成为政府主管部门实施供水水质督察的技术支撑。

（3）随着社会经济发展，保障供水水质安全已成为当前各级政府的重要任务，监测机构的能力与以往相比有了一定提高，但由于目前大型监测仪器设备主要依赖进口，设备购置及运行维护价格较为昂贵。为降低成本投入，维护国家经济利益，有必要按照由中央政府进行统一规划引导、依据不同事权分级分步实施、政府和供水企业共同投资的原则构建城市供水水质监测架构，避免重复建设，提高监测机构运行效率。

1. 优化布局依据

在对监测机构布局进行研究时，重点对需具备 106 项指标监测能力和需具备 42 项指标监测能力的机构布局进行研究，供水厂化验室作为供水企业对产品质量控制的重要部门，各水厂均需设置。优化布局依据见图 8-7。

2. 监测机构承检能力预测

在对监测机构的布局进行研究时，依据标准对水质检测的要求，分别针对日常检测及水质督察工作，在对现有供水企业的类型、分布及数量进行分析的基础上，考虑供水人口、样品保存及运输要求等相关因素，研究供水水源、水厂及管网点的检测内容及样品数量，确定监测机构承担的任务量。根据检测各类水质指标所需时间，对不同监测机构的承检能力进行分析，确定各月最大承检样品数量。继而通过综合评估任务量与承检能力，确定满足相应监测任务所需的监测机构数量及在各省的布局。

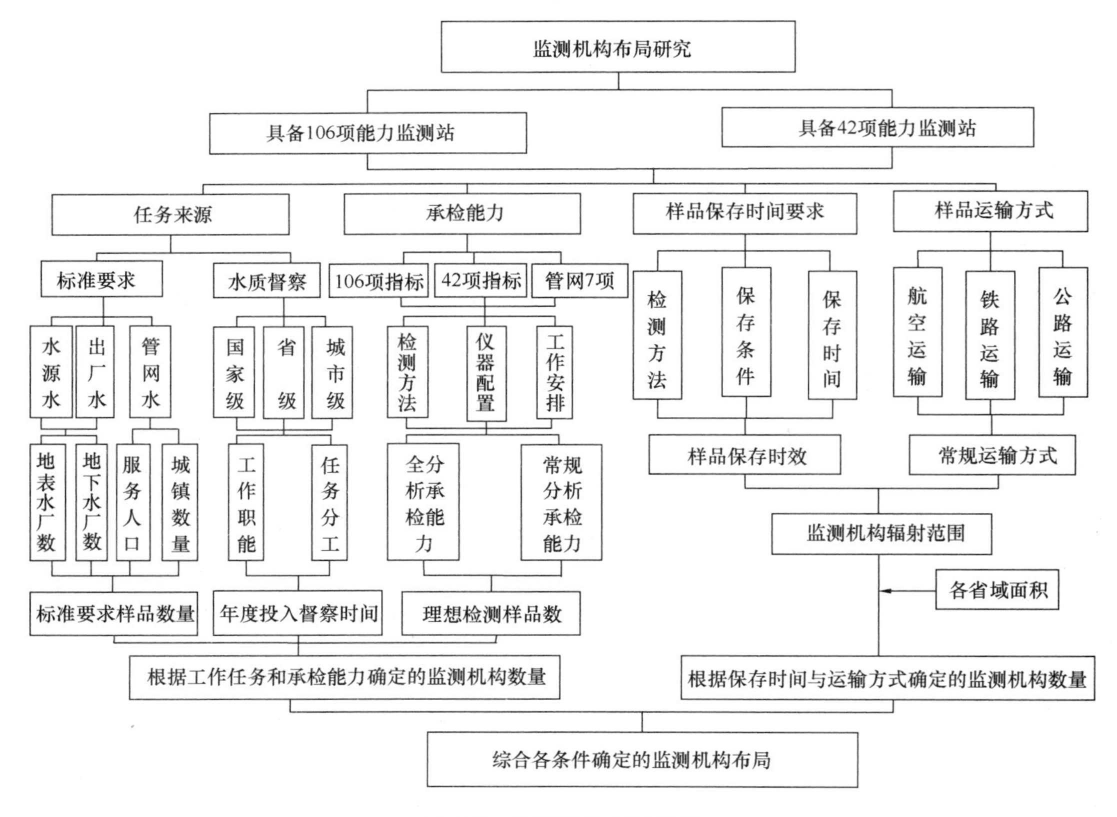

图 8-7　监测机构布局因素

3. 覆盖范围预测

监测机构的能力覆盖范围主要取决于水样检测时效性要求和水样运输方式。

(1) 水样检测时效性要求

水样从采集至分析前，由于物理的、化学的、生物的作用会发生不同程度的变化。水样在贮存期内发生变化的程度主要取决于水样的类型及其化学性质和生物学性质，也取决于保存条件、容器材质、运输条件及气候变化等因素。这些变化往往很快，常在很短的时间内水样便发生明显变化，因此必须采取必要的保存措施，并尽快进行分析。采取保存措施在减缓变化方面能起到一定作用，但目前尚未有能够完全抑制水样变化的保存措施。因此，水样采集后应尽快测定，pH、游离余氯等消毒剂指标最好在现场测定，其余指标的测定也应在规定时间内完成。

根据不同样品的保存要求，分别对106项和42项指标的保存时限进行汇总分析，106项指标中近70%的指标必须在24h之内进行检测，42项指标中约占60%的样品必须在24h之内进行检测；其中，还分别包括15%左右的指标须在4h之内进行检测，主要以微生物及部分有机物指标为主。从保存的时间要求可以看出，样品的运输过程不宜超过4h。

(2) 样品运输方式

根据对保存时间的分析，106项全分析和42项常规检测以4h为最短保存时间。目前，我国大多数地区短距离运输以公路为最优方案，采用航空与铁路运送水样由于样品体积大、易破碎、加入的保存剂有毒有害等原因难以长期实行，且运输成本高于公路运输，因此以公路运输方式为首选。我国内蒙古、西藏、新疆和青海等省、区由于地域广阔，采用公路运输路途较远，建议优先采用航空运输方式。

考虑到采样、现场检测、样品交接、检测前处理等环节，约需占用时间 1h，扣除后，按照不同路况、城市内与城际交通平均车速为 50km/h 计算，最大输送距离为 150km，经计算可得监测机构的覆盖范围约为 7 万 km^2。据此，在设置监测机构时，其空间地理辐射半径以 100km 左右为宜。

(3) 根据保存时间与运输条件确定的监测机构布局

按照我国各省面积的数据、国家和地方层面水质监测机构的覆盖范围，确定所需的监测机构数量。其中，内蒙古自治区、西藏自治区、新疆维吾尔自治区和青海省由于地域广阔，采用公路运输较为不便，按照航空运输方式考虑或部分指标在当地委托监测，在根据面积确定监测机构数量时在以上省、自治区进行了适当调减（表 8-17）。

依据各省（区、市）面积及监测覆盖范围确定的监测机构数量　　表 8-17

序号	省（区、市）	面积（万 km^2）	具备 106 项监测站数量（以面积估算）	具备 42 项监测站数量（以面积估算）
1	北京	1.68	1	1
2	天津	1.13	1	1
3	河北	19	3	3
4	山西	15.6	2	2
5	内蒙古	118.3	3	8
6	辽宁	14.57	3	3
7	吉林	18.7	3	3
8	黑龙江	46.9	5	7
9	上海	0.62	1	1
10	江苏	10.26	2	2
11	浙江	10.18	2	2
12	安徽	13.9	2	2
13	福建	12	2	2
14	江西	16.66	3	3
15	山东	15.3	3	3
16	河南	16.7	3	3
17	湖北	18.74	3	3
18	湖南	21	3	3
19	广东	18.6	3	3
20	广西	23.63	4	4
21	海南	3.4	1	1

续表

序号	省（区、市）	面积（万 km^2）	具备 106 项监测站数量（以面积估算）	具备 42 项监测站数量（以面积估算）
22	重庆	8.2	2	2
23	四川	48.8	5	7
24	贵州	17	3	3
25	云南	39.4	5	6
26	西藏	122	3	8
27	陕西	20.5	3	3
28	甘肃	45	5	7
29	青海	72	3	10
30	宁夏	6.64	1	1
31	新疆	160	3	10
32	新疆生产建设兵团	—	3	10
合计		956.41	89	127

4. 基本布局

对由监测机构能力辐射范围与由任务量分别确定的监测机构数量进行比较分析，并考虑部分城市存在管网水需进行 106 项全分析检测的情况，适当在部分省（区、市）增加具备 106 项监测能力的监测机构，最终确定水质监测机构的数量。以上数据为估算得出，在具体实施时应根据各地实际情况酌量增减（表 8-18）。

依据监测覆盖范围及任务量确定的监测机构数量　　表 8-18

序号	省（区、市）	具备 106 项监测站数量	具备 42 项监测站数量	合计
1	北京	1	0	1
2	天津	1	0	1
3	河北	3	8	11
4	山西	3	8	11
5	内蒙古	3	6	9
6	辽宁	3	11	14
7	吉林	3	5	8
8	黑龙江	4	8	12
9	上海	1	0	1
10	江苏	4	9	13
11	浙江	4	7	11
12	安徽	3	14	17
13	福建	4	5	9
14	江西	4	7	11
15	山东	5	12	17

续表

序号	省（区、市）	具备106项监测站数量	具备42项监测站数量	合计
16	河南	4	13	17
17	湖北	4	8	12
18	湖南	4	9	13
19	广东	7	14	21
20	广西	4	10	14
21	海南	1	1	2
22	重庆	1	0	1
23	四川	5	13	18
24	贵州	3	1	4
25	云南	4	4	8
26	西藏	1	0	1
27	陕西	4	6	10
28	甘肃	4	8	12
29	青海	2	0	2
30	宁夏	2	3	5
31	新疆	3	0	3
32	新疆生产建设兵团	1	0	1
合计		100	190	290

8.3.2 供水水质监测机构能力建设技术要求

对不同监测机构的建设要求，主要是根据监测机构规划的检测能力和日常承担的主要任务提出仪器设备配置、人员构成等方面的技术要求，为具备不同检测能力的监测机构建设发展提供技术指导。

1. 监测设备配置分析

（1）实验室监测设备配置

监测机构需要配置的设备包括监测设备和辅助设备两类，监测设备是指依据标准方法对水质进行检测时，方法中指定的主要检测设备；辅助设备是指在水质分析全过程中必要的冷藏、加热、预处理、纯水机、气体发生器等设备，此外还包括采样车、采样用具、化学试剂与实验器皿等基本实验用具。

目前国内外普遍应用于水质分析检测的常用检测设备，包括气相色谱仪、气相色谱-质谱联用仪、高效液相色谱仪、液相色谱-质谱联用仪、紫外分光光度计、原子吸收分光光度计、低本底 α/β 测量仪、离子色谱仪、电感耦合等离子体质谱仪、总有机碳测定仪、流动注射分析仪、台式浑浊度仪、自动电位滴定仪、菌落计数器、显微镜、电子天平等（表8-19）。此外，还包括部分现场检测设备，如便携式浑浊度仪、余氯测定仪、二氧化氯测定仪、臭氧测定仪、pH 测定仪、温度计等小型便携设备。应分别根据监测机构的不同职能及现状情况，考虑其发展方向，对监测设备的配置提出要求。

（2）应急监测设备配置

由于近年来城市供水水源的风险源并未完全消除，且各类自然灾害频发，城市供水突发应急事件明显增加，水质监测机构有必要在常规监测工作的基础上，考虑将应急供水监测纳入能力建设之中。与实验室监测设备相比，现场应急监测设备的配置方案尚处于起步阶段，配置时应重点考虑以下因素：

1）符合应急监测的特殊要求。根据近年来突发水质事件开展应急供水监测的经验，应急监测设备应具有检测结果准确度较高、体积重量相对较小、便于携带、检测时间短、操作简便、能够适用应急状态基础条件等特点。目前，已经投入使用的应急设备包括两类：便携式监测设备，包括消毒剂、浑浊度等指标的便携式设备；适用于移动监测车的车载大型设备，包括可检测多种有机污染物的车载式气相色谱-质谱联用仪、进行金属检测的车载电感耦合等离子体质谱仪等，车载设备需要监测车提供水、电、气等基础实验条件，可利用移动监测车在现场开展监测。

2）重视综合性水质指标。从目前应急监测的主要内容来看，单个指标的监测设备种类较多，包括便携式监测设备和车载设备都可以对部分水质指标实现定性定量分析。但考虑到应急工作的特点，还应重视综合性水质指标对水质的表征作用，对水体的生物毒性、综合毒性等进行检测分析。

3）做好必要的配件、耗材、试剂、药品等储备。在水源污染及发生自然灾害时，为保障安全供水，城市供水主管部门和供水企业需要尽快掌握水质状况，快速启动水质监测工作。因此，监测机构应按照职能分工，对应急状态下需要的仪器配件、耗材、试剂、药品、标准物质、菌种、应急物资等做好储备，特别应注意对具有保存期限的物资及时更新。

监测单位仪器设备配置要求　　**表 8-19**

序号	监测机构	设备配置要求
1	具备 106 检测能力水质监测机构	106 项指标的监测设备； 附录 A 中指标的监测设备； 新型污染物的监测设备（适度扩充） 常规应急设备（包括应急监测车） 必要的辅助设备
2	具备 42 检测能力水质监测机构	42 项指标的监测设备； 常用应急设备； 必要的辅助设备
3	供水厂实验室	10 项指标的监测设备； 必要的辅助设备

2. 人员要求

监测机构的人员包括管理人员、检测人员、采样人员、辅助人员等不同岗位人员，根据不同监测机构职能、监测设备配备、所采用检测方法等对人员的要求提出人员配置方案。主要依据以下原则。

(1) 满足日常和应急状态下的工作需要

目前，各级监测机构人员通常按照满足常规监测任务的基本需求配置，但当出现水质突发事件开展应急工作时，由于人员不足和专业能力不足，会导致影响应急工作正常开展、人员长时间处于疲劳作战等问题的出现，因此在设置监测机构人员时，有必要考虑应急工作的需要，适当增加关键岗位固定或临时性技术人员。

(2) 知识结构合理，专业技能全面

与水质监测相关的专业以分析化学、化学工程、应用化学、食品化学等为主，也涉及环境工程、环境监测、给水排水等专业。进行管理人员、技术人员配置时，应充分考虑城市供水行业专业性和复杂性特点，在人员专业技能以供水管理、水质监测为主的基础上，尽量覆盖城市供水各专业领域。

(3) 人员年龄结构合理，避免出现人才断层

水质监测工作一方面需要监测经验丰富、对城市供水行业业务熟悉的老同志，也需要对水质监测新型技术敏感度高、熟练操作新型设备和计算机的年轻同志，因此在进行人员设置时还应该考虑年龄结构的合理性，避免出现断层，保证人员更替有序衔接。

(4) 专业结构合理，主要技术人员与辅助性岗位人员比例适当

监测机构的主要工作是开展水质管理和水质监测，均需设置主要技术人员与辅助性岗位人员。在设置人员岗位时，要从监测机构职能出发，合理设置不同岗位人员，避免出现以下问题：

① 为满足检测指标扩充、监测仪器更新、检测方法开发等需求大量增加技术人员，不重视辅助岗位，导致辅助性岗位人员不足，影响工作的正常开展；

② 管理层对监测机构工作岗位技术性强的特点认识不足、重视不够，将大量非监测技术人员安排到监测站，导致辅助性岗位人员比例偏高，而关键岗位的技术人员缺乏。

8.3.3 供水水质监测机构质量控制技术

1. 内部质量控制

影响检测结果的因素有很多，如检测方法、环境条件、仪器设备、量值溯源、样品处置、人员素质等等。实验室为保证检测结果的质量，出具可靠的检测报告，必须对这些影响因素进行全面控制，建立全面的质量管理体系。实验室管理涉及多学科、多领域知识，包括对实验室的硬件（仪器设备、设施、空间等）、软件（规章制度、程序及运行系统等）、各类人员及过程的管理。

(1) 人员管理

如果仅有良好的实验条件和规章制度，但缺乏专业技术人员和管理人员，或缺乏健全的人员管理机制，不仅不能充分发挥良好硬件条件的优势，还会影响检测质量。因此，建

立并不断完善实验室人员管理制度，也是充分发挥实验室已有硬件条件优势，保证检测结果准确性的重要措施。

（2）设备管理

制订有效的管理措施，做好仪器设备的管理、维护和保养工作。贯彻以预防为主、维护保养和合理使用并重的方针，实现仪器设备管理的科学化，促进检测工作的展开，保证检测数据准确、可靠。

（3）环境管理

实验室应有足够的场所满足各项实验的需要，每一类分析操作均应有单独的、适宜的区域，各区域间最好具有物理分割，布局符合实际的检验任务的要求，保证检验结果不受干扰。

（4）质量管理

质量管理是实验室管理的重要组成，实验室在开展检测工作中，应通过建立健全质量保证体系，确保检测数据准确。质量管理应贯穿于整个检测过程，包括实验操作、记录、报告、监督等各个环节。

（5）信息管理

实验室应做好对仪器设备、原始数据、检测报告、采购信息等资料的存档信息管理工作，应有清晰的数量、型号登记记录等，对资料进行妥善保存，资料保管地点应有防火、防热、防潮、防尘、防磁、防盗等设施。

（6）安全管理

实验室的安全管理工作，主要涉及实验室防火、防盗、实验安全、化学试剂安全和预防意外伤害事故等方面。为确保实验室安全运行，应成立安全管理工作领导小组，并指定各岗位安全责任负责人，做到责任明确，各负其责。

2. 外部质量控制

目前对承担水质督察任务的水质监测机构进行质量控制考核（以下简称质控考核）时，在考核管理模式、考核指标和评价方法等方面缺乏相关技术要求，本书作者通过对各种质控考核方法的组织方式、考核内容与评价方法进行适用性研究，重点对监测机构组织能力验证、方法比对、质量管理体系监督检查等方式的有效性和可靠性进行分析，建立对水质督察监测机构进行质控考核的方法。

在各实验室内部质量控制的基础上，由质控考核组织单位给各实验室定期发放“标准参考样品”，各参加实验室采用标准分析方法或统一方法对标准样品进行测定，由组织单位对各实验室测定结果进行统计评价，将标准参考样品中各参数的“标准值”与统计结果发放给各实验室。各实验室通过总结分析对照，可不断提高检测能力水平，保证分析质量。此外，通过实验室间测定数据的对比还可发现实验室内部不易查找的误差来源，如试剂的纯度、蒸馏水质量等问题。

（1）质控考核工作流程

质控考核工作流程，见图 8-8。

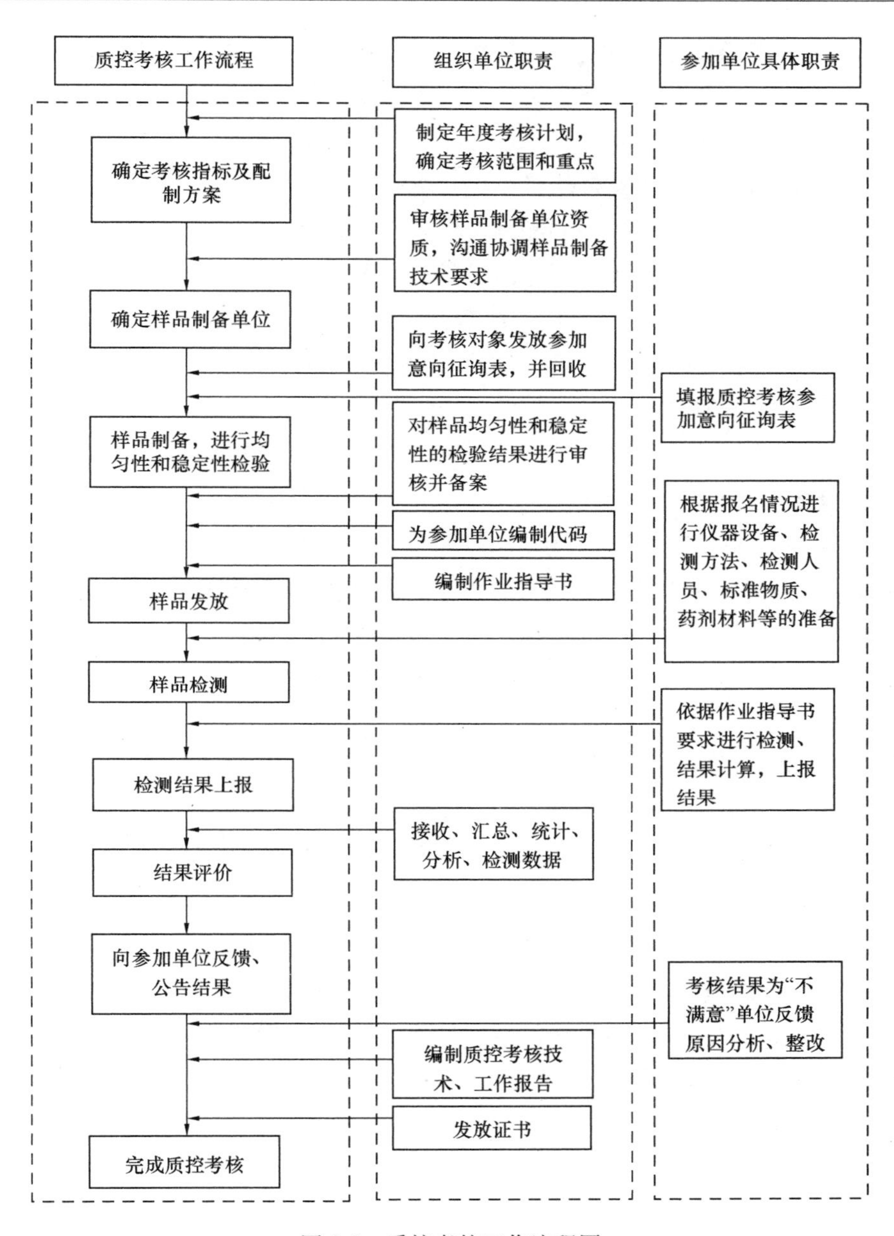

图 8-8　质控考核工作流程图

（2）质控考核指标

考核指标应以《生活饮用水卫生标准》（GB 5749—2006）、《地表水环境质量标准》（GB 3838—2002）、《地下水质量标准》（GB/T 14848—93）中的指标为主。每次考核指标确定时，应考虑到不同水质指标的特性，对于稳定性较差、受检测人员主观因素影响较大的指标应慎重纳入考核范围，此外还应适当考虑检测方法、操作的难易程度，尽可能覆盖可考核的主要大类指标。

组织单位在选取指标时，可优先选择性质属于“稳定”或“较稳定”的指标，便于样品制备、发放和检测。对于其中性质“较不稳定”和“不稳定”的指标，如需列入质控考核时，应尽量缩短考核样从配制到发放检测的时间间隔，并采取必要措施，如加大考核样浓度、改进配制方法、优化样品保存条件等，以提高样品的稳定性。

（3）质控考核样品配制

在开展质控考核时，各项指标均可以单独配制考核样品。此外根据各项指标的性质及常用的检测方法，不同指标可以混合配制。

制备考核样品时，其形态和浓度应满足以下要求：

1）符合水质检测特点，标准物质应溶解在纯水中或有机溶剂中；

2）按要求稀释后的体积满足实验室常用检测方法的样品用量，并能满足3次以上平行样检测；

3）按要求稀释后的浓度应在实验室常用检测方法的检测范围内；

4）考核指标经混合编号后随机发放；

5）考核指标的检测方法根据考核形式确定。非强制性考核一般不统一规定检测方法，实验室可自行采用本单位所用的方法，原则上以国家标准方法或通过资质认定的方法为主。强制性考核可根据考核目的规定统一的检测方法。

确定考核样制备浓度时，需要考虑到由于实验室在检测方法、仪器、人员等方面存在差异，不同实验室对不同指标的检测浓度范围不尽相同，但不同实验室的实际检测浓度一般能够覆盖检测方法最低检测质量浓度与该指标标准限值质量浓度之间的范围，因此在研究中选择检测方法最低检测质量浓度为考核样浓度下限值，标准限值浓度为考核样浓度上限值。需要注意的是部分检测指标在实际水体中的含量很低，在检测前需要进行萃取等浓缩处理，将浓度提高到满足检测方法的水平，实验室实际检测浓度范围需要用浓缩倍数对最低检测质量浓度和标准限值质量浓度进行修正。

按照以上要求进行样品制备时，浓度主要取决于样品检测所需体积以及常用检测方法的检测浓度范围，并应适当考虑考核样检测时浓缩、稀释过程带来的影响。考核样品的配制浓度主要依据以下原则确定：

1）通常情况下，实验室的检测范围与《生活饮用水标准检验方法》（GB/T 5750—2006）中的方法检出限和《生活饮用水卫生标准》（GB 5749—2006）中的标准限值相关，多数指标的检测范围为：检测上限略大于或等于标准限值；检测下限低于或等于检测方法的最低检测质量浓度；

2）根据检测方法所需样品体积，确定质控考核样浓度配制范围，一般为检测浓度的25倍，便于样品稀释、检测。

（4）质控考核结果评价方法

1）稳健统计法

质控考核可采用稳健统计方法进行结果评价。稳健统计技术在近年来数理统计中倍受重视，通常称为Robust统计，是NATA对能力验证评价使用的一种方法。稳健统计技术以Robust统计为基础，用Z值替代了传统的平均值、标准差来评价各实验室的检测能力，可以避免极值也就是离群值对统计结果的影响。

① 稳健统计参数

稳健统计技术的统计参数主要有：结果数量（N），中位值（M），标准四分位间距（NIQR），稳健变异系数（robust CV，简称 CV），最小值（MIN），最大值（MAX）和变动范围（R）。其中最主要的统计参数是中位值和标准 IQR，它们是数据集中和分散的量度，与平均值和标准偏差相似。使用中位值和标准 IQR 是因为它们是稳健的统计量，即它们较少受数据中存在的离群值的影响。

② 评价参数（稳健能力 Z 比分数）

在实验室质控考核中，为了统计和评价参加质控实验室的一致性，通常需要将各个参加实验室的检测结果转化为一个能力统计量，以便于说明并与指定值进行比对，国际上普遍采用的能力稳健统计量是以中位值和标准四分位间距为基础的稳健 Z 比分数。

③ 质控考核结果可按如下标准评分：

当 $|Z| \leqslant 1$ 时，表示实验室检测结果为满意，评为优秀；

当 $1 < |Z| \leqslant 2$ 时，表示实验室检测结果为满意，评为良好；

当 $2 < |Z| < 3$ 时，表示实验室检测结果有问题（可疑值），评为合格；

当 $|Z| \geqslant 3$ 时，表示实验室检测结果为不满意（离群值），评为不合格。

2）相对误差法

实验室质控考核工作过去通常采用单一检测样品，评价方法采用相对误差法。相对误差的计算，为各个实验室检测结果测定值与检测样品指定值之差值与指定值的百分比率。计算公式为：

$$\delta = (x - X)/X \times 100\% \tag{8-7}$$

式中 δ——相对误差；

x——参加者的测定值；

X——指定值。

当实际检测数据中包含异常点而明显不对称，或者当总体的实际分布不对称时，应用这种传统的统计方法有可能得出错误的结果。而采用稳健统计方法则可有效地克服检测数据偏离独立、正态分布假设或包含异常点时对结果判断的困难。

第9章　水质检测材料设备国产化技术

我国城市供水水质监测材料设备对国外厂商依赖性强，大多数设备、材料必须从国外进口，价格高昂，致使检测成本居高不下，严重阻碍监测技术、监测能力发展，制约了水质监测预警系统建设和水质督察工作全面普及。

“十一五”期间，开展饮用水水质监测材料设备国产化研究，通过引进、消化、吸收和再创新，开发了一批具有自主知识产权、达到国际先进水平、适用于饮用水水质监测的材料设备，包括3种固相萃取吸附剂材料、21种饮用水用标准物质、16台套水质监测设备和装置，建成饮用水水质监测材料设备国产化研发生产基地4个，显著提升了国产化设备材料的竞争力，有效降低了新技术应用的价格壁垒。其中，以生物预警技术为核心的智能化水质安全监测预警系统已在上海、广州、唐山等数十个不同水源地使用，成为水质监测领域可与国际品牌竞争的为数不多的国产设备之一。

9.1　固相萃取吸附剂及固相萃取装置

9.1.1　固相萃取材料

固相萃取（Solid pHase Extraction，SPE）技术是20世纪70年代中期问世的一种重要的样品前处理技术，提高了样品处理的效率，在很大程度上解决了液液萃取的不足，是新一代的革命性的样品前处理技术。固相萃取技术已被许多官方机构，如美国国家环境保护局采纳作为水中农药的测定方法。SPE技术在水质检测上的推广和应用是一个重要的发展趋势。

研制了高分子聚合物、聚合物包覆型硅胶和表面官能团（C18）修饰硅胶3种固相萃取吸附材料，可以满足现行水质检测标准中所要求的各项有机污染物的固相萃取。

1. 高分子聚合物的研制

SPE固定相吸附剂的粒径必须控制在一个较适中的范围内。粒径太大，柱内粒间空隙过大，流速过快，不能使流动相中的待测污染物无法和固相萃取固定相充分接触，不能达到吸附富集的目的。粒径太细需要较高的柱压，固相萃取设备就需要高压操作，方便性变差。粒径通常为40μm左右，一般控制在30～60μm为佳。

制备高分子聚合物主要采用溶液悬浮聚合方法制备。悬浮聚合所需要的多种参数对粒径和粒径分布有重要的影响，包括有机相一水相的组成，表面稳定分散剂浓度、反应温度、搅拌速度等。需要研究探讨相关制备条件对形成的聚合物微球的粒径和粒径分布的影响，从而确定最佳的制备条件使粒径及分布满足材料的基本要求。

该填料具有较宽的 pH 适用范围（1-14）；该填料克服了传统 C18 填料柱床不能干涸、对极性化合物保留不足等缺点。对极性与非极性物质具有平衡的吸附效果，通用性强。

其研制路线如下：

聚苯乙烯/二乙烯苯高聚物对水中的极性较强的物质的吸附性能较差，为了改善其吸附性能，可以通过氯甲基化和键合吡咯烷酮的表面改性，获得极性增强的高聚物。

2. 聚合物包覆硅胶材料的研制

除了粒径及分布需要满足固定相吸附剂的要求，决定影响固定相材料物理化学性质和性能的主要参数还有的吸附剂的孔性质，例如孔径大小、比表面积，表面官能团、极性，表面稳定性等重要因素，这些因素与共聚合单体的种类、极性和配比有关，还与溶液悬浮聚合中水一有机相的组成比例，溶解共聚合单体的有机溶剂的多少及种类有很大关系，是制备共聚合交联微球固定相吸附剂面临的和需要解决问题和主要的技术难点。为此需探讨水一有机相比例，共聚合单体一有机溶剂种类及与共聚合单体配比，从而制备孔径等物理化学性质满足要求并且高性能的聚合物交联微球吸附剂材料。

为了达到较高的键合强度，避免淋洗过程中聚合物的流失，聚合物包覆型硅胶吸附剂需要解决的首要问题是选择一定孔性质的硅胶材料并在表面活化，再引入可聚合基团，然后将欲包覆的聚合物单体与表面键合的可聚合基团聚合、交联。在表面形成聚合物的球膜结构。

制备此类聚合物包覆型硅胶材料萃取剂的面临的主要问题和技术难点包括两个方面，一是表面活化，即硅胶基质表面高密度活化引入活性基团；二是通过官能团反应引入可聚合基团，聚合基团的数量是关键因素。聚合物包覆型硅胶材料的制备，还应选择合适的聚合介质，提高聚合物的包覆效率。

在硅胶表面包覆了一层聚苯乙烯聚合物，获得较为耐碱的聚合物包覆硅胶材料，同时具备硅胶的刚性，实现了将聚合物的耐碱性能和硅胶的结构刚性的完满结合，成为一种新型的水质监测固相萃取吸附剂。该填料具有较宽的 pH 适用范围（1-14）；针对水质监测行业的中极性有机污染物具有良好萃取富集效果。

聚合物包覆硅胶材料的制备技术路线及原理，见图 9-1～图 9-3。

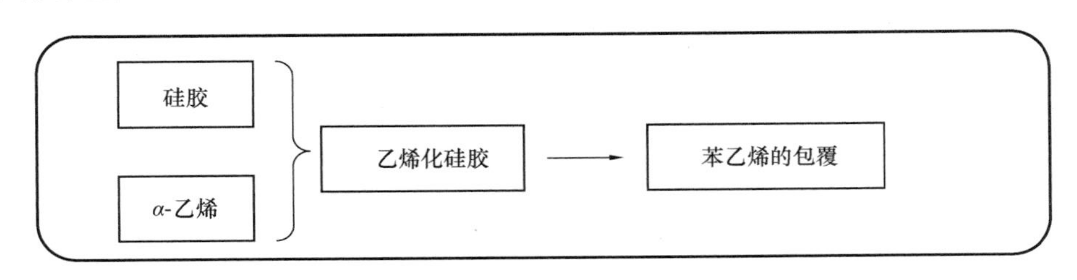

图 9-1　聚合物包覆硅胶材料的技术路线示意图

3. 表面官能团 C18 修饰硅胶材料的研制

表面键合 C18 硅胶材料的制备主要包括表面活化和表面键合两步。通常此法制备的

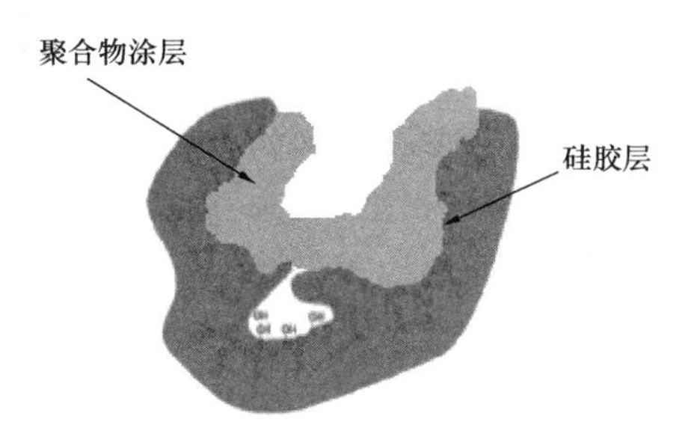

图 9-2　聚合物包覆硅胶结构示意图

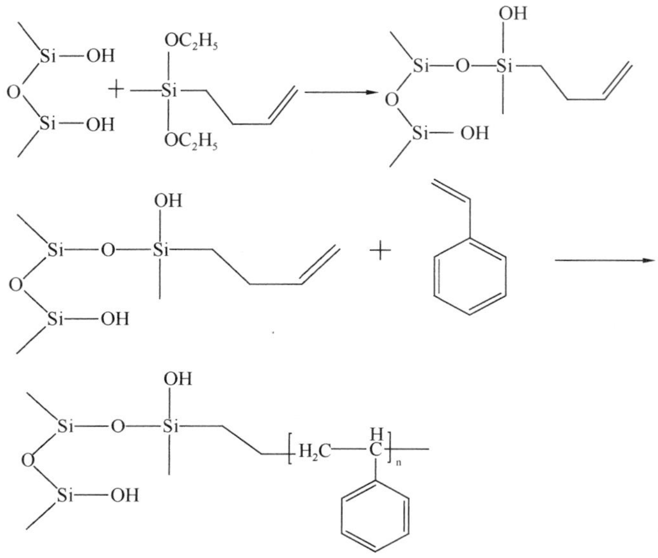

图 9-3　聚合物包覆硅胶化学反应方程式

键合相材料表面仍有相当数量的未反应的硅醇基易于脱去质子形成负离子，能强烈地吸附阳离子，因此严重拖尾变形，柱效下降。单分子层有机硅烷适用的流动相 pH 值范围较窄，通常在 2.0～7.5 之间，在此区间外硅胶就容易水解。为了解决这些问题，需经封尾作用降低硅醇基活性，如用含短链烷基的硅烷化试剂，如三甲基氯硅烷（TMCS）和六甲基二硅氮烷（HMDS），再次进行硅烷化反应，以去掉未反应的硅醇基。

因此，硅胶键合相的技术难点主要包括 3 个方面，一是表面活化引入活性基团如—OH，进行基团转化；二是通过官能团反应键合各种功能基团的条件与键合密度的关系；三是探讨高效封尾作用的试剂和实验条件，对表面键合 C18 硅胶材料的使用性能进行良好改进（见图 9-4）。

以键合硅胶为基质的固相萃取柱填料在键合前经过独特的四乙氧基表面工艺处理，使硅胶的表面活性大为降低，最大程度降低了极性化合物的不可吸附和拖尾，使样品回收率和重现性得到保障。邻苯二酚的测试结果表明硅胶表面性质的显著改善。表面官能团 C18 修饰硅胶材料的制备技术路线及原理，见图 9-5、图 9-6。

原始
5.148
3.090
4.407
改性

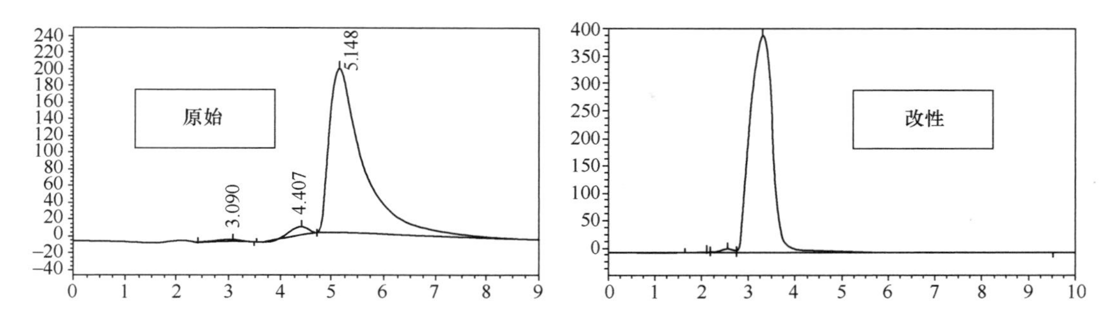

图 9-4 经过四乙氧基硅烷处理前后的硅胶装色谱柱测试邻苯二酚的对比图

然后在处理好的硅胶上键合 C18 官能团，获得反相吸附剂，可对水中的非极性物质具有良好的吸附效果。

硅胶聚苯乙烯/二乙烯苯微球
十八烷基氯硅烷
C18键合硅胶

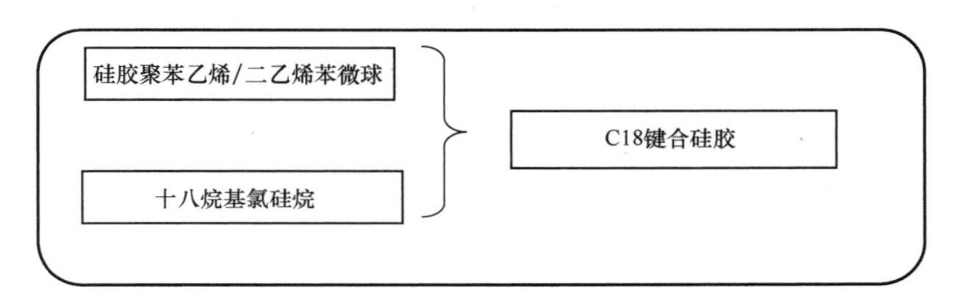

图 9-5 表面官能团 C18 修饰硅胶材料的技术路线示意图

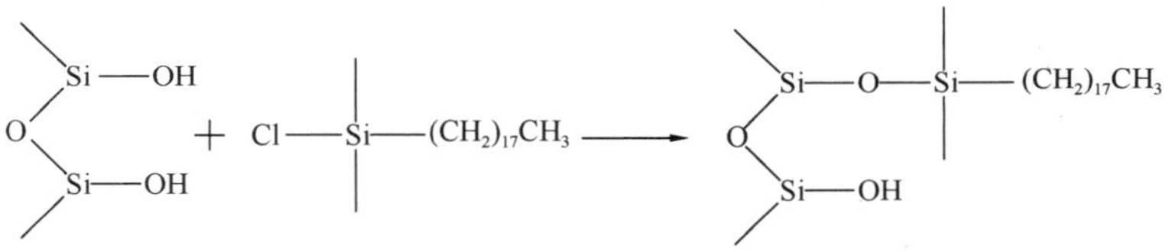

Si—OH
O
Si—OH
+ Cl—Si—(CH2)17CH3
Si—O—Si—(CH2)17CH3
O
Si—OH

图 9-6 表面官能团修饰 C18 硅胶的化学反应方程式

通过上述研制方案获得高分子聚合物、聚合物包覆硅胶和表面官能团 C18 修饰硅胶材料的实物照片如图 9-7。

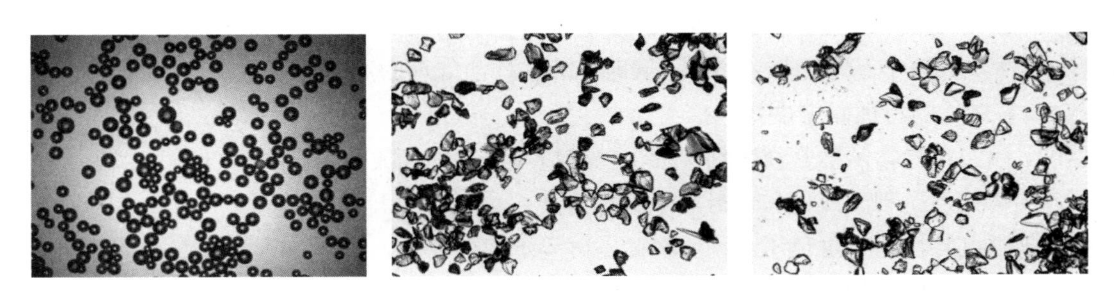

图 9-7 从左到右依次是高分子聚合物、聚合物包覆硅胶、表面官能团 C18 修饰硅胶的光学显微镜照片

9.1.2 固相萃取装置

1. 固相萃取装置的设计

(1) 固相萃取装置的集成化设计

典型的固相萃取系统包括取样、吸附、淋洗、脱附等 4 部分，压力驱动模式分正压和负压 2 种方式。低端产品以负压模式为主，以美国 Supelco 公司生产的 VisiprepTM Vacum Manifold 和美国 Waters 公司生产的 Waters® Extraction Manifolds 最为著名，这类产品可以用于处理及净化实验室液体样品，当与真空泵和收集装置联用时，可同时处理 12 或 24 个样品。该类产品具有以下 5 个特点：

1) 由一个真空排泄阀和一个台架式多歧管盖组成；

2) 旋盖上配有独立的螺旋式旋转阀，能够控制每一个管的流速；

3) 密封系统为一个特制玻璃缸；

4) 真空排泄阀改进了对真空度的控制和保证了阀门更可靠的关闭性；

5) 4 个 2 英寸支脚支撑着多歧盖板，可以放在工作台上，使固相萃取管保持直立位置。

这类产品从功能上更加适合于小剂量样品（如生物样品），没有配备储液箱，废液无法承接和处理，不适于大剂量水质监测。另外洗脱部分设计不合理，需用户自行配备承接量具。一般实验室使用时需要对这种“半成品”进行改造，产品设计上的缺陷自然会影响监测结果的可靠性和重新性。因此，需要研制开发固相萃取功能化集成技术，使之更加适用于城市供水行业水质检测。

(2) 固相萃取附件的配套化设计

除了固相萃取器主机，其他必须配套附件包括大体积采样管、柱接头、固相萃取柱、洗脱接收管等。目前这些辅助产品结构类型、性能类型五花八门，缺乏统一标准，尤其是不同厂家提供柱接头和固相萃取柱不能通用，限制了固相萃取技术的推广和普及。因此，急需研究开发固相萃取附件配套化设计技术。

(3) 工程塑料筛选及制造加工

目前市场流行的固相萃取装置缸体基本上为玻璃制品，盖板及洗脱架为塑料。玻璃缸体耐用性差，操作上需要非常小心。同时作为水样前处理的通用性仪器设备，固相萃取装置对塑料构件的特性需求主要包括：

1) 耐溶剂性，不被常规溶剂侵蚀，以免造成器件损坏或污染水样；

2) 柔韧性，利于操作和密封，不脆裂漏液；

3) 强度特性，满足负压驱动和轻微磕碰等承载要求；

4) 视觉、触觉特性，有利于改善人机功效，构建良好的人机环境。

塑料选材应在零部件使用环境和受力分析的基础上进行，目标用途不同，对上述性能的要求不尽相同。目前，国内外实验室用塑料器材中，PP、PE 是最广泛的一类，耐溶剂性好，柔韧性好，成本低，适合一般用途，如导流管、萃取柱等；PET、PC 刚强度高，耐温性好，用于瓶、承力结构件和需高温处理的器皿；氟树脂具有优异的耐腐蚀性，用于接触强腐蚀性液体器件；ABS 用于不接触有机溶剂的仪器仪表壳体、水槽等结构件。实际应用中，上述材料很少以基础树脂的形式出现，大都是经过改性的各类专用料。

采用物理或化学的方法，将 2 种或 2 种以上聚合物共混到一起，形成微观相分离体系，能够表现出单一聚合物所不具备的物理和力学特性，称之为聚合物的合金化改性。利用合金化改性技术，可以改进塑料材料的力学性能、加工性、耐腐蚀性、磨损性能及外观质感等等。

立足筛选市场化、质量稳定的工程塑料产品，攻克磨具设计、加工技术，研制以塑料主要原料的固相萃取器成套设备，以提高档次，打造精品。

2. 半自动固相萃取装置的研制

为了实现水质监测时对水样的固相萃取操作，开发了配套的固相萃取装置和固相萃取柱。

半自动固相萃取装置利用真空提供的负压，驱动活化溶剂活化固相萃取柱，然后抽吸最多至 1L 的水样通过固相萃取柱，可同时处理 12 个水样。水样中的有机污染物被吸附在固相萃取柱上，而废液进入到容量大于 12L 的废液缸中。然后可以利用特定的洗脱溶剂将固相萃取柱吸附的有机污染物，洗脱至收集瓶中，用于后续的分析检测。

该装置可以使用普通的 3mL、6mL 固相萃取柱管，同时可以使用大体积水样固相萃取柱。后者具有快速处理水样的特点，处理 1L 的水样最快仅需 10min。大大提高了水质检测的样品前处理速度。该柱专门为大体积水的快速处理而设计的固相萃取柱，命名为 Cleanert LDC，其装填料的部位的内径为 47mm，上部可以直接放置 1L 或者 500mL 的水样瓶。

3. 改进型半自动固相萃取装置的研制

为了便于移动，对 SPE-09 固相萃取装置进行了简化，将它分开两个单元，每个单元具有 6 个通道，命名为 SPE-D6，其结构示意图见图 9-8。

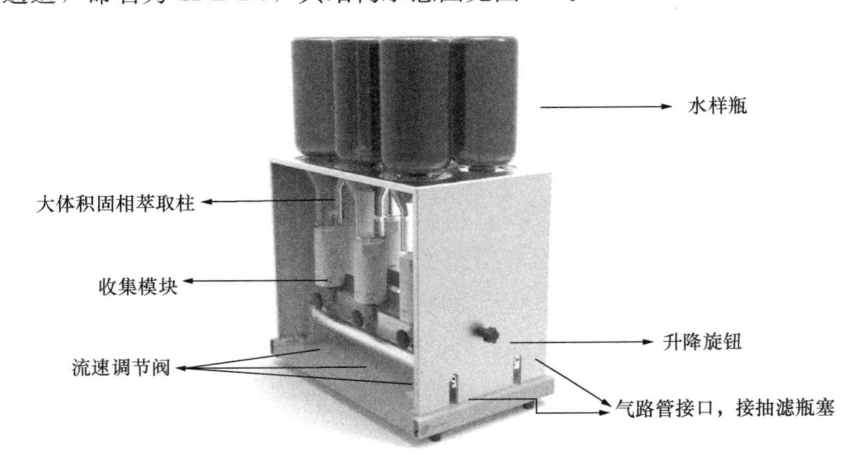

图 9-8 简化版的固相萃取装置 SPE-D6

SPE-06半自动固相萃取装置的性能参数：

1）6位通道：每个通道可独立使用；

2）灵活通用：可使用1～150mL任意规格的固相萃取柱；

3）配置简单：负压驱动，真空度达－0.7MPa；

4）高流速：流速1～100mL/min，可在10min内处理1L水样；

5）小型饮水机：1L样品瓶倒置式上样。

4. 全自动固相萃取装置的研制

另外，还研制了一款全自动的固相萃取设备，简称SPE-40。可用于水质监测样品前处理，实现从活化、上样、淋洗至洗脱的全自动操作，洗脱液可多步收集。

（1）工作原理

SPE-40自动固相萃取仪采用固相萃取（SPE）原理，使用试剂或缓冲液对SPE柱进行活化，样品经过SPE柱后，目标物（干扰物）被吸附在SPE柱固定相上，选择合适的溶剂清洗、去除干扰物，实现富集、净化目标物的过程（图9-9）。

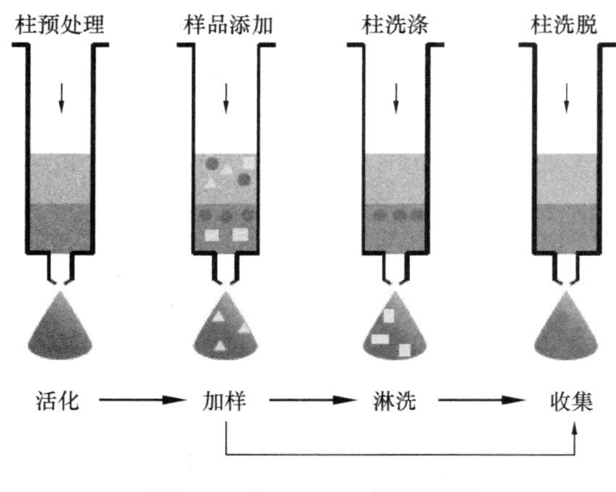

图9-9 SPE-40工作原理图

仪器主要利用了阀切换的技术，以柱塞杆式泵为动力源，可以提供6个通道和10个通道的2种配型，满足溶剂通道和样品通道的数量可变的需求。

（2）SPE-40的性能特点

采用集成式溶剂泵系统，可连续加样，降低了进样时间，并兼容气体输送；

萃取模式：QdauraTM卓睿自动固相萃取仪系统采用独特正压密封方式，使其兼容1～30mL各种规格、各厂家固相萃取柱；

4个萃取通道，同时处理4个样品，连续处理24个样品；

可储存200个方法，方便客户追踪实验结果；

封闭的操作系统，防止溶剂挥发；

整个系统材质采用氧化陶瓷、PEEK、PTFE材料，耐所有有机溶剂，耐酸碱。

1）泵单元

QdauraTM卓睿自动固相萃取仪采用高精度无阀计量泵，避免了大部分固相萃取设备采用注射泵带来的精度不高、流速不稳、耗用时间长等缺陷。真正实现了连续加样、连续输送液体，从而使实验结果更准确、平行性更好、重现性更佳。并且泵系统可以耐受一定颗粒度，真正实现免维护。

2）进样单元

SPE-40采用正压上样，通过气体或者溶剂上样，使样品无损失进入固相萃取柱。上样管的设计独特，可实现耐受一定颗粒度样品，甚至固体样品。仪器配置了不同规格上样管，可实现样品完全上样，无需采用定量上样，避免后续折算回收率带来的误差。整个系统兼容小体积上样的同时，还可实现大体积水样上样，大体积（500mL 以上）样品定量误差在 1%以内。

3）人机界面

SPE-40 采用自带工控机，装有 Windows XP 操作系统，具有操作面板，操作软件简单易学，可方便地进行操作。

仪器参数个性化设置，人员管理，数据追踪，支持中英文界面；

图形化显示界面，实时显示活化、加样、淋洗、洗脱指令；

任务界面，监控每个模块运行情况，并实现错误报警，指令监控；

在线监测压力表，实时显示每个通道系统压力。

（3）技术指标

可实现活化、加样、淋洗、洗脱的自动化；

样品量：同时处理 4 个样品，批量处理 24 个样品；

流速：0.1～30mL/min，精度：±1%；

采用连续上样泵，可耐受一定颗粒度，实现连续上样，重现性、平行性更好；

上样体积：0～30mL，可扩展成 0～2000mL；

气压输入：50psi；

淋洗溶剂选择：5 种；

适用固相萃取柱规格：1～30mL；

与溶剂接触材料：316L 不锈钢、PTFE、PEEK；

图形化人机界面：储存 200 个方法；在线监测系统压力；在线监测系统异常现象；

防尘罩设计，防止灰尘污染系统；

整个系统密封状态，最大程度减少有机溶剂对工作人员健康的损害；

支持 2 个馏分收集，可以实现分离复杂样品；

独特的管路设计，保证样品无交叉污染。

按照现行的《生活饮用水卫生标准》，利用固相萃取吸附材料和装置对实际水质监测的应用方法进行了重现，结果显示它们完全可以满足水质监测的需求，建立如下的一系列水中有机污染物的固相萃取方法，覆盖了非极性物质、中等极性物质和强极性物质等不同性质的有机污染物，甚至还开发了针对水中高强极性有机污染物丙烯酰胺和甲胺磷的固相萃取方法，这两个物质的固相萃取一直是水质监测行业内的难题。见图 9-10。

9.1.3 固相萃取吸附剂及吸附装置的应用

研发的固相萃取吸附剂及配套固相萃取装置高效适用、性价比高，可以完全替代进口，在国家城市供水水质监测网滨海监测站、济南和长沙监测站、广东省中山市供水有限公司检测中心、北京华测北方检测技术有限公司等单位的水质监测评价中发挥了重要作用。

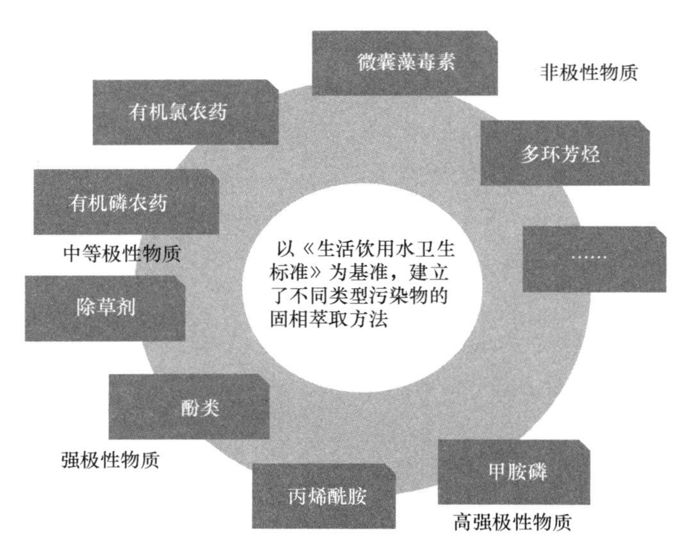

图 9-10　建立的水中有机污染的固相萃取方法示意图

利用研制成功的固相萃取材料展开了饮用水质中有机污染物的检测，建立了对有机磷等物质的固相萃取方法。同时进行了与国外进口品牌，如 Waters 和 Silicycle 的对比，结果显示项目研制的产品的综合效果具有明显的优势。特别的是，还开发了对水中强极性物质如丙烯酰胺、甲胺磷的固相萃取方法，这是水质监测领域之前尚未有成熟应用的成果。国家城市供水水质监测网滨海监测站和长沙监测站、广东省中山市供水有限公司检测中心还采用本项目的固相萃取材料在他们的实际工作中展开了应用，取得了良好的效果，为今后在水质行业的推广奠定了基础。

研发的 3 类固相萃取吸附剂和固相萃取装置，满足水质监测方案的特点，显著提高了水样监测效率，可用于各级水质监测部门，有助于摆脱我国目前在水质监测方面对于国外固相萃取产品的依赖，有助于推进水质监测材料设备研发和国产化，有助于构建国家、省、市三级供水水质监控网络及预警系统。

9.2　饮用水水质检测标准物质

9.2.1　标准物质的合成及制备、纯化

针对 GB 5749—2006《生活饮用水卫生标准》中增加的毒理指标中的有机化合物的需求，攻克了土臭素、2-甲基异莰醇、氯乙烯等核心物质的合成、纯化关键技术，并建立了纯物质定值方法，研制了挥发性卤代烃、苯系物、酚系物、有机氯农药等系列多组分混合溶液标准物质，为保证新国标的全面实施奠定了坚实的量值溯源基础。

1. 2-甲基异莰醇的合成制备关键技术

2-甲基异莰醇又名 2-甲基异冰片，为异冰片的衍生物，是某些藻类大量繁殖产生的 2

种代谢产物之一，由于其气味很易被人类识别，因此是一种影响水质的物质。从自然界中提取2-甲基异莰醇却比较困难，因此长期以来，人工方法合成2-甲基异莰醇受到了广泛的关注。自20世纪50年代以来陆续报道过2-甲基异莰醇的制备方法，如钯碳氢化法（Maelkoenen et al.，Annales Academiae Scientiarum Fennicae，Series A2：Chemica，1964，128，30）和甲基格氏试剂法（Medsker et al.，Environmental Science &Technology，1969，477）等，其中钯碳氢化法需要使用较为昂贵的钯碳催化剂和较为危险的氢化体系，因而不适合大规模生产。

目前，利用甲基格氏试剂从D-樟脑出发制备2-甲基异莰醇的方法为人们所普遍采用。但长期以来，由于D-樟脑类型的酮羰基与格氏试剂的加成反应通常收率较低，产物纯化较难，因此其大规模生产受到很大限制。Swain等曾尝试使用溴化镁作为添加剂进行甲基格氏试剂与酮羰基的加成反应，但效果并不理想（J. Am. Chem. Soc.，1951，73，870）。此外，Chastrette等尝试使用四丁基溴化铵、高氯酸锂等作为添加剂进行甲基格氏试剂与酮羰基的加成反应（J. Chem. Soc.，Chem. Commun.，1970，470）；Seebach等报道了使用三异丙氧基氯化钛和三正丁氧基氯化锆作为添加剂，应用在甲基格氏试剂与羰基加成的反应中（Angew. Chem.，Int. Ed. Engl.，1983，22，31）；Dimitrov等人报道了使用CeCl3活化D-樟脑，然后与甲基格氏试剂反应生成2-甲基异莰醇的方法（Tetrahedron Letters，1996，37，6787）。

然而，上述这些合成方法的共同缺点是操作过程繁琐，且反应产率较低，从而导致成本较高，因此仅适用于研发性的小规模制备，而无法进行大批量生产。因此，2-甲基异莰醇的工业化生产已成为相关行业的瓶颈。

用D-樟脑为原料，通过创新性地采用一锅法制备新型的碘甲基格氏试剂和产物2-甲基异莰醇的工艺路线，攻克了以往所用的试剂制备难、危险大、产率底、成本高的难题，人工合成了2-甲基异莰醇。即以D-樟脑和碘甲烷作为起始反应原料，在三氯化铝的作用下，通过格氏反应和烷基化反应，然后经过提纯而获得产物2-甲基异莰醇。本合成工艺提供的2-甲基异莰醇的合成方法产率高（大于等于95%），并且所使用的反应原料价格低廉，因此能够在保证产品纯度的前提下大幅度提高产率，并同时降低生产成本，因此非常适于大规模生产。

一些有代表性的关键技术条件及研究结果见表9-1。

2-甲基异莰醇合成条件列表　　　　**表9-1**

序号	溶剂	温度	CH_3MgI	纯度	收率
1	THF	50℃	1.2eq	90%	3%
2	THF	30℃	1.2eq	91%	5%
3	THF（钠回流脱水干燥）	25℃	1.2eq	91%	7%
4	THF（钠回流脱水干燥）	25℃	2.2eq	92%	10%
5	Et_2O	15～20℃	2.2eq	99%	30%

针对上述合成所得的90%左右的产品需进一步纯化才能得到研制标准物质所需的

大于 99%的纯度。国际上通常采用制备液相色谱法，成本非常昂贵，不适于产业化生产。

对此创新性地采用多级硅胶层析柱（二氯甲烷/石油醚 1∶(1～50) 梯度洗脱）串联纯化法并配合乙醇/水体系重结晶方法复合高效纯化技术，将产品纯度提高至大于 99%，有效提高了纯化速度和纯化效果，并且降低了纯化成本，适于产业化生产。该项技术为国内首创，申请发明专利一项：2-甲基异莰醇的合成方法（公开号：CN 102627529 A）。

2-甲基异莰醇的合成和纯化方法具有操作简单、方便、安全，所用的反应原料价格低廉，溶剂用量少的特点，能够在保证产品纯度和产率的前提下大幅度降低生产和环保成本，因此非常适于产业化生产。

2. 土臭素的合成制备关键技术

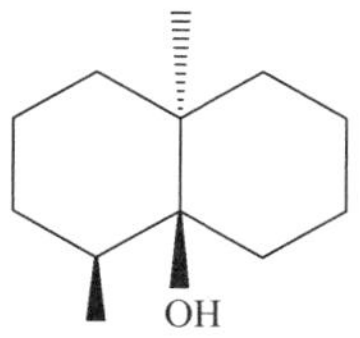

OH
(−)geosmin

图 9-11　土臭素化学结构

土臭素是某些藻类大量繁殖产生的代谢产物之一，其化学结构见图 9-11。土臭素（Geosmin）也称土臭味素、土味素，是一种具有强土腥味的化合物，由放射菌和蓝藻合成并分泌到水中，被水产动物吸收后产生异味，是某些藻类大量繁殖产生的 2 种代谢产物（土臭素和 2-甲基异莰醇）之一。Gerber 和 Lechevalier 在 1965 年报道了从土壤中分离土臭素的方法（Appl. Microbiol.，1965，935）。1968 年，Marshall 和 Hochstetler 报道了以甲基八氢化萘为原料的土臭素合成方法（J. Org. Chem.，1968，2593），由于该方法中使用的甲基八氢化萘较为昂贵且不易得到，所以不适合于批量生产。Ayer 等人在 1976 年报道了使用甲基环己酮和 1-氯-3-戊酮为原料合成土臭素的方法（Can. J. Chem.，1976，3276），由于该方法中使用的 1-氯-3-戊酮原料较为昂贵，并且合成过程中需要大量使用较为危险的 Raney nickel 催化剂，所以该方法也不适合于批量生产。在 1993 年，Boland 等人报道了使用 4-甲醇基-四氢化萘为原料制备土臭素的方法（Helv. Chim. Acta，1993，1949），由于原料较难获得，并且制作过程中需要使用昂贵的酶催化剂，使得该方法无法在实际生产中应用。Groot 等人在 1992 年所报道的合成方法中（Tetrahedron，1992，5497），需使用较为危险的臭氧氧化以及三仲丁基硼氢化锂，且合成路线较为复杂，因此不易进行批量生产。Revial 在 1989 年报道了使用甲基环己酮为原料制备土臭素的方法（Tetrahedron Lett.，1989，4121），但该文献没有提供详细精确的实验细节，因此无法重复。总之，由于上述这些合成方法均有缺陷，结果导致危险性及成本较高，因而仅适用于小规模毫克级制备，而无法进行较大规模的批量生产，因此，目前高纯度土臭素的批量生产已成为相关行业的瓶颈。

为了解决上述问题，本项目探索了一种能够在保证产品纯度和产率的前提下适于百毫克级批量生产的土臭素的合成方法。该方法是由 2-甲基环己酮作为起始反应原料，首先与（S）-α-苯乙胺通过氨化反应生成亚胺化合物，该亚胺化合物与戊烯酮发生取代反应生成戊基酮取代的亚胺化合物，随后在酸性条件下将其转化为环己酮衍生物，碱性条件下分子内关环生成 α，β 不饱和环己酮衍生物，再经环氧化，还原，脱羟基等反应生成最终的目标化合物土臭素。土臭素（Geosmin）合成路线参见图 9-12。

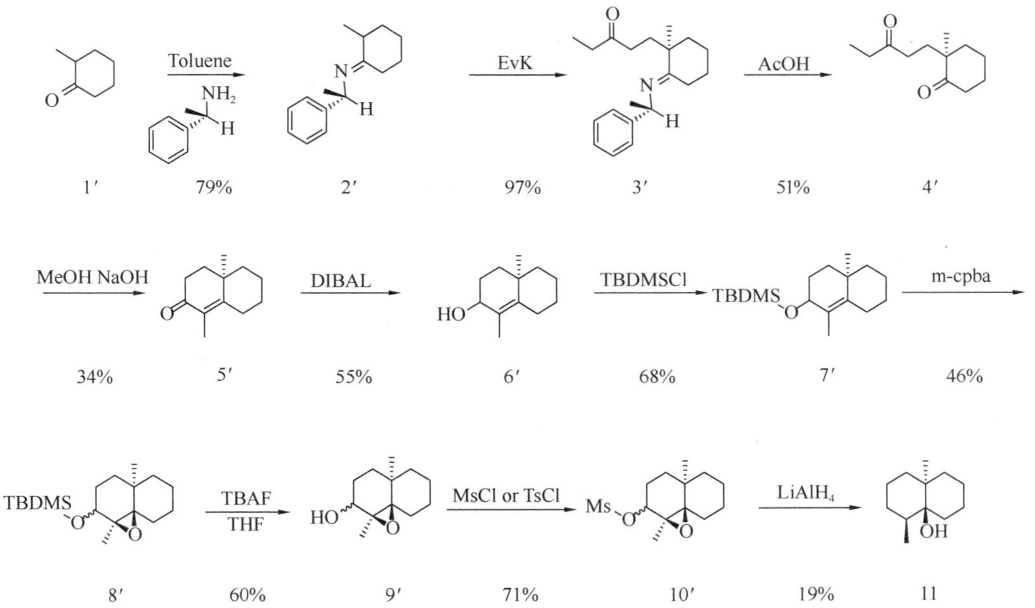

Toluene NH_2 H　EvK　AcOH
1′　79%　2′　97%　3′　51%　4′

MeOH NaOH　DIBAL　TBDMSCl　m-cpba
34%　5′　55%　6′　68%　7′　46%

TBAF THF　MsCl or TsCl　$LiAlH_4$
8′　60%　9′　71%　10′　19%　11

图 9-12　土臭素（Geosmin）合成路线及各步骤平均收率

合成路线长，中间体多。提高中间体产率和控制目标物手性纯度是本项技术的关键。

通过对反应条件反复优化，提高了关键步骤产率，尤其是最后一步反应的产率提高更是一个重点突破。同时选择了（R）-α-苯乙胺作为手性合成的试剂用于手性的控制，提高了手性纯度。利用该技术已经合成获得了原料，通过多次常规色谱柱分离并结合手性色谱柱分离等方法进行纯化，最终获得了满足标准物质研制需求的土臭素纯品（纯度大于99%）。土臭素 GC-MS 谱图见图 9-13。该合成技术在国内是首次进行。

研发出的土臭素的合成方法具有操作简便安全、反应原料价格低并且总体收率高等特点，能够在保证产品纯度的前提下大幅提高产率且降低制备成本，因此非常适于批量生产。

3. 氯乙烯纯化关键技术

（1）低温精馏提纯关键技术

氯乙烯对于石油、环保、地质、食品、供水等行业来说是一种重要的材料，更是 GB 5749—2006《生活饮用水卫生标准》中非常规的 64 项水质指标之一，因此其制备、纯化关键技术研究非常重要。而传统高纯度氯乙烯单体（99.9%）分离提纯工艺流程复杂，能耗高，污染大，经济效益低，经过研究实施，创新性地采用低温精馏法和自制脱水装置进行纯化，达到了很好的预期效果。低温精馏提纯技术要点如下：

1）采用低温精馏法对氯乙烯单体进行提纯。采用全新封闭不锈钢装置对氯乙烯进行低温精馏提纯，其纯度能够达到 99.95% 以上。

2）采用库伦仪连续进样法对氯乙烯单体含水量进行检测。在氯乙烯单体提纯中，单

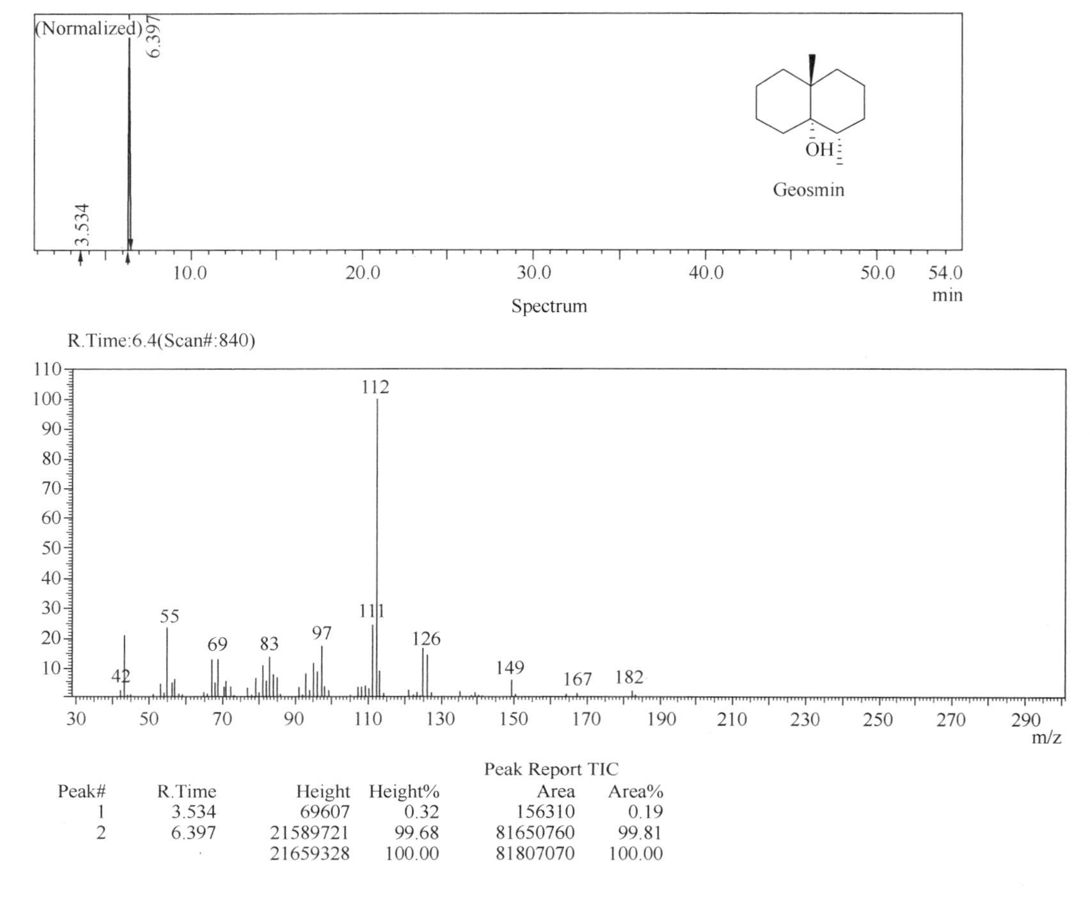

Peak#	R.Time	Height	Height%	Area	Area%
1	3.534	69607	0.32	156310	0.19
2	6.397	21589721	99.68	81650760	99.81
		21659328	100.00	81807070	100.00

图 9-13　土臭素 GC-MS 谱图

独设计库伦仪连续进样检测水分含量，取得满意和稳定的检测结果。

3）设计氯乙烯单体中水分脱除装置。设计和创新水分脱除装置取得满意脱水效果和稳定的检测结果：脱水前，含水量的数量级为 10^{-4}，脱水后为 10^{-6}。

利用氯乙烯的沸点与其杂质（异构体和无机气体）有显著差别的物理化学特性，自行设计封闭不锈钢低温精馏装置，在全封闭体系采用控温低温精馏的方式，通过低温下去除无机气体杂质，升温后蒸馏出氯乙烯，控制蒸馏温度，留下其他高沸点的异构体杂质，从而获得纯度为 99.95% 以上的高纯度氯乙烯单体。考虑到氯乙烯的毒性，全部精馏过程为全封闭不锈钢体系，纯化过程中的排除气体储存于高压容器中，后期进行无害化处理。该方法低能耗、无毒、废物排空，环境友好，成本低，产品纯度高，具有较高的实用价值。

以下是对低温精馏装置组件和低温精馏装置工艺流程的说明：

1）低温精馏装置组件，主要包括：

① 装有 NaOH 溶液的装置；

② 与 A 相连的填充有石灰和分子筛的第一耐压不锈钢装置；

③ 与 B 相连的填充有分子筛的第二耐压不锈钢装置；

④ 与 C 相连的控温瓶，其作为储气瓶；

⑤ 若干个并联连接的－78℃ 低温收集瓶；

⑥ 与 D 和 E 相连的真空泵；

⑦与 E 相连的 U 型压力计；

⑧用于连接气路系统中的流量计。

2）低温精馏装置工艺流程，主要包括：

① 氯乙烯原料气在常温下依次通过 NaOH 溶液，石灰，双重分子筛，去除原料气中多余的水分，进入控温瓶中；

② 使用真空泵将纯化系统和精馏系统内部抽真空，U 型压力计作真空度指示，将收集瓶置于低温环境中；

③ 低温精馏：

a. 将控温瓶的保存温度控制至－16℃，恒温 8h，使氯乙烯原料气中沸点低于－16℃ 的杂质充分汽化，打开第一个－78℃ 低温收集瓶，收集杂质，待系统平衡后关闭相应阀门，该收集瓶中杂质气体弃去不用；

b. 将控温瓶的保存温度控制至－10℃，恒温 8h，使原料气中组分沸点低于－10℃ 的组分充分汽化，打开第二个－78℃ 低温收集瓶，收集目标组分氯乙烯，待系统平衡后关闭相应阀门，即为精馏后的氯乙烯产品；再打开第三个－78℃ 低温的收集瓶，收集目标组分氯乙烯，待系统平衡后关闭相应阀门，以此类推循环，直至将控温瓶中的氯乙烯气体收集完毕。

④ 对－78℃ 低温收集瓶中提纯后的氯乙烯进行成分分析，确保氯乙烯纯度满足预期要求。

氯乙烯标准物质的提纯制备（低温精馏进行提纯）流程，参见图 9-14。

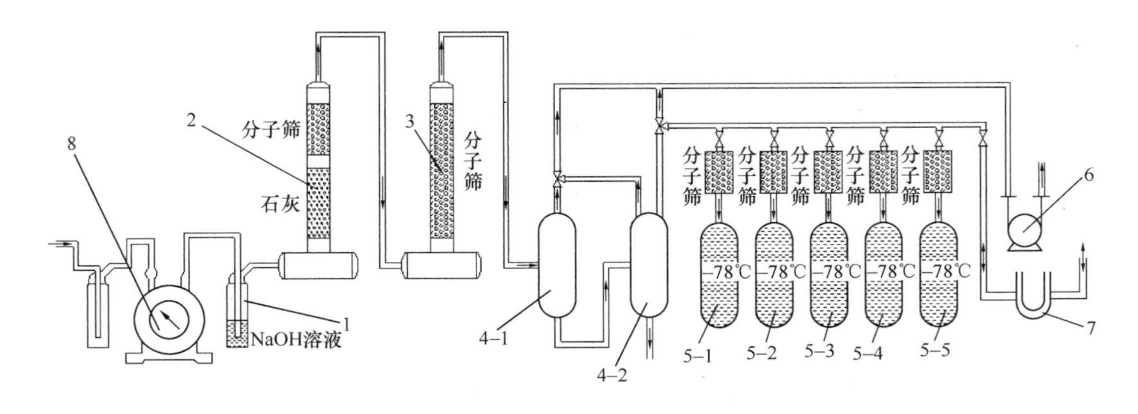

图 9-14 氯乙烯标准物质的提纯制备（低温精馏进行提纯）流程图

纯化后氯乙烯单体分析。采用低温精馏法氯乙烯单体进行提纯，纯化后的氯乙烯单体通过气相色谱连续三次进样和质谱一次进样，其谱图结果如图 9-15～图 9-17 所示。

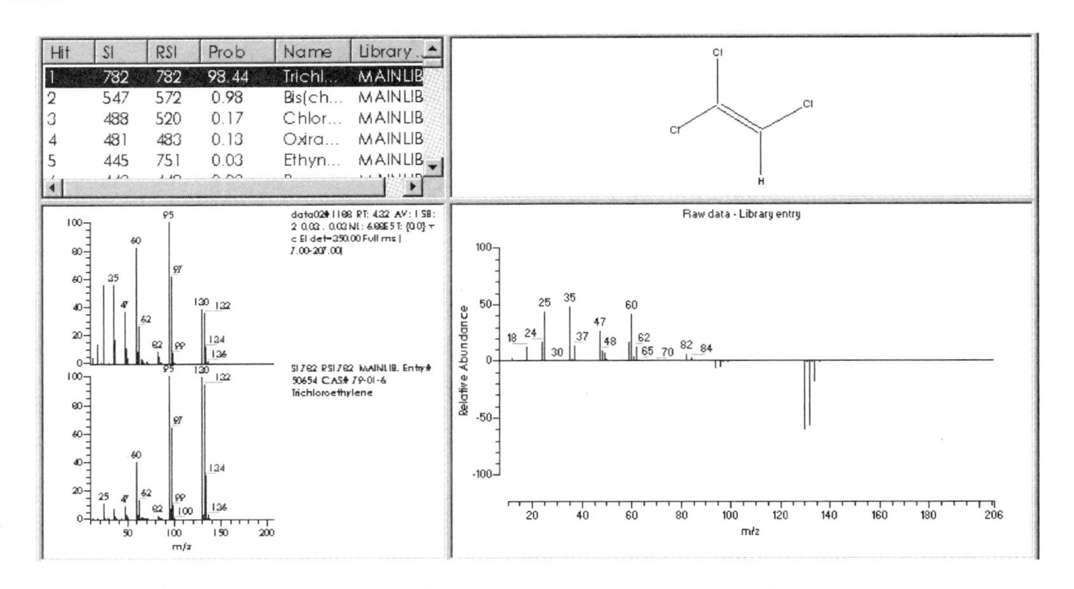

图 9-15 纯化前氯乙烯中可疑杂质的GC-MS分析图

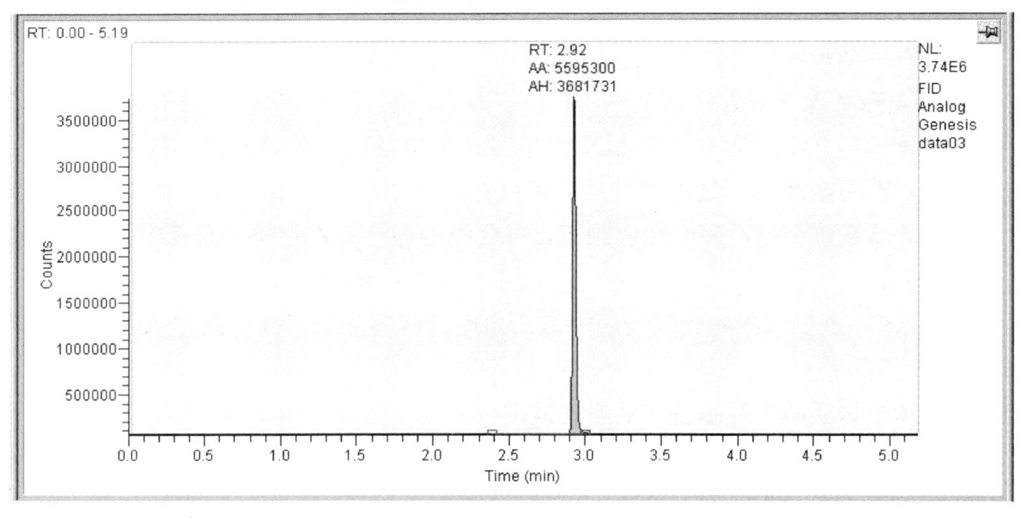

图 9-16 纯化后氯乙烯单体FID分析

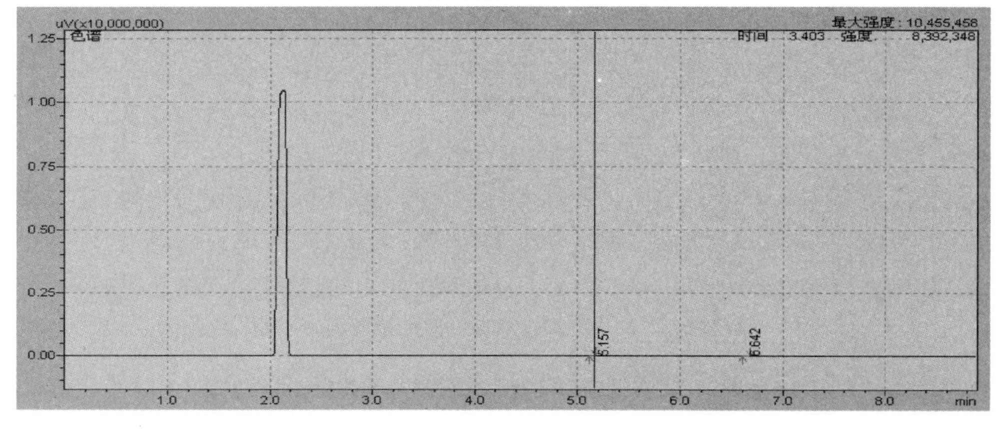

图 9-17 纯化后氯乙烯单体ECD分析

可以看出，纯化后的氯乙烯单体含有三氯乙烯和四氯乙烯，但是含量极低，表明低温精馏纯化效果优良。

（2）氯乙烯单体中水分脱除关键技术

目前氯乙烯气体单体的除水技术主要有固碱干燥和变压吸附脱水2种。固碱干燥技术主要是利用固碱的吸水性，吸收氯乙烯气体中的水分，但效果较一般，除水后的氯乙烯中的水分含量一般为1%左右，且固碱的消耗量较大。变温吸附脱水技术主要是利用变温吸附技术分离氯乙烯气体中的水分，此法可使氯乙烯单体水分含量降至3.0×10^{-4}以下。

氯乙烯单体中含有水分时在一定的条件下会自聚，堵塞管线及设备，影响装置稳定运行。因此在一些特殊行业中，对氯乙烯单体纯度要求较高，也相应对其中水分含量提出了更高的要求，例如国家标准物质的研制，需要使用纯度高于99.9%的氯乙烯单体，其中水分含量必须限制在1.0×10^{-5}以下。而由上述2种除水技术处理所得到的氯乙烯单体无法满足对纯度要求较高的行业需求。

为了克服现有技术的不足之处，自行设计提供了氯乙烯气体单体的除水装置，如图9-18所示。

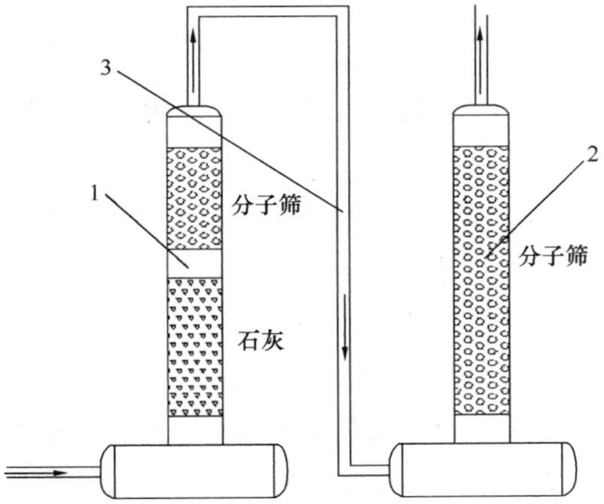

图9-18 脱水装置图

1——第一耐压不锈钢除水管；2——第二耐压不锈钢除水管；3——为不锈钢高压气路系统

本装置利用生石灰（主要成分是CaO，质量分数为97.5%左右）的吸水性质，把氯乙烯单体中含有较多量（相对微量）的水分吸收，再利分子筛（5A，在530℃活化3d）把氯乙烯单体中的微量水分再次吸收。利用气态氯乙烯单体在不同脱水剂之间的吸附系数被脱水能力的不同，达到分级脱水的目的，取得满意脱水效果和稳定的检测结果：脱水前，含水量的数量级为10^{-4}，脱水后为10^{-6}。

氯乙烯气体单体的除水装置，包括第一耐压不锈钢除水管、第二耐压不锈钢除水管和用于连接两个耐压不锈钢除水管的不锈钢高压气路系统，第一耐压不锈钢除水管和第二耐压不锈钢除水管串联连接，第一耐压不锈钢除水管和第二耐压不锈钢除水管内均填充有分子筛，第一耐压不锈钢除水管的上部填充有分子筛，下部填充有石灰，整套除水装置为全封闭系统。

9.2.2 高纯有机物准确定值

化学类标准物质绝大部分是从具有溯源性的准确定值的纯物质开始，有机化合物的纯度测量能力是开展有机类标准物质的研究基础，有机化合物的纯度测量的结果的准确性，对于溶液标准物质和复杂基体标准物质量值的准确可靠至关重要。因此，进行有机化合物纯度测量技术和方法研究，提高纯度测量能力对于保证有机化合物量值准确，发展相应的标准物质具有极其关键的作用。有机纯物质定值技术路线如图 9-19 所示。

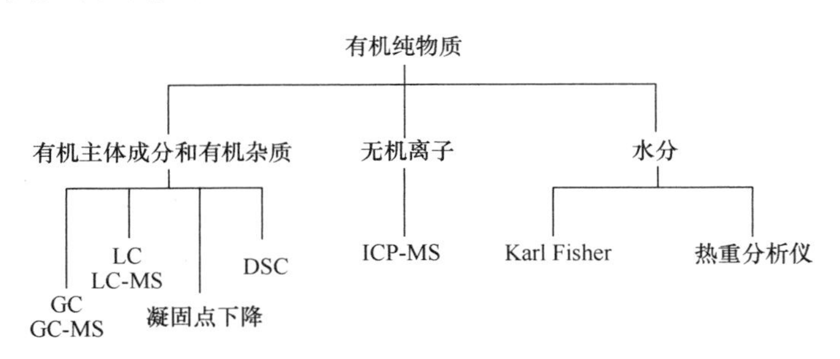

图 9-19　有机纯物质定值技术路线

标准物质的定值是对标准物质特性量赋值的全过程。标准物质的定值方式选择主要有以下 4 种方式：

1）用高准确度的基准（直接溯源到国际单位的基本量）或权威测量方法定值；

2）用 2 种以上不同原理的可靠方法定值；

3）多个实验室联合定值；

4）欲研究二级标准物质时，可以用一级标准物质进行比较定值。

1. 凝固点下降基准方法对纯品定值技术

凝固点下降法是国际计量委员会物质量咨询委员会（CIPM/CCQM）确定的五个可能成为基准方法中的一种。凝固点下降法是用凝固点下降的基准装置测定物质纯度的一种经典的热力学分析方法，具有可靠的热力学理论基础。它由相律、气体方程和稀溶液定律经严格的数学推倒而确定。物质凝固点温度的降低，只与物质所含杂质的总量有关，与杂质的种类和性质无关。此法有严格的数学表达式，测量的量为温度和质量，可直接溯源到国家基准，满足基准方法的定义要求。用此法测定高纯有机物纯度，能给出准确可靠的结果，可作为基准物质进行化学成分量的量值传递。其数学解析式为：

$$X=\frac{\Delta H_{f^0}}{RT_0^2}(T_0-T) \tag{9-1}$$

式中　X——溶质的摩尔分数（杂质的摩尔分数）；

ΔH_{f^0}——纯溶剂的熔化热；

R——气体常数；

T——溶液的凝固点温度；

T_0——纯溶剂的凝固点温度。

目前全世界拥有凝固点下降基准装置的国家不会超过 5 家。中国计量科学研究院自 1998～2003 年期间，自行研制了凝固点下降法测量高纯有机化合物纯度的基准装置，目前该装置应用于纯度标准物质的准确定值及国际比对等重要工作中。所研制的纯品标准物的定值工作，只要符合该装置的测量条件，将首选用该基准装置进行定值，以保证定值的准确性及溯源性。

研制的二氯乙酸标准物质为例说明凝固点下降法定值技术。

将纯化过的二氯乙酸经过装有五氧化二磷（P_2O_5）的干燥管中干燥 48h 以上，准确称量约 2g 样品，精确至 0.01mg，转移至石英样品管中，放置到温度控制装置，建立一条熔化平衡曲线，然后添加萘杂质到样品管中，准确称样约 5mg，精确至 1μg，放置到温度控制装置中，使之完全熔化，做出另一条熔化平衡曲线，实验过程需要 48h。实验条件见表 9-2。凝固点下降法定值结果不确定度评定。凝固点下降法的不确定度是由 A 类不确定度和 B 类不确定度组成，A 类主要是多次测量的标准偏差来估算 u_A。

实验条件 **表 9-2**

熔化温度（℃）	12	凝固平衡温度（℃）	2
熔化平衡温度（℃）	6	凝固平衡时间（min）	30
熔化平衡时间（min）	60	升温速率（℃/min）	0.2
降温速率（℃/min）	0.2		

A 类标准不确定度由实验测量结果的标准偏差来估算。在规定的测量条件下测量了 9 次，用 9 次测量结果的标准偏差 s 值表征 A 类标准不确定度。

B 类不确定度主要是凝固点下降法基准装置引入的不确定度。

B 类不确定度由实验中被测物理量不确定度及常数来估算。具体分析如下：凝固点下降薄层比较法测量物质纯度的基本公式是：

$$P = 100 - X = 100 - \frac{q \times \Delta T}{\Delta T' - \Delta T} \tag{9-2}$$

式中 P——被测试样的纯度（mol%）；

X——被测试样中杂质的含量（mol%）；

q——添加到试样中杂质的量（mol%）；

ΔT、$\Delta T'$分别是试样添加杂质前后温度-熔化曲线上 Y_1 和 Y_2 两点对应的温度差。

由上式估计纯度测量的 B 类不确定度为：

$$u_B = u_P = u_X \tag{9-3}$$

$$u_B \leqslant \left[\left(\frac{u_T}{T} \right)^2 + \left(\frac{u_q}{q} \right)^2 \right]^{1/2} \tag{9-4}$$

由于采用薄层比较法，实验中测量的是温度差，对温度测量来说，实验测量的温度范围为 20℃左右，熔化平衡温度范围为 1～2℃熔化曲线测量过程持续 6～8h。由于采用比较法测量，使用相同的测温系统，在同样的测量条件下测量，计算式中用的是温度差，因此测温系统的固有误差（稳定性、线性、自热效应、温度计浸泡深度、环境影响等因素）可基本抵消。

一等标准铂电阻温度计测温的波动性，经长期考察小于 0.002℃，而且变化是随机的，已体现在 A 类不确定度内。在室温 0～30℃范围内，温度计检定的标准不确定度为 8×10^{-3}K。在纯度计算式中温度值 T_2 和 T_1 各出现 2 次，T_0'和 T_1'出现 1 次，6 个温度测量值相差不超过 2℃，因此按相同数据估计。温度的不确定度主要来源于温度计的检定。在 0～30℃范围内，温度计检定的不确定度为 8×10^{-3}K（$k=2$）。

以 W_1、M_1 分别表示试样添加杂质后的质量和摩尔质量，W、M 分别表示试样的质量和摩尔质量，令

$$q = f(W_1, M_1, W, M) = \frac{W_1/M_1}{W_1/M_1 + W/M}$$

对 q 微分得

$$\partial q = \left(\frac{\partial f}{\partial W_1}\delta W_1\right) + \left(\frac{\partial f}{\partial M_1}\delta M_1\right) + \left(\frac{\partial f}{\partial W}\delta W\right) + \left(\frac{\partial f}{\partial M}\delta M\right)$$

$$\left(\frac{\partial q}{q}\right)^2 = \left[\frac{\frac{\partial f}{\partial W_1}\delta W_1}{q}\right]^2 + \left[\frac{\frac{\partial f}{\partial M_1}\delta M_1}{q}\right]^2 + \left[\frac{\frac{\partial f}{\partial W}\delta W}{q}\right]^2 + \left[\frac{\frac{\partial f}{\partial M}\delta M}{q}\right]^2$$

以上二式合并计算得

$$\left(\frac{\partial q}{q}\right)^2 = \left[\frac{1}{\frac{W_1}{M_1} + \frac{W}{M}}\right]^2 \left[\left(\frac{W}{MW_1}\delta W_1\right)^2 + \left(\frac{W}{M_1 M}\delta M_1\right)^2 + \left(\frac{1}{M}\delta W\right)^2 + \left(\frac{W}{M^2}\delta M\right)^2\right] \tag{9-5}$$

依公式（9-5），分析测量样品的称量 W 及不确定度 δW、样品的摩尔质量 M 及不确定度 δM、添加杂质后的称量 W_1 及不确定度 δW_1、添加杂质后的摩尔质量 M_1 及不确定度 δM_1。

2. 质量平衡法对纯品定值技术

对于不适于用基准方法进行定值的高纯度有机化合物，目前国际上主要采用质量平衡法对其进行定值，这也是近年来 CCQM 组织的高纯度有机化合物的纯度分析国际比对中，各国国家计量院主要采用的方法。即主成分主要采用气相色谱（GC）归一化法、高效液相色谱（HPLC）归一化法、差示扫描量热法（DSC）、核磁共振技术进行定量，卡尔费休库伦法测定水分，热重分析法测定溶剂残留与灼烧残留，ICP-MS 测定无机元素含量。

研究的纯度标准物质主体成分量的定值技术除采用凝固点下降法外，主要采用 GC、HPLC 等 2 种具有不同分离和检测原理的分析方法，并且灵敏度和精密度接近，具有可比性。同时根据纯品原料的制备和生产的合成路线分析，其主体成分和可能存在的杂质成分除了合成过程中反应物、生成物和副产物外，就是它们各自的异构体，根据这些物质的化学结构分析判断，其在气相色谱的 FID 或 MS 检测器上和高效液相色谱的 UV 或 DAD 检测器上均有响应，故在标准物质研制中，主要采用校正因子的色谱面积归一化法进行定值。

（1）校正色谱归一化定量技术方法选用及其缺陷的规避

校正色谱归一化方法的基本要求：

1）仪器的噪声、漂移、检测限或灵敏度、重现性等性能要求

用于标准物质定值的色谱仪都严格按照国家计量检定规程的要求进行检定，仪器的噪声（GC/FID、HPLC/UV 或 DAD 检测器）、漂移、仪器的重复性的指标均满足检定规程要求，仪器处于最佳状态，在定值条件下，通过最小检测峰面积的设定，保证 0.01%以上的组分均可被检出。完全满足定值的要求。

2）各组分间达到完全分离

通过优化 HPLC 和 GC 各参数与操作条件来实现。气相色谱方法主要研究考察气化室温度、色谱柱温度及程序升温速率、色谱柱类型、检测器温度以及质谱检测条件对测定结果的影响；液相色谱分析主要研究检测波长、色谱柱填料类型、流动相有机溶剂含量、缓冲盐种类及 pH、色谱柱温度等实验条件的影响。确定上述各参数、建立实验方法后，选择最优化色谱条件并通过质谱佐证，使得所有组分实现完全分离。通常选用国外相应的标准物质进行方法验证，在综合上述工作的基础上确定定值方法。

3）线性响应范围要求

通过选择大容量柱及控制进样量：即要有足够的进样量，保证含量 0.01%的杂质能被检出，又要控制主成分量，避免色谱柱超载，在线性响应范围内获得对称峰形。应用 GC 时，通常使用内径 0.32mm 和 0.53mm 内径的厚膜柱。实验中除基于样品的理化特性和 CIPAC 标准方法选择气化温度以外，还对气化温度进行了最优化研究，既保证样品全部气化，又不会引起样品分解。

另外，样品在分析过程中不能分解并以真实的恒定的组成进入到检测器中，对气相色谱而言，要求样品中各组分全部气化，而且不发生热分解。

色谱归一化法的假定：色谱归一化定量就是将样品中所有组分含量之和定为 100%，计算其中某一组分含量百分数的定量方法。组分各自的峰值要用相应的相对定量校正因子校准，峰面积表示峰值时则组分 i 的百分含量见式（9-6）：

$$x_i = \frac{f_i A_i}{\sum f_i A_i} \times 100 \tag{9-6}$$

式中 x_i——试样中 i 组分的百分含量；

f_i、A_i——组分 i 的相对响应因子和峰面积。

根据上述定义，色谱归一化法要求：

1）所有组分都能从色谱柱洗脱，检测器对各组分都有响应。根据研制的农药制备和合成路线分析，其主体成分和可能存在的杂质成分除了合成过程中反应物、生成物和副产物外，就是它们各自的异构体，根据这些物质的化学结构分析判断，其在气相色谱 FID 检测器上和高效液相色谱 UV 或 DAD 检测器上均有响应，因此实验中采用通用型（非选择性）检测器，如 GC/FID；HPLC/UV 或 DAD 等。并对主成分及其杂质在检测器上的响应差异进行校正。

针对 GC/FID、LC/UV 或 DAD 中没有响应的化合物，进行了水分、灼烧残渣（灰分）及金属离子等项目的测试。

2）各组分响应因子相同（即 $f_1 = f_2 = \cdots = f_n$）。测试的纯品原料纯度若在 99.0%以上，便有可能通过不确定度评定即使不考虑响应因子的差异不同所产生的影响，也能保证定值的准确性。如果纯度太低，就不能忽视 f_i 不同所引入的误差，这是应用归一化方法的基础。

（2）无机离子、挥发性溶剂、灰分测定

无机离子分析测定是基于 DZ/T 0223—2001 电感耦合等离子体质谱（ICP-MS）分析方法通则，采用 Agilent 的 HPLC-ICP-MS 分析测定。具体检测方法为将样品制备成浓度为 1mg/mL 的甲醇溶液，然后直接进样用 ICP-MS 进行测量，测定结果换算为纯品中金属离子的总量。检测挥发性溶剂和灰分，采用热重分析法。

（3）标准值的确定

研制用纯品标准物质的标准值，采用质量平衡法计算。

（4）不确定度评定

不确定度评定，利用液相色谱定值结果和气相色谱法定值结果。

1）液相色谱法定值结果不确定度

液相色谱法定值结果不确定度由以下 3 部分组成。

① 液相色谱法定值测量重复性引入的不确定度 u_1（A 类标准不确定度）。色谱仪器的稳定性、面积测量的重复性，溶液浓度和进样体积的差异等对测量结果造成的误差均体现在测量重复性中，由 7 次测量结果的相对标准偏差表示，即 u_1=RSD（%）。

② 不同检测波长下，各组分响应差异对定值结果引入的不确定度 u_2。综合考虑主成分和杂质化合物在相应检测波长下的响应，各组分引入的不确定度 u_{2-i} 采用公式（9-7）进行量化：

$$u_{2-i}=B_{i\max\lambda}-B_{i定值\lambda}=\frac{A_{i\max\lambda}}{\sum A_{i定值\lambda}}-\frac{A_{i定值\lambda}}{\sum A_{i定值\lambda}}$$

式中　$A_{i\max\lambda}$——杂质 i 最大响应波长下峰面积（mAu・s）；

$A_{i定值\lambda}$——杂质 i 定值波长下峰面积（mAu・s）；

$B_{i定值\lambda}$——杂质 i 定值波长下面积百分比（%）；

$B_{i\max\lambda}$——杂质 i 最大响应波长下面积百分比（%）。

合成各组分不确定度并假设为均匀分布，则：

$$u_2=\frac{1}{\sum B_{总}}\left(\frac{\sqrt{\sum u_{2-i}^2}}{\sqrt{3}}\right)$$

③ 仪器检测线性引入的不确定度 u_3

由于分析过程中均在仪器检测线性范围内进行，故该部分不确定度可忽略不计。

最后，合成 HPLC 检测标准不确定度见式（9-7）：

$$u_{LC}=\sqrt{u_1^2+u_2^2} \tag{9-7}$$

2）气相色谱法对定值结果不确定度评定

与液相色谱法定值结果不确定度类似，气相色谱法对定值结果不确定度由以下 3 部分组成。

① 气相色谱法定值测量重复性引入的不确定度 u_1，采用面积归一化方法，溶液浓度和进样体积的差异等对测量结果造成的误差均体现在测量重复性中，由 9 次测量结果的相对标准偏差表示，即 u_1＝RSD（%）。

② 校正因子产生的不确定度 u_2。归一化法计算各组分的质量百分数的公式见式（9-8）：

$$x_i = \frac{f_i A_i}{\Sigma f_i A_i} \times 100\% \tag{9-8}$$

式中 x_i——组分 i 的质量百分含量；

f_i——组分 i 的相对质量响应因子；

A_i——组分 i 的峰面积。

由于主体成分与杂质校正因子的不同会引入不确定度，在标准物质研制中采用改进的有效碳数计算各农药化合物及相应杂质化合物的响应因子，见式（9-9）：

$$f_i = \frac{M_i}{C_i} \tag{9-9}$$

式中 M_i——主体或者杂质化合物的分子量；

C_i——相应化合物中碳的总原子量。

则响应因子产生的不确定度见式（9-10）：

$$u_2 = \left[\sum_{i=1}^{n}\left(x_i \cdot \frac{\Delta f_i}{f_i}\right)^2\right]^{\frac{1}{2}} \tag{9-10}$$

式中 x_i——杂质 i 的百分含量。

③ 仪器的测量线性引入的不确定度 u_3。由于在纯度定值方法研究过程中所确定的进样量均在 FID 检测器的检测线性范围内，故该部分不确定度忽略不计。

最后，合成上述各项不确定度，得到 GC 检测不确定度见式（9-11）：

$$u_{GC} = \sqrt{u_1^2 + u_2^2} \tag{9-11}$$

（5）灭草松纯品标准物质定值案例举要

灭草松英文通用名称 Bentazone，化学名称 3-异丙基-（1H）-苯并-2，1，3-噻二嗪-4-酮-2，2-二氧化物，分子式 $C_{10}H_{12}N_2O_3S$，分子量 240.30，CAS 登记号 25057-89-0。

1）纯品物质定性

采用 GC-MS、LC-MS、IR 对灭草松纯品物质定性，结果见图 9-20～图 9-25。气相色谱一质谱法检测所得谱图与标准谱图一致。液相质谱检测所得谱图可知 239.10 为［M-H］峰，同样 m/z 为 197.00、175.00 分别对应的是［M-C_3H_7］、［M-HO_2S］。红外检测所得的谱图与其标准谱图基本一致。

2）纯品物质纯度定值

采用高效液相色谱法和气相色谱法对灭草松进行检测，比较了色谱柱等影响因素，确定其定值检测方法如表 9-3、图 9-26、图 9-27 所示。

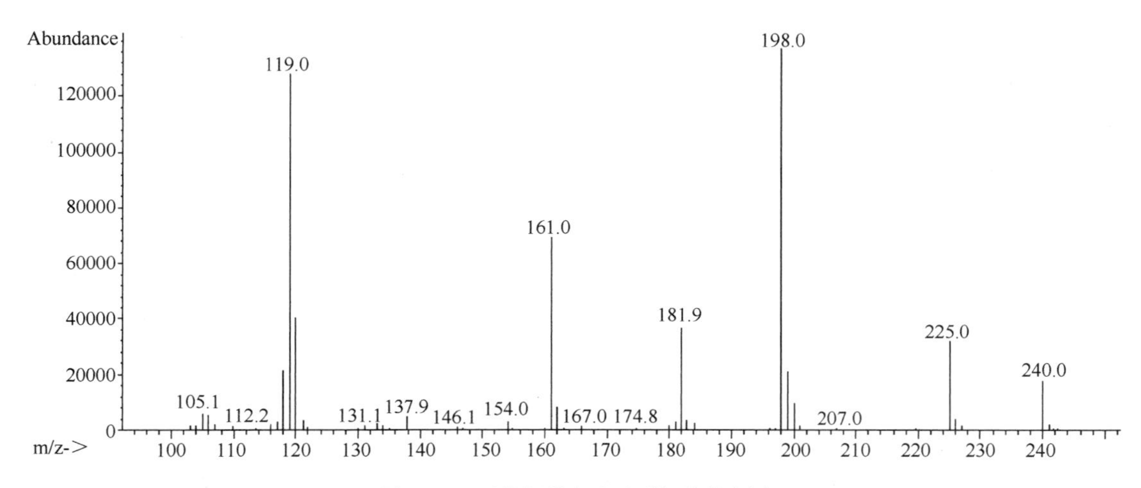

图 9-20　灭草松的气相色谱-质谱法图

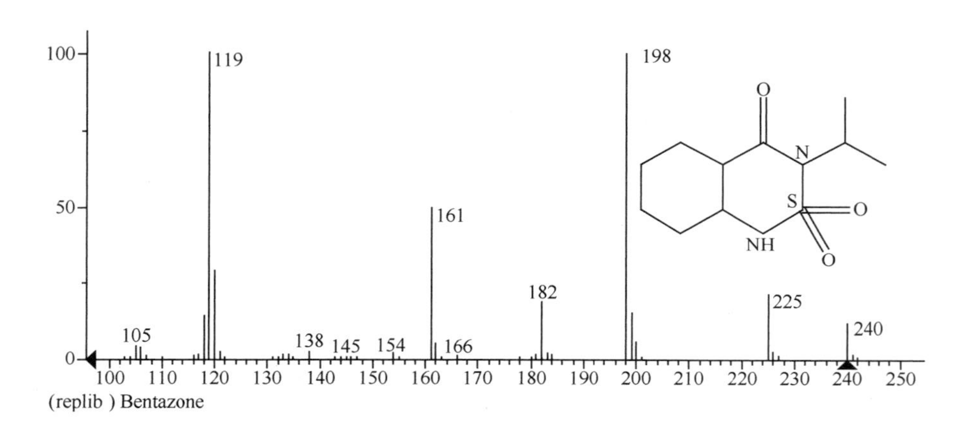

图 9-21　灭草松的标准气相色谱-质谱法

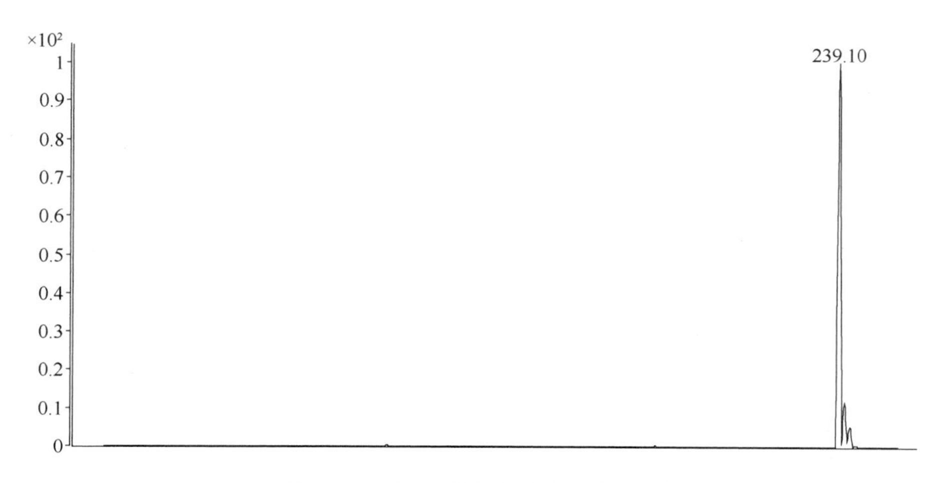

图 9-22　灭草松的液相质谱母离子图

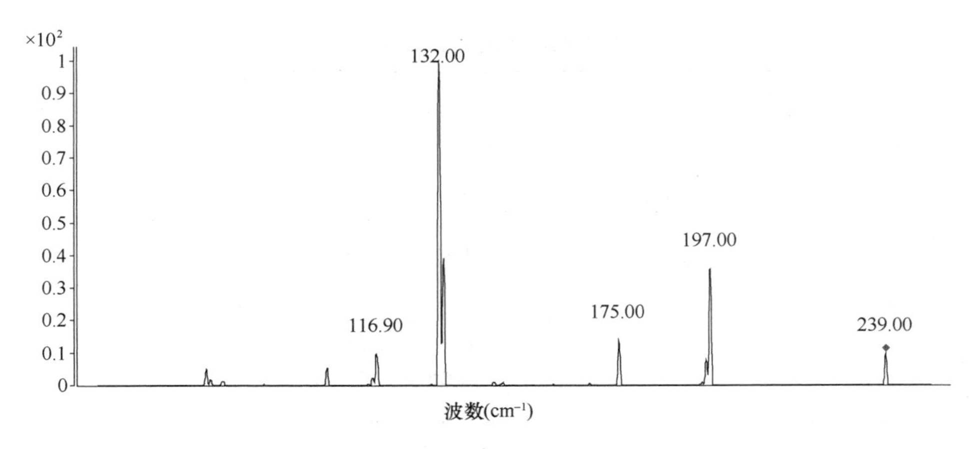

图 9-23 灭草松的液相质谱子离子图

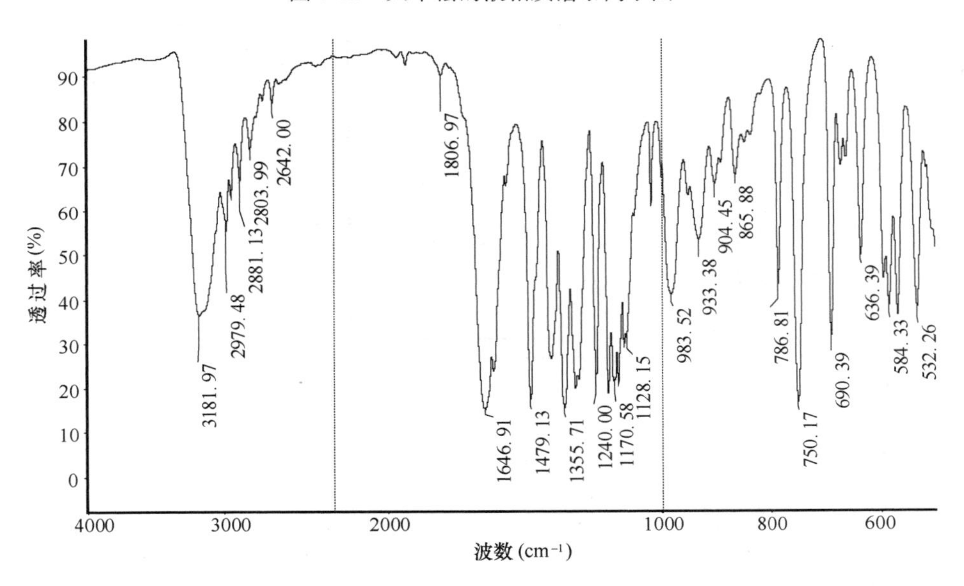

图 9-24 灭草松的红外谱图

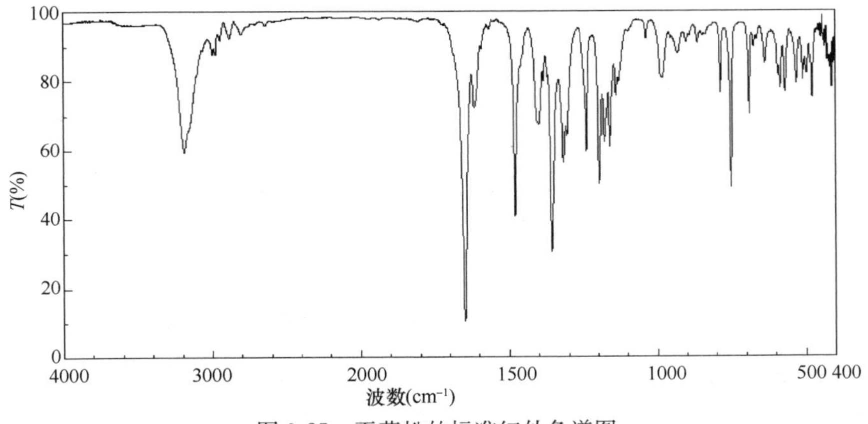

图 9-25 灭草松的标准红外色谱图

灭草松纯品定值检测条件　　表 9-3

气相色谱分析方法	液相色谱分析方法
仪器：Agilent 6890N 检测器：FID 色谱柱：J&W DB-5 30m，0.53mm，1μm 载气：N_2流速：3.0mL/min 进样量：2μL　　浓度：1.00mg/mL 溶剂：乙腈分流比：5∶1 进样口温度：250℃ 检测器温度：280℃ 炉温：80℃（1min）—25℃/（5min）—240℃（10min）	仪器：岛津 20A 检测器：PDA 色谱柱：ZORBAX SB C18 150×4.6mm，5μm 柱温：30℃进样量：3μL 浓度：1.00mg/mL　溶剂：乙腈 流动相：ACN+（0.5‰H_3PO_4）H_2O=35+55 流速：1.0mL/min 检测波长：225nm

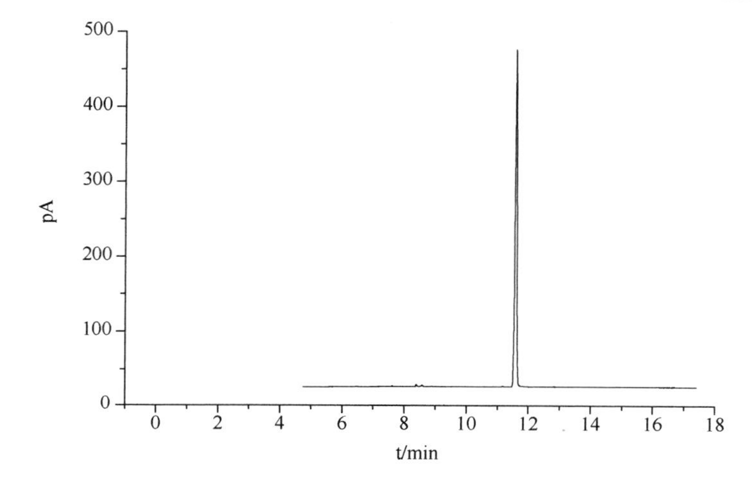

图 9-26　灭草松的气相色谱图

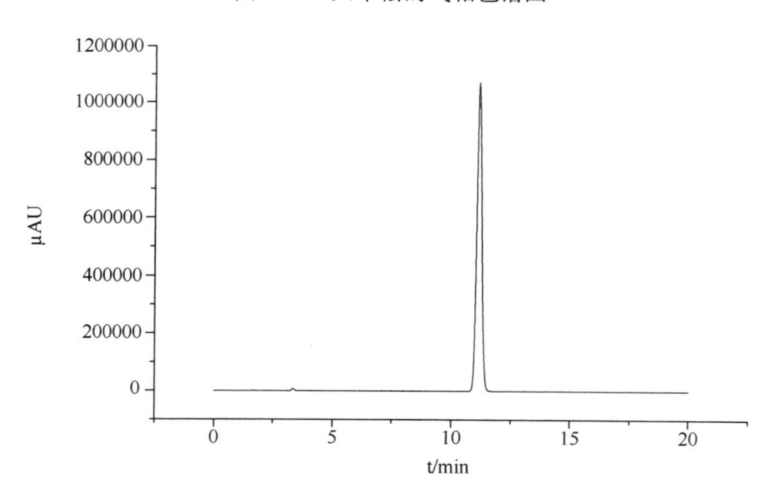

图 9-27　灭草松的液相色谱图

3）纯品物质水分测定

用 METTLER TOLEDO DL39 水分测定仪，采用卡尔费休库伦法测得灭草松的水分含量为 0.1996%，$u_{水分}$为 0.0915%，见表 9-4。

灭草松的水分测定结果 表 9-4

次数	水分含量	
	ppm	%
1	925.76	0.0926
2	2007.45	0.2007
3	1890.77	0.1891
4	3159.58	0.3160
平均	1995.89	0.1996
S	914.79	0.0915
RSD%	45.8	45.8

4）纯品无机元素分析

下表是灭草松的无机元素测定结果，所有元素总和小于 1356ng/g，远小于不确定度，可以忽略。见表 9-5。

灭草松的无机元素测定结果 表 9-5

元素	Mass	Conc（ng/g）	元素	Mass	Conc（ng/g）	元素	Mass	Conc（ng/g）
Li	7	0.064	Rb	85	0.0072	Tb	159	0.0072
Be	9	<0.01100	Sr	88	0.54	Dy	163	0.027
Na	23	1200	Y	89	0.18	Ho	165	0.044
Mg	24	<2.000E-3	Zr	90	0.08	Er	166	0.011
Al	27	120	Nb	93	0.05	Tm	169	0.012
Si	29	<3.800E-3	Mo	95	0.12	Yb	172	0.0016
K	39	7.1	Ru	101	0.029	Lu	175	0.0054
Ca	43	3.8	Rh	103	0.095	Hf	178	0.016
Sc	45	<1.100E-3	Pd	105	0.13	Ta	181	0.014
Ti	47	1.9	Ag	107	0.064	W	182	0.083
V	51	2.8	Cd	111	0.028	Re	185	0.0075
Cr	53	2.7	Sb	121	0.096	Os	189	0.025
Mn	55	2.6	Te	125	0.024	Ir	193	0.0048
Fe	57	0.3	Cs	133	0.019	Pt	195	0.0097
Co	59	0.079	Ba	137	0.62	Au	197	0.028
Ni	60	0.042	La	139	0.057	Hg	202	0.057
Cu	63	1.3	Ce	140	0.012	Tl	205	0.0056
Zn	66	6	Pr	141	0.036	Pb	208	0.08
Ga	69	1.6	Nd	146	0.0087	Bi	209	0.0044
Ge	72	0.048	Sm	147	0.014	Th	232	<1.000E-3
As	75	1.9	Eu	153	0.027	U	238	0.014
Se	82	1.2	Gd	157	0.0091			
总计	<1356ng/g							

5）纯品纯度定值结果

采用高效液相色谱法和气相色谱法对灭草松农药标准品进行纯度定值，并核验其纯度结果。见表 9-6。

灭草松纯品物质定值结果　　表 9-6

项目	GC（%）		HPLC（%）	
定值结果	99.406	99.331	99.5519	99.5551
	99.319	99.329	99.5456	99.5423
	99.347	99.353	99.5448	99.5443
	99.367	99.378	99.5474	99.5417
	99.357	99.372	99.5580	99.5498
$\overline{X}$	99.36		99.55	
S	0.026		0.005	

灭草松纯品物质的纯度值为 2 种方法检测结果的平均值并扣除水分含量：

$$W=(1-0.1996\%)\times 99.46\%=99.26\%$$

6）纯品物质定值结果不确定度估算

① 气相色谱测定不确定度

A 类标准不确定度由定值测量的标准偏差 s 来估算，$s=0.021\%$。

B 类标准不确定度由实验测量的各量的变化来估算。结果显示灭草松中杂质含量约为 0.54%，由于灭草松和杂质在选择的 GC 法测量条件下响应因子不同，估计为 100%，对主体纯度测量的不确定度为 0.54%。

合成气相色谱定值不确定度为：

$$u_{GC}=\sqrt{u_1^2+u_2^2}=\sqrt{0.021^2+0.54^2}=0.54\%$$

② 液相色谱测定不确定度

a. 液相色谱法定值测量重复性引入的不确定度 $u_1=0.019\%$；

b. 各组分在不同检测波长下响应差异引入的不确定度 u_2 为 0.069%。

c. 合成标准不确定度

$$u_{LC}=\sqrt{u_1^2+u_2^2}=\sqrt{0.019^2+0.69^2}=0.072\%$$

合成各不确定度。加和气相、液相、水分及无机元素测定结果的不确定度为：

$$u_C=\sqrt{u_{GC}^2+u_{LC}^2+u_{水分}^2+u_{无机}^2}=\sqrt{0.54^2+0.072^2+0.0792^2}=0.55\%$$

扩展不确定度。扩展因子 $k=2$ 时，纯品扩展不确定度为：

$$U=ku_C=2\times 0.55\%=1.1\%$$

9.2.3　多组分混合溶液标准物质制备及准确定值

依据《生活饮用水卫生标准》（GB 5749—2006）和《生活饮用水标准检测方法》（GB/T 5750—2006）的需求，研制了卤代烃、酚系物、有机氯、苯系物 4 系列 8 种混合溶液标准物质，同时对比现有的各混标溶液标准物质的组合形式，对所研制的组分及其浓度进行合理组合，使其更有利于水质环保监测部门同时对多组分检测工作的开展，保证准确及时地出具检测数据，提高工作效率，为进一步推动、完善化学计量体系及水体污染控制与治理科技重大专项的实施有着积极深远的意义。溶液标准物质定值过程如图 9-28 所示：

混合溶液中各组分的纯品定值同纯物质标准物质的定值原则和方法，得到纯品原料后进行溶液的制备，主要采用重量-容量或重量-重量法进行准确配制，并采用纯品定值方法中一种对所制备溶液的浓度进行核验。溶液浓度的标准物质采用配置值。

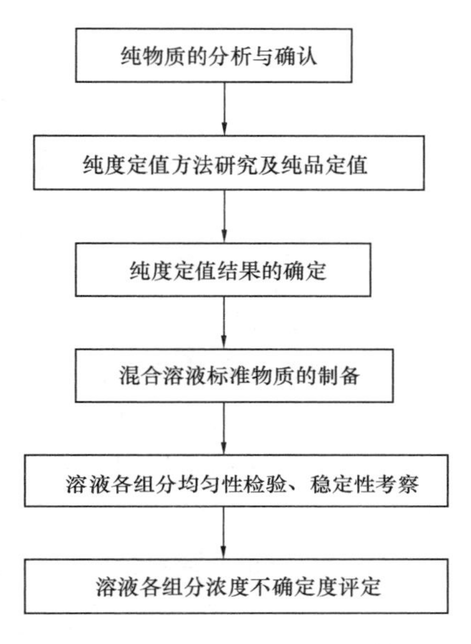

图 9-28 溶液标准物质定值过程示意图

1. 制备过程

溶质：选用已经准确定值的纯品原料。

溶剂：色谱纯甲醇，并确认溶剂空白分析对溶质无干扰。

制备方法：重量-容量法。

使用天平：0.01mg 分度，并经计量检定合格。

准确称取转移溶质于事先已加入甲醇的容量瓶内，立即用溶剂冲洗瓶壁。并少量多次淋洗称样瓶，淋洗液也完全转移至容量瓶中。将设计的混合溶液标准物质中各组分纯品原料逐一完全转移后，溶剂和制备样均置于 20℃培养箱中恒温后稀释定容，充分混匀。在低温冷冻条件下，用洁净的安瓿瓶分装、熔封、贴标签。置于冰箱冷藏，以备均匀性检验、稳定性考察、色谱定值核验使用。

2. 溶液标准物质浓度定值结果的不确定度

溶液标准物质浓度定值结果的不确定度主要由 A 类标准不确定度和 B 类标准不确定度组成。A 类标准不确定度为溶液浓度测量重复性引入的不确定度；B 类标准不确定由溶液制备过程中的不确定度、纯品纯度不确定度及溶液的不均匀和不稳定所引入的不确定度等组成。

（1）浓度测量重复性引入的不确定度 u_A

浓度测量重复性引入的不确定度，即 A 类标准不确定度，由瓶间均匀性检验时测定结果的相对标准偏差表示。

（2）溶液的配制过程中引入的不确定度

溶液的配制过程中引入的不确定度，即 B 类标准不确定度。包括：

1）天平称量纯品时引入的不确定度

① 天平的变动性

由天平检定证书，其变动性为 0.1mg，假设为矩形分布，则

$$u_{1变动性} = 0.1/\sqrt{3}\text{mg} = 0.058\text{mg}$$

样品净重为两次称量操作所得。每次称重均为独立观测结果，故计算两次为

$$u_{2变动性} = \sqrt{2 \times u_{1变动性}^2} = \sqrt{2 \times 0.058^2}\text{mg} = 0.052\text{mg}$$

② 天平的最大允差：由天平的检定证书可知最大允差为 0.2mg，假设为矩形分布，则

$$u_{1最大允差} = 0.2/\sqrt{3}\text{mg} = 0.115\text{mg}$$

同样，样品净重为两次称量操作所得。每一次称重均为独立观测结果，故计算两次为

$$u_{2最大允差} = \sqrt{2 \times u_{1最大允差}^2} = \sqrt{2 \times 0.115^2}\text{mg} = 0.163\text{mg}$$

③ 浮力的影响

由于称量都是在空气中常规进行，浮力的影响可忽略。

2）配制体积引入的不确定度

将称得的纯品以甲醇溶解并定容于 100mL 容量瓶中。

① 容量瓶校准引入的不确定度

根据国家计量检定规程《常用玻璃量器检定规程》（JJG 196—2006）的规定，100mL 的 B 级容量瓶其最大允差为±0.20mL，250mL 的 B 级容量瓶其最大允差为±0.30mL，假设为三角形分布，则容量瓶校准引入的标准不确定度

$$u_{校准100ml} = 0.4/\sqrt{6}\text{mL} = 0.164\text{mL}$$

$$u_{校准250ml} = 0.6/\sqrt{6}\text{mL} = 0.244\text{mL}$$

② 人眼观测容量瓶刻度线引入的不确定度

该项不确定度可由容量瓶重复性来评估，如 10 次测量的标准偏差为 0.05mL，即

$$u_{重复性} = 0.05\text{mL}$$

③ 温度的影响

温度引入的不确定度可通过估算容量瓶校准温度（20℃）和实验室温度（20℃±4℃）范围内体积膨胀来估算。因为液体的体积膨胀要明显大于玻璃的体积膨胀，因此主要考虑液体，即溶剂甲醇、乙腈及丙酮的膨胀。甲醇、乙腈和丙酮的体积膨胀系数分别为：$1.19 \times 10^{-3}℃^{-1}$、$1.37 \times 10^{-3}℃^{-1}$、$1.49 \times 10^{-3}℃^{-1}$。

在该温度范围内 100mL 甲醇产生的体积变化为：

$$100\text{mL} \times 4℃ \times 1.19 \times 10^{-3}℃^{-1} = 0.476\text{mL}$$

该分量假设为矩形分布，则其标准不确定度为：

$$u_{温度} = 0.476/\sqrt{3}\text{mL} = 0.275\text{mL}$$

溶液的配制过程中引入的不确定度：

$$u_{配制} = \sqrt{u_{称重}^2 + u_{体积}^2} = \sqrt{0.183^2 + 0.325^2} = 0.373\%$$

甲醇和异辛烷溶剂在该温度范围内相应体积下产生的变化计算类似，其引起的不确定度计算也类似甲醇溶剂在相应温度体积下引起的不确定度。

9.2.4 饮用水中标准物质的应用

1. 在国家供水领域的应用

将研制的4个系列、8种混合溶液、43个特性量的溶液标准物质发放给国家城市供水水质监测网中北京监测站、济南监测站、哈尔滨监测站、无锡检测站、郑州监测站、西安监测站、重庆监测站、深圳监测站、厦门监测站、武汉监测站10个重点城市监测站进行试用，各实验室分别采用不同的样品处理方法和不同分析方法进行测试，其不确定度结果大多数都在预期的容许范围内。

2. 在全国疾病预防控制系统的应用

紧密结合卫生部组织的2012年全国省级以上的环境与疾病预防控制中心水质监测考核全国大比武活动，协助卫生部及中国CDC组织完成了“中国CDC系统省级以上检测实验室饮用水考核”，提供溯源技术与考核样品，其中包括研制的三个系列的有机物混合溶液-有机氯混合溶液、苯系物和卤代烃混合溶液，共涉及7个组分，两个浓度水平。本次考核中有32家实验室参加，最后经过结果统计分析，32家测量结果的平均值和中位值与样品的标准参考值基本一致，证明了所提供样品的可靠性。

3. 在国家重大工程、重点项目中的应用

（1）研制的标准物质成果支撑了国土资源部地质调查局重大项目地下水污染调查测试能力建设和质量监控，为地下水标准方法的验证和地下水质量监测用标准物质使用指南和作业指导书的编写提供了溯源性保证。

（2）在2010年和2011年协助中国地质调查局组织了地表水和水源水中挥发性有机污染物检测能力验证，为地下水质量监控提供质控样品和能力考核样品，帮助地下水检测实验室提升检测能力，保证了整个地下水检测体系统一的量值溯源和量值保证。

通过上述活动推动了研究成果真正转化和推广应用，逐步地取代或降低对国外标准品的依赖；另一方面，也有利于提高我国水质监测实验室的测量能力和水平，提高检测数据的可靠性，保证我国水质监测的质量和量值溯源。

9.3 颗粒物计数仪

激光颗粒物分析仪能够检测出被测水样中各种不同大小颗粒物的分布情况。自来水厂的水处理过程实际上主要是处理颗粒物的过程：水厂通过加药使水中的小颗粒凝结成便于沉淀和过滤的大颗粒，再通过后续的沉淀和过滤使水变得清洁。在整个过程中，能否监测到各个阶段不同粒径颗粒物的数量，对优化处理过程十分重要。激光颗粒物分析仪能够检测出被测水样中各种不同大小颗粒物的分布情况，即该仪器能同时检测出被测样中粒径大于1.5μm（含1.5μm）颗粒物的数量，并分别测出8个指定粒径范围的颗粒物数量。

9.3.1 颗粒物计数仪的设计

1. 光路及其支撑件的设计和性能

针对我国城市供水水质监测领域面临的过程监控、制水工艺优化方面存在的问题，需检测的样品是较纯净的水质中颗粒物，可以在较狭窄的通道内进行检测。为适应本仪器的在线和台式2种应用，应选用结构精巧、性能稳定、单色性好、反应时间快的光源。通过多项实验对比，筛选出激光二极管（LD）作为光源。

（1）光路的设计

激光二极管发出的光斑横截面为椭圆形，是一个拥有垂直和水平发散，并且发散程度不同的光斑。首先利用一个具有准直功能的透镜组将输出激光准直，再通过一块平凹柱面镜把光斑会聚成线状。

系统对设计的要求：会聚光成线性，大小与狭缝相当。光源为单色光源，狭缝为0.4mm宽，没有非常精确的会聚度的要求。由ASAP模拟的系统仿真图如图9-29所示。准直系统到柱面镜球面顶点的距离在实际应用中以调节到合适距离为准。从仿真图上可以看到，系统可以达到汇聚要求。

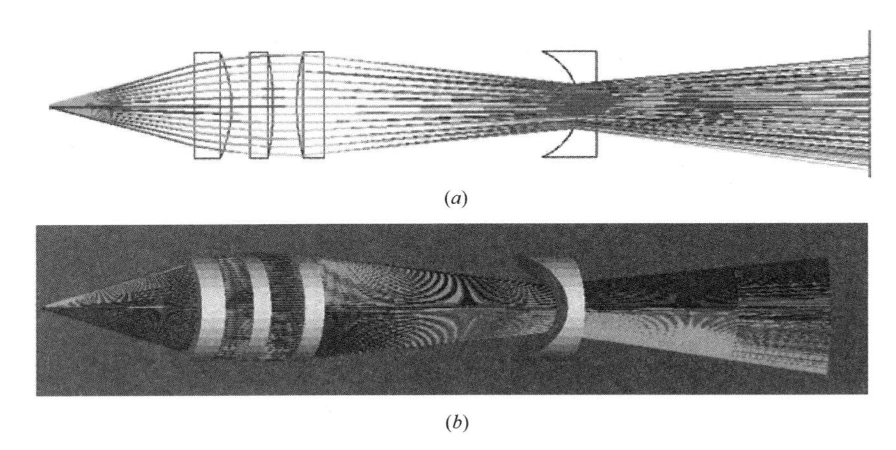

(*a*)

(*b*)

图9-29 透镜系统仿真图

（*a*）二维仿真图；（*b*）三维仿真图

考虑到了整个系统的工作原理，设计中为了节约成本，准直光路采用四片商品透镜组成的透镜组来完成。

（2）光路支撑件的设计

该部分是对前述光路系统透镜组的支撑，要求能够保证光学系统的同轴，系统在组装的时候有较好的适应性，主要包括套筒、光路筒、光电池架和LD支板，准直系统与柱面镜之间的距离是可调节的，光路筒和LD支板都放在套筒里面。

2. 检测器结构优化

（1）狭缝

狭缝是检测器设计的一个核心部位，它是颗粒物的通道，水中颗粒物经过狭缝被激光光源照射到从而引起光电池电信号的变化。考虑到水的流速和颗粒物的大小，优化后的狭缝可保证 1.5μm 以上的颗粒物超过 99%都是逐个通过，有效避免的了颗粒物重叠而造成的误差。为获得符合要求的狭缝，我们采用精密机械加工保证狭缝的精度。加工好的狭缝见图 9-30，经测试此设计完全满足了研制要求。

本设计的特点在于通过低耦光机设计，增加调试自由度，使加工成品率由 30%提高至 85%以上。

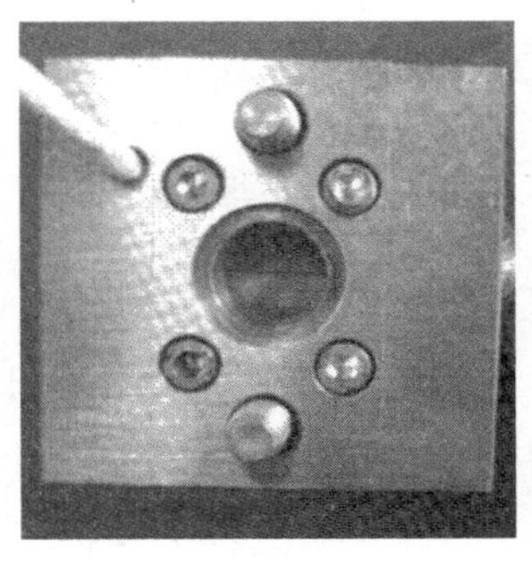

图 9-30 狭缝整体实物

（2）光电信号接收转换部分

光电信号检测器的选择：为了达到颗粒物分析仪 18000 个/mL 的量程，快速灵敏的信号检测器至关重要，虽然光电倍增管具有增益范围宽、响应快的优点，很适合计数仪的需求，但是它同时也有噪声大、波长响应范围窄的缺点，并且价格昂贵、体积较大。相比而言，光电二极管以其尺寸小、噪声低、响应速度快、光谱响应性能好等特点更加适合于激光颗粒物计数仪的检测。通过实验本仪器最终采用大面积的光电二极管探测器，以提高响应率。

（3）电路部分

本系统采用一种可预警电路，使激光传感器通水装置变脏自动预警。通水装置附着污垢后，PD 的直流输出电流变小，而前置放大电路直流输出电压增大，该电压是通过积分电路的开环增益输出给一个稳压二极管，当该电压增大一定程度（说明通水装置变脏），击穿该稳压二极管，从而产生一个直流电平，该电平传输给后续的放大电路，然后传输给 MCU 控制模块，以此达到预警的目的。

系统电路部分主要包括电流信号的转换、滤波、放大和保持激光二极管输出功率稳定的反馈电路。电路部分的系统框图如图 9-31 所示。激光二极管发出的光信号经光电池检测到后一方面要反馈控制，保证激光二极管输出功率的稳定。同时信号还要进行后续放大滤波处理，输出为电压脉冲信号，送入控制室处理通道进行信号的分析比较。

I/V 转换部分选用具有较小噪声的一级放大结构即可达到要求，为了避免大电阻的使用（降低噪声），在反馈回路中加入 T 形放大网络，因此不必使用大电阻即可以得到较大的增益倍数。

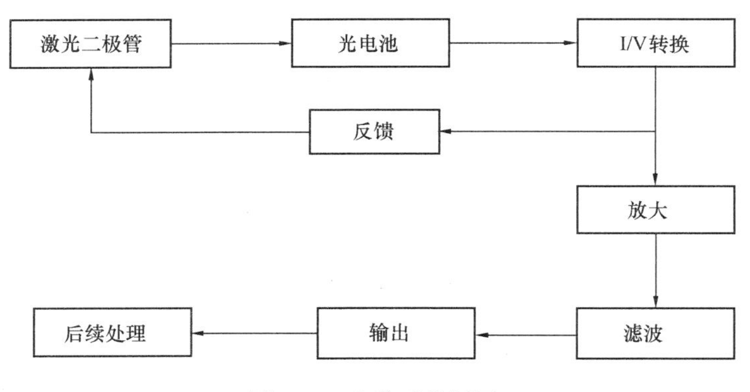

图 9-31　电路系统框图

反馈控制采用积分电路来实现，正常情况下 V0 输出应该是保持不变的，即使有颗粒物经过，由于颗粒物产生的是脉冲信号，不会对整体的电平产生影响，若 V0 发生变化，则意味着激光二极管输出功率的变化。激光二极管输出功率会被设定在某个值，对应的输出 V0 也是某个固定值，可以将运放的一端设置为该值，若 V0 发生变化，积分器会产生积分信号，导致输出的饱和，根据饱和的方向是正向饱和或负向饱和可以确定功率是增大还是减小，将信号送入芯片，电路就会自动对激光二极管的注入电流做出调整，使得输出信号 V0 返回到之前水平。

滤波电路系统设计测量最高频率为 18000，滤波器的选择为低通滤波电路。巴特沃斯双极点低通滤波器截止频率通过合适的电容电阻大小来确定，本设计截止频率大约设置为 10K，能够满足颗粒物的检测频率要求。

信号放大电路。颗粒物计数仪采用的是半导体激光测定原理来检测颗粒的，半导体激光器 LD 发射出狭小激光束，该光束与被检测的液体流向垂直（如图 9-32），并照射在 PD 上。当光束被水中的粒子阻挡而减弱时，发生瞬时的光强变化，这种变化被 PD 捕捉到，并输出瞬时变化的对应电流信号，该信号与粒子通过光束时的截面积成正比，颗粒物粒径越大，电流信号变化越强，即不同粒径产生不同幅值的电流信号。PD 捕捉到的信号首先经过前置放大，而后分别经过两次放大，和一次滤波，最后微弱的电流信号被转换成放大的电压信号传输给系统计数。用积分电路来做系统反馈和预警。由上述可知，放大电路增益固定，那么信号的放大倍数也将固定，但是为防止信号过度放大，而超出系统采集信号幅值能力范围，在电路的最后一级放大上加个钳制，保证小信号被完全放大，而大信号被钳制放大。

后续处理电路。在自来水中，超过 20μm 的大颗粒物的数量很少，比它们小的颗粒物可以按照大小进行细致的分类，而超过 20μm 的颗粒物可以把它们归为一类。液体中颗粒物计数器可能会遇到待测颗粒物粒径很大，这些微粒能产生很大的信号，这些信号经过放大后输出电压会很大，而这些信号在处理的时候是不必要的。信号处理是按照电压范围归类处理，信号过大，说明粒径大于某一数值。后续处理电路的主要作用，就是钳制大颗粒物产生的过大的输出电压。

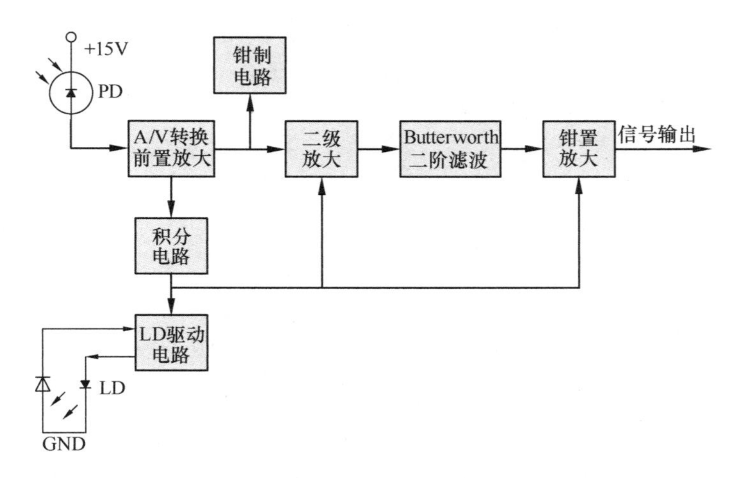

图 9-32 信号放大电路

使用经 NIST 认证的粒子进行测试得到的脉冲图。

不同粒径的颗粒对应不同的输出电压，信号脉冲个数代表颗粒数，但是当单位体积里的颗粒数（颗粒浓度）超过一定数量，输出信号不再是逐个脉冲式的输出，而是变成两个脉冲合成一个脉冲输出，甚至更多合成一体输出，颗粒信号出现丢失状况，在出现颗粒丢失情况下，对应的单位体积里颗粒数称为最大颗粒物浓度。

3. 计数控制系统开发

（1）流量控制模块

颗粒物经过激光传感器的速度过快，会导致 PD 捕获到的信号幅值变小，则激光传感器的输出信号的幅值也变小。那么计数电路就无法正确识别相对应的幅值信号，从而导致丢失率增大；反之，颗粒速度过慢，会使计数电路不能正确识别相对应的幅值信号，最后也导致丢失率增大。所以，本颗粒物计数仪系统，在大量实验的基础上，限定了流速的大小，设定为 60mL/min。

① 稳定流量装置

流过激光传感器的水流需要一个稳定的流量，而实际中输入水源的流量是极不稳定的，故本系统采用了一种特殊的堰管装置。流过激光传感器的水流流量由水管高度决定，脱离了水源的直接影响。水管高度确定，当水源流量增大，增大的水流通过上端的水管接头，溢流回来，而不会影响流过激光传感器的水流。

高出激光传感器的水管，由于高度差的存在，而产生的水压，会施加在激光传感器上，通过在其旁安装压力传感器，检测水压大小，就可以得出当前的流过激光传感器的流量。

压力传感器采用的是硅基压敏电阻式传感器，当硅表面受到压力，通过理想的传递函数

$$V_{\text{out}} = S_{\text{n}} \times P + N$$

输出相应的电压值。

实验研究得到流量和压力传感器的输出电压有如下关系，见式（9-12）：

$$Q = K/\sqrt{(V_F - V_O)/1000} \tag{9-12}$$

式中 Q——流量；

K——流量系数；

V_F——通水时压力传感器输出电压；

V_O——无通水时压力传感器输出电压。

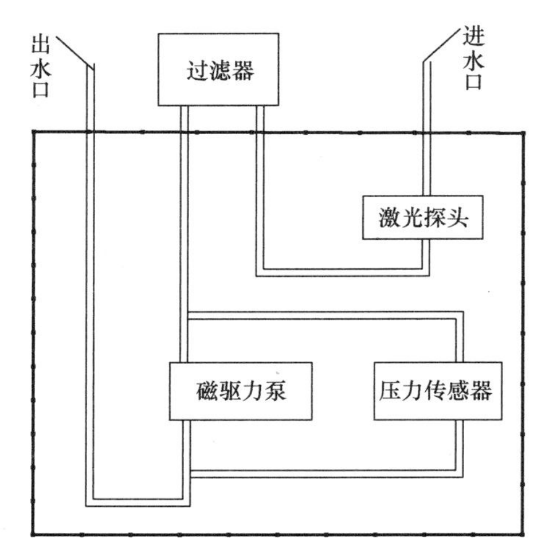

图9-33 台式机的流量控制结构

台式机的流量控制结构如图9-33所示，MCU通过测量磁驱力泵两端的压力差从而计算得出流量值，根据流量值调节磁驱力泵使流量稳定为60mL/min。

② 激光传感器污浊预警技术

本技术的特点在于激光传感器通水装置变脏时（附着污垢），激光传感器能自身产生预警信号给系统，然后系统根据此信号报警或发送给控制中心，可提高产品的正常运行率。

（2）数据采集模块

数据采集模块处理激光传感器得到的脉冲信号，将其转换为不同粒径通道的颗粒数目。数据采集模块主要由8通道参考电平调制部分、高速计数部分、信号监控部分、单片机构成。激光传感器得到的脉冲信号传输给八个比较器，每一路比较器都有相对应的参考电平，这是因为粒径不同，信号幅值不同，参考电平也各不相同。信号经比较器比较后传递给高速计数部分，采集脉冲。单片机控制高速计数部分的采集进程。信号监控部分监视激光传感器得到的脉冲信号，当信号异常时，发出预警。

信噪比达到2∶1就可以基本采样出信号，而本系统由于合理的PCB布局，并且采用纹波极小电源供电以及高性能静噪滤波器，极大的降低了系统的噪声水平。在信号处理上采用了Butterworth滤波，输出钳位等技术，系统在提高增益的同时，依然能保证信号的稳定性。最终使得系统的信噪比超过了3∶1。高信噪比能大大提高采样1.5μm颗粒对应的颗粒信号的准确性和系统计数的稳定性。其中，1.5μm计数率由60%增加至98%，2μm计数率由98%增加至99.9%。

（3）人机交互界面

人机交互界面主要包括键盘部分和液晶显示部分。使用界面操作可直接配置流量，颗粒数报警值，显示仪器相关信息等。

在线颗粒物分析仪共有八个按键：清除（CLEAR），模式（MODE），开始（START），停止（STOP），设置（SET），背光（BL），加号键（↑），减号键（↓）；在线颗粒物分析仪使用了一块240*128分辨率的液晶屏。

1）测量界面

系统上电自动进行采样，显示颗粒数值。

按下 STOP 键，停止计数，界面数值停止跳变，然后按 CLEAR 键，清除颗粒数。

而后按 START 键，重新开始计数。

2）设置界面

按下 MODE 键，进入菜单界面，按"↑"，或者"↓"，上下选择菜单，按 SET 进入当前选中菜单。进入子菜单可进行相关设置。

在菜单界面下，按 MODE 键，则返回到开机初始界面（如果是在停止计数情况下进入菜单界面，则返回回到停止计数状态）。

3）可编程 8 通道粒径范围

8 个通道粒径范围都是可配置，每个通道可以配置成不同的颗粒粒径，从而满足用户的实际需求。

（4）通信模块

为了便于远程监控，颗粒物计数仪配备了多种通信模式：RS232/RS485/ModBus/4-20mA通信等，通过发送指令给颗粒物计数仪，读取仪器当前信息（颗粒物数据、ID 地址等），配置仪器设置，其中 RS485 通信制式，有四线制和两线制方式可配置，能满足现场实际需求；ModBus 协议是标准的工业通信，可应用大部分现场；4～20mA 通信，应用于长距离传输，其提供 4 个物理通道通信，每个物理通道可输出八路颗粒通道、一路颗粒总数中的任何一路，并且每个通道都可通过指令配置输出。

开机后，ModBus 模块每隔一分钟自动向颗粒仪发送指令，并且处理返回的数据。上位机向 ModBus 模块发送读取指令时，ModBus 模块先判断指令中的地址是否与模块本身所设定的地址相同。若相同，则向上位机返回数据；不同，则不响应该条指令。

上位机可以对 4～20mA 模块的输出格式，通道，通道最大值等内容进行配置，并储存在 flash。4～20mA 模块定时向颗粒仪发送指令，读取颗粒仪的数据，对数据进行分析，校准，发送数据。

9.3.2 在线和台式颗粒物计数仪的研制

1. 在线激光颗粒物计数仪

通过引进、消化、吸收、再创新的过程，自主研发出在线颗粒物分析仪，目前产品应经定型生产。

（1）功能

激光颗粒物分析仪能够检测出被测水样中 2～400μm 的颗粒物分布情况。在水厂常规的混凝、沉淀、过滤工艺以及膜工艺中，能实时监测到各环节水中颗粒物的数量和粒径分布，对水厂水质监测，优化混凝、降低药剂成本，监测优化 和评估过滤器，实时监测膜穿透与拉丝以及管网的水质监测与安全预警都具有十分重要的意义。

该设备能同时检测出 2～3μm，3～5μm，5～7μm，7～10μm，10～15μm，15～20μm，20～25μm，25～400μm 共 8 个不同粒径范围内的颗粒物分布情况，在 2～400μm

粒径范围内可根据需要设定 8 个不同粒径范围。设备具有高分辨率、高计数效率、能够实时分析和监测流量，具有去泡专利设计，能够满足科研机构的研究以及水厂的实际生产应用。

（2）主界面

启动软件以后，进入在线激光颗粒物分析仪软件的主界面，有 6 个功能按钮：

硬件检测：用于扫描当前在线激光颗粒物分析仪 ID 号。

开始测量：开始与在线激光颗粒物分析仪进行数据传输、显示并保存。开始测量后，此按钮变为“停止测量”，再按一次停止与分析仪数据传输，同时按钮变为“开始测量”。

数据查询：用于打开一个界面查询测试数据等相关操作。

设备开始计数：直接控制激光颗粒物分析仪开始计数。

设备停止计数：直接控制激光颗粒物分析仪停止计数。

关闭程序：用于关闭软件。

界面主体部分为当前 ID 号颗粒计数仪的数据，如图 9-34。

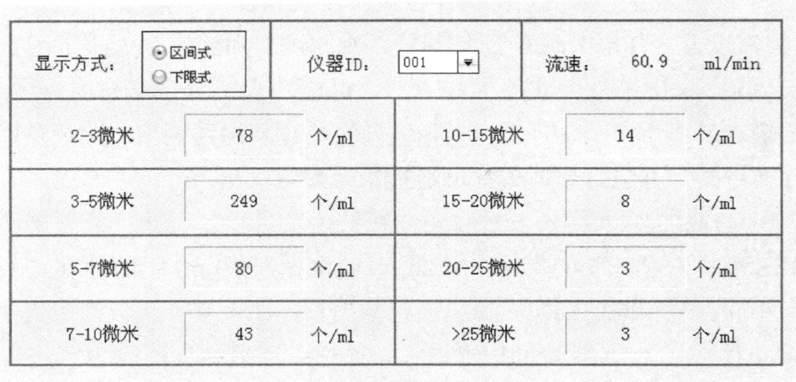

显示方式： ⊙区间式 ○下限式		仪器ID： 001		流速： 60.9 ml/min	
2-3微米	78	个/ml	10-15微米	14	个/ml
3-5微米	249	个/ml	15-20微米	8	个/ml
5-7微米	80	个/ml	20-25微米	3	个/ml
7-10微米	43	个/ml	>25微米	3	个/ml

图 9-34　区间式数据

切换仪器 ID 可查看不同 ID 的仪器的数据，切换“区间式”“下限式”可得到不同的模式的数据。

（3）数据查询界面

通过主界面上的按钮“数据查询”来激活此界面（如图 9-35）。

界面左半边为查看的数据曲线，右半边为数据查看方式。

数据查看方式（即图形选择）主要分为 4 种：

在“ 图形选择”选择框里选择“全部数据图形”。“仪器 ID”里选择需要查看数据的 ID 号。“起始时间”、“终止时间”分别选择需要查看数据的开始时间和结束时间。“下限式”和“区间式”可切换数据显示方式。此时横坐标为时间（如图 9-36）。

类似地，可以在“图形选择”选择框里选择“单组数据”、“ 通道数据”或“对数去除率”。

（4）性能特点

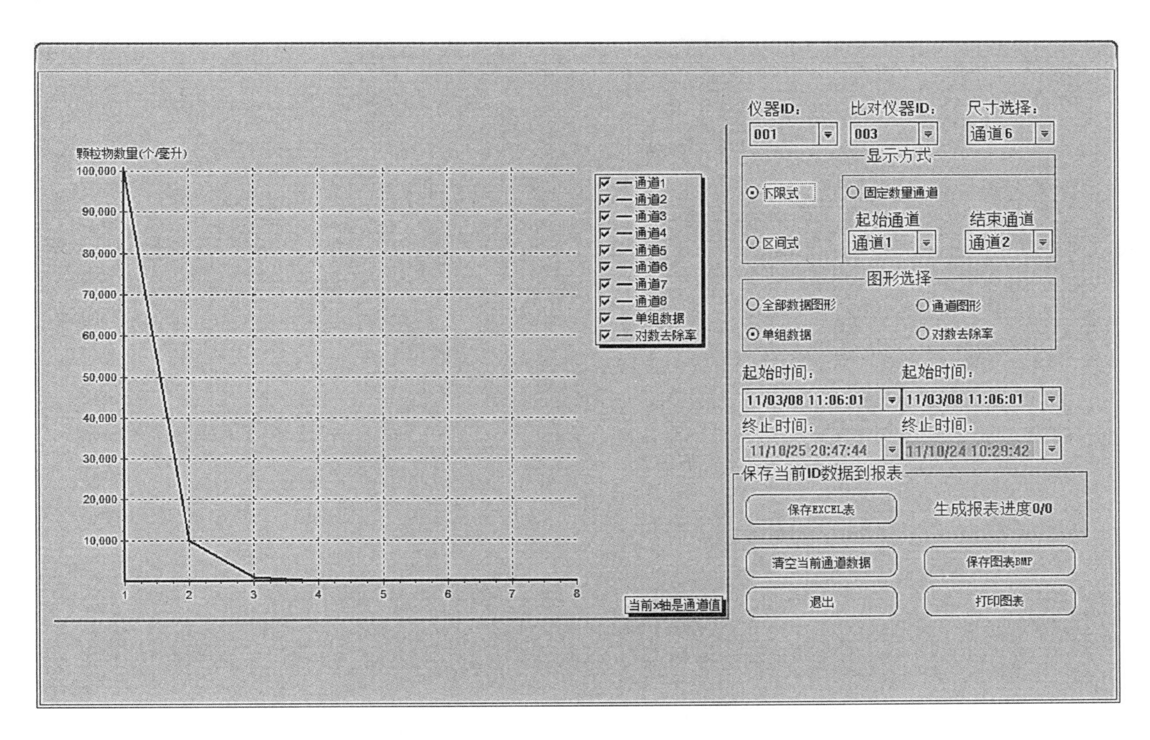

图 9-35　数据查询

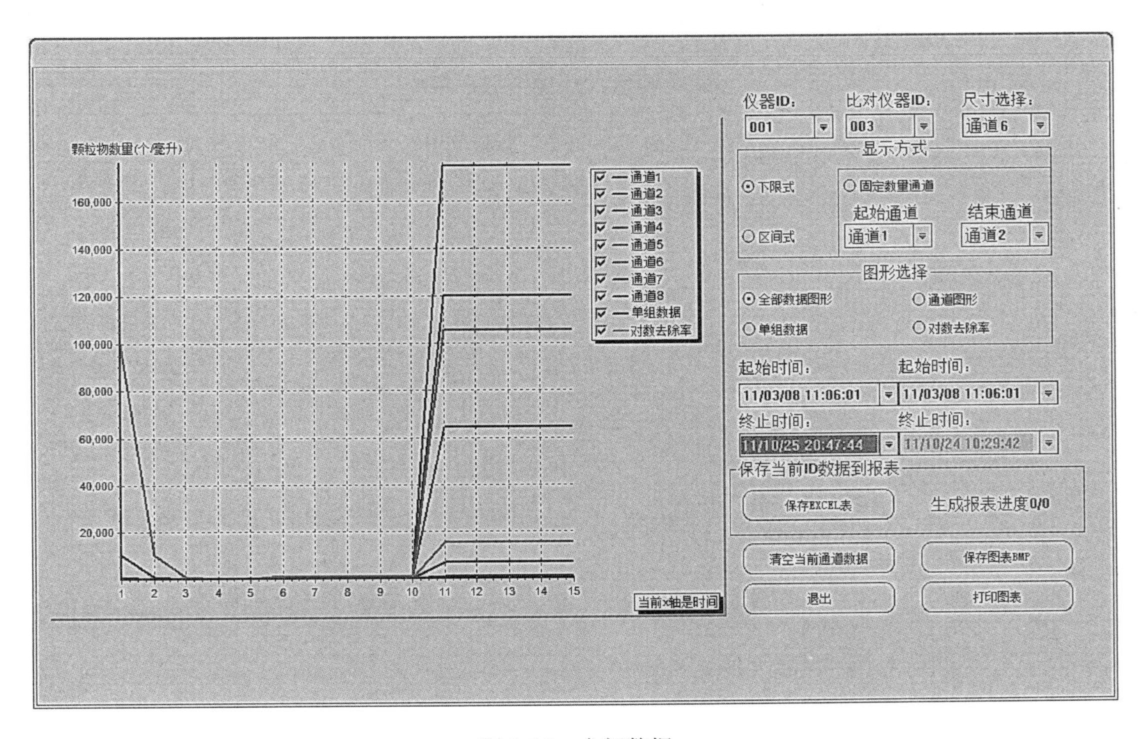

图 9-36　全部数据

大屏幕显示全部颗粒物数据和流量；

采用特殊堰管装置，稳定流量、去除气泡；

外置激光传感器，便于清洁维护；

丰富的通信资源：RS232/RS485，ModBus 通信协议 4～20mA 通信；

全封闭密闭结构设计，有效防潮；

分辨率达 2μm 以下；

八通道可编程粒径范围。

2. 台式激光颗粒物计数仪

台式颗粒物分析仪采用与在线颗粒物分析仪相似的架构，区别在于台式颗粒物分析仪采用了不同流量控制结构，采用的是精密水泵供水方式。

（1）性能特点

大屏幕显示全部颗粒物数据和流量；

采用无刷电机精密控制流量，噪声干扰小，系统工作稳定；

水路、电路完全隔开，有效增强仪器使用寿命；

4200mAh 容量锂电池辅助供电，便于野外长时间连续工作；

分辨率达 2μm 以下；

八通道可编程粒径范围。

（2）技术参数

台式激光颗粒物计数仪技术参数见表 9-7。

台式激光颗粒物计数仪技术参数　　表 9-7

测定原理	激光照射/光吸收
工作方式	在线实时监测，采样监测（实验室型）
最大通道数	8 个可供用户编程的粒径范围
计数粒径范围	1.5～400μm
分辨率	≤9%@1.5μm；≤5%@10μm
信噪比	>3：1
计数效率	98%@1.5μm　99.9%@2μm
最大颗粒物浓度	可选 18000 个/mL
一致性（或称丢失率）	最大浓度 18000 个/mL 时，10%
取样相对误差	±2%
光源	激光二极管
计数、传输模式	累计/分段值 可设置
流速	60mL/min
传感器无故障寿命	60000～80000h
通信接口	RS232/RS485（Modbus 协议）/4～20ma 可选

9.3.3 颗粒物计数仪的应用

研发的颗粒物计数仪在浙江富阳水厂、东莞东江水务、浙江萧山水厂、浙江温州状元水厂、山东东营南郊水厂等5个点安装在线颗粒物计数仪，已连续运行超过二年。通过定期采集数据和仪器运行状况检查，为检测颗粒物计数仪的稳定性做大量的数据收集工作。

从表9-8中可以明显的看出各示范水厂的处理工艺的区别：

① 东营南郊水厂处理过的水中粒径大于2μm的颗粒物浓度为18个/mL；粒径大于10μm的颗粒物浓度为0，是几家示范水厂中颗粒物最少的。东营南郊水厂使用的是膜处理工艺，所以可以得出结论膜处理工艺对颗粒物的去除效果是较为明显的。

② 东江水务第六水厂处理过的水中粒径大于2μm的颗粒物浓度为33个/mL；粒径大于15μm的颗粒物浓度为0，粒径浓度达到此标准说明其使用的深度处理工艺对颗粒物的去除也是相当有效的。

③ 而富阳水厂、萧山水厂、温州状元水厂这3个水厂处理过的水中粒径大于2μm的颗粒物浓度均控制在70个/mL以内；粒径大于20μm的颗粒物浓度均为0，说明这三家水厂采用的常规处理工艺对颗粒物的去除也是有效的。

示范水厂颗粒物测试数据（个/mL） **表9-8**

示范地 \ 粒径（μm）	≥2	2～3	3～5	5～7	7～10	10～15	15～20	20～25	≥25
富阳水厂	61	22	22	8	6	2	1	0	0
东江水务	33	14	8	8	2	1	0	0	0
萧山水厂	51	20	17	7	6	1	0	0	0
温州状元水厂	37	16	8	8	4	1	0	0	0
东营南郊水厂	18	9	3	5	1	0	0	0	0

上述几个水厂的出厂水质较好，浑浊度都非常低，特别是浑浊度低于0.01的状态下，浑浊度已经无法准确测量，只是一个参考值，而颗粒物分析仪能准确的测量出低浑浊度情况下水中颗粒物的情况。

9.4 智能化多参数水质在线监测仪

通过小体积湿法化学分析在线检测技术、无汞电化学分析技术、全光谱水质在线检测技术、多参数智能解析技术等关键技术突破，开发和优化了13种水质在线监测模块，集成了智能化多参数水质在线监测系统。该系统是以生物综合毒性监测为中心的饮用水安全预警系统，由水质常规理化分析模块、特征污染因子分析模块和生物在线分析模块构成，其中常规理化分析涉及水质常规综合参数（pH、电导率、浑浊度、DO 和温度）和常规污染因子（COD、氨氮），主要反映水质内源性变化及受污染的程度；特征污染因子分析涵盖重金属（铅、镉、铜、锌、汞、砷等）、挥发酚、氰化物、藻类、特殊有机物等 10 余种监测因子，用于监测水质污染的主要问题来源；生物在线分析可以实现水质综合毒性评估，在水质安全预警中起到关键性作用。结合以上分析模块，通过监测数据的智能解析，该系统能够实现饮用水安全优先关注的绝大多数有毒污染物的预警、种类解析和毒性程度预测，同时对饮用水易发、危害大的特征污染物进行实时在线的定量监测。

9.4.1　以生物毒性为基础的水质多参数智能解析平台

1. 生物行为分类学基础和行为解析软件

（1）指示生物选择

用于水质生物综合毒性实验的指示生物包括大型溞、日本青鳉、斑马鱼、藻类以及发光细菌等多种水生生物和细菌，其中大型溞和日本青鳉的研究相对充分、成本较低，因此重点选择大型溞和日本青鳉进行指示生物的选择研究。

大型溞（*dapHnia magna*）对水体内化学物质的变化非常敏感，用于运动的触角数量很多，其中第二对触角是主要的运动器官，运动形式多样，且幅度大，因此大型溞可以作为在线生物监测的合适受试生物。日本青鳉（*oryzias latipes*）隶属鳉科，个体小，全长 2.5～5.0cm，可以耐受低溶氧和较宽的水温和盐度范围。由于其生物学背景研究非常充分，自从 Denny 对青鳉饲养管理与实验操作进行了规范化后，青鳉作为实验动物被多数世界组织认可，并于 20 世纪 80 年代被国际标准化组织列为毒性实验受试种之一。目前，日本青鳉的行为变化已经作为一个重要指标被广泛地应用到水质监测中。本项研究首先利用大型溞和日本青鳉作为受试生物，并通过在线监测 2 种受试生物行为变化反映水质变化状况的优缺点。

结果表明，在无食物添加的情况下，大型溞续航能力基本上为 7d 左右，并且在第 5d 至第 7d 之间，大型溞行为强度出现明显的变化。后 3d 的平均行为强度明显低于前 4d 行为强度，在 7d 以后，几乎所有的大型溞行为强度都降为零。结果表明日本青鳉续航能力都超过 30d。因此，为了保证智能化多参数水质在线监测仪的长期稳定性运行，采用日本青鳉作为指示生物进行研究和设备研发。

（2）生物行为分类及行为分析软件研究

在日本青鳉行为变化中，主要包括游动，摆尾运动，呼吸（摄食运行）以及摆鳍运动。研究中结合不同行为运动的频率和速率之间关系（频率高，速率低；频率低，速率高），结合生物行为，对生物行为进行了分析。

生物行为分析示意图中，在线信号采集将受试生物产生的电信号通过一个快速的傅立叶转换器（Fast Fourier Transformation，FFT）处理转化为可视的行为强度值曲线，即一个特定频率连续曲线图。

生物体不同的运动方式能够产生各自具有不同特点的电信号。在每一个信号期内，不同的频率代表生物体不同的行为方式（例如，快速的单频信号经常代表生物体的呼吸运动或过滤取食运动，而慢速并且具有高频但不具有规律性的振幅所组成的复合信号则是生物体游动、爬行以及行走等运动的特例）。这些电信号被一个快速的傅立叶转换器（Fast Fourier Transformation，FFT）处理以后，就产生了一个特定频率连续曲线图，信号频率变化的范围 0～5.0Hz，每一个特定频率之间的间隔为 0.5Hz。在这些由特定频率组成的图形中，所记录的频率在 0～2Hz 的生物体的运动形式为生物体的“自行运动”，包括生物体游动、爬行以及行走等运动方式；所记录频率在 2～5 之间的生物体活动方式为“呼吸”运动。

正常测试生物的运动行为应该由 0～5Hz 各频率组成，譬如说鳃呼吸运动，游动，爬动，跳动等行为。当环境污染对生物产生生存压力时，这些典型的运动行为就会发生特征性的变化，例如当暴露于污染环境内时，钩虾的呼吸运动能够明显的增高。同时，在 1～2Hz 之间的游动能力则出现强度下降。因此，这些不同频率行为信号变化是检测水生生物运动行为变化的基础。

在系统中显示界面上，根据实验结果选取 0.1Hz（游动），0.5Hz（摆动），1.5Hz（摄食）和 4.0Hz（摆鳍）4 种典型频率代表的运动行为来指示受试生物的行为变化规律，纵坐标为行为强度值，横坐标为记录时间，指示生物的行为强度（即速率）与信号频率大小成反例关系。在系统中，如果实际检测值的变化超出了预测值的 20%，监测体系中存在于计算机内部的预警系统就会通过显示屏给出警告，如果在 1h 之内有 50%的生物体被证明是死亡不动即没有产生信号，计算机内部的预警系统就会给出试验失败的警告。

2. 多种污染物暴露下生物行为的变化规律和反应阈值

选择重金属、有机污染物、氨、氰化物等饮用水代表性的污染物，研究单一污染物暴露导致的行为反应特征及剂量一响应时间关系，确定不同参数设置条件下的系统“报警”阈值。

目前，已经完成单一污染物作用下指示生物的行为变化规律分析，包括有机磷农药的敌敌畏、马拉硫磷、对硫磷，氨基甲酸酯类的灭多威、杀灭威，拟除虫菊酯类的溴氰菊酯、杀灭菊酯，重金属类的氯化镉等饮用水主要关注的污染物，同时，还进行了不同污染物联合作用下的生物行为变化研究。在生物行为在线监测和分析基础上，构建生物行为变化的逐级胁迫阈模型和回避行为模型，为结合生物行为变化分析饮用水水质安全状况提供依据。以污染物对受试生物的急性毒性 48h 半数致死剂量（48h-LC50）作为实验中污染物的毒性单位（TU）。TU 可作为不同浓度污染物导致环境胁迫的基本毒性评估标准，用于生物安全预警的信号分析，实验采用污染物的 48h 流水暴露，设置 4～5 组暴露浓度梯度（0.1TU～10TU）。

（1）空白情况下指示生物行为变化规律

对照组的青鳉行为强度维持在 0.5～0.8 范围，平均值为 0.7。结果表明受试生物（青鳉）的行为强度变化与光照周期相关：暴露时间 8h（pHase Ⅰ）和 32h（pHase Ⅱ）

为黑暗阶段，青鳉行为强度较低；暴露时间 20h（pHase Ⅲ）和 40h（pHase Ⅳ）为光照阶段，青鳉行为强度较高。对照组中，受试生物（青鳉）行为强度变化的产生原因可能源于受试生物行为变化的内在节律，即生物钟现象（biological clock）。

（2）氨基甲酸酯类污染物暴露下指示生物行为变化规律

在较高浓度药品的生物暴露组（5TU、10TU）中，鱼体前期行为强度平均值要明显大于对照组中生物的行为强度平均值，即产生明显的回避行为，而且行为强度变化在经历一个逐渐降低过程以后，逐渐趋于零，此过程中存在明显的行为调节。

在 5TU 浓度暴露组中，未完全丧失行为能力之前，青鳉行为强度变化最明显的时段分别是在暴露时间 10h 左右和 20h 左右。受试生物皆有出现 1 次明显的行为恢复过程，该过程产生的主要原因可能是由于生物行为节律的内在行为调解。然而，在 10TU 暴露浓度组中，高浓度污染物导致的环境胁迫引起受试生物高强度行为变化，回避行为维持较短时间，便很快趋近于零。

在较低浓度药品的生物暴露组（0.1TU、1TU）中，鱼体的行为变化主要以调整为主，并且其调整过程基本符合对照组内的行为过程，具有明显内在节律性。但是，低浓度组中的受试生物行为强度在暴露后期出现显著降低，该实验观察结果与对照组相比，行为强度的差异显著。总体来看，随着污染物浓度增高，受试生物行为变化剧烈；随着污染物浓度降低，行为过程增加，发生的调解行为增多。

（3）有机磷污染物暴露下指示生物行为变化规律

对照组内日本青鳉行为强度基本维持在 0.7 左右，但其最大值为 0.8 左右，最小值为 0.5 左右，尤其在暴露时间 8h 左右（Ⅰ，黑暗）和 32h 左右（Ⅱ，黑暗），日本青鳉行为强度比 20h 左右（Ⅲ，光照）和 40h 左右（Ⅳ，光照）明显降低。产生对照组生物行为强度变化的原因可能在于日本青鳉行为变化的内在节律，即生物钟现象（Biological Clock）。因此，在不同浓度敌百虫和对硫磷联合作用下日本青鳉的行为强度变化结果分析中，应该考虑到生物钟现象对日本青鳉行为变化的影响。

在暴露组中，不管 CT∶CP 的比例为多少，随着暴露浓度的逐渐升高，日本青鳉行为强度会明显降低。在较高浓度（5TU，10TU，20TU）暴露中，日本青鳉行为强度变化在经历一个逐渐降低过程以后，逐渐趋于零。而在此过程中，存在明显的行为调节，在未完全丧失行为能力之前，日本青鳉行为强度变化最明显的是在大约暴露 20h，出现一次明显的行为恢复过程，该过程产生的主要原因可能是基于生物行为节律的生物内在行为调解。在较低浓度（1TU，0.1TU）暴露中，日本青鳉行为变化主要以调整为主，并且其调整过程基本符合对照组内日本青鳉的行为过程，具有明显内在节律性。但是，该浓度组中日本青鳉的行为强度在暴露后期出现明显的降低，该现象与对照组相比较，行为强度差异明显。由此可见，敌百虫和对硫磷对日本青鳉联合毒性作用与 CT∶CP 的比例大小无明显关系，而主要与敌百虫和对硫磷暴露的浓度直接相关。

化合物浓度增高，日本青鳉行为变化剧烈，随暴露化合物浓度降低，日本青鳉行为过程增加，发生的调解行为增多。暴露结束，日本青鳉行为强度也从高浓度的零值升高到

0.4左右。上述分析表明，日本青鳉行为强度变化与暴露化合物浓度密切相关，在暴露时间确定情况下，日本青鳉行为强度变化直接受环境内化合物浓度的影响，并且2种作用机制相似的有机磷农药对日本青鳉的行为毒性是简单的相加作用。

(4) 拟除虫菊酯类污染物暴露下指示生物行为变化规律

在正常环境内（C），日本青鳉的行为变化在一定时间内保持稳定，综合行为强度维持在0.8～1.0之间。污染物的暴露（F/2，F）中，日本青鳉的行为强度未明显降低，但变化过程基本保持一致：在经历一段时间的稳定期以后，会经历一个行为强度下降周期，而部分污染物暴露中的行为强度会经历逐渐恢复的行为过程，该过程在最高浓度（F）暴露中表现最明显。同时，在氰戊菊酯暴露过程中，较高浓度（F）导致日本青鳉行为强度变化位于0.8以下，最低甚至达到0.3。在F/2暴露中，日本青鳉行为强度基本维持在0.7～0.8之间，两者差异明显。参见图9-37。

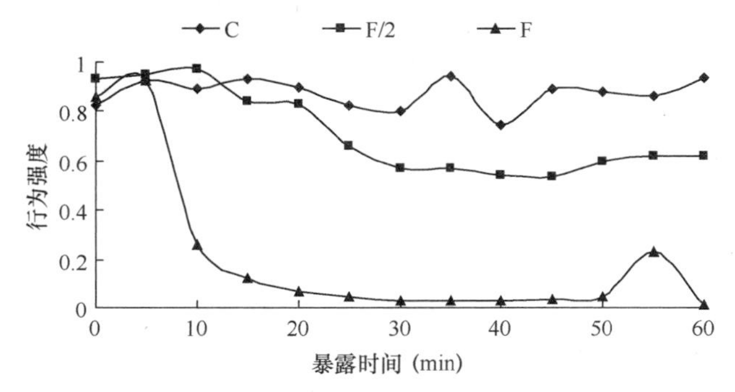

图9-37 10mg/L氰戊菊酯暴露20min后转换为源水的日本青鳉行为反应

在氰戊菊酯间隔性暴露过程中，日本青鳉行为反应表现剧烈，尤其是在10mg/L的浓度组中（F）。该行为反应在经历一段时间的行为适应和调整期以后，随时间变化，在第15min左右发生明显的毒性效应，即使恢复正常水体，日本青鳉行为强度也未恢复。在5mg/L的暴露组内（F/2），虽然行为强度变化未最终表现行为毒性效应，但相对于对照组来说（C），行为强度明显降低，即使在恢复正常水体以后，其行为强度随暴露时间变化而出现明显的行为适应和调整期。

(5) 重金属污染物暴露下指示生物行为变化规律

在氯化镉暴露过程中，较高浓度（F）导致日本青鳉行为强度变化大部分低于0.8，暴露30min后强度在0.5～0.8之间变化剧烈。在氯化镉暴露过程中，10mg/L的浓度（F）导致日本青鳉行为在经历第15min左右的强烈降低以后，在恢复正常水体的20min以后，行为强度逐渐恢复，并与25min以后强度维持在0.5～0.8之间。在5mg/L的暴露组内（F/2），日本青鳉行为强度持续维持在0.6～0.9之间。

(6) 行为强度与暴露时间之间的剂量关系研究

实验过程中，为了明确生物综合行为的变化，采用生物综合行为强度（behavior strength）来反映其行为变化。在此过程中，判断日本青鳉行为发生剧烈变化的标准是：水质变化前连续五次行为强度平均值与水质变化后连续五次行为强度平均值的相对差值降低达到20%以上，而低浓度（1TU和0.1TU）则需要10%的行为强度降低为显著变化。根据实验设计中判断日本青鳉行为发生剧烈变化的标准，日本青鳉在不同浓度的化合物暴露下的行为强度明显变化所需时间见表9-9、表9-10。

不同污染物暴露下日本青鳉行为强度明显变化所需时间　　表 9-9

暴露浓度（TU）	不同污染物暴露下日本青鳉行为强度明显变化时间/h							
	敌百虫	对硫磷	残杀威	克百威	杀线威	灭多威	百草枯	阿特拉津
0.1	41.8±2.78	43.2±3.23	41.25±3.78	43.30±3.25	44.6±3.39	41.6±4.80	44.5±3.54	43.3±1.84
1	24.1±3.51	32.2±5.24	25.35±1.20	24.85±4.74	28.35±1.85	24.5±6.22	26.6±4.81	29.4±1.91
5	11.1±2.12	6.4±0.75	14.0±2.49	11.35±3.32	16.25±2.89	16.6±1.69	8.2±0.35	8.7±1.06
10	9.0±0.75	4.8±1.46	5.25±1.06	3.95±0.35	4.45±1.48	3.95±1.06	0.8±0.07	1.2±0.35

日本青鳉在氯化镉和三氯酚暴露下的行为强度变化时间　　表 9-10

暴露浓度（TU）	不同 cCd：cT 行为强度明显变化时间（h）					
	10：0	7：3	5：5	3：7	0：10	平均
10	6.0	6.2	4.5	1.8	1.2	3.9
5	10.2	8.4	6.6	5.3	5.6	7.2
1	31.2	29.3	30.4	26.2	23.7	28.2
0.1	46.7	45.7	46.8	42.7	36.0	43.6

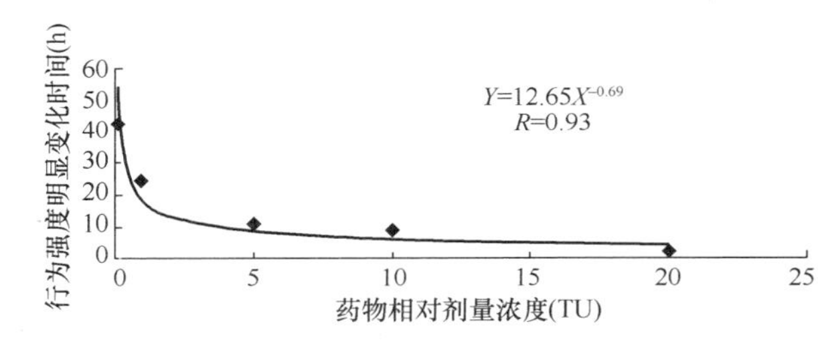

图 9-38　不同浓度暴露下青鳉行为强度剧烈变化所需时间

表 9-9、表 9-10 显示青鳉行为强度发生剧烈变化所需平均时间与污染物相对剂量浓度（TU）之间的关系。将污染物相对浓度与青鳉发生剧烈行为变化所需的时间进行拟合，则行为强度开始发生剧烈变化所需的时间（y，h）与暴露浓度（x，TU）呈幂数关系，即与污染物的暴露浓度之间有明显的剂量效应关系（见图 9-38）。

即基于污染物 TU 值的环境压力 X，行为响应时间 Y 等式：$Y=12.65X^{-0.69}$，以该剂量-相应时间关系为基础，智能化多参数水质在线监测系统确定了对饮用水主要污染物预警的时间和反应阈值。

（7）污染物暴露下指示生物行为变化规律分析

基于上述饮用水主要污染物暴露下日本青鳉的行为变化实验的研究，归纳得出如图 9-39 所示生物行为环境胁迫阈模型。

生物经历环境胁迫的刺激以后，会产生行为适应阶段。受试生物的行为调整主要表现为行为强度的持续减弱。主要原因是在行为适应阶段的受试生物行为适应达到了自身的行为强度阈值以后（第一胁迫阈），对生物自身会产生一个警报反映。随着暴露时间的增长，环境胁迫会逐渐导致生物行为强度降低。

生物在经历行为适应以后，行为调整方向会出现差异性。如果部分生物或生物在某些

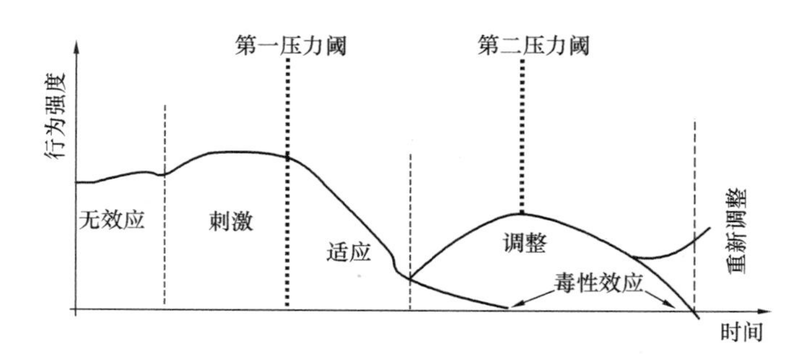

图 9-39 污染物胁迫下指示生物环境胁迫阈模型

污染物的暴露中，经历行为适应以后能够承受第一环境胁迫阈的胁迫，这一部分生物的行为强度一般会通过自身的调整重新恢复，并且会遭受第二次警报反映（第二胁迫阈）。而如果生物不能承受环境胁迫（包括第一胁迫阈和第二胁迫阈）对自身的胁迫，生物的就会出现毒性效应（见图 9-39）。

通过以上系统研究，得出了饮用水主要污染物对生物综合毒性（指示生物行为综合强度变化）影响的特征模型和剂量-响应时间关系，为实现饮用水安全高准确性预警提供了数据基础，降低了假阳性判断的发生。

3. 污染物的水质多参数检索指纹库

生物毒性预警模块能够监测到水质是否受到有毒有害物质的污染，一旦水质受到污染，系统内置的多参数检索指纹库就会对污染物的类别进行分析确认。能够对饮用水有毒有害污染物的存在产生可监测到变化的水质参数很多，确定哪些水质参数能够方便、可靠、实时地预测和指示污染物类别是非常重要的。主要从实现的方便性、应用可靠性、成本经济、技术先进等方面考虑，选取了 pH、电导率、DO、浑浊度和温度 5 种水质常规综合参数来实时在线指示饮用水污染物的存在，其中温度主要用于 pH、电导率等指标的温度补偿。这 5 种常规水质综合参数（表 9-11）的在线监测技术和仪表存在以下特点：

（1）常规水质综合 5 参数真正实现了实时、连续的在线监测；

（2）常规水质综合 5 参数在线检测技术在饮用水水质监测领域已有长期、广泛应用，可靠性强；

（3）常规水质综合 5 参数采用对参数集成方式进行在线监测，成本相对较低；

（4）常规水质综合 5 参数采用免试剂方法进行分析检测，不产生二次污染，维护周期长、稳定性好、使用方便。

常规水质综合 5 参数在线监测技术的参数指标 **表 9-11**

参数	电导率	温度	DO	pH	浑浊度
测量原理	电极法	温度传感器	膜电极法	玻璃电极法	红外散射法
测量范围	0～1000μS/cm	0～100℃	0～20.00mg/L	0～14	0～20/0～200/0～2000 NTU
精度	1μS/cm	0.1℃	±0.01 ppm	0.01pH	量程的 0.1%
测量周期	3s				

根据以上分析，项目开展了在一定浓度的饮用水污染物存在条件下，以上常规水质综合参数和生物综合毒性（即 pH、电导率、DO、浑浊度和生物综合毒性共 5 种指示参数）的在线监测结果的研究，根据在线水质监测数据的变化特征构建污染物检索指纹库，以此为基础对饮用水污染进行污染物种类的智能化解析和判断。

根据最近几年饮用水源水质检测报道的污染状况以及生活中容易获取的化学物质，项目选择了代表有机、无机及生物污染物的 10 大类优先考虑监测的污染物种类，并从中选取 16 种典型代表性物质（表 9-12）进行研究。

我国饮用水安全优先考虑监测的污染物种类及典型代表　　表 9-12

污染物种类	典型污染物
杀虫剂	敌敌畏、灭多虫、尼古丁
灭草剂	草甘膦、百草枯
神经毒剂	灭线磷
氰化物	铁氰化钾、氰化钠
有毒重金属	三氧化二砷、硝酸铅、氯化汞（水银）
细菌	大肠杆菌
生物毒素	黄曲霉毒素 B1
碳氢化合物	汽油、柴油
工业溶剂	甲醇

在实验室条件下，研究测试了 5 种指示参数的在线检测对污染事件响应能力。实验中，各种试验的污染物质均匀溶解在一定量的自然源水水样（试点采集水质样品）中，通过采样设备进入在线分析仪表。根据饮用水水质标准和毒性剂量研究，各种污染物在采样装置中被设定一个最佳实验浓度值（表 9-13），该值低于所对应污染物的 LD50 值。分别在污染物注入的初始，3min、15min 及 30min 时收集水样，并利用标准方法离线测试了水质参数。若由于污染物的注入，测试仪检测到变化，同时标准方法也检测到，该结果就被验证了。所有的污染物测试都进行了 3 次平行实验。

试验中各种代表性污染物质的标准浓度值和最佳实验浓度　　表 9-13

污染物质	饮用水标准值（mg/L）	实验浓度（mg/L）
敌敌畏	0.05	0.5
灭多虫	—	1.0
尼古丁	—	2.0
草甘膦	—	10
百草枯	—	10
灭线磷	—	10
铁氰化钾	0.2（氰化物）	2
氰化钠	0.2（氰化物）	2
三氧化二砷	—	5
硝酸铅	—	10
氯化汞	—	0.5
大肠杆菌	10000	10000

续表

污染物质	饮用水标准值（mg/L）	实验浓度（mg/L）
黄曲霉毒素 B1	—	0.5
柴油		总体积的 2%
汽油	—	总体积的 2%
甲醇	—	10

实验以自然条件下正常的饮用水源水为空白对照，检测得到指示参数的日常典型值，以此作为水质正常的标准。实验结果表明，示范点水质的日常变化中，相对未定的电导率和 pH 的变化一般在 2%～5%范围左右，而相对波动大的 DO 和浑浊度的变化在 10%左右（如表 9-14 所示）。在更长时间段的实验（比如一年或数个月），水质指示参数的变化幅度会达到 20%，这主要是由于季节性的环境变化影响。生物毒性预警以指示生物青鳉鱼的综合生物强度变化来表征，实验表明指示生物综合行为强度的年正常变化水平在 20%以内。

示范点水质指示参数的日变化典型值　　表 9-14

水质指示参数	日变化值
pH	6.95±0.1
电导率	351.88±5μs/cm
DO	7.87±0.1mg/L
浑浊度	1.0±0.1NTU
生物行为强度	6±12%

当投入有毒有害污染物时，不同的指示参数监测被监测到有不同的反应：或发生明显的变化，或监测到的数值变化不明显，或是没有检测到变化。根据空白监测结果，规定当各个指示参数监测到变化超出基线值（即日常变化的典型值）的 30%时就判断该指示参数有明显变化，呈阳性反应；检测到的指示参数变化小于 30%说明反应不明显；当监测仪表没有检测到变化时即为没发生反应，反应呈阴性。通过实验，得到在多种有毒有害污染物实验浓度下各种水质综合指示参数的变化特征，构建一个指纹数据库，如表 9-15 所示。该数据库根据水质指示参数的变化来检索各种饮用水有毒有害污染物（系统中录入的）的种类。通过进一步的实验研究，系统中的指纹库检索的污染物种类可以扩展和更新。

几种典型污染物的水质指示参数在线监测检索指纹图谱　　表 9-15

典型污染物	pH	电导率	DO	浑浊度	生物综合强度
敌敌畏	0/1	0/1	0	1	1
草甘膦	1	0/1	0	1	1
铁氰化钾	1	0/1	0/1	0	1
三氧化二砷	1	1	0	1	1
大肠杆菌	1	1	1	1	0/1
柴油	0/1	1	1	1	0/1

注：1—阳性反应，0—阴性反应，0/1—反应不明显

4. 多参数水质智能解析平台

以饮用水污染物影响生物行为的变化规律、剂量-反应时间关系以及污染物的多参数检索指纹库为基础，结合水质特征污染参数在线监测，构建了如图9-42所示的智能化水质多参数的在线分析系统结构树，以此结构树为原理研究开发饮用水多参数水质智能解析系统平台。智能化水质多参数在线监测系统现场安装多参数水质智能化软件进行系统控制、数据采集和分析处理等多种功能（见图9-40）。

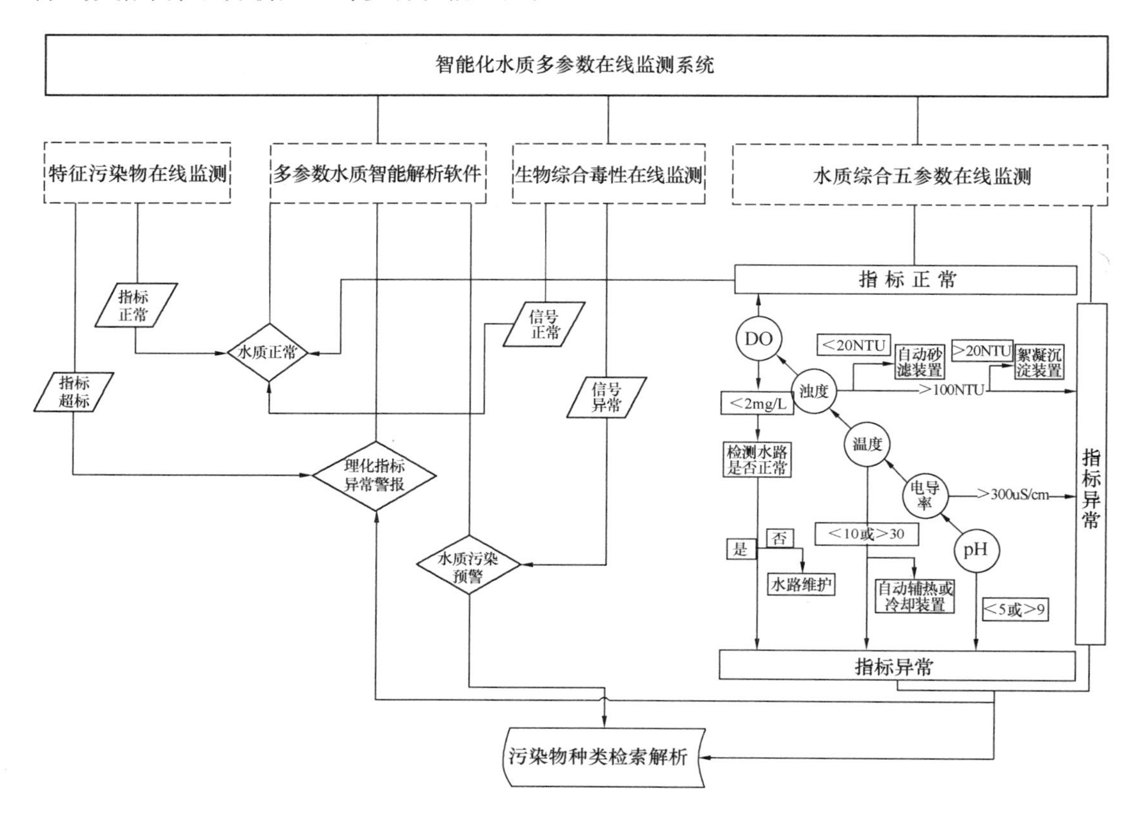

图9-40　智能化水质多参数在线分析系统结构树

通过采集和分析特征污染物在线监测模块、生物综合毒性监测模块以及5参数监测模块的结果和信息，软件给出"水质正常""理化指标异常""水质污染预警"3种水质状况分析结果（表9-16），当"水质污染预警"时系统自动进行"污染物种类检索分析"。

多参数水质智能化软件进行水质状况分析的指令　　　　表9-16

水质分析结果	特征污染物监测	生物综合毒性监测	5参数在线监控
水质正常	指标全部正常	信号正常	指标全部正常
理化指标异常	指标存在超标	—	指标存在超标
水质污染预警	—	信号异常	—
水质污染物智能解析	—	信号异常	—

同时，智能化多参数水质分析软件具有智能化反控调节功能，通过对5参数超标结果

的反控处理，改善优化系统工作状态，大大降低了系统或环境条件异常引起的假报警或假阳性结果出现频率。例如，当系统监测打到DO结果过低（<2mg/L）时，软件发出“监测管路是否正常”的指令进行系统的自诊断检测，如果自检测结果表明管路正常则输出“指标异常”结果，如果自检测结果表明管路异常则输出“管路维护”的指令通知。

除了以上特色功能外，现场的智能化解析软件还可以进行管路图及实时状态显示，仪器状态及实时数据显示，数据查询/导出/自动备份，参数设置，报警信息显示，手工及单一控制，系统及仪器历史运行状态显示，操作提示，用户管理等。

饮用水水质多参数智能解析系统弥补了现有源水监测预警系统的不足，以生物综合毒性预警为触发，利用污染物影响多水质参数变化的搜索指纹库，对饮用水污染进行预警和污染物类别，同时结合特征污染物在线监测实现已知典型污染物的在线监测。应用该系统可以在突发污染事件时，第一时间得到生物毒性的预警，同时判断水质污染事件的类型和污染程度，进而采取有效的应急应对措施，真正实现了饮用水水质监控预警和应急。

9.4.2 水质在线监测模块

基于新型湿法化学分析平台，结合单波长光度检测技术、全光谱检测技术和伏安分析检测技术，开发出氨氮、氰化物、挥发酚、COD、硝酸盐氮、铅/镉、铅/镉/铜/锌、汞、砷等特殊因子在线监测模块；基于色谱分析平台，结合氮磷检测器，开发出有机磷类和氨基甲酸酯类农残在线监测模块；基于荧光检测技术和光谱数据库，开发出藻类在线监测模块，结合水体DO、浑浊度、pH、温度和电导率检测传感器，集成开发出常规5参数在线监测模块；基于鱼类受试生物开发出水质生物在线预警模块；上述模块经验证，功能性能满足饮用水在线监测预警需要，为智能化多参数在线监测系统的有效集成提供了高质量的功能模块。

1. 基于湿法化学分析平台的特殊因子监测模块

（1）新型湿法化学分析分析平台

新型湿法化学分析平台融合了热致对流快速混合滴定和微通道多流路切换等多项关键技术，在检测精度、适用性、系统化和节能减排等方面取得了显著提高。该分析流路采用微通道多流路切换阀作为试剂和样品流路的切换控制单元，以双向精确定量泵作为液体输送和定量器件，具有集成化、微型化和自动化程度高的特点。

新型湿法化学分析平台采用自主研发的微型反应室气泡搅拌技术，在反应试剂和样品进入反应单元后，利用注射泵从多通道选择阀的空气通道吸入空气，再反向运转使气泡由微型反应室底部鼓入并连续快速上升，实现反应室溶液的不断搅拌，使反应体系充分混合。该技术简单便捷，解决了传统平台取样体积小、微型反应室液体混合困难的问题，克服了外在不良干扰，有效保障检测结果的稳定与可靠。

新型湿法化学分析平台还开发并采用了集快速传质反应与高稳定检测功能于一体的反应检测模块。该模块具备传质速度快的优点，能够保证目标水样与反应试剂的快速和充分混合，从而提高分析速度。并且该模块可以与多种检测手段相匹配，有利于实现反应和检测功能的模块化，使该集成模块具备对反应单元内水样与反应试剂的全过程检测能力，从而拓宽反应检测的应用面，满足水环境多种参数的分析要求。

基于上述技术和模块研制的新型湿法化学分析平台由双向精确定量泵、储液环、微通道多流路切换阀和反应检测单元构成，储液环的一端与定量泵连通，另一端与微通道多流路切换阀的公共通道相接，而微通道多流路切换阀的其余通道分别与待分析样品、化学试剂、空气、检测室以及废液通道相连接。水样分析时，控制电路驱动步进电机将切换阀转子旋至水样通道，使其与储液环相连通，通过定量泵活塞下移将精确体积的水样吸入储液环，再按顺序切换阀转子依次连通反应所需的各化学试剂通道，并由定量泵将化学试剂吸入储液环。随后将阀转子旋至检测室通道，定量泵活塞反向运转，将储液环内的水样和化学试剂送至检测室。最后由空气通道向检测室泵入一定体积空气，使水样和化学试剂充分混合并发生化学反应，反应完全后利用检测器检测产物信息，得到被测物浓度。

开发的新型湿法化学分析平台具有可靠性高、重复性好、结果准确、通用性强等特点，而且在以下方面也取得了较大提高：1. 分析准确精度优于 2%，平台的稳定性和可靠性得以提高；2. 分析流路简单、管路通道小，显著降低化学试剂消耗和废液产生量，试剂消耗仅为常规技术的 1/10～1/20，满足分析过程的绿色环保要求；3. 分析流路器件集成化和自动化程度高，便于控制；4. 可以与多种检测手段相匹配，扩展了平台的使用范围。

（2）基于单波长光度检测技术的氨氮、氰化物和挥发酚在线监测模块

以单色发光二极管作为检测光源，研制单波长光度检测器，并通过集快速传质反应与高稳定检测功能于一体的反应检测单元集成开发（图 9-41），形成传质速度快，试剂混合效率高，检测分析速度快等优点。该模块通过一体化设计，可以有效减少分析步骤，减少系统误差，测量精度能够优于 2%，超过同类技术产品，可以满足氨氮、氰化物、挥发酚等因子的单波长检测需要。

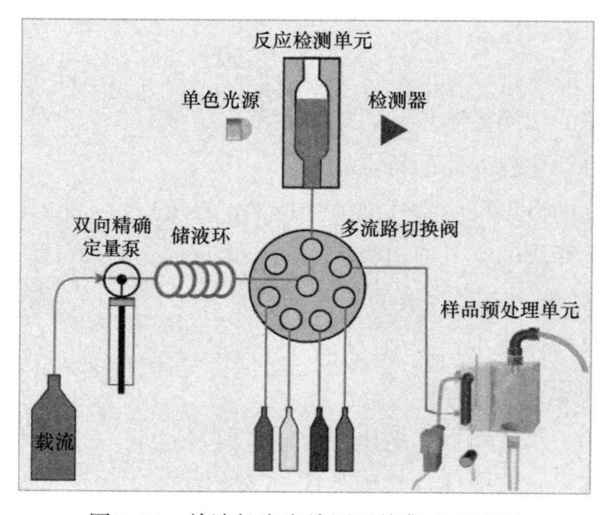

图 9-41　单波长光度检测系统集成示意图

结合新型湿法化学分析平台和单波长光度检测单元开发的氨氮在线监测模块测量原理如下：以游离态或离子态存在的氨氮在硝普钠存在条件下，与水杨酸盐和次氯酸离子反应生成蓝色化合物，该络合物的色度与氨氮含量成正比，可用单波长分光光度法进行检测。上述步骤由在线监测模块自动控制，完成从水样导入直至浓度计算与显示过程，从而实现氨氮监测的自动化。

结合新型湿法化学分析平台和单

波长光度检测单元开发的氰化物在线监测模块测量原理如下：在 pH＜2 的介质中，磷酸和 EDTA 存在时，加热蒸馏可以形成氰化氢等氰化物。在弱酸条件下，水样中氰化物与氯胺 T 作用可以生成氯化氢，然后与异烟酸反应，经水解生成戊烯二醛，最后再与巴比妥酸作用生成一蓝色化合物，在一定浓度范围内，其色度与氰化物质量浓度成正比。上述步骤由在线监测模块自动控制，完成从水样导入直至浓度计算与显示过程，从而实现氨氮监测的自动化。

结合新型湿法化学分析平台和单波长光度检测单元开发的挥发酚在线监测模块测量原理如下：挥发酚水质在线分析遵循行业标准方法《水质挥发酚的测定 4-氨基安替比林分光光度法》HJ 503—2009。用蒸馏法使挥发性酚类化合物蒸馏出来，实现与干扰物质和固定剂的有效分离。然后被蒸馏出的酚类化合物在 pH＝10.0 介质中，在铁氰化钾存在下，与 4-氨基安替比林反应生成橙红色的化合物，化合物颜色的深浅与样品中的酚含量成正比，既而可以通过分光光度法测量反应产物的吸光度值，以得到样品中的酚含量。上述步骤由在线监测模块自动控制，完成从水样导入直至浓度计算与显示过程，从而实现挥发酚监测的自动化。

（3）基于全光谱检测技术的 COD、硝酸盐氮在线监测模块

全光谱检测技术是一种新发展起来的基于微型固化光谱仪的水质直接分析方法，具有响应速度快、维护成本低、可扩展性强等特点。宽波段的光谱可以满足 COD、硝酸盐氮等多个参数的检测需要，能够实现单检测模块的多参数同步分析。

基于氙灯一多通道光纤光谱仪技术，采用光纤、高性能凹面光栅和光电二极管阵列开发出全固化光纤光谱检测单元。来自光纤的紫外/可见光经狭缝进入光谱仪入射到凹面光栅上，经凹面光栅汇聚和分光后反射到光电二极管阵列，光电二极管阵列将光信号转换为电信号。与传统扫描型光谱仪相比，该全固化光纤光谱检测模块采用脉冲氙灯光源可以使模块使用寿命长达 5 年以上，并且无运动部件传感器可以确保模块的长期稳定性，同时具有 200～720nm 的宽波长范围，分辨率可以达到 1nm 的高精度要求。此外，该检测模块通过光纤耦入测量光束，具有模块化程度高的特点，不仅提高了生产、维护的便利性，还确保了光谱仪处于较好的工作环境中，因此能够很好地适应在线过程监测，满足水环境 COD 和硝酸盐氮等因子的在线监测需求。

结合新型湿法化学分析平台和全光谱检测单元开发的 COD 在线监测模块测量原理如下：水样中加入已知量的重铬酸钾溶液，在强硫酸介质中，以硫酸银作为催化剂，经高温消解后，在 440nm 波长处测定重铬酸钾未被还原的六价铬和被还原产生的三价铬的总吸光度，试样中 COD 值与六价铬的吸光度减少值成正比，与三价铬的吸光度增加值成正比，与总吸光度的减少值成正比，因此可以将总吸光度值换算成试样的 COD 值。上述步骤由在线监测模块自动控制，完成从水样导入直至浓度计算与显示过程，从而实现 COD 监测的自动化。

结合新型湿法化学分析平台和全光谱检测单元开发的硝酸盐氮在线监测模块测量原理如下：硝酸盐氮水质在线分析采用间苯二酚光度法，通过流路单元分别加入硫酸酸、显色

剂及水样，在硫酸介质中，水样中的硝酸根离子与显色剂反应，其生成物在360nm波长处有最大吸收，通过测定吸光度，可以计算得到水样中硝酸盐氮的浓度信息。上述步骤由在线监测模块自动控制，完成从水样导入直至浓度计算与显示过程，从而实现硝酸盐氮监测的自动化。

2. 基于伏安分析技术的重金属在线监测模块

通过无汞电极研究和电极“钝化”自检测及电极“自活化”技术研究，开发了基于铋膜电极的无汞阳极溶出伏安分析技术，并结合不同的工作电极，研制出与湿法化学分析平台相匹配的阳极溶出伏安分析检测器，以满足Pb、Cd、Cu、Zn、Hg、As等重金属因子的检测需要。该检测器无需汞电极，消除了环境二次污染风险，并且具有较高的检测灵敏度高。

无汞电极重金属监测技术研究及优化：通过考察铋膜电极的形成方式及其性能差异，以及铋离子浓度、缓冲溶液条件对电极性能的影响和铋离子与被测组分的相互作用情况，开展铋膜电极重金属监测技术研究，并研制出适用于重金属离子检测的铋膜电极。采用镀汞和镀铋工艺分析相同浓度的铅、镉、锌，发现在镀汞工艺中，铅、镉、锌峰的尖锐程度不如镀铋工艺中对应的峰，峰高也略低，可见铋电极在铅、镉、锌的测量方面优于汞电极。此外，从电极的灵敏度、溶出峰的尖锐程度和背景电流的大小考虑，得到铋离子最佳浓度为1000μg/L，在最佳条件下，铋膜电极寿命及稳定得到了有效提升。见图9-42。

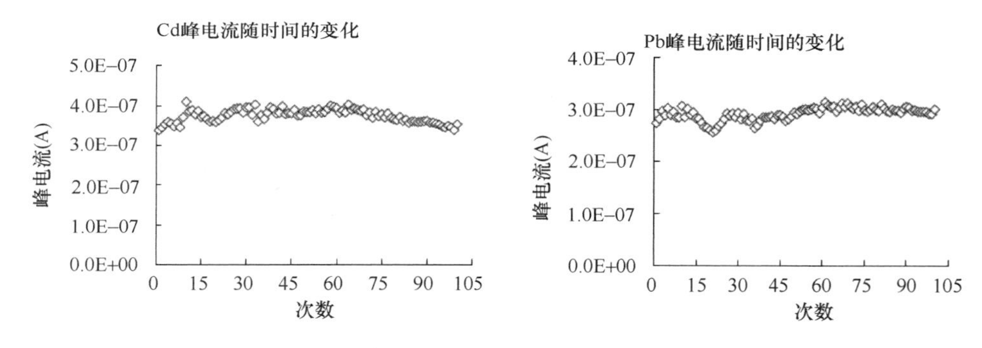

图9-42　优化后重金属峰电流随时间变化图

在伏安分析技术研究基础上，开发适合饮用水重金属监测的在线分析模块，该模块主要包括测量子系统、分析控制子系统、电解池子系统等。其中，测量子系统包括2个子子系统：前处理系统和流路系统。经过预处理后的水样，进入前处理系统，对水样中的有机物进行消解，同时，实现重金属形态的转变，使其能够在电势作用下富集于电极表面。消解后，通过流路系统将水样打入电解池，电解池中的电极在分析控制系统的控制下对重金属进行富集并分析，同时将分析的结果反馈给分析控制系统，实现人机反馈和分析结果的输出，系统示意图如图9-43。

铅/镉、铅/镉/铜/锌、汞、砷等重金属在线监测模块的具体检测原理如下：通过高温酸氧化消解，将水样中其他形态的铅、镉、铜、锌、汞和砷转化为铅离子、镉离子、铜离子、锌离子、汞离子及砷离子，保证测定过程获得的是总铅、总镉、总铜、总锌、总汞和

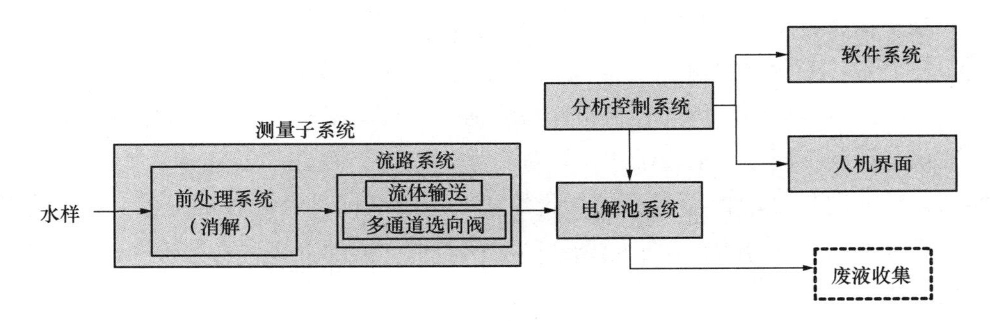

图 9-43 重金属在线监测模块系统流程图

总砷的量，而不是单一形态铅、镉、铜、锌、汞和砷的量，同时，去除测定过程中的部分干扰物质。水样经过前处理系统处理后，通过湿法化学分析平台进入电解池单元，在电解池单元中，模块通过富集、静止和溶出 3 个阶段获得铅、镉、铜、锌、汞和砷的波形图，再根据波形图中的峰高对水中“μg/L”级的铅、镉、铜、锌、汞和砷离子进行检测。

3. 基于色谱分析平台的农残在线监测模块

有机磷类和氨基甲酸酯类农药对人体的急性毒作用是抑制体内重要的酶，使之失去正常分解代谢产物的功能，造成组织内多余代谢物质的蓄积而中毒。为实现农残在线监测分析，采用自动固相萃取技术对水样进行前处理，然后通过色谱分析平台实现目标组分高效分离，最后利用氮磷检测器进行定量检测分析。

由于在线监测模块对自动化程度、可靠性、检测灵敏度和恶劣工况的适应能力等提出了更高要求，故此，针对性地开展了高精度电子压力控制技术、低热容直接加热程序升温进样口技术、自动峰位漂移校正技术、多功能流路设计技术等高灵敏度氮磷检测关键技术研究。

（1）电子压力/流量控制及峰位动态锁定技术

为解决传统的机械压力/流量控制阀控制精度差，易漂移的问题，研究了电子压力/流量控制技术，其功能是控制气路中指定点的压力或流量，原理为采用电子压力传感器和流量控制阀，通过嵌入式系统实现压力、流量和线速度等自动控制。由单片机控制气路中指定点的压力，压力传感器检测出当前压力信号，经过数字化后送入比例积分微分控制器（PID）内，PID 控制器根据当前压力和设定压力计算出控制量驱动比例电磁阀，从而达到压力控制。基于上述原理研制的 EPC 的控制精度可达 0.01kPa，远高于传统的机械压力控制阀，长期使用无漂移。

另外，目标组分保留时间对于有机磷等农残在线监测模块是一个重要的定量分析参数，如果物质保留时间发生变化，会导致系统定性不准。通过将峰位动态锁定技术应用于在线分析系统中，依据内置在软件中的特殊算法计算 EPC 压力和指定化合物的保留时间的关系，而后基于计算结果调节 EPC 压力值，使化合物的保留时间维持在一定范围内，从而很好地抑制环境温湿度变化对目标化合物保留时间的影响，增强分析系统长期运行稳定性。

（2）基于精密电子流量控制的集成化自动校准技术

由于环境条件变化及检测器响应衰减等原因，在线检测模块长时间运行后会发生漂移，从而影响测量准确性，因此在线检测模块需要进行定期校准。目前的传统做法是采用动态校准仪来配制不同浓度的校准气体，进行手动校准，存在仪器连接和操作步骤繁琐，无法实现远程控制和自动校准等不足。此外，动态校准仪自身配备的流量计流量范围有限，无法满足不同色谱分析仪在不同场合的应用需求，需配置多台动态校准仪，从而大大增加了使用成本。

针对上述问题，结合有机磷类和氨基甲酸酯类农药的标定需求，研究了一种基于精确电子流量控制的集成化自动替代校准技术。该技术将校准模块集成在色谱分析仪内部，采用流量控制单元及处理单元，实现自动校准和分析；通过内置程序控制电磁阀的开关和设定流量，可对在线分析仪进行定时自动校准，减少仪器使用及维护的工作量；通过定时输出一定浓度的校准气对仪器进行分析质量评价测试，自动触发校准程序，减少人工维护，实现高度自动化控制。基于该方法设计的在线自动校准装置体积小，自动化程度高，可实现远程控制，并能够同时对一台或多台仪器进行自动化校准。由于仪器配置了合适量程的流量计，可方便地针对色谱用途进行个性化设计。

（3）农残在线监测模块

针对有机磷类和氨基甲酸酯类农药，采用大体积自动固相萃取技术进行净化分离，经过浓缩定容富集后，通过自动进样装置进入在线色谱分析仪进样口，在载气的作用下进入色谱柱进行分析，通过色谱柱箱程序升温，使分离后的目标组分依次进入氮磷检测器进行检测，检测到的信号经过数据处理后得到浓度信息。

氮磷检测器（NPD）是分析含N、P化合物的高灵敏度、高选择性和宽线性范围的检测器。NPD检测器对于氮磷化合物的响应比烃类大10000倍以上，具有选择性好、灵敏度高等特点，对于有机磷和氨基甲酸酯农药有较好的检测效果。氮磷检测器（NPD）通过铷珠在冷氢焰中使含N、P化合物离子化，铷珠一般置于检测器上方，通过恒定的电流加热。因铷珠的专属性离子化效果，NPD的背景基流可低至10～13A，可保证较高的灵敏度，能够满足多种长期无人值守的自动监测水体中有机磷和甲酸酯类农药的需要，可广泛应用于饮用水源地、地表水等水体的有机磷和甲酸酯类农药预警监测。NPD检测器包含色谱柱入口、喷嘴、氢气入口、空气入口、铷珠、信号收集、铷珠供电模块、信号放大模块等。NPD使用前通常先给铷珠加电流，使铷珠达到一个较高的温度。样品从色谱柱出来后，经过喷嘴，在氢气和空气形成的冷氢焰和加热的铷珠上被离子化，产生电信号，信号被收集极收集后进行处理。

集成氮磷检测器的农残在线监测模块集自动进样、热解吸、色谱分离、信号检测和数据处理等功能于一体，实现了水体中有机磷类和氨基甲酸酯类的自动在线监测，解决了传统的手动采样结合实验室分析过程中带来的操作繁琐、样品失真和实时性差等问题。

4. 藻类在线监测模块

基于藻类“标准激发荧光光谱”数据库，采用多组分藻类分类测量算法，集成LED

光源、激发光聚焦与滤光系统、样品槽、荧光聚焦与滤光系统、信号检测系统、数据采集系统和微控制系统，开发用于藻类分类检测的水质在线监测模块，满足应用水源藻类监测预警需要。

（1）藻类的“标准激发荧光光谱”数据库

选择16种富营养化优势藻类种类进行实验室培养，测量得到了各藻类的活体激发荧光光谱特征，如下图所示。根据荧光光谱特征将藻类分成3种光谱组，即蓝色组、绿色组和褐色组。通过测量各光谱组藻类单位叶绿素 a 浓度的活体激发荧光光谱，建立藻类各光谱组的“标准激发荧光光谱”数据库。

（2）多组分藻类分类测量算法

淡水藻类根据活体荧光光谱特征分为蓝色组、绿色组和褐色组，选择6个不同中心波长的超高亮LED作为激发光源，中心波长依次为388nm、453nm、512nm、581.5nm、593nm和608.5nm，测量685nm叶绿素 a 发射荧光得到“离散化藻类激发荧光光谱”，3种光谱组的“离散化激发荧光光谱”存在显著差异，如图9-44所示。

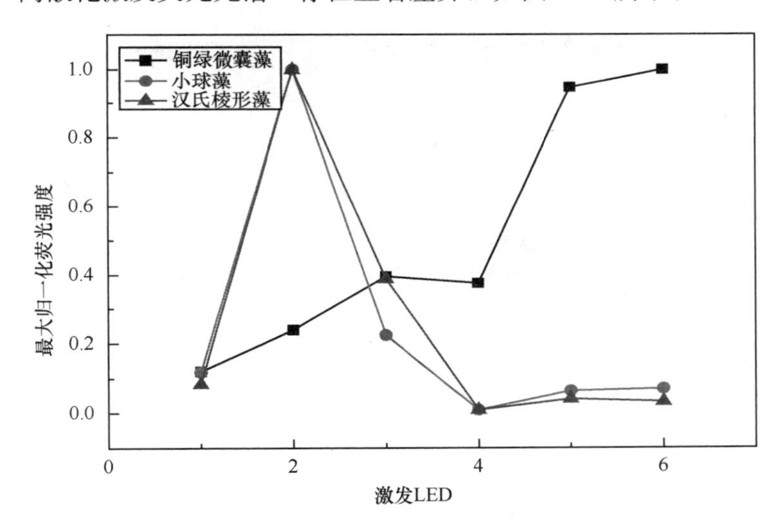

图9-44 蓝藻、绿藻和硅藻归一化“离散化激发荧光光谱”

混合藻类样品的激发荧光强度等于各组分荧光强度之和，存在如下关系，见式（9-13）：

$$F=\Sigma f_{k}c_{k}+r \tag{9-13}$$

$$f_{k}=\begin{bmatrix}f_{k1}\\f_{k2}\\f_{k3}\\f_{k4}\\f_{k5}\\f_{k6}\end{bmatrix}\qquad F=\begin{bmatrix}F_{1}\\F_{2}\\F_{3}\\F_{4}\\F_{5}\\F_{6}\end{bmatrix}$$

式中　F——测得的混合藻类样品中各波长 LED 的激发荧光强度；

f_k——单位叶绿素 a 浓度的第 k 种藻类的离散化激发荧光光谱；

c_k——第 k 种藻类组分的叶绿素 a 浓度；

r 为测量误差。

因此，对某一混合藻类样品测量得到相应的 F，已知 f_k 即可形成对应不同波长 LED 的 6 元一次方程组。当方程组的未知数个数即混合藻类中光谱组分数≤6，该方程存在唯一解，即各种藻类光谱组分的叶绿素 a 浓度可以求得唯一解。

（3）藻类在线监测模块

在藻类在线监测模块的设计和研制过程中，重点解决了关键技术中的微弱荧光光谱信号检测技术、荧光测量中自然光对弱荧光检测的干扰技术。该模块的系统组成如图 9-45 所示，主要由 LED 光源、激发光聚焦与滤光系统，样品槽，荧光聚焦与滤光系统，信号检测系统，数据采集系统和微控制系统组成。

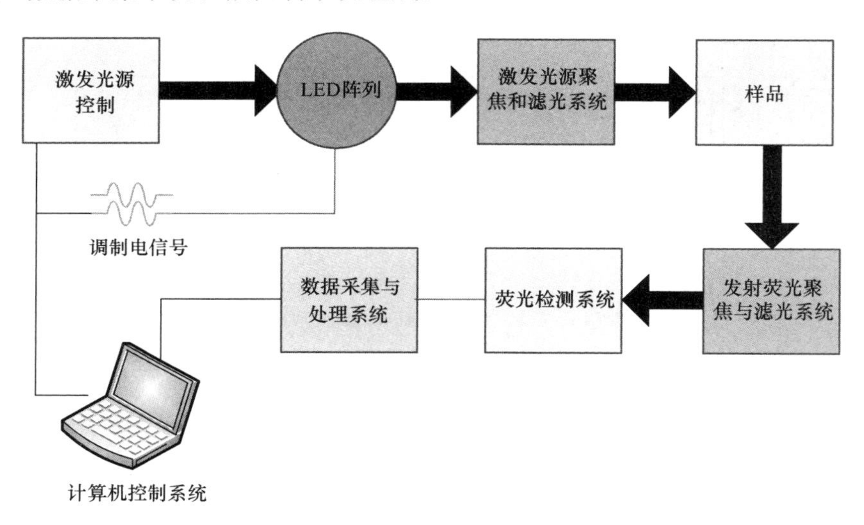

图 9-45　藻类荧光仪的系统组成

系统采用了激发光源调制和荧光信号带通滤波检测相结合的电路设计方案，解决了外界自然光对弱荧光信号检测的干扰问题，提高了检测的灵敏度。LED 激发产生的调制荧光信号，单个 LED 产生的荧光信号的调制频率为 100KHz，不同 LED 间的切换频率为 5KHz。此外，研究了系统的结构防水设计，将整个系统设计为桶状结构，筒体主要由防水连接器、不锈钢顶盖、不锈钢筒体、测量水通道、不锈钢底盖等部件组成，实验证明该设计具有良好的防水性能。

5. 常规 5 参数在线监测模块

（1）水体 DO 浓度测量模块

水体 DO 浓度测量模块根据氧对荧光的淬灭效应，通过选择合适的激发光源与荧光物质，测量荧光的时间衰减特性，以实现水体 DO 含量的测量。水体 DO 浓度测量模块选用发散角小、窄带宽的小型绿色超高亮 LED 作为激发光源，荧光物质采用高灵敏度传感膜

(材料为钌络合物)，光化学稳定性好，可连续使用一年以上。荧光物质产生的中心波长为650nm稳定荧光，可以通过选择合适的窄带滤光片来进行滤光，以除去激发光影响。

水体DO浓度测量模块软件系统的主要功能是采集锁相环锁定的频率信号和实时时钟信号，通过串口通信将数据传入上位机，由上位机软件实现数据处理，计算出荧光寿命和DO浓度，并将测量结果通过显示模块实时显示出来。软件系统包括下位机软件部分和上位机软件部分，其中，下位机软件部分包括：数据采集、数据处理、实时时钟，以及串口通信等子程序，上位机软件实现数据处理、显示、人机交互等功能。

此外，整个模块的荧光帽底端涂有荧光物质，并且还涂有黑色透气性物质以保护荧光物质并消除环境光干扰，使整个模块具有测量准确、快速、便于小型化等特点，满足饮用水源等的DO检测需要。

(2) 水体浑浊度测量模块

基于散射与透射法开发了水体浑浊度检测系统，该系统主要由光发射单元、检测单元、主控单元、供电单元组成。

为了避免水体有色物质对浑浊度测量的影响，光发射单元采用红外LED做探测光源，LED经单PWM调制产生1KHz的脉冲，再由对应波段的红外光电感应部件接收，同时为了防止背景光干扰，在探测器外加装遮光筒和匹配峰值波长的窄带滤光片。散射和透射光两路信号分别经过前置放大、滤波、解波、模数换后进入单片机进行浑浊度计算。

水体浑浊度检测系统采用散射和透射光相结合的比值法以实现大动态范围内的高灵敏度浑浊度检测。散射法、透射光法和比值法的浑浊度测量结果如下表所示，可知基于比值法的水浑浊度无论在超低浑浊度和较高浑浊度时，实验效果都比较精确，而只使用散射法时，在浑浊度较高的时候不精确，用透射法则在浑浊度较低时不够精确。因此，开发的水体浑浊度测量模块能够更好地满足不同工况的水质浑浊度监测需要。

(3) 集成的常规5参数在线监测模块

常规5参数在线监测模块集成了DO、浑浊度、温度、pH、电导率检测传感器开发而成，其中DO和浑浊度检测分别采用开发的水体DO浓度测量模块和浑浊度测量模块，而pH、电导率采用杭州诺普的传感器探头，温度采用北京华盛公司的传感器探头。集成的常规5参数在线监测模块中，电化学传感器输出信号均为4～20mA标准电流信号。在数据采集部分设计中，多路传感器通过复用开关选择后进入后端预采集电路，预采集电路主要由20Hz低通滤波、高输入阻抗的前置滤波电路和带增益选择的仪表放大器组成。预采集电路输出信号为0～5V的标准信号，标准信号通过AD转换后由MCU采集后保存于对应的保存寄存器中，与上位机通过RS485借口连接，通信协议采用Modbus工作标准协议。

6. 水质生物在线预警模块

作为智能化多参数水质在线监测仪的核心监测模块，水质生物在线预警模块为饮用水水体突发性污染事故提供报警依据和保证。在前期研究基础上，对模块的检测性能和内部软件进行改进和优化，着重于提高传感器灵敏度，减少仪器噪声对低浓度污染物作用下行为改变的干扰，并结合生物行为分类学研究实现受试生物游动、摆尾运动、摆鳍运动、呼吸运动、C型运动、翻转运动等运动信号的分频收集和显示。同时，结合实验室开发的水生生物环境压力阈模型调整系统控制软件，实现A和B这2种方式的预警。

(1) 高灵敏传感器

水质生物在线预警模块的传感器单元采用两对相互对立的电极，其中一对具有变化电流，从而形成电场，而另一对则没有电流通过，只是感应有机体在电场运动中产生的阻抗(钢、铂电极或铅电极)。该设计能够有效检测受试生物产生的运动以及细微变化，避免由于受试生物自身节律性以及温度、光照等外界环境变化导致的受试生物行为强度大幅度变化，从而减少假阳性的发生。同时能够有效减少仪器噪声对低浓度污染物作用下行为改变的干扰，提高监测数据的准确性。并且还通过以低噪音蠕动泵替代常规蠕动泵，来增加仪器的稳定性和可靠性。

传感器改进后的各项性能指标更加优异，测量范围可达0.1～20TU，监测突发性污染事故爆发的响应时间范围缩短至10min～2h，并且不同测试管在相同条件下所获得的信号相对误差不大于15%，测量频率范围为0～10Hz，精度达到0.05Hz。

(2) 水质生物在线预警模块

通过对预警模块内部分析决策系统进行修正，在保证系统监测敏感性基础上，提升系统的运行稳定性，改进后的BEWs包括信号采集系统、信号分析系统和水质预警系统3个子模块。

1) 信号采集系统

信号采集是B生物毒性预警模块实现水质安全预警的基础。在信号采集子模块中，被测试的生物体被放在与监测体系一端相连的圆柱形测试管中。测试管大小、水环境中所处的位置等都可以根据生物体个体的大小、生活习性以及环境监测的需要进行选择，每个管内放一个被测生物体。

测试管内壁有两对V4A不锈钢或铂电极，分别处于相对面上，第一对电极产生随意变化的高电流，从而形成高频率电场(频率高达100Hz)，而第二对电极则没有电流通过，但是当受试生物在第一对电极形成的电场中运动时，就能够导致电场的变化，那么第二对电极就能够感应生物体在由第一对电极产生的电场中运动而产生的阻抗电流。电极的传与送是同步进行的，这就避免了不同测试管产生时间间隔。

2) 信号分析系统

采集的信号保存于系统内硬盘存储器，应用系统内信号分析和评估系统对受试生物的行为状态进行分析，然后结合针对行为的进一步分析，对水质变化作出判断。

信号数据分析处理范围的设置是当前需要分析和评估信号的时间长度，范围为1～60min，如果选择10min，则分析从监测开始(T0)到10min后(T10)的时间段内(T=T0－T10)行为信号平均值状况，评估水质情况，实现预警报警。

在实现监测分析设置后，可以实行在线信号采集和分析。结合实验结果和生物行为变化规律，将在线监测数据根据行为强度的变化进行显示，横坐标为时间，纵坐标为行为强度（0～1），时间坐标的左边为当前显示的在线数据起始监测时间，在图像右下角为当前运行时间。在线监测图像的每个通道内右上角标明通道次序，不同次序的通道可以单独显示。

3）水质预警系统

水质预警系统主要包括A报警和B报警2种方式，其中，A报警主要根据生物在一定环境胁迫下表现出的总体行为变化，即环境胁迫阈模型进行设计的，B报警则是根据生物的回避行为反应规律进行设计的。A报警主要以受试生物行为强度变化为依据，评价水质综合污染程度，按照受试生物行为变化将水质状况分为3个级别：当生物总行为强度受水质影响降低0～20%范围内时评价为水质安全（绿色），当生物总行为强度降低20%～30%时评价为一般污染程度（橙色报警），当生物总行为强度下降30%以上时评价为严重污染（红色报警）。B报警在A报警的基础上，进一步根据不同水体导致的受试生物回避行为变化差异，结合生物回避行为变化规律，对水体状况进行进一步分析，推算突发性污染事故爆发时间，评估水质毒性物质的计量水平（TU为单位）。

（3）生物在线预警模块

水质安全在线生物预警系统（Biological Early Warning system，BEWs）就是以生物毒性为基础进行水质连续监测的装置。作为水质早期预警系统，BEWs以所选择的水生生物运动行为变化来说明水体质量的变化和预警污染爆发情况。

9.4.3 智能化多参数在线监测系统的开发

集成COD、硝酸盐氮、氨氮、氰化物、挥发酚等基于湿法化学分析平台的监测模块，铅/镉/铜/锌、汞、砷等重金属监测模块，有机磷和氨基甲酸酯类农残在线监测模块，藻类在线监测模块，常规5参数在线监测模块和水质生物在线预警模块等，结合水质在线生物预警软件系统，以生物毒性为基础的水质多参数的解析及智能系统，以及水质在线监控的智能化综合决策与预警信息系统等软件，成功地集成开发了智能化多参数水质在线监测系统。

研制的智能化多参数水质在线监测系统可以同时在线测量17种以上的污染物质或污染指标，如5参数、COD、硝酸盐氮、氨氮、挥发酚、氰化物、重金属（铅、镉、铜、锌、汞、砷）、农药、藻类和生物毒性等（见表9-17），实现了多种理化参数和生物综合毒性预警，能够有效进行饮用水水质综合判断和预警报警，并判断污染度种类和预测影响范围，从而为我国的环境污染控制和水环境安全提供了先进的技术支撑。该系统的突出优势如下：

1）集成多种理化参数和生物综合毒性预警，有效进行饮用水水质综合判断和预警报警，并判断污染度种类和预测影响范围；

2）监测能力涵盖饮用水所有主要类型污染因子，参数可扩展性，适应性强；

3）多种数据传输方式，让监控人员随时掌握数据情况，对突发事件及时响应；

4）多种报警方式灵活设置，实现对不同等级不同类型事件的有效区分和应对。

智能化水质多参数在线监测系统　　**表 9-17**

仪器名称	仪表类型	仪表型号	监测原理	配置方式
pH 在线分析模块	常规 5 参数（理化因子）	—	电极法	基配
电导率在线分析模块		—	电极法	
DO 在线分析模块		—	膜电极法	
浑浊度/悬浮物在线分析模块		—	红外光透射与散射法	
温度在线监测模块		—		
生物毒性早期预警系统	综合毒性参数（生物因子）	BEWs	鱼法	
有机物在线分析模块	特征污染参数（理化因子）	COD-2000	光度法	选配
硝酸盐氮在线分析模块		SWA-2000（NO_3-N）	紫外全谱法	
氨氮在线分析模块		NH_3-N-2000	水杨酸比色法	
挥发酚在线分析模块		SIA-2000（VPC）	4-氨基安替比林法	
氰化物在线分析模块		SIA-2000（CN）	异烟酸-巴比妥酸法	
亚硝酸盐氮在线分析模块		SIA-2000-NO_2	紫外光度法	
金属离子在线分析模块		HMA-2000-重金属	阳极溶出法	
藻类在线分析模块		—	荧光法	

智能化水质在线监测系统软件的主要功能（见表 9-18）如下：

1）检测主界面可以真实显示系统的工艺流程；

2）主界面有生物报警、数据报警（理化参数异常）、系统报警和污染物解析多种直观报警显示；

3）主界面可实时显示各个参数的监测数据信息；

4）系统清洗管路、原水管路、气体管路均用不同颜色做出相应标识，当相应管路处于工作状态时，即切换成工作管路颜色，从而可以动态显示出系统管路运行情况；

5）在主界面右下角，系统会对当前运行模式（间歇、连续或应急）、运行阶段（待机、水样采集、5 参数测量、沉砂、水样静置、仪表分析、管路清洗、沉淀池清洗、5 参数池清洗等）进行动态显示，以指示系统当前运行状态；

6）软件按照采样周期从传感器或设备上采集数据，并存储在数据库中，可对历史数据及趋势曲线进行统计查询；

7）软件按照与信息系统约定好的传输规约（通常采用国标协议或国标扩展协议）与饮用水在线监控预警信息系统进行数据交互。

水质多参数智能解析软件参数指标　　**表 9-18**

项　目	指　标
监测突发性污染事故爆发的响应时间	≤10min
预警发布延迟时间	≤20min
污染物种类	饮用水优先关注的 10 大类 16 种污染物

续表

项　目	指　标
监测参数	水质综合毒性；温度、DO、pH、电导率、浑浊度；氨氮、硝酸盐氮、有机物（UV、COD）、氰化物、亚硝酸盐氮、挥发酚、砷、汞、铅、镉、铜、锌等
准确度	误报率≤10%
工作环境	−20～55℃，0～95%相对湿度、无冷凝
报警类型	数据（理化参数）异常报警；生物毒性（水质污染）报警；污染物、污染程度报警
通信协议	MODBUS（RS485），4～20mA，模拟数据，开关量连接
远程传输	有线方式，GPRS 或 CDMA 等无线方式可选
报警服务	GSM 短信报警服务

9.4.4 智能化多参数在线监测仪的应用

对研制设备进行了 5 处现场应用，示范点包括天津经济开发区东区自来水厂、杭州白马湖监测点、杭州萧山义桥自来水厂、宁波白溪水库和唐山陡河水库，设备连续无故障运行。示范应用情况见表 9-19。

示范应用情况　　表 9-19

序号	示范点	监测指标（因子）
1	天津经济开发区东区自来水厂	氨氮、TP、TN、有机物、生物预警系统、常规 5 参数、叶绿素 *a*（藻类）
2	杭州白马湖监测点	生物预警系统、常规 5 参数、氨氮、COD、TPTN、有机磷等农药
3	杭州萧山义桥自来水厂	常规 5 参数、UV、COD、氨氮、锌、镉、铅、生物预警系统
4	宁波白溪水库	氨氮、TP、TN、有机物、生物预警系统、常规 5 参数、叶绿素 *a*（藻类）
5	唐山陡河水库	生物预警系统、TP、TN、氨氮、5 参数、叶绿素、COD

9.5 免化学试剂在线水质检测系统

针对我国城市供水行业需求，特别是水源地水质原位在线监测的水源保护需要，基于免化学试剂分析技术以及原位在线监测技术，研制了一系列的免化学试剂在线水质仪器，开发了水质监测数据管理平台软件，并集成免化学试剂在线分析仪器、水质监测数据管理平台、数据采集与传输系统等，形成免试剂多参数水质监测系统，可广泛应用于水源地、水厂等不同区域。

9.5.1 系列免试剂在线自动分析仪的研制

1. 基于光吸收原理的原位在线分析仪

完成了紫外（UV）水质在线分析仪（可实现 TOC、COD_{Mn}的在线测定）和硝酸盐氮在线分析仪，并在此研究和现场试验验证的基础上，完成了水下扫描式紫外吸收光谱分析模块，光谱扫描范围为 200nm～650nm，可以任意设定扫描波长，该仪器分为浸入式、插入式 2 种安装方式，可检测 COD/TOC/COD_{Mn}和硝酸盐氮等多个参数，并形成了系列化产品，包括插入式和浸入式紫外-可见全波段扫描在线分析仪、紫外吸收 UV 在线分析仪和硝酸盐氮在线分析仪等。

（1）工作原理

紫外可见扫描式多参数在线分析仪的工作原理，是不同分子对特定波长紫外光吸收有很好的相关性。根据朗伯一比尔（Lambert-Beer）定律，研制紫外可见扫描式多参数在线分析仪，实现检测水体中 COD_{Mn}、TOC、硝酸盐氮、色度等参数的目的。朗伯一比尔定律是物质对光的吸收的基本定律，指出了吸光度 A 与吸光物质的浓度 C 和液层厚度 L 的乘积成正比的关系，数学表达式如式（9-14）所示：

$$A = \lg\left(\frac{I}{I_0}\right) = -\lg T = kCL \tag{9-14}$$

式中　I——透射光强度；

I_0——入射光强度；

T——透过率；

k——吸光系数（其物理意义是物质在单位质量浓度及单位液层厚度时的吸光度）。

吸光度的加和性是实现多种物质同时检测的基础：若溶液中同时存在 2 种或者多种互不影响的吸光物质时，则总的吸光度是各个物质的吸光度之和。而各物质的吸光度则由各自的浓度与吸光系数决定。设有一光束强度 I_0，通过一溶液，溶液中同时存在着 c_1、$c_2 \cdots c_n$等吸光物质，其透射光强度分别为 I_1、$I_2 \cdots I_n$，这一吸光体系的总吸光度为各溶液的吸光度之和：

$$A = -\lg \frac{I_0}{I_n} = A_1 + A_2 + \cdots A_n$$

如果溶液中同时含有 n 种吸光物质，只要各组分之间无相互作用（不因共存而改变本身的吸光特性），那么溶液总的吸光度就等于各吸光物质吸光度的总和。正是由于吸光度的加和性才使得混合物的吸光度可以测量。

（2）结构组成

经过对产品进行微型化、系列化、模块化设计，形成了光源模块、光源光路模块、检测模块、检测光路模块、清洗模块、供电控制及信号处理模块 7 部分。

（3）技术研发

1）污染物光谱研究

根据有机物（溶解有机物、苯系物）、硝酸盐氮、色度等光谱研究，不同监测参数其吸收既有相互叠加区也有各自的特征区。通过分别对其光谱进行研究，对其特征区和叠加区进行分析和补偿，实现不同参数的同时检测。见图 9-46～图 9-49、表 9-20。

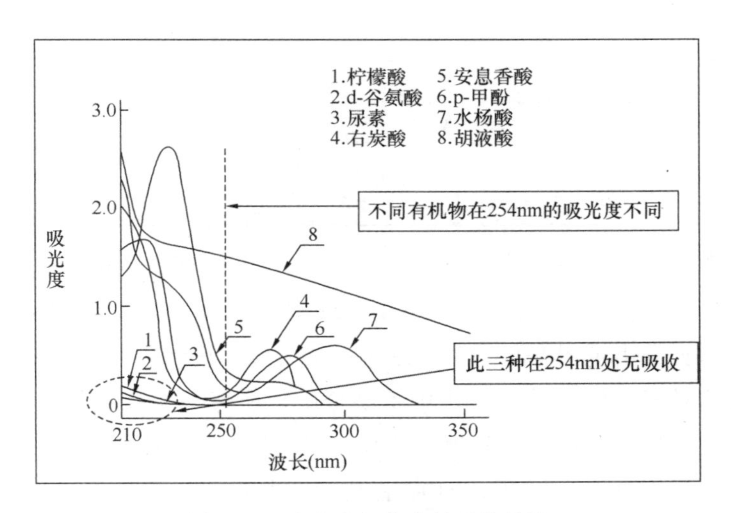

图 9-46 水中有机物紫外吸收特性

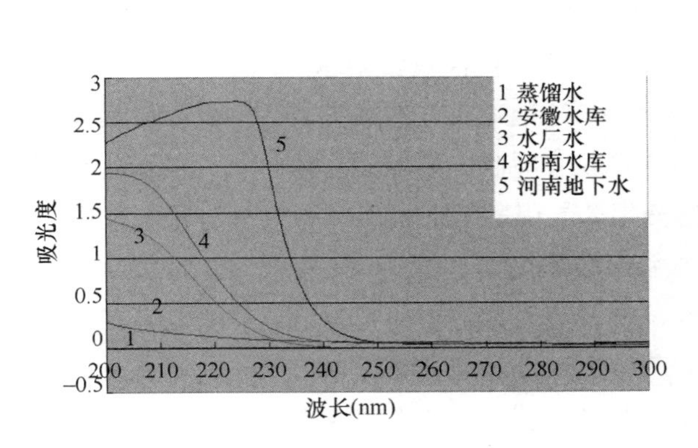

图 9-47 水中有机物紫外吸收特性

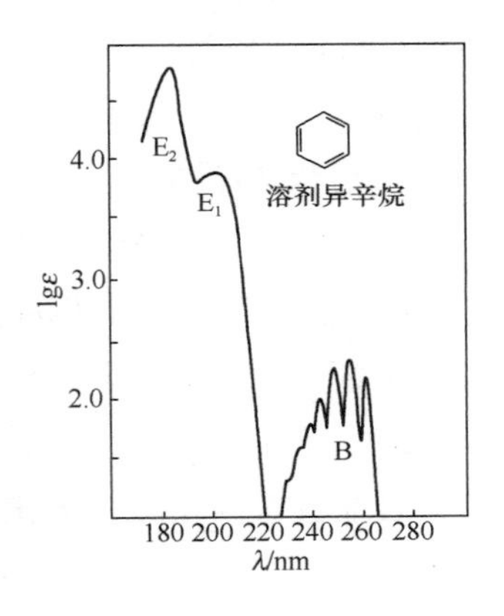

图 9-48 苯紫外吸收谱图

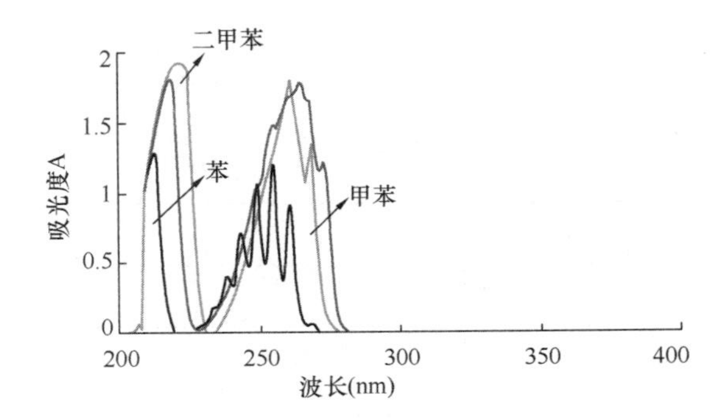

图 9-49 苯、甲苯、二甲苯在正己烷中吸收谱图

苯系物最大吸收 **表 9-20**

化合物	λ_{max} (nm)	ε_{max}
苯	254	200
甲苯	261	300

续表

化合物	λ_{max}（nm）	ε_{max}
间二甲苯	263	300
1，3，5—三甲苯	266	305
六甲苯	272	300

有机物最有用的吸收光谱是基于 π→π＊和 n→π＊跃迁而产生的，这两类跃迁所需要的辐射能量大多处于波长为 200～300nm 的区域，同一系列有机物，根据生色团的不同，吸收略有差别。常见的生色团有 C=C、-C≡C-、C=O、-N=N-等含有不饱和键的基团。

芳香族化合物是毒性巨大并且在水中不易分解，能够长期存在的一类物质。由表 9-20，可见苯及其衍生物、苯系物的 B 带（芳香族特征吸收带）吸收峰在 250～280nm 范围内。脂肪烃和芳香烃均对水中 COD、TOC 有贡献，大部分在 250～280nm 范围内有吸收，因此通过对此段吸收光谱进行分析，可实现光谱法 COD、TOC 的检测。

《水质高锰酸盐指数的测定》GB/T 11892—1989 中，检验国标法精密度采用的测试溶液为葡萄糖溶液，《高锰酸盐指数水质自动分析仪技术要求》HJ/T 100—2003 中采用的标准溶液也为葡萄糖溶液。通过对葡萄糖溶液进行光谱研究发现，其紫外可见区吸光度很低，10mg/L 的溶液在 220nm 以后几乎没有吸收，不能用紫外可见光度法进行测量。而 COD_{Cr}或总有机碳（TOC）的标准溶液邻苯二甲酸氢钾虽然在紫外区有很强的吸收，但由于高锰酸盐指数国标法对邻苯二甲酸氢钾的氧化能力很低，不能满足试验要求。通过对柠檬酸、酒石酸、苹果酸、山梨酸钾、草酸钠等其他物质研究发现，山梨酸钾在紫外区有强烈吸收，并且能够被高锰酸钾氧化，其浓度与高锰酸盐指数（COD_{Mn}）具有良好线性关系（见图 9-50、图 9-51）。因此，以山梨酸钾为标准溶液对仪器测量 COD_{Mn}进行研究。

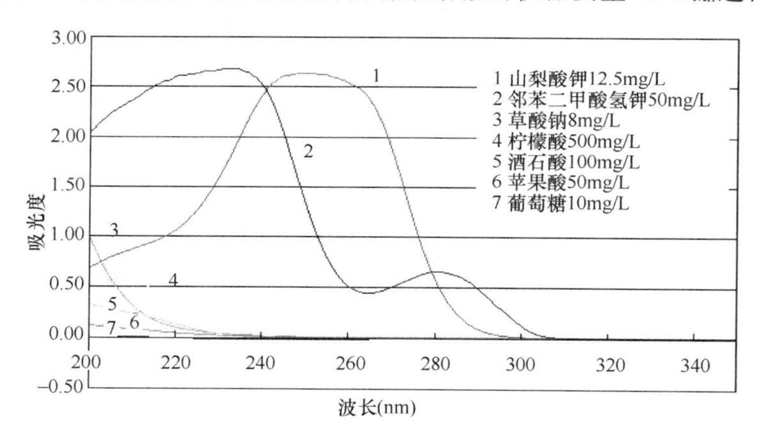

图 9-50　不同物质紫外区吸收光谱

① 硝酸盐氮光谱研究

未受污染的地表水组成较为简单，H_2O 含量占 99%以上，在不到 1%的水中溶解物中，Cl^-、SO_4^{2-}、HCO_3^-、NO_3^- 种主要阴离子和 Ca^{2+}、Mg^{2+}、K^+、Na^+ 种主要阳离子占其中的一大部分。阳离子不具有紫外吸收特性，H_2O 对紫外光具有强烈的吸收，但吸

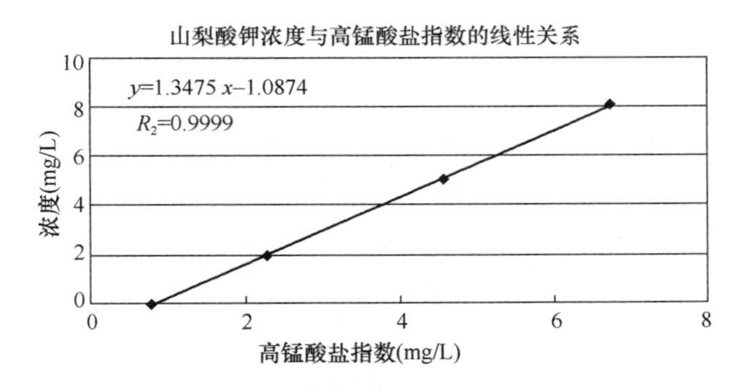

图 9-51　山梨酸钾 COD_{Mn}线性关系

收波长较短，在紫外可见分光光度计工作波长的前端 190nm 处已属透明区间。用紫外可见分光光度计对 4 种阴离子的溶液进行了波长扫描，得到其紫外吸收光谱曲线如图 9-52 所示。

图 9-52 中，曲线 1—Cl^-（500mg/L）、曲线 2—SO_4^{2-}（500mg/L）、曲线 3—HCO_3^-（500mg/L）、曲线 4—NO_3^-（8mg/L）、曲线 5—NO^{3-}（36mg/L）。可以看出，NO^{3-} 对在 200nm～220nm 具有强烈的吸收。Cl^-、SO_4^{2-}、HCO_3^- 这种阴离子对紫外光的吸收很弱，波长大于 230nm 后接近透明，其对硝酸盐氮测定的影响可以忽略。另外，根据有机物光谱研究，有机物在此波段也有吸收，但 NO_3^- 在 250nm 后几乎没有吸收，因此可根据测得的有机物的浓度对 NO_3^- 的吸收进行校正，实现 NO_3^- 的测量。

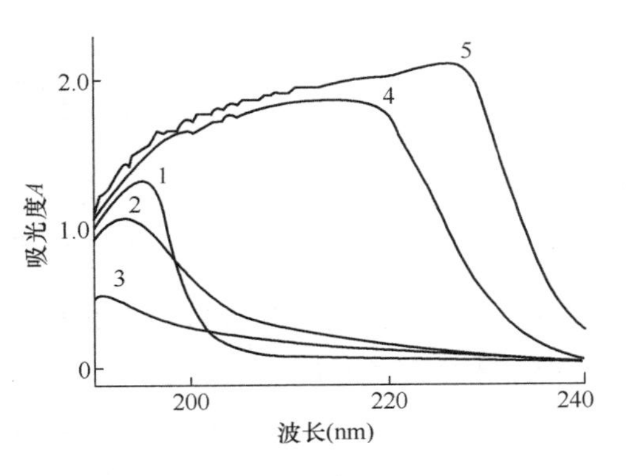

图 9-52　这 44 种离子紫外吸收光谱

② 色度光谱研究

水色度是由溶解的天然离子，如铁、锰以及浮游生物、腐殖质、泥炭物质的存在而形成的。《水质水的颜色检验和测定》ISO 7887—1994 中指出，水质色度的检测可通过分光光度计对水样在 436nm 处进行检测后以吸光系数进行表达或以氯铂酸钾一氯化钴配制标准溶液，进行目视比色。我国《生活饮用水卫生标准》一直采用氯铂酸钾一氯化钴目视比色方法。

根据实验，不论是铂钴标准溶液还是铬钴标准溶液，在 350nm 均有吸收峰，但在 50 度内，其吸收强度都很低（见图 9-53、图 9-54）。根据《生活饮用水卫生标准》水质常规指标限值为 15（小型集中式供水和分散式供水指标限值为 20），不影响有机物和硝酸盐氮的测定。若发生突发性有色污染，可根据水样吸光度对色度进行测量。

2）测试干扰研究

温度补偿。在 5～35℃范围内，以 5℃为间隔，进行温度补偿系数校正试验，得出其温度校正系数，并对仪器进行校正。仪器经过温度补偿后，测量数据相对误差减小，在

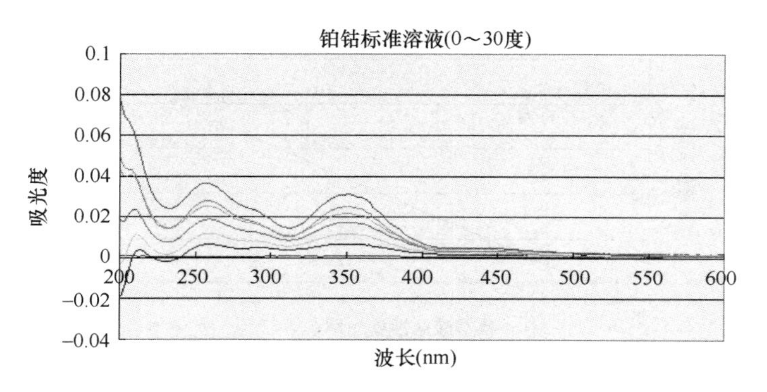

图 9-53　铂钴标准溶液光谱图

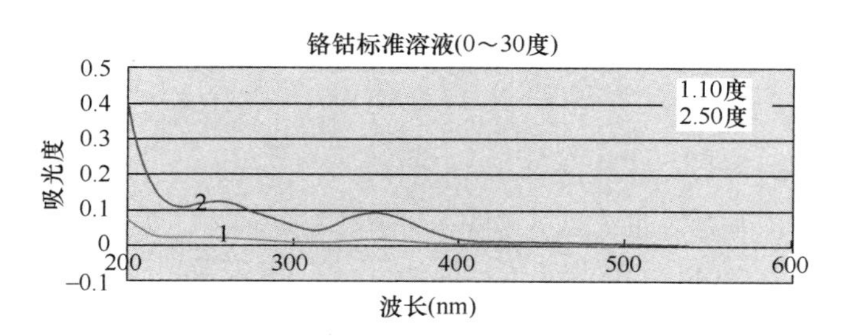

图 9-54　铬钴标准溶液光谱图

−1.28%～0.92%之间，达到指标要求，仪器的使用场合主要为河流、湖泊等地表水，水厂及地下水，环境温度一般为0～30℃，通过补偿后仪器能够满足上述环境使用需要。

浑浊度影响实验。配制浑浊度范围为0～10NTU的不同溶液，分别对紫外吸收在线分析仪和硝酸盐氮在线分析仪进行浑浊度影响实验，对指定浓度的待测溶液（紫外吸收在线分析仪 $20m^{-1}$，硝酸盐氮在线分析仪15mg/L），计算其示值误差，其中浑浊度对紫外吸收在线分析仪的最大示值误差为1.48%、对硝酸盐氮在线分析仪的最大示值误差为2.52mg/L，表明溶液浑浊度在0～10NTU范围内时，对测量影响不大，紫外吸收在线分析仪和硝酸盐氮在线分析仪测量结果均符合技术要求，能够满足现场应用的需要。

气泡及阳光直射试验。实验表明气泡对仪器测量影响较大，通过设计清洗刷清洗，对检测窗表面进行清洗，可去除上面的污垢和气泡，避免了气泡带来的影响。阳光直射对仪器测量影响也较大，仪器的测量环境为水下0.5～1.0m，可有效的避免阳光直射，测量数据变化不大。

COD_{Mn}测量中pH的干扰试验。配制COD_{Mn}为10mg/L，pH范围在2～10的标准溶液，进行pH影响实验。试验表明，在pH范围在4～9的溶液，测量误差满足要求。根据GB 5749—2006《生活饮用水卫生标准》，饮用水pH范围为6.5～8.5，不影响仪器测量。

COD_{Mn}测量中Cl^-影响实验。配制COD_{Mn}为10mg/L，Cl^-浓度范围为0～1000mg/L的溶液进行实验，实验表明，Cl^-在200nm以后没有吸收，因此Cl^-浓度小于1000mg/L，测量误差满足要求。

硝酸盐氮测量中 pH 的干扰试验。配制硝酸盐氮浓度为 10mg/L，pH 范围在 3～11 的标准溶液，进行 pH 影响实验。试验表明，在 pH 范围在 4～10 的标准溶液，测量误差满足要求。根据 GB 5749—2006《生活饮用水卫生标准》，饮用水 pH 范围为 6.5～8.5，不影响仪器测量。

Cl^-、Fe^{3+} 影响实验。配制硝酸盐氮浓度为 10mg/L，Cl^- 浓度范围为 0～500mg/L，硝酸盐氮浓度为 12mg/L，Fe^{3+} 浓度范围为 0～6mg/L 的标准溶液进行实验。实验表明，在 Cl^- 浓度小于 500mg/L，测量误差满足要求。Fe^{3+} 对检测产生正影响，测量值随 Fe^{3+} 浓度的增大而增大。Fe^{3+} 浓度小于 2mg/L，测量误差满足要求，根据 GB 5749—2006《生活饮用水卫生标准》，饮用水 Fe^{3+} 浓度限制为 0.3mg/L，因此不影响测量。

3）达到的技术指标

紫外吸收在线分析仪目前已经能够达到的技术指标，见表 9-21、表 9-22。

紫外吸收在线分析仪技术指标 **表 9-21**

测量范围	0～250m^{-1}	重复性	2.0%
补偿波长	550nm	示值误差	±2.0% FS
水样 pH	4～9	检出限	0.2mg/L
运行环境	2～45℃	零点漂移	±1.5%FS
通信接口	RS485/RS232	量程漂移	±1.5% FS
功耗	4W	防护等级	IP68
电源	12VDC	尺寸	Φ70×436mm

硝酸盐氮在线分析仪技术指标 **表 9-22**

测量范围	0.1～100mg/L	重复性	2.0%
补偿波长	275nm	示值误差	±5%±0.5mg/L
水样 pH	4～9	检出限	0.2mg/L
运行环境	2～45℃	零点漂移	±1.5%FS
通信接口	RS485/RS232	量程漂移	±5%±0.5mg/L
功耗	4W	防护等级	IP68
电源	12VDC	尺寸	Φ70×436mm

紫外可见扫描式多参数在线分析仪目前能够达到的技术指标，见表 9-23～表 9-26。

COD_{Mn} 测试项目技术指标 **表 9-23**

项目	2mm	5mm
测量范围（mg/L）	20	10
示值误差（mg/L）	±3%±0.5	±3%±0.5
重复性	2%	2%
检出限（mg/L）	0.2	0.1

TOC测试项目技术指标 **表9-24**

项　目	2mm	5mm
测量范围（mg/L）	100	50
示值误差（mg/L）	±2%±2	±2%±2
重复性	3%	3%
检出限（mg/L）	1	0.5

硝酸盐氮测试项目技术指标 **表9-25**

项　目	2mm	5mm
测量范围（mg/L）	30	15
示值误差（mg/L）	±5%±0.5	±5%±0.5
重复性	3%	3%
检出限（mg/L）	0.5	0.3

色度测试项目技术指标 **表9-26**

项　目	2mm	5mm
测量范围（度）	500	250
示值误差（度）	±5%±5	±5%±5
重复性	5%	5%
检出限（度）	10	5

2. 基于荧光法的免试剂原位在线分析仪

基于被测物质具有荧光特性，将微型探头直接投入水中，激发光源发出一定波长的光照射到敞开式的样品池中，样品中的被测物质受到激发后发出比激发光波长更长的荧光，荧光强度与被测物质的浓度在一定范围内存在线性关系，发出的荧光被检测器接收并产生电信号，根据电信号的强弱来计算水体中被测物质的含量。

（1）工作原理

将微型探头直接投入水中，激发光源发出一定波长的光照射到敞开式的样品池中，样品中的被测物质受到激发后发出比激发光波长更长的荧光，荧光强度与被测物质的浓度在一定范围内存在线性关系，发出的荧光被检测器接收并产生电信号，根据电信号的强弱来计算水体中被测物质的含量。

（2）结构组成

结构组成为：仪器外壳、主控制电路、信号采集电路、电机控制电路、清洗电机、中间连接体、光电检测单元、防护罩等。其中光电检测单元部分包含有LED光源（脉冲氙灯）、导光柱、接收滤光片、检测器等部分组成，是整个仪器的核心部分。

水中油和叶绿素激发光波长和发射光波长的不同，通过采用相应波长的激发光源和接收滤光片，可分别形成水中油在线分析仪和叶绿素在线分析仪（见表9-27）。

不同检测参数波长选择　　表 9-27

类别	水中油在线分析仪	叶绿素在线分析仪
激发光源	中心波长 254nm	中心波长 470nm
发射滤光片	中心波长 360nm	中心波长 670nm

（3）技术研发

温度影响。鉴于被测物质的荧光强度与温度成反比的情况，采用荧光强度随温度变化的百分率作为补偿因子，进行温度补偿。

仪器清洗。采用电极刷清洗结构，定期对检测单元底部的光学镜片进行自动清洗，保证较长的维护周期。

外界光干扰的滤除。大部分的外界光为直流信号，极易使电子器件达到饱和而无法检测到荧光信号。为解决该问题，电路中光源驱动采用 1kHz 调制信号，前置放大电路中加隔直电容，根据荧光和外界光频率的不同，采用带通滤波器限制 1kHz 以外光信号通过，这样就减少了绝大部分的外界光干扰。

荧光信号的采集。叶绿素产生的荧光信号极其微弱，用常规的硅光电池器件采集荧光信号非常困难。首先需要选择高亮度且稳定较好的光源；探测器应该选择吸收系数大、探测面积大的型号；电子器件要选择低偏置电流、低偏置电压的；前级放大电路采用提高检测灵敏度的 T 型电路。

激发光源调制电路。对于作为激发光源的 LED 必须考虑发射光强的稳定性，只有激发光源稳定，才能保证后面检测电路测得激发荧光光谱的可靠性。光源由恒流源来驱动，保持发射光源光强的稳定。

信号产生接收过程。对于荧光信号的探测，检测器将调制后的荧光信号转换为电流信号，电流信号经过隔直、I/V 转换，带通滤波转化为正弦的荧光信号，再经过交流放大，全波整流、滤波，最终获得荧光信号。

（4）技术指标

叶绿素在线分析仪和水中油在线分析仪目前能够达到的技术指标，见表 9-28。

叶绿素/油在线分析仪技术指标　　表 9-28

参数	叶绿素	油	参数	叶绿素	油
测量范围	0～300μg/L	0—～5/10mg/L	重复性	2%	2%
电源	12VDC	12VDC	检出限	0.2μg/L	0.1mg/L
适合水样 pH	4～9	4—～9	功耗	4W	4W
运行环境	2～45℃	2℃—～45℃	防护等级	IP68	IP68
通信接口	RS232/RS485	RS232/RS485	尺寸	Φ70×300mm	Φ70×300mm

3. 藻活性在线分析仪

（1）工作原理

藻类活体荧光几乎全部来源于光系统Ⅱ（PSⅡ）的叶绿素 a，藻细胞吸收光能后，一部分用于进行光合作用（P），一部分以热的形式耗散到环境中（D），剩余的部分以荧光的形式发射出来（F），且根据能量守恒遵循 P+D+F=1。以3种不同强度的光源（测量光、饱和脉冲光、光化光）激发藻类细胞，通过测量叶绿素荧光诱导曲线计算藻类 PSⅡ的最大光合作用量子产量和实际量子产量。

（2）结构组成

藻类光合作用活性测量系统主要由4部分组成：激发光源聚焦和滤光系统，荧光接收聚焦和滤光系统，信号检测、数据采集与处理系统及计算机控制系统。其中激发光源选用 LED 或 LED 阵列，包括调制测量光、光化光及饱和脉冲光。通过控制系统实现各测量光源按一定时序发光，激发光源经过滤光与聚焦后作用与样品上，荧光采用 90°方向进行接收，经过聚焦和窄带滤光系统后，由光电倍增管实现光信号的检测，并通过弱信号检测电路检出，完成数模转换后传送给上位机分析处理，整个系统工作由上位机通过系统软件控制完成。

（3）技术研发

藻类光合作用活性荧光原位测量中微弱荧光信号检测及自然光的干扰。采用高灵敏光电倍增管作为荧光信号的探测器，选用高亮 LED 作为激发光源，对 LED 光源进行中频调制，采用相关检测的方法有效的抑制波段内的自然光干扰，从而提高微弱荧光信号的检测能力。

藻类光合作用活性水下原位测量仪多种激发光源的光路设计。采用非球面光学透镜聚焦系统实现多光束的共焦，实现多光源激发藻类荧光的接收。

（4）达到的技术指标

1）测量光：470nm，1～600μmol/(m^2·s)；

2）光化光强度：2000μmolm-2s^{-1}PAR；

3）饱和脉冲强度：6000μmolm-2s^{-1}PAR。

4. 水质挥发性有机物（VOC）在线分析仪

采用膜分离技术，水中的有机挥发物经过膜板块，膜将水与水中的挥发性有机物分离，同时有机挥发物被吹扫气氮气携带进入微捕集系统，水中的挥发性有机物被微捕集中的吸附剂吸附并解析，解析的挥发有机物被氮气携带进入气相，分离和检测。

（1）工作原理

水中的有机挥发物经过中空纤维膜，膜将水与水中的挥发性有机物分离，同时有机挥发物被吹扫气氮气携带进入微捕集系统，水中的挥发性有机物被微捕集中的吸附剂吸附，经过 30min 吸附完成，对其加热解吸附，解析的挥发性有机物被氮气携带进入气相色谱仪，进行分离和检测。

在萃取池中，采用“透气不透水”的 PVDF 疏水中空纤维膜作为分离媒介，其材质为聚偏氟乙烯，分离效果好，易于清洗和重复使用。

捕集柱和热脱附的设计中，采样吸附管选用石英材质，内装可逆吸附剂——石墨化炭黑，吸附剂两端填充玻璃/石英纤维。热脱附加热器由加热丝组成，通过变换加热丝的电压对采样吸附管进行加热。

(2) 结构组成

水质挥发性有机物(VOC)自动监测仪包含:气源单元、水样在线采集一富集一解析装置、色谱分析部分。如下图所示:

气源单元包含高纯氮气、三气一体机,分别通过管路连接,给在线采样一富集一解析部分及色谱仪提供载气和燃烧气。

富集解析装置结构包含中空纤维膜、微捕集部分。中空纤维膜将水与挥发性有机物分离,再由 N_2 吹入微捕集部分,挥发性有机物被吸附,30min 后,加热吸附管,有机物解析出来,进入气相色谱仪。

挥发性有机物进入色谱分析部分,经过毛细管色谱柱,各种物质被分离,最后进入检测器,由于各物质的保留时间和峰面积不同,可以对各物质进行分析。

(3) 技术研发

萃取池的设计:使用中空纤维膜,通过控制萃取体积、时间、温度、吹扫气流速等条件,将挥发性有机物充分萃取出来。

捕集柱的设计:主要有吸附剂的选择、解析温度和时间、载气流速等;措施:在石英玻璃管中装入一定量的吸附剂,石英玻璃管两端用石英棉填充,防止吸附剂吹出,同时保证气体可以通过。玻璃毛细管外面缠绕着一定长度的加热丝,在加热丝上加一定的电压,便可以实现加热丝对吸附剂间接的加热,进行热解析。

进样方式的选择:利用毛细管连接富集解析装置和气相色谱仪,采用一个四通阀和一个六通阀,控制挥发性有机物的采样、进样程序。

(4) 达到的技术指标

可实现苯、甲苯、乙苯、苯乙烯、氯苯、三氯甲烷、1,2-二氯甲烷、三氯乙烯、四氯乙烯共 9 种水中挥发性有机物的在线监测,最低检测限为 0.001μg/L,线性范围不小于 4 个数量级,分析周期 90min。示值误差为±5%,重复性不大于 5%,零点漂移不大于 2%FS,量程漂移不大于 5%。

5. 重金属自动监测仪器

采用激光诱导击穿光谱技术实现重金属的免化学试剂自动监测。利用短脉冲激光聚焦后作用在样品表面产生高温等离子体,在等离子体冷却前,被激发的原子、离子及分子将产生元素成分特征的等离子体发射谱线,通过接收样品的等离子体光谱并对特征元素谱线强度进行分析以进行元素含量的定量测量。

(1) 工作原理

激光诱导击穿光谱技术是利用短脉冲激光聚焦后作用在样品表面产生高温等离子体,在等离子体冷却前,被激发的原子、离子及分子将产生元素成分特征的等离子体发射谱线,通过接收样品的等离子体光谱并对特征元素谱线强度进行分析以进行元素含量的定量测量。

(2) 结构组成

激光诱导击穿光谱探测系统通常由脉冲激光器、激光发射系统、等离子体光谱光学接收系统、光谱探测系统（探测器、光谱仪）以及计算机控制（包括系统控制、数据采集、处理与分析）系统等组成。样品产生的激光等离子体光谱经光纤耦合传输至光谱仪分光后，由探测器进行光谱的探测；并由计算机进行光谱数据的采集、处理、分析及结果显示。

（3）技术研发

1）背景辐射光谱的消除与弱信号提取

相对于较弱的金属元素激光等离子体光谱信号，背景辐射光谱的强弱决定了元素的痕量检测限，除了选择合适的延时时间与门控宽度来提高信噪比外，有效的光谱提取方法成为信噪比提高的关键。由于不同金属元素的谱线发射寿命各异，通常仅有几个微秒。因此，为了实现多种元素的同时测量，在适当的延迟时间与门控宽度下，对测量到的光谱信号要进一步背景去除。采用微分光谱、时域平滑算法，将缓慢变化的背景信息提取出来，从而实现有效光谱信息的提取，保证了光谱信息特征的完整性，信噪比提高倍率正比于背景信息的去除量。

2）水滴溅射影响的去除与浓度定量反演方法

由于水中金属元素的激光等离子体谱线特性受到系统参数、环境条件以及共存组分干扰的影响，传统标准样品校准方法将不再适用，并且无法测量未知组分样品的元素含量。采用重金属元素富集到固体样品的表面，消除了水滴溅射的影响。从激光等离子体的光物理过程出发，以多变量分析、元素标准发射谱线与理论增长曲线相结合，通过拟合等离子体的测量光谱与理论发射光谱，去除元素间的交叉干扰及自吸收影响。将激光等离子体发射谱线中各元素的绝对数浓度（质量百分比含量）与典型元素浓度校准数据库相结合，实现未知组分水样中金属元素的定量分析及多元素同时测量。

（4）达到的技术指标

对于水体重金属元素，已研究元素的检测限为：Cd-0.37mg/L，Cu-0.07mg/L，Cr-0.46mg/L ，Ni-0.28mg/L，Pb-0.07mg/L，Zn-4.07mg/L。

6. 挥发酚自动监测仪

监测仪基于酚酶传感的电化学生物传感原理，使用以纳米粒子与酪氨酸酶共同修饰的硼掺杂金刚石薄膜电极为工作电极，铂电极为对电极，银/氯化银电极为参比电极的三电极体系进行水中挥发酚的自动监测。

（1）工作原理

本仪器采用酪氨酸酶（TYR）为活性物，将其用化学手段修饰在硼掺杂金刚石薄膜（BDD）电极表面，制备电化学酚类传感器，对水体系中苯酚等酚类物质有电信号响应，从而对其进行检测。

水体系中的酚类（如：苯酚）能在 TYR 的生物催化作用下与 DO 反应，被氧化生成邻酚，进而生成醌，醌在电极表面发生电还原反应，产生电信号，由此可以通过电化学方法检出酚类，并根据所产生的电信号的大小对酚类物质进行定量检测。

(2) 仪器结构

水质挥发酚自动监测仪由自动进样单元、分析检测单元、数据采集单元、系统控制与数据处理单元组成。水质挥发酚自动监测仪结构，见图 9-55。

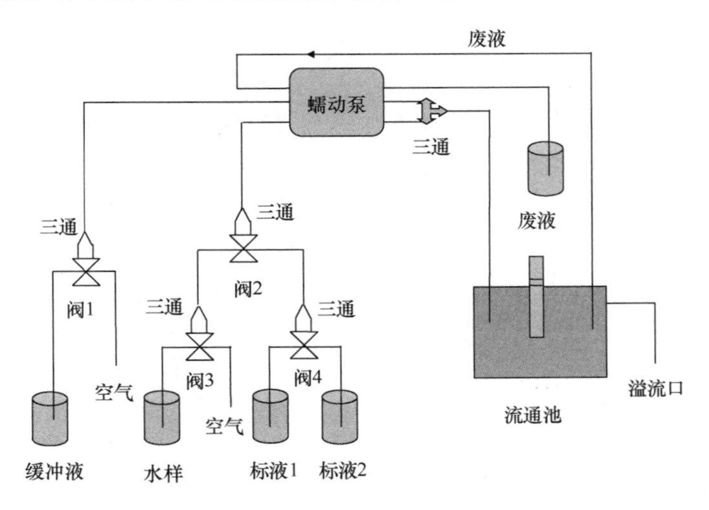

图 9-55 水质挥发酚自动监测仪结构图

当电化学传感探头浸入到待测体系中，待测的酚类在电极上发生化学反应并产生电流信号，该信号大小与待测成分浓度大小成正比关系，由检测仪获取该信号，并按照响应的数据处理，得出被测酚类物质浓度的大小，并由显示屏显示检测结果。

(3) 技术研发

硼掺杂金刚石薄膜具有物理和化学稳定性高、电化学视窗宽、背景电流低、表面抗玷污能力强、生物兼容性良好的优势，是一种理想电极材料。使用硼掺杂金刚石薄膜作为电极基底有利于保持酪氨酸活性、降低背景电流，从而得到较高的信噪比和较长的电极寿命。

采用共价键结合固定法使酪氨酸酶分子在电极表面实现大量及稳定的固定。

在酚类修饰电极的制备过程中，加入纳米粒子 N，放大电信号，提高导电性。进一步加入纳米粒子 A，有助于酪氨酸酶活性中心与底物结合，进一步提高催化效率。

(4) 达到的技术指标

挥发酚自动监测仪达到的技术指标见表 9-29。

技 术 指 标 **表 9-29**

项 目	指 标	项 目	指 标
环境温度	5～35℃	电源	220VDC
量程范围	0.005～0.4mg/L	通信接口	RS232
示值误差	±10%FS	通信协议	标准 Modbus
重复性	5%	外形尺寸	550×1500×600mm
检出限	0.005mg/L		

7. 氰化物自动监测仪

本仪器采用氰离子选择电极法测定水中氰离子。水中的氰离子与氰离子选择电极表面的固体敏感膜发生电化学氧化反应，生成络离子，形成一个膜电位，其膜电位与溶液中氰化物浓度的对数成线性关系，符合能斯特方程。

（1）工作原理

水质氰化物自动监测仪是使用氰离子选择电极测定水体中的氰离子，离子选择电极是一类利用膜电位测定溶液中离子活度或浓度的电化学传感器。测量过程中，参比电极的参比液通过毛细管渗入测量池，氰离子选择电极内含有的已知离子浓度的电极液，通过电极膜与测量样本中相应离子相互渗透，从而在膜的两边产生膜电位，其电位与溶液中给定离子活度的对数成线性关系，符合能斯特方程。离子选择电极是膜电极，其核心部件是电极前端的敏感膜。本仪器采用的氰离子选择电极离子为固体膜电极，其工作原理见图 9-56。

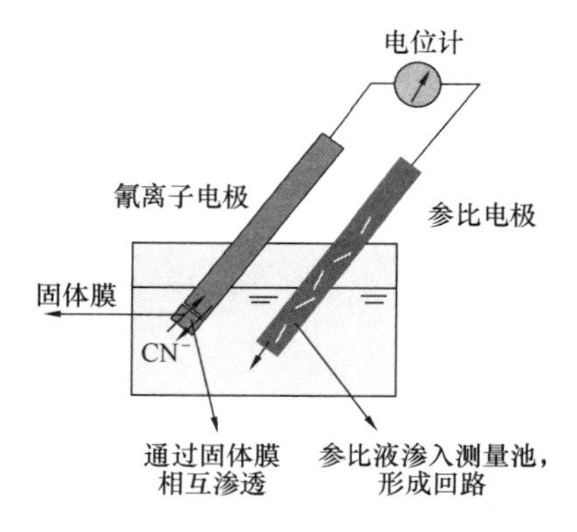

图 9-56　氰离子选择电极工作原理图

（2）仪器结构

水质挥发酚自动监测仪由自动进样单元、分析检测单元、数据采集单元、系统控制与数据处理单元组成。自动进样单元是由两通道的蠕动泵和一系列的夹管阀构成。

检测单元由两电极工作系统和流通池组成。其中两电极工作系统，氰离子选择电极为工作电极，银一氯化银为参比电极。

氰化物自动监测结构流程，见图 9-57。

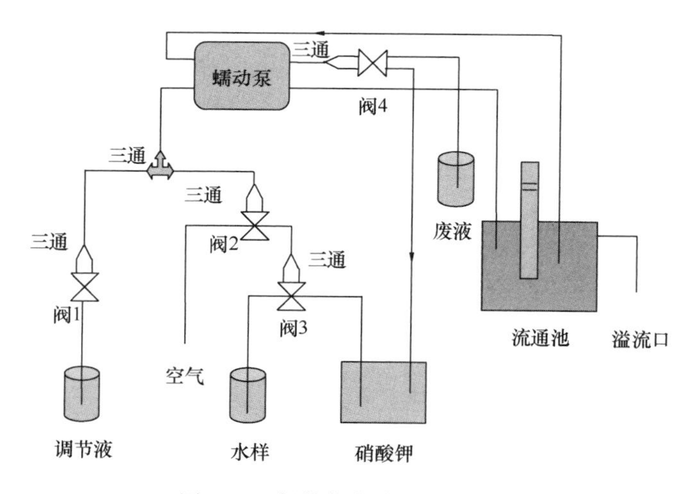

图 9-57　氰化物自动监测结构图

（3）技术研发

采用氰离子选择电极测定水中的氰离子，不受试液颜色、浑浊度等的影响，并且避免了测定过程中氰化物的使用。

采用总离子强度调节缓冲溶液（TISAB）稳定体系的离子强度和pH值，解决了不同体系中氰离子选择电极对氰化物响应性质差异大的问题。

（4）技术指标

氰化物自动监测仪技术参数见表9-30。

技 术 指 标 表9-30

项 目	指 标	项 目	指 标
环境温度	5～35℃	电源	220VDC
量程范围	0.05～5.0mg/L	通信接口	RS232
示值误差	±10%FS	通信协议	标准 Modbus
重复性	5%	外形尺寸	550×1500×600mm
检出限	0.05mg/L		

9.5.2 多参数在线监测系统集成

1. 系统概况

本系统专门为饮用水水源地水质监测定制。系统以浮标为载体，集成免试剂的多参数水质监测传感器，通过GPRS通信技术实现中心站与浮标系统之间的数据传输和远程控制，实现水源地水质温度、DO、电导率、pH、浑浊度、色度、COD、TOC、COD_{Mn}、硝酸盐氮、水中油、叶绿素、氨氮等的综合监控预警（见图9-58）。

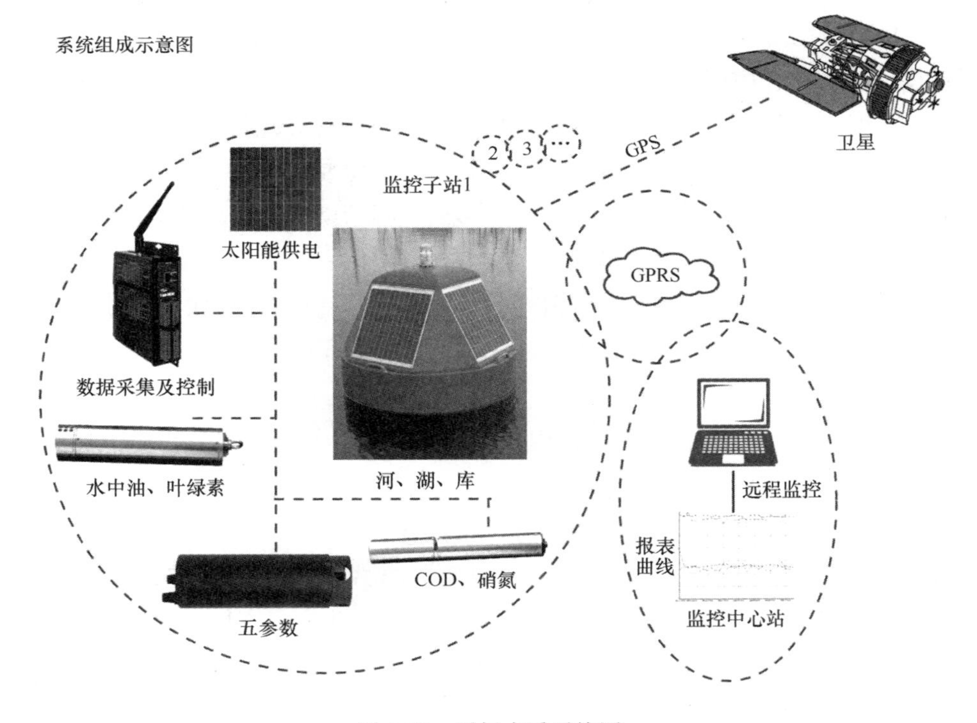

图9-58 浮标水质系统图

2. 功能特点

（1）GPS定位系统与GIS系统连用，提供并显示精确位置信息。

（2）数据采集处理系统模块化设计，支持GSM、GPRS、3G网络、卫星等无线传输

（3）搭载的水质免化学试剂位在线分析仪采用微功耗设计，待机功耗0.1W，工作时功耗4W，非常适用于太阳能供电的野外安装监测；采用机械刷清洗与气泡清洗相结合的方式，少维护或免维护；仪器采用多光程设计，检出限低、测量范围广，非常适用于我国水源地水质差异大的特点；

（4）供电系统采用风光互补发电系统为仪器供电及蓄电池储电，搭载18个参数，可实现连续阴天15天正常工作。

9.5.3 基于地理信息系（GIS）的水源地智能数据分析预警系统的开发

水质监测信息管理平台是一个基于地理信息系统，集远程自动监测数据采集、数据汇总、分析以及远程控制等功能组成的系统，能够实现子站与平台的数据传输与数据共享。能够实现实时数据、分钟数据、子站运行的状态数据动态的主动上传，并具有数据展示发布及水质数据分析预警功能。

1. 系统逻辑架构

地理信息服务平台、实时水质分析服务、视频监控服务系统和数据通信服务系统为终端用户业务分析和应用提供了业务支撑平台。实时监测数据展示、水质数据分析、移动终端访问、短信通知报警和站点运行监控等应用子系统为用户提供了全方位的河口、湖波和各类污染源的监测与分析。

平台设计紧密结合用户业务特性，并充分应用当前计算机最新技术。其中地理信息服务平台的应用给用户带来最佳的便捷性和友好体验，充分体现了系统以人为本的设计理念。面向服务设计和接口设计提高了系统的可扩展性，比如：

现场监测点扩展：本平台能够随时新增更多的包括污染源在内的各类监测点，进行监测点注册和相应的通信参数设置后就完成了监测点的扩展。

通信方式扩展：本系统能够适应多种通信传输方式，针对新的通信手段只需要加入相应的通信模块即可，平台的主体不需要改动。

2. 网络拓扑结构

本平台的网络拓扑结构示意图，见图9-59。

水质监测信息管理平台分为各监测子站和中心服务平台，由Web应用服务器、数据库服务器、实时分析服务器，通信服务器和子站数据采集仪组成。通信服务器负责跟水质监测子站的数据通信，其所配设备满足多种通信方式，如光纤宽带、GPRS/CDMA、PSTN、GSM、ADSL/ISDN等。通信服务器的配置及其性能应该足够满足当前系统通信需求以及将来系统扩展需求。通信服务器将接收的远程子站的数据存储在SQL Server/Oracle数据库中。

以上中心服务器部署是典型和推荐方式，在终端访问和监测站点数量较少的情况下，

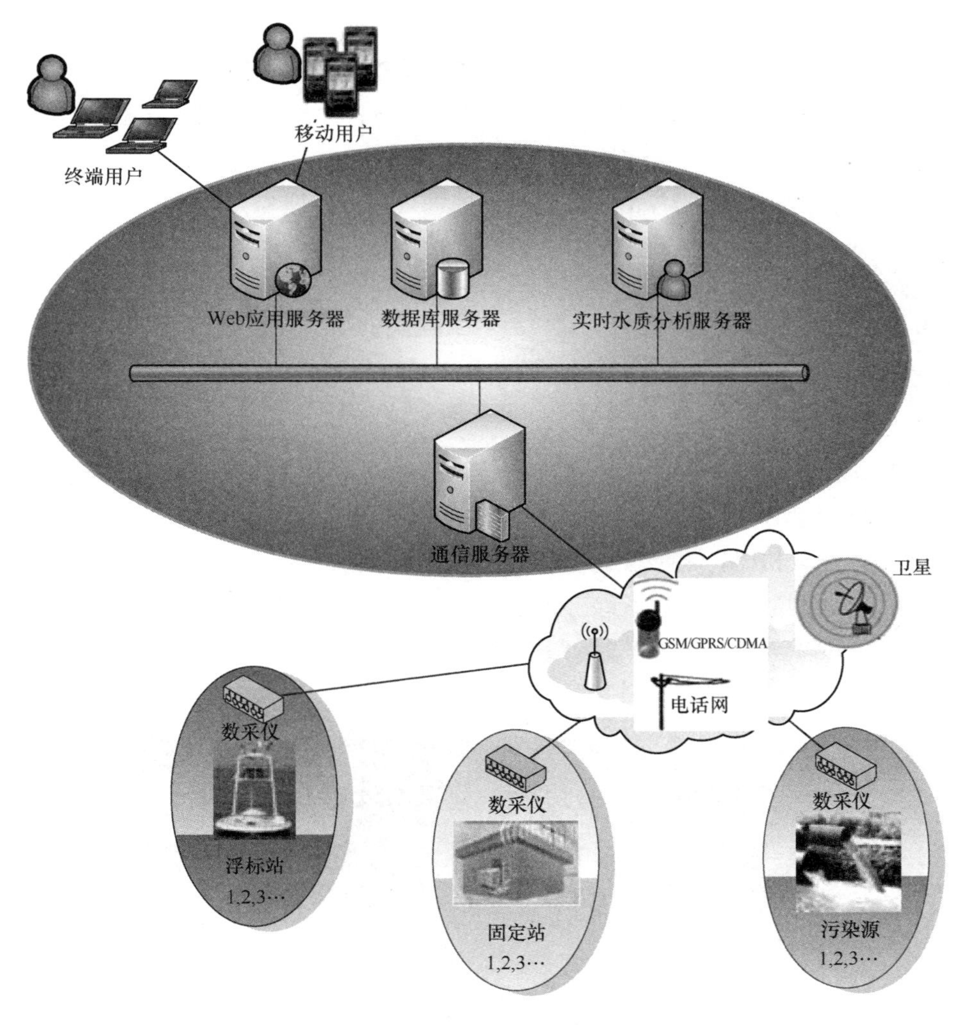

图 9-59 平台的网络拓扑结构示意图

还可以采用数据库、实时水质分析服务器与 Web 应用、通信服务器合并部署方式（见图 9-60），既能满足使用要求，又可大大降低建设成本。

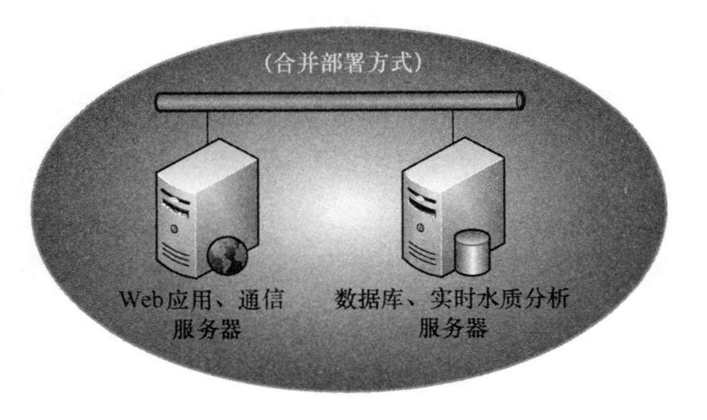

图 9-60 部署方式示意图

3. 系统功能

水质监测信息管理平台由以下子系统和业务模块组成：

（1）数据展示

1）实时数据

实时接收并显示现场的监测数据，并对监测参数的超标情况进行判断，发现异常及时报警，显示现场运行模式及故障状态。还可以结合地理信息电子地图对监测点位置进行直观展示。

2）历史数据和数据报表

可以对接收到的数据进行按时间段和参数的结果查询，展示的形式分为表格和曲线2种展示形式。并且可以将查询的结果以定制的Excel格式的形式进行报表输出。

（2）水质数据分析

通过对采集实时、历史的各个参数监测数据进行加工处理和分析，成为环保部门进行决策支持。在对基础数据分析前，平台会对它们进行数据有效性检验，只有有效的数据才会成为业务分析的基础数据，其他故障数据将为监测设备的运行状态提供参考。

1）水质评价

依据国家相关标准，对水质进行单因子评价，并可实时查看水质达标与超标情况。

2）水质预警

在水质监测信息管理平台中，通常选用该地水质中最具有代表性的参数（pH、电导率、浑浊度、叶绿素和DO等）作为计算综合指数的基础。系统平台基于大量的水质数据建立数学模型，在分析时，模型首先把各个单一的水质指标综合计算为综合指数，并经过一段时间的水质监测数据，找出该综合指数的基准值，即水质安全基线。一旦突发污染物入侵水体，水质发生异常变化并及时给出报告。

水质预警系统运行情景，见图9-61。

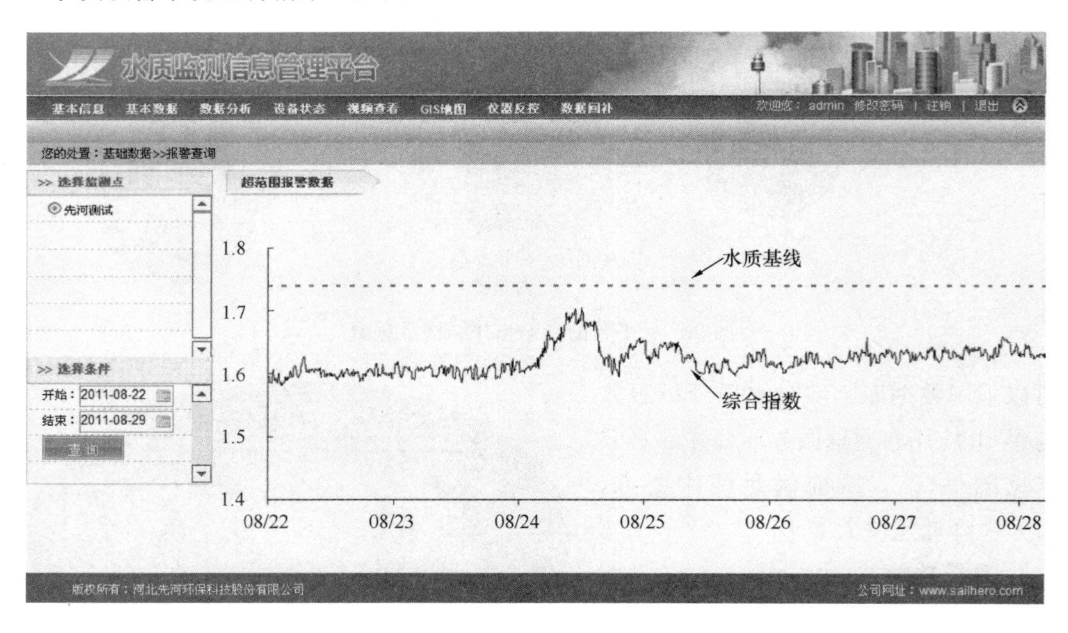

图9-61　水质预警示意图

（3）移动终端访问

平台提供了移动终端访问服务，用户可以通过手机随时访问相关业务数据，及时了解到监测点设备是否正常，以及当前监测的数据值是否有异常，方便移动办公。

手机登录平台成功后，可以实时查询各个监测站点的设备状态和水质实时数据。

（4）短信通知报警

本平台具备短信通知报警功能，通过红外报警使用户能够随时随地掌控浮标监测子站的安全情况。当监测子站监测到的水温、DO、pH 等参数数据不达标时，系统根据设置会立即通过短信的方式将相关参数和数据通知给相关人员，从而使用户及时掌握水污染情况。

（5）站点运行监控

包括水质监测参数配置、监测设备运行状态、远程操控监测任务等。

（6）系统管理

包括用户及权限管理、系统日志管理和监测点维护，能够增加系统安全和权限控制管理，能够跟踪用户在系统中的关键操作，方便用户扩展和维护监测站点。

4. 系统安全

用户进入系统时需要进行身份验证，可以进行与其身份相对应的操作。权限不同的用户对平台享有不同的访问权限。除此之外系统还通过以下途径和手段保证平台安全运行。

（1）数据传输安全

可以采用 VPN 加强数据传输过程中的防范能力，提高数据远程采集和传输的安全性。

（2）数据存储安全

采用大容量和高 I/O 吞吐能力的存储设备以保证数据存储安全可靠。子站断电后数据能够自动保存，并具备存储半年以上原始数据的能力，中心站的数据具有自动备份的功能，当数据库发生灾难性故障时可人为进行恢复。

（3）监测站点安全

在固定站中安置了对站房的相关监测仪器，平台可以对固定站的漏酸、漏碱等安全隐患进行及时报警。

9.5.4 免试剂在线水质检测系统的应用

1. 在石家庄岗南水库的应用

岗南水库是石家庄市饮用水水源地，也是南水北调中线上的北京应急水源。2009 年 8 月，免试剂在线水质监测系统在石家庄市岗南水库正式安装运行，系统采用浮标式水质自动监测系统，配置的监测指标包括 TOC、COD_{Mn}、UV、硝酸盐氮、叶绿素、水中油、色度、常规 5 参数（温度、pH、电导率、DO、浑浊度）等，并集成了数据采集及预警软件。

与传统检测装备相比，免试剂在线水质监测系统具有以下明显特点：

（1）采用太阳能供电方式，不消耗任何试剂，节能环保；

（2）各仪器均配有自动清洗装置，减少了人工作业；

（3）不占用土地，避免了征地、建设等问题；

（4）布置灵活，可根据实际需要调整监测位置；

（5）具有可扩展性，可在系统中灵活集成其他有关监测指标或相关监测仪器设备。

运行期间，经与实验室内国标法比对，测试结果基本一致性，为石家庄市生活饮用水及北京地区紧急供水提供了安全保障。

2. 在石家庄某自来水厂的应用

为提高该水厂水质安全管理的技术支撑能力，在沉淀水和出厂水的水质监测中采用了免试剂在线水质检测系统。

沉淀池安装浑浊度在线分析仪、紫外可见扫描多参数在线分析仪、水中油在线分析仪，可实现水中浑浊度、COD_{Mn}、硝酸盐氮、水中油 4 个水质指标的在线原位监测。水厂出水口安装氰化物自动监测仪、挥发酚自动监测仪、挥发性有机物（VOC）自动监测仪，实现了水中氰化物、挥发酚、苯、苯、甲苯、乙苯、三氯甲烷、三氯乙烯、四氯乙烯、氯苯、苯乙烯、1，2-二氯乙烷等 11 个参数的自动监测。

3. 在武汉东湖的应用

2011 年 8 月，武汉东湖水源地应用了免试剂在线水质检测系统。系统采用浮标式水质自动检测系统配置的监测指标包括 UV、硝氮、叶绿素、氨氮和常规 5 参数。

系统采用了风光结合的供电系统，保证了在 2011 年 9 月上旬和 11 月上中旬两次连续十几天阴雨天气状况下的正常工作。

此外，山东济南鹊山水库水源地、安徽肥东众兴水库水源地和南水北调中线总干渠，在 2011 年 2 月至 8 月也陆续安装了免试剂在线水质检测系统，配置的监测指标合计有 COD_{Mn}、氨氮、叶绿素、硝酸盐氮、氰化物、钠离子和常规 5 参数。

第10章　城市供水水质监测预警系统技术平台及示范应用

国家、省、市三级“城市供水水质监测预警系统技术平台”，是水质监测技术与互联网、物联网技术高度融合的集成技术，“十一五”水专项的重要标志性成果之一。平台以三级水质监测网络构建、水质信息管理系统及可视化、水质安全评价及预警等3项关键技术为核心，并集成了污染物快速筛查及应急监测技术、督察现场快速检测技术、水厂应急净水关键技术、城市供水应急案例库等信息支持资源。

平台基本功能为：

（1）供水系统从源头到龙头全流程水质信息网络化采集；

（2）城市供水水质在线监测、实验室检测、移动应急检测等多信源异构水质数据整合；

（3）城市、省、国家三级水质信息网络化分级传输、交互与信息管理；

（4）对藻类、COD_{Mn}、氨氮、综合毒性、氯化物（咸潮）等23项水质指标（参数）的预警报警；

（5）针对突发性污染的900多个应急案例、应急净化技术、应急监测方法等资源支持；

（6）水质报表生成、水质专题分析等。

平台可以覆盖全国城镇，能够支撑从中央到地方各级政府的城镇供水水质安全日常监管和应急处理工作，并可为行业专项规划、行业技术发展等提供专题决策信息。

10.1　平台顶层设计

10.1.1　平台层级设计

全国城镇供水水质监测预警系统技术平台，与我国城镇供水实行国家、省、市（县、镇）的三级管理体制相适应，按照国家、省、市三级构建，自下而上分级传输水质信息及供水基础信息，自上而下提供公共信息资源支持。详见图10-1。

全国城镇供水水质监测预警系统技术平台，采用一体化集成设计思路，根据行业监管和应急处理等工作的实际需要，可以实现信息越级扁平化传输。

10.1.2　平台功能设计

平台基本功能包括：基础信息采集、信息管理、水质预警、应急处理、水质督察、决策支持等，应用功能按照模块化设计和集成，并在开发环境、数据库等方面保障功能可扩展。

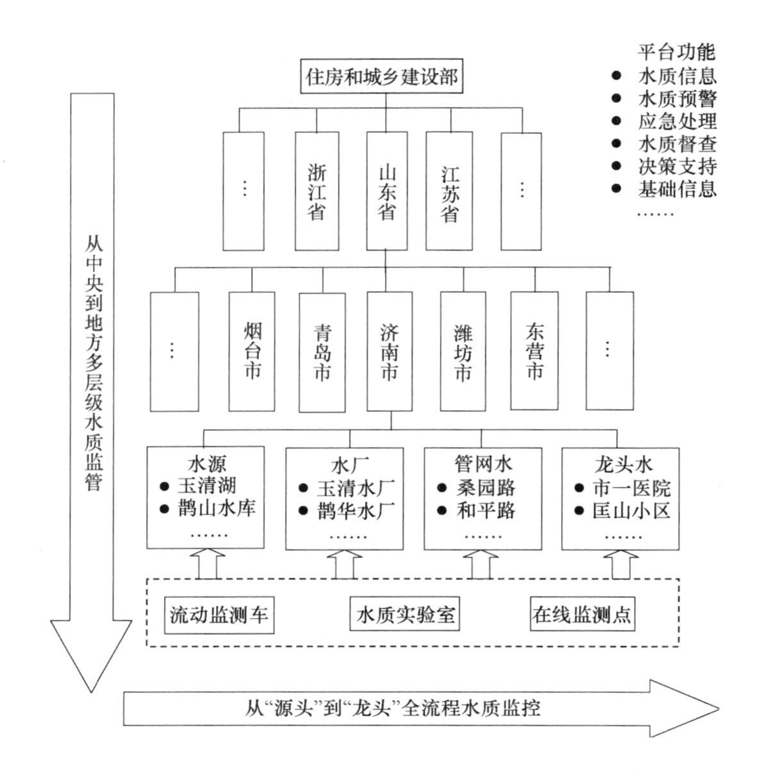

图 10-1　城市供水水质监测预警系统技术平台功能设计示意图

10.1.3　平台标准设计

为避免低端技术、重复建设、信息断层，实现标准化建设和规范化管理，最终形成可扩展、可复制的国家、省、市（县）三级城镇供水水质监测预警系统技术平台，平台围绕信息安全和系统安全规划了基础信息格式及代码标准、数据采集标准、数据传输标准、数据存储标准、数据安全和系统应用安全标准的设计研究。所涉及的信息不仅包括水质，也包括与供水安全相关的其他信息。

10.1.4　平台可扩展性设计

全国城镇供水水质监测预警系统技术平台的可扩展性，包括：

（1）系统的开放性设计，兼容相关业务并支持异构系统之间信息共享；

（2）构架的灵活性设计，实现一个信息处理中心支撑一个应用平台、一个信息处理中心支撑多个应用平台等不同技术途径；

（3）功能的拓展性设计，使平台具有功能的无极延展能力，以全面、及时、可靠的信息及大数据应用技术，加强各级政府监管、支持救灾应急供水、引领行业技术发展、服务供水企业管理、促进社会公众参与的综合业务平台。

10.2 分期建设目标

“十一五”期间，立足有关课题突破三级水质监测网络构建、水质信息管理系统及可视化、水质安全评价及预警等平台构建关键技术；借助示范工程建设与应用实现平台的集成；满足当前的急迫需求开发平台7项基本功能：

（1）供水系统从源头到龙头全流程水质信息网络化采集；

（2）城市供水水质在线监测、实验室检测、移动应急检测等多信源异构水质数据整合；

（3）城市—省—国家三级水质信息网络化分级传输与信息管理；

（4）对藻类、COD_{Mn}、氨氮、石油类、综合毒性、锰、氰化物、氯化物（咸潮）、余氯、浑浊度等示范应用地23项特征水质指标（参数）的预警报警；

（5）通过日常水质数据监控、供水规范化管理检查、供水水质实地检测等技术手段对全国城镇供水水质实施督察；

（6）针对突发性污染的应急案例、应急净化技术、应急监测方法等资源支持；

（7）水质报表生成、水质专题分析等城镇供水水质管理日常支持等功能。

从总体上，平台可以覆盖全国城镇，能够支撑从中央到地方各级政府的城镇供水水质安全日常监管和应急处理工作，并可为行业专项规划、行业技术发展等提供专题决策信息。

“十二五”之后，进一步提升水质预警集成技术，建立平台建设与管理相关标准，在目前水质监测预警的基础上逐步建成综合业务平台，使平台功能拓展为如下5个方面：加强各级政府监管，支持救灾应急供水，引领行业技术发展，服务供水企业管理，促进社会公众参与。

10.3 “十一五”集成技术

10.3.1 平台集成技术路线

平台集成技术路线：以满足供水安全管理业务功能为导向，重点进行平台构建技术集成，并集成监测技术、管理技术、IT技术、物联网技术等应用技术。见图10-2。

10.3.2 平台技术集成

平台以集成项目的三级水质监测网络构建、水质信息管理系统及可视化、水质安全评价及预警等3项关键技术为主，同时集成了水厂应急净化、供水系统规划调控、水质督察等部分关键技术，并集成应用了现代IT技术、物联网技术和管理科学。

1. 三级水质监测网络构建技术集成

集成在线监测信息采集与传输技术、实验室检测数据可定制自动导出导入技术、应急监测数据采集与传输技术、三级水质监控中心网络通信平台构建技术，实现供水系统从源

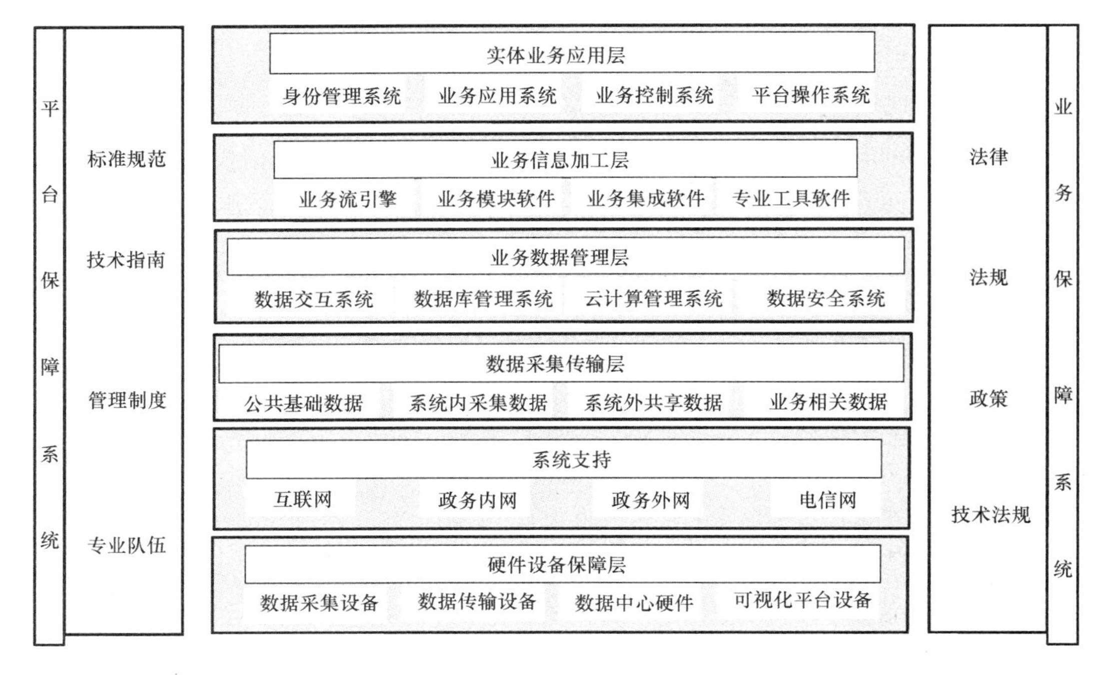

图 10-2 平台技术集成逻辑图

头到龙头全流程水质信息网络化采集，城市供水实验室检测、在线监测、移动应急监测和其他共享数据等异构系统和异构数据的信息整合，国家/省/市水质信息网络化分级传输和应急状态下越级及时传输，并通过身份进行认证和数据加密为数据安全提供了技术保障。

2. 水质信息管理系统及可视化技术集成

集成基于时空关系模型的水质数据存储技术、基于数据融合的辅助决策支持技术、基于GIS的水质信息空间分析技术，形成可扩展的供水水质数据库和可视化分析展示平台，为逐步扩充平台的业务功能、实现数据共享、支持水质管理业务和进一步提取信息价值等提供了技术保障。

3. 水质安全评价及预警技术集成

集成饮用水全流程水质安全评价及预警关键技术、突发性水质污染事故模拟服务系统和饮用水水质在线监测预警装备，采用数学模型、应急预案、在线监测等多种技术途径，实现典型渐变性和突发性原水水质污染预警技术，支持水质污染事故仿真模拟。目前具备藻类、COD_{Mn}、氨氮、石油类、综合毒性、锰、氰化物、氯化物（咸潮）、余氯、浑浊度等23项水质指标（参数）的预警报警功能，随着时空数据积累和在线监测技术发展，在技术上具有对约80项水质指标的预警报警功能的可行性。

4. 其他技术相关集成

平台集成了包括国内外900多个突发性污染事故案例的“案例库”，其中含有应急监测、应急处理等相关支持信息；污染物快速筛查技术、应急监测方法、应急净化处理技术、应急物资储备等应急资源支持信息；水质督察业务、应急处理过程支持等功能，可对全国和地方的城市供水水质督察工作提供业务支撑。其中，污染物快速筛查技术可实现对

40多种污染物的快速筛查、应急监测方法提供了对30种污染物40min内完成应急监测的技术方法。

10.3.3 平台建设运行支撑体系

平台建设运行支撑体系，依其对平台的作用，共划分以下5个部分。

1. 水质信息采集传输网络

平台依托水质实验室、水质在线监测仪、移动式水质监测设备、数字采集仪、网络数据处理装置系统、互联网、信息专线，集成了实验室检测数据、水质在线监测数据、移动监测数据和其他共享数据，并实现了国家、省、市分级安全传输。

2. 数据处理中心和可视化平台

依托示范应用平台，在建设部城市供水水质监测中心、山东省、济南市、东莞市分别示范建设了国家、省、市三级城市供水水质数据处理中心和可视化平台，支持了城市供水行业主管部门水质安全管理日常工作和城市供水预警管理。

3. 应用软件

水管理信息系统V2.0、城市供水水质上报系统V2.0、国家城市供水水质在线监测数据通信管理平台V1.0等水质信息采集与传输应用软件6项。供水水质信息管理系统（城市级）、V 1.0供水水质信息管理系统（省级）V 1.0城市供水水质信息管理应用软件2项。藻类水华智能预警模型软件V1.0、渐变性水源水质预测系统V1.0、城市饮用水水质预警系统V1.0等水质预警应用软件17项。在线综合毒性仪GR8800MC运动控制软件-Ver1.02、在线综合毒性仪GR8800LC光子采集-Ver1.02等水质检测设备智能化应用软件3项。

4. 标准规范

《城市供水水质检验方法标准》《城市供水水质在线监测技术规程》《城市供水水质督察现场快速检测技术规程》等有关供水水质监测的行业标准3部。《城镇供水管理信息系统第1部分：基础信息分类与编码规则》《城镇供水管理信息系统第2部分：供水水质指标编码》等有关城市供水水质信息化管理的行业技术标准4部。

5. 技术指南

《城市供水水质督察技术指南》《城市供水水质监控网络构建和运维技术指南》《城市饮用水水质安全评价技术指南》《城市供水应急监测方法指南》《城市供水系统应急净水技术导则》《城市供水特征污染物监测技术指南》等有关水质监管、监测网络构建、水质预警、应急监测、应急处理的技术指南6部。

10.4 示范应用案例

10.4.1 示范建设情况

研发的关键技术及城市供水水质数据上报系统V2.0、国家三级网络在线监测数据通信管理平台 V1.0、城市供水水质在线监测信息管理平台 V1.0、水质监测站点空间信息采集系统 V1.0、供水水质在线便携监测设备信息共享平台 V1.0 等 5 项应用软件，已集成到“城市供水水质监测预警系统技术平台”并在建设部城市供水水质监测中心、山东省/济南市、杭州市、东莞市的示范建设中得到应用。

该系统在济南市现已接入卧虎山、锦绣川、玉清水库等 5 个水库，玉清、鹊华等 7 个水厂，59 个管网监测点共计 105 个参数；东营市 4 个在线监测点 15 个参数和潍坊市 5 个在线监测点 17 个参数。接入东莞市松山湖水库、西湖站、企石水厂等共 114 个在线监测点，14 类共计 53 个参数。接入杭州市水业集团、市环保局、市林水局的数据，包括：市区 4 个水厂取水口、渔山断面、水业集团 4 个管网监测点，共 11 个在线监测点，10 类参数。该系统的水质预警功能主要包括警情动态、原水预警、出厂水预警、管网水预警、警情事件处理、预警分析工具等，重点关注和实现氨氮、COD_{Mn}、综合毒性、余氯、浑浊度、锰、TP 等指标和藻类、石油类泄漏等事件的安全评价及预警。

10.4.2　应用示范效果

在建设部城市供水水质监测中心建成国家级城市供水水质监测预警系统技术平台，实现了对国家城市供水水质监测网国家站所在 41 个城市供水水质信息的远程上报和信息化管理，成为建设部实施全国城市供水水质督察、35 个重点城市（直辖市、计划单列市、省会城市）的水质公报和相关水质管理工作的技术平台。

1. 山东省/济南市城市供水水质监测预警系统技术平台

“山东省/济南市城市供水水质监测预警系统技术平台”由山东省（济南）供排水监测中心负责建设和运行管理，于 2010 年底上线运行。该平台由 1 个中心、57 个在线监测站点、140 余个实验室水质上报点组成。1 个中心即山东省（济南）供排水监测中心所属水质预警监控指挥调度中心。水质在线监测涵盖水源水、出厂水、管网水及二次供水，共计 57 个监测点，监测指标包括生物鱼、发光菌等 10 余个监测指标，其中水源地监测指标主要包括常规五参数、氨氮、高锰酸盐指数、总磷、总氮、综合毒性、藻类、石油等，出厂水、管网监测点和二次供水监测点主要监测指标为消毒剂余量、浑浊度等指标。140 余个实验室水质上报点的检测频率及水质指标，依照《生活饮用水卫生标准》（GB 5749—2006）要求。

平台的信息采集系统实现了对供水过程的全流程监测，及时和动态掌握水源的状态、输水过程中污染的情况、水厂制水的工艺情况以及管网中的污染状况，同时还具备山东省 17 地市供水设施建设、供水企业、水厂年基础信息、水量与水质等信息的上报和逐级审核等功能，为掌握山东省水质情况提供了依据。140 个实验室水质上报点涵盖全省 103 个县市区，实现了水质日常检测数据的及时上报，并将各类实验监测数据记录传输到系统。另外，山东省（济南）供排水监测中心还配备了 2 辆水质流动应急监测车，监测指标达 50 项，实现了流动应急监测数据的实时上传。

为保障平台稳定运行，山东省（济南）供排水监测中心成立了专门的运行管理队伍，专门负责平台的运行管理，建立了一套保障运行的管理制度，每周对在线监测数据进行汇总分析形成周报，每月对平台运行情况进行汇总分析形成月报，并报上级主管部门，目前累计存储在线监测数据2000多万条，形成周报200多分，月报70余份，为城市供水管理、保障供水安全提供了重要支撑。

平台运行近8年来，每天采集汇总1万余条水质信息，基本实现了“从水源到龙头”供水过程的“全天候、无间断”水质监测和预警，为全省城市供水日常监测监管和突发污染应急处理处置提供了大量的数据支撑，尤其是出色完成了第十一届全运会期间、上合青岛峰会等重大活动期间的供水安全保障任务。

2. 东莞市城市供水水质监测预警系统技术平台

东莞市城市供水水质监测预警系统技术平台面向行政部门、企业和水厂三个层面，于2011年上线运行，是覆盖城乡供水的示范工程。平台目前已经实现了全市域城乡供水区的供水水质实验室检测数据网络上报、查询、统计，实现了主要水源、水厂、管网水质的在线实时监测和对汛期排洪、和枯水期咸潮上溯水质敏感期的水质预警，由东莞市水务监测中心负责运行维护，用户主要包括市水务监测中心、市水务局、市环保局、三防办、市镇级33个自来水公司及49个自来水厂。水质数据分为非实时数据和实时数据，对应的采集方式为人工上报和在线上传。非实时数据为水厂每天上报源水和出厂水的9项水质指标自检数据，水司每月上报源水、出厂水和管网水多项分析数据，监测点和检测项目根据各水司监测范围和实验室检测能力有所差异。实时数据为112个在线监测站点自动向平台推送的水质监测数据，其中源水监测频率为4小时/次，出厂水/管网水监测点、在线共享点监测频率为10分钟/次，各站点基本能保证数据上传率和有效率大于95%。

平台运行以来，在保障供水安全中发挥了重要作用。首先是实现“从源头到龙头”供水系统全流程水质监测，显著提升水质监管能力。在线水质监测系统涵盖了水源水、出厂水、管网水及二次供水，源水覆盖了东江东莞段上游及南北两大支流，出厂水及管网水监测点遍布东莞32个镇街，每个镇街不少于2个。监测指标包括溶解氧、电导率、浊度、pH、水温、高锰酸盐指数、氨氮等20余个指标，源水监测频率为4小时/次，出厂水管网水监测频率为10分钟/次，做到实时、连续监测和远程监控，每天采集有效数据4万多条。水质数据离线上报系统由水厂、水司和水务监测中心逐级上报组成，每个水厂每天上报一组数据，包括一个源水和一个出厂水，源水项目为9项，出厂水项目为9项，每天上报数据882个。通过在线监测和离线收报，大大提高了水质监测的覆盖面、监测频率、信息化水平和工作效率，弥补了人工采样实验室检测在覆盖面和实时性方面的缺点，水质监管能力得到巨大提升。

平台的第二个主要作用，是配合全市应急机制提供水质预警支持，提升供水应急能力。针对因泄洪排涝、咸潮期间水质异动和突发情况，东莞市水务监测中心在此期间对东江沿线泄洪排涝、咸潮影响区的市、镇、村级水厂取水口原水和出厂水密集水质在线监测、人工采样实验室检测、供水企业离线上报水质数据，主要加强浊度、pH、氨氮、高锰酸盐指数、电导率等泄洪排涝、咸潮引起异动的水质指标，通过平台实时汇总分析和进行水质预警。水务局、环保局、三防办、东江沿线各水司水厂均可通过平台查看水质监测信息、汇总分析和预警情况，平台的水质预警有力支持了部门应急联动和供水应急调度（参见图 10-3）。平台运行以来，东莞市东江流域年平均排洪约 66 次，平台预警系统在排洪期间为相关水厂避峰取水、减少取水、工艺调整、停产和降压供水等决策措施提供了重要依据，对东莞市多年来期间未发生排洪引起的水质安全问题提供了有力保障。

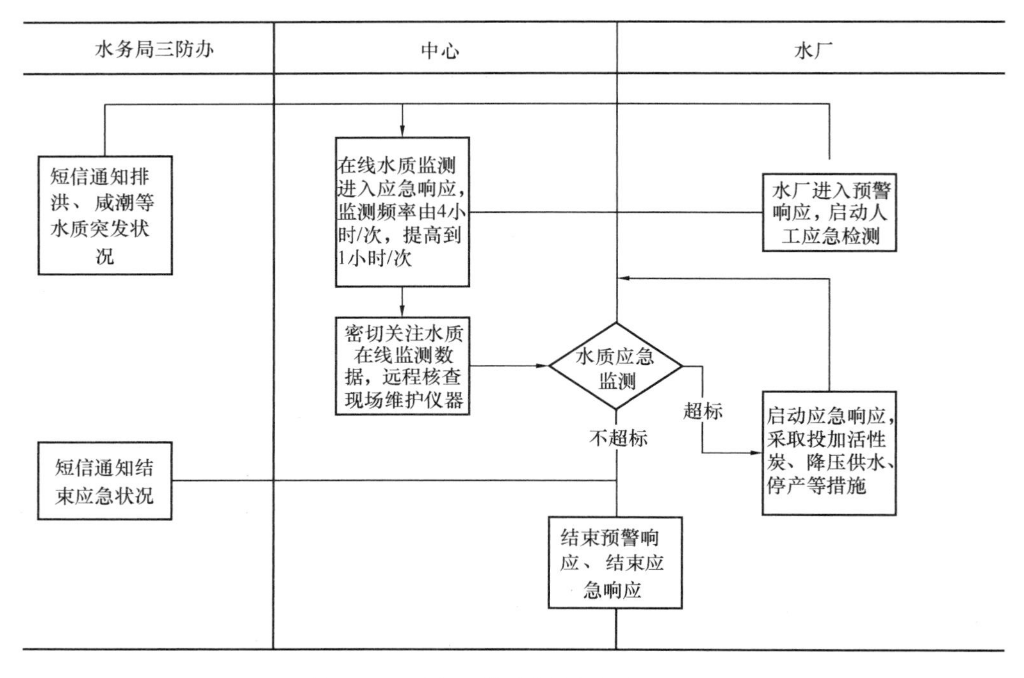

图 10-3　平台预警系统协同机制示意图

平台的第三个主要作用，是利用多年积累信息或水质相关信息实现大数据分析，以模拟现实和强化现实支撑供水水质安全管理。平台运行以来已累计了近六千万个水质数据，可反映水质不同时间、不同点位的水质变化情况，通过历史水质大数据统计分析，平台能够描述和预测各水质指标的分布区间和趋势变化。以东江流域泄洪排涝为例，利用历年水质数据进行时间序列分析，建立泄洪排涝一氨氮相关模型，以时间序列分析氨氮值的变化趋势和季节性影响，并对未来趋势进行预测。根据 2011 年至 2018 年的分布和趋势变化，判断东江流域的氨氮值总体在 0.36mg/L 附近波动，并且整体呈降低的趋势（参见图 10-4）。再以 2017 年某次排洪期间供水预警系统数据平台对氨氮的分析为例，综合泄洪开关闸信息、应急监测水质数据、水厂上报水质数据、水质在线监测数据，平台分析了个数据源的数据一致性、水质影响开始时间、持续时间和最大值等，为指导水厂排洪期间避峰取水和调整工艺等应急措施提供了决策依据。

通过平台应用，东莞市还建立了城市饮用水及相关信息的数据共享机制。一是与水厂共享水源及管网在线监测数据，水厂可以实时掌握水源水质情况、其供水范围内管网水质情况，以便于调整工艺、指导生产。二是与东江流域管理局实现上下游水质数据共享、与

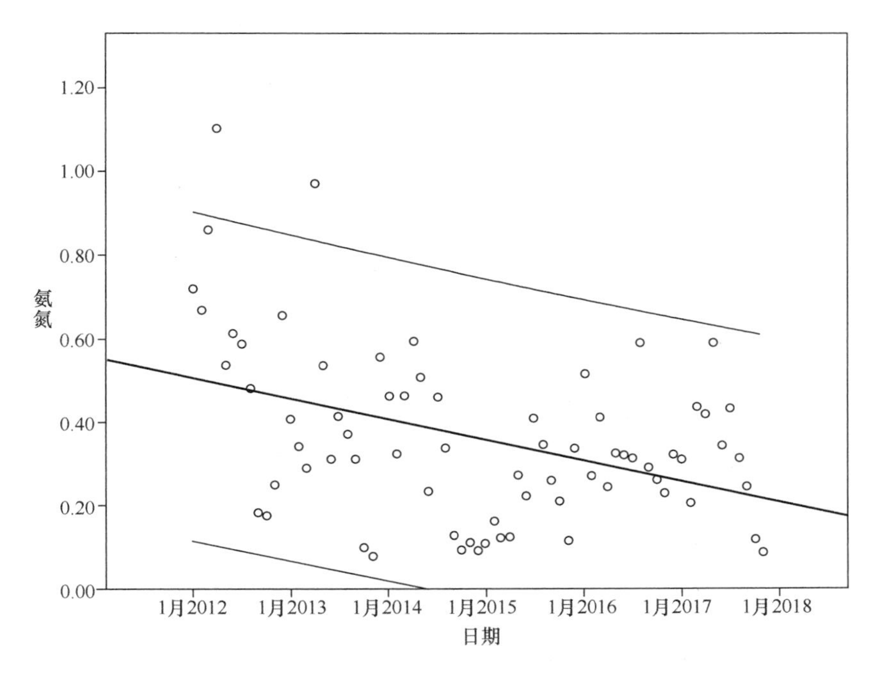

图 10-4 应用大数据分析的氨氮变化趋势图

东莞市环保局实现东江源水站点数据共享、与各水司实现属地水质数据共享、市三防办等单位共享东江沿线在线监测数据，各单位均可在职能范围内获取和使用监测数据。三是与其他单位数据共享，如与环保局共享东江国考断面水质数据，针对开展水功能区水质监测评价和落实最严格水资源管理制度的业务需求，提供了 64 个水功能区水质基础数据和汇总分析结果。

平台应用以来，还取得了比较明显的经济效益。一是推动部门间、业务间和正期间信息共享，有效避免了基本建设重复投资，减少了不必要的设施运行维护费用。二是推动在线监测技术应用，以基建投资 2300 多万元和年均 300 万元运行维护费用，支撑了 112 个水质监测点的水质在线监测。与平台运行前这些水质监测工作需向社会招标采购服务相比，每年可直接节省水质监测工作经费近千万元。三是以水质预警服务于供水企业应急调度的精准操作，仅以泄洪排涝期间应急供水为例，供水企业因此每日可节省应急投加活性炭多达十几吨，大大减轻了供水企业应急供水成本负担。

3. 杭州市及其他地区应用情况

杭州市“城市供水水质监测预警系统技术平台”，除对饮用水 pH、温度、电导率、TP、TN 实施日常监控外，实现了对浑浊度、氨氮、COD_{Mn}、DO、TOC、生物综合毒性、石油类、绿藻、蓝藻、硅藻、隐藻、叶绿素 a、UV_{254}、氟化物、铅、铁、锰、铬（六价）、镉等 19 种水质指标（参数）的预警。通过平台应用，全市建立了城市供水、环境保护、水利等部门系统有关水源水质和供水水质的信息共享机制。

此外，在江苏和河北两省全面推广应用，基本实现了全省城市供水企业实验室水质检测数据即时上报。

参 考 文 献

[1] 中华人民共和国卫生部，中国国家标准化管理委员会. GB 5749—2006 生活饮用水卫生标准[S]. 北京：中国标准出版社，2007：1-9.

[2] 国家环境保护总局，国家质量技术监督检验检疫总局. GB 3838—2002. 地表水环境质量标准[S]. 北京：中华环境科学出版社标，2002：1-9.

[3] 中华人民共和国建设部. CJ/T 206—2005 城市供水水质标准. 北京：中国标准出版社，2005：1-7.

[4] 中华人民共和国卫生部，中国国家标准化管理委员会. GB /T 5750—2006 生活饮用水标准检验方法[S]. 北京：中国标准出版社，2006：1-479.

[5] 中华人民共和国建设部. CJ/T 141～CJ/T 150—2001 城市供水水质检验方法标准[S]. 北京：中国标准出版社，2001：1-167.

[6] 中华人民共和国国家卫生和计划生育委员会，国家食品药品监督管理总局. GB /T 8538—2016 食品安全国家标准 饮用天然矿泉水检验方法[S]. 北京：中国标准出版社，2017：1-183.

[7] 中华人民共和国国家质量技术监督检验检疫总局，中国国家标准化管理委员会. GB/T 23214—2008 饮用水中 450 种农药及相关化学品残留量的测定 液相色谱-串联质谱法[S]. . 北京：中国标准出版社，2009：1-79.

[8] 国家环境保护总局. 水和废水监测分析方法(第 4 版)[M]. 北京：中国环境科学出版社，2002：1-776.

[9] 中华人民共和国国家质量技术监督检验检疫总局. GB/T 21925—2008 水中除草剂残留测定液相色谱/质谱法[S]. 北京：中国标准出版社，2008：1-6.

[10] 国家环境保护总局《水和废水监测分析方法指南》编委会. 水和废水监测分析方法指南(上册). 北京：中国环境出版社，1990：133-149.

[11] 国家质量技术监督局，中华人民共和国建设部. GB 50282—98 城市给水工程规划规范. 北京：中国建筑工业出版社，1999.

[12] 中华人民共和国水利部. SL 187—96 水质采样技术规程. 北京：中国水利水电出版社：1997.

[13] 李明，林毅等. 城镇供水排水水质监测管理. 北京：中国建筑工业出版社，2009.

[14] 中华人民共和国住房和城乡建设部. CJJ 58—2009 城镇供水厂运行、维护及安全技术规程. 北京：中国建筑工业出版社，2009.

[15] 刘明华. 水处理化学品. 北京：化学工业出版社，2010.

[16] 全国标准物质管理委员会. 标准物质的研制管理与应用. 北京：中国计量出版社，2010.

[17] 全国标准物质管理委员会. 标准物质定制原则和统计学原理. 北京：中国质检出版社，2011.

[18] 中华人民共和国住房和城乡建设部. 城镇供水设施建设与改造技术指南. 北京：中国建设工业出版社，2012.

[19] 国家环境保护总局《水和废水监测分析方法》编委会. 水和废水监测分析方法(第 4 版). 北京：中国环境科学出版社，2002.

[20] 黄君礼. 新型水处理剂-二氧化氯技术及其应用. 北京：化学工业出版社，2002：25-41.

[21] 骆巨新. 分析实验室装备手册. 北京：化学工业出版社，2003.

[22] 张金松. 饮用水二氧化氯净化技术. 北京：化学工业出版社，2003：17-28.

[23] 中华人民共和国建设部. GB 50013—2006 室外给水设计规范. 北京：中国计划出版社，2006.

[24] 梁好. 饮用水安全保障技术. 北京：化学工业出版社，2007.

[25] 刘文君. 城镇供水应急技术手册. 北京：北京建筑工业出版社，2007.

[26] 曲久辉. 饮用水安全保障技术原理. 北京：科学出版社，2007.

[27] 张金松，尤作亮. 安全饮用水保障技术. 北京：建筑工业出版社，2008：19-173.

[28] 国家环境保护总局. GB/T 6920—86 水质 pH 值的测定 玻璃电极法. 北京：中国标准出版社，1987：1-5.

[29] 国家环境保护总局. GB 7489—87 水质 溶解氧的测定 碘量法. 北京：中国标准出版社，1987：124-129.

[30] 国家环境保护总局. GB/T 13195—91 水质 水温的测定 温度计或颠倒温度计测定法. 北京：中国标准出版社，1987：489-491.

[31] 国家环境保护总局. HJ/T 96—2003 pH 水质自动分析仪技术要求. 北京：中国环境科学出版社，2003：1-5.

[32] 国家环境保护总局. HJ/T 97—2003 电导率水质自动分析仪技术要求. 北京：中国环境科学出版社，2003：1-5.

[33] 国家环境保护总局. HJ/T 98—2003 浊度水质自动分析仪技术要求. 北京：中国环境科学出版社，2003：1-5.

[34] 国家环境保护总局. HJ/T 99—2003 溶解氧(DO)水质自动分析仪技术要求. 北京：中国环境科学出版社，2003：1-5.

[35] 国家环境保护总局. HJ/T 100—2003 高锰酸盐指数水质自动分析仪技术要求. 北京：中国环境科学出版社，2003：1-5.

[36] 国家环境保护总局. HJ/T 101—2003 氨氮水质自动分析仪技术要求. 北京：中国环境科学出版社，2003：1-5.

[37] 国家环境保护总局. HJ/T 191—2005 紫外(UV)吸收水质自动在线监测仪技术要求. 北京：中国环境科学出版社，2005：1-5.

[38] 中华人民共和国国家质量监督检验检疫总局，中国国家标准化管理委员会. GB/T 6682—2008 分析实验室用水规格和试验方法. 北京：中国标准出版社，2008：1-6.

[39] 国家质量监督检验检疫总局. JJG 1061—2010 液体颗粒计数器检定规程. 北京：中国计量出版社，2010：1-16.

[40] 中华人民共和国工业和信息化部. HG/T 20509—2014 仪表供电设计规范. 北京：化工出版社，2014：203-213.

[41] 环境保护部. HJ 897—2017 水质 叶绿素 a 的测定 分光光度法. 北京：中国环境科学出版社，2017：1-5.

[42] 中华人民共和国住房和城乡建设部. CJJ/T 271—2017 城镇供水水质在线监测技术标准. 北京：建筑工业出版社，2018：1-58.

[43] 宋耀英，李霞，唐建春. 离子色谱法测定生活饮用水中的草甘膦含量. 实用预防医学[J]，2009，

16(4)：1267-1268.
[44] 张凌云，刘波，徐荣等．液相色谱-串联质谱法测定饮用水中的丙烯酰．环境化学胺[J]，2010，29(1)：152-153.
[45] 李宗来，何琴．超高效液相色谱串联质谱法检测饮用水中卤乙酸．环境化学[J]，2011，30(2)：574-576.
[46] 李宗来，何琴．液质法测定饮用水中丙烯酰胺时应对水体基质干扰的办法．环境化学[J]，2012，31(4)：563-564.
[47] 赵志领，赵洪宾，高金良等．天津市给水管网水质在线监测系统．中国给水排水[J]，2008，24(23)：99-101.
[48] 胡晓镭，孙国敏，黄俊．饮用水源地水质应急监测技术探析．华北水利水电学院学报[J]，2009，30(1)：96-98.
[49] 孙海林，李巨峰，朱媛媛．我国水质在线监测系统的发展与展望．中国环保产业[J]，2009(3)：12-16.
[50] 宋兰合．城市供水应急能力建设发展趋势．水工业市场[J]，2011(4)：22-26.
[51] 樊新源．城市供水系统的水源污染风险分析及应急机制研究[J]．广东化工，2011，38(6)：313-314.
[52] 柯玲，李玫．饮用水源地突发污染事件应急处理机制．北京理工大学学报(社会科学版)[J]，2012，14(6)：87-92.
[53] 马中雨，贾瑞宝，孙韶华．城市供水水源水预警监测系统构建及应用研究．建设科技[J]，2012(5)：91-93.
[54] 施正纯．供水企业全过程水质管理及监测能力建设．中国给水排水[J]，2012，28(18)：19-21.
[55] 祁超．饮用水水质在线监测及信号远程传输要点简析．中国给水排水[J]，2012，28(6)：111-112.
[56] 苏洛潮，刘永志．水质应急监测系统的制度建设．城镇供水[J]，2014(2)：52-53.
[57] 庄严，张东云，彭宇张等．无锡饮用水源地突发与常态应急监测机制的探讨．环境与健康杂志[J]，2014，31(4)：355-356.
[58] 梁艳，王亦宁，谢凯，谷辉宁．饮用水在线监测及预警研究．环境科学与管理[J]，2014，39(10)：121-124.
[59] 周大农．水质全流程在线监测预警系统的开发建设．给水排水[J]，2016，42(4)：128-131.
[60] 刘京，魏文龙，李晓明，等．水质自动监测与常规监测结果对比分析．中国环境监测[J]，2017，33(5)：159-166.
[61] 刘伟，吴庆梅，邓力等．美国饮用水预警监测技术述评．农业灾害研究[J]，2018(1)：43-44.
[62] 楼台芳、吴玲、陈云华等．臭氧氧化法除地表水有机物试验研究．水处理技术[J]，1995，21(4)：219-222.
[63] 吴涤尘，阎炎，韩恒斌．低压离子色潜法测定酸雨样品中的 Li^{+}，Na^{+}，NH^{4+}，K^{+}，Ca^{2+} 和 Mg^{2+} 离子．环境化学[J]，1996，15(5)：441-445.
[64] 骆冠琦，黎耀．离子选择性电极测定生活污水中的氮氮．中国卫生检验杂志[J]，2000，10(4)：388-391.
[65] 齐竹华，刘克纳，牟世芬．离子色谱法测定海水中的铵离子．环境化学[J]，2000，19(1)：79.

[66] 周云，戴婕，梁小虎. 自来水厂中臭氧浓度的监控与测定. 给水排水[J]，2002，28(10)：9-14.
[67] 陈美娟. 臭氧技术及其在水处理应用中的探讨. 机电设备[J]，2002(4)：28-31.
[68] 陈焕文，徐抒平，李双峰等. 余氯、总氯现场快速测定仪的研制和应用. 分析化学[J]，2003，31(11)：1399-1402.
[69] 王业耀，王占生. 靛红钾法测定水中的臭氧浓度. 中国给水排水[J]，2003，19(4)：95-97.
[70] 吴忠祥. 实验室能力验证中的分割水平检测样品与稳健统计技术. 中国环境监测，2003，19(4)：8-10.
[71] 林清泓. DPD分光度测定中心的余氯. 太原城市职业技术学院学报[J]，2005，2，173-174.
[72] 蔡淑珍，邓金花，吴清平等. 便携式余氯比色计的研制. 现代仪器[J]，2006，6：52-54.
[73] 王崇，魏新，王红英等. DPD分光光度法测定循环水中余氯的改进. 石化技术[J]，2006，13(2)：30-32.
[74] 邓金华等. 环境水质暗淡的快速检测. 环境监测管理与技术[J]，2007，19(1)：33-34.
[75] 李梦耀，潘珺，熊玉宝. 水中余氯测定方法进展. 中国环境监测[J]，2007，23(3)：40-42.
[76] 崔福花，王锐. 生活饮用水中游离余氯含量的检测条件. 职业与健康[J]，2008，24(4)：336-337.
[77] 王少波，刘亮，原培胜. 用正交试验确定有理性余氯最佳测定条件. 环境监测管理与技术[J]，2008，20(5)：62-64.
[78] 李伟伟，陈晓东等. 新标准(GB 5750—2006)中二氧化氯检验方法的改进与现场应用效果评价. 中国卫生检验杂志[J]，2009，19(2)：431-432.
[79] 李向召. 余氯比色计线性误差的扩展不确定分析. 计量与测试技术[J]，2009，36(1)：65-66.
[80] 王丽坤，王启山. 二氧化氯预氧化控制饮用水中的THMFP研究. 中国给水排水[J]，2009，25(5)：56-58.
[81] 关丽梅，钟宁. 三种方法检测水中总大肠菌群的比较探讨. 福建安分析测试[J]，2009，18(1)：65-67.
[82] 陈淑芳. 论二氧化氯在生活饮用水消毒处理中的应用. 广东科技[J]，2010，233：149-150.
[83] 黄君礼，吴明松. 饮用水二氧化氯消毒技术的现状. 净水技术[J]，2010，29(4)：16-18，31.
[84] 毛文，李昊. 余氯、总氯测定仪的校准方法. 计量与测试技术[J]，2010，37(6)：7-8.
[85] 石焕，赵南京等. 水体痕量重金属Ni的激光诱导击穿光谱测量研究. 光谱学与光谱分析，2012，23(1)：25-28.
[86] 马康，张金娜等. 水中挥发性有机物分析前处理技术研究进展. 化学通报，2011，74(9)：822-826.
[87] 崔萌萌，马康，何雅娟等. 微囊藻毒素检测方法研究进展. 化学分析计量，2012，21(6:)95-99.
[88] 陈新，张聪璐等. 固相萃取-液相色谱法测定水环境中4种非甾体抗炎药物. 西北药学杂志，2010，25(5)：323-325.
[89] 王硕蕾，王宛等. 基于混合固定相色谱柱的SPE _ HPLC法检测环境水体中三嗪类除草剂. 分析实验室，2011，30(7)：98-102.
[90] 段春毅，赵志领. 颗粒技术方法的应用与研究现状分析. 城镇供水(2010年增刊)，159-161.
[91] 刘勇，付荣恕等. 2种有机磷农药联合胁迫下日本青鳉的逐级行为响应. 环境科学，2010，31(5)：1328-1332.

[92] 殷高方，张玉钧等. ADM4210热插拔控制器的原理及应用. 电子设计工程，2009，17(3)：1-3.

[93] 刘君华，胡海珠等. 双波长紫外(UV)吸收在线分析仪测水中的化学需氧量. 教育科学博览，2011，212：110-111.

[94] 陈清清，刘君华等. 脉冲氙灯电源的设计及在水质分析仪中的应用. 电子测量技术，2011，34(2)：6-8.

[95] 胡海珠，刘君华等. 荧光法叶绿素在线分析仪分析性能评价. 分析仪器，2011，4：76-80.

[96] A. L. Makas, et al. Field gas chromatography-mass spectrometry for fast analysis[J]. Chromatogr. 2001，800：55-61.

[97] B. A. Eckenrode Enviromental and Forensic Application of Field-portable GC-MS：An Overview [J]. Am. Soc. Mass Spectrom. 2001，12：683-693.

[98] J. A. Syage，et al. Field-Portable，High-Speed GC/TOFMS[J]. Am. Soc. Mass Spectrom. 2001，12：648-655.

[99] G. L. Hook，et al. Solid-phase microextraction(SPME) for rapid filed sampling and analysis by gas chromatography-mass spectrometry(GC-MS) [J]. Trends in Anal. Chem. 2002 , 21：534-543.

[100] ASADA T，OIKAWAK，KAWATAK. Ion chromatographic deter-mination of ammonia in air using a sampling tube of porous car-bon[J]. AnalyticalSciences，2004，20(1)：125-128.

[101] P. A. Smith，et al. Detection of gas-phase chemical warfare agents using field-portable gas chromatography-mass spectrometry systems：instrument and sampling strategy considerations[J]. Trends in Anal. Chem. 2004，23：296-306.

[102] P. A. Smith，et al. Towards smaller and faster gas chromatography-mass spectrometry systems for field chemical detection[J]. Chromatogr. 2005，1067：285-294.

[103] Kang CY，Chen YY，Jiang ZL，et al. A new fluorescence quenching method for the determination of trace ClO_2 in waterusing silvernanop-articles[J]. Guang Pu XueYu Guang Pu Fen Xi 2006，26 (6)：1096-1103.

[104] Yu B S，Nie H，Yao S Z，Ion Chronatogra Study of Sodium，Potassium and Ammonium in Human Body Fluids with Bulk Acoustic Wave Detection[J]. Chromatogr. 1997，693：43-49.

[105] US EPA Methods Approved to Analyze Drinking Water Samples to Ensure Compliance with Regulations，https：//www. epa. gov/dwanalyticalmethods.

[106] APHA，AWWA，WEF Standard Methods for the Examination of Water and Wastewater (22th edition) [M]：Port City Press，Baltimore，2012 .

[107] ISO 14402 Water quality - Determination of phenol index by flow analysis (FIA and CFA) [S]，1999.

[108] ISO 14403 Water quality - Determination of total cyanide and free cyanide by continuous flow analysis[S]，2002.

[109] World Health Organization，Guidelines for drinking water quality 4th edition [M]：Geneva，2011.

[110] Chen C，Chang S，Wang G. Determination of Ten Haloacetic Acids in Drinking Water Using High-Performance and Ultra-Performance Liquid ChromatographyTandem Mass Spectrometry. Journal of Chromatographic Science[J]. 2009，47(1)：67-74.

[111] Meng L P，Wu S M，Ma F J，et al. Trace determination of nine haloacetic acids in drinking water

by liquid chromatography-electrospray tandem mass spectrometry. Journal of Chromatography A [J]. 2010，1217(29)：4873-6.

[112] Zongming Ren，Zijian Wang，Differences in the Behavior Characteristics between Daphnia magna and Japanese Madaka in an On-line Biomonitoring System，Journal of Environmental Sciences，2010，22(5) 703-708. 4.

[113] Gaofang Yin，Yujun Zhang，Zhigang Wang，et al.，Design of Portable Algae Fluorometer Based on Embedded System，Proc. of SPIE，2009，738106，1-6.